Frank Beichelt

Zuverlässigkeits- und
Instandhaltungstheorie

# Zuverlässigkeits- und Instandhaltungstheorie

Von Prof. Dr. Frank Beichelt
Hochschule für Technik und Wirtschaft (FH)
Mittweida

Springer Fachmedien Wiesbaden GmbH 1993

Prof. Dr. Frank Beichelt

Geboren 1942 in Hilbersdorf, Kreis Freiberg. 1961–66 Studium der Mathematik, Spezialrichtung Wahrscheinlichkeitstheorie und Mathematische Statistik, an der Friedrich-Schiller-Universität Jena. 1972 Promotion zum Dr. rer. nat. an der Bergakademie Freiberg über „Optimale Inspektion und Erneuerung technischer Systeme". 1978 Promotion zum Dr. sc. techn. an der Hochschule für Verkehrswesen „Friedrich List" Dresden über „Theoretische Grundlagen der optimalen Planung prophylaktischer Maßnahmen in der Instandhaltung". Mitglied der New York Academy of Sciences und der IEEE Reliability Society.

Die Deutsche Bibliothek – CIP-Einheitsaufnahme

**Beichelt, Frank:**
Zuverlässigkeits- und Instandhaltungstheorie / von Frank
Beichelt. – Stuttgart : Teubner, 1993
   ISBN 978-3-519-02985-4    ISBN 978-3-663-11921-0 (eBook)
   DOI 10.1007/978-3-663-11921-0

# VORWORT

Mit der immer komplizierter werdenden Technik steigen auch die Anforderungen an die Zuverlässigkeitsarbeit in allen Bereichen der Industrie und des Verkehrswesens. Damit wächst einerseits die Notwendigkeit der Anwendung mathematischer Methoden, andererseits sind die Möglichkeiten der modernen Rechentechnik voll nutzbar zu machen. Das vorliegende Buch will diesen Erfordernissen Rechnung tragen. Es vermittelt mathematische Grundlagen, die für eine wissenschaftliche Fundierung der Zuverlässigkeitsarbeit unentbehrlich sind. Gleichzeitig bereitet es einen Einstieg in zuverlässigkeitstheoretische Spezialliteratur vor, führt aber auch selbst auf wichtigen Teilgebieten bis an den Stand der Forschung heran. Das Studium des Bandes erfordert Grundkenntnisse aus der Analysis und Wahrscheinlichkeitstheorie in de.n Umfang, wie sie Studierenden technischer Studiengänge vermittelt werden.

Nach einem einführenden Kapitel bringt Kapitel 2 die zuverlässigkeitstheoretische Interpretation bekannter wahrscheinlichkeitstheoretischer Grundbegriffe sowie Standardmodelle der Zuverlässigkeitstheorie. Die Kapitel 3 - 5 beschäftigen sich mit bereits bewährten, aber auch neueren Methoden der Zuverlässigkeitsanalyse komplizierter technischer Systeme, insbesondere mit modernen Methoden der Zuverlässigkeitsanalyse von Kommunikationsnetzen. (Ein Teil der in diesen Kapiteln enthaltenen Forschungsergebnisse des Autors und seiner Mitarbeiter resultieren aus dem von der *Deutschen Forschungsgemeinschaft* geförderten Projekt "Zuverlässigkeitsanalyse komplexer Systeme".) Die Kapitel 6 und 7 behandeln Instandsetzungsstrategien für Systeme, die Sprungbzw. Driftausfällen unterliegen.

Das Buch ist für Studierende technischer und technomathematischer Studiengänge an Fach- und Technischen Hochschulen bestimmt. Aber auch Praktiker, Lehrbeauftragte und Spezialisten werden es mit Gewinn lesen.


Würzburg, im Oktober 1992                                    F. Beichelt

# INHALTSVERZEICHNIS

## SYMBOLE UND ABKÜRZUNGEN

$\bar{x}$      $1 - x$ (für eine beliebige Variable x)

$X$      zufällige Lebensdauer eines einfachen Systems

$S$      strukturiertes System

$e_i$      i-tes Element eines strukturierten Systems

$F(t)$, $\bar{F}(t)$, $f(t)$, $\lambda(t)$      Verteilungsfunktion, Überlebenswahrscheinlichkeit, Verteilungsdichte, Ausfallrate eines einfachen Systems

$X_s$, $\bar{F}_s(t)$, $F_s(t)$, $\lambda_s(t)$      entsprechende Kenngrößen für $S$

$X_i$, $\bar{F}_i(t)$, $F_i(t)$, $\lambda_i(t)$      entsprechende Kenngrößen für $e_i$

$X_n$      zufällige Länge des n-ten Erneuerungszyklus (Abschn. 6.2)

$X_k$      zufälliger Zeitpunkt der k-ten minimalen Reparatur (Abschn. 6.6)

$X_h$, $X_p$      zufällige Zeiten zwischen benachbarten Havarie-, prophylaktischen Erneuerungen (Kapitel 6)

$X_t$      restliche Lebensdauer

$F_t(x)$      Verteilungsfunktion der restlichen Lebensdauer

$\Lambda(t)$      Hazardfunktion

$\mu$, $\mu_k$      Erwartungswert, k-tes Moment von X

$\lambda_i$, $\mu_i$      Geburts-, Todesraten (Abschn. 5.5)

$\lambda_n$      Ausfallraten eines Systems im n-ten Betriebsjahr (Abschn. 6.7.2)

$\{X_t,\ t \geq 0\}$; $\{Z(t),\ t \geq 0\}$      beliebiger stochastischer Prozeß; Zustandsprozeß

$F^{(t)}(x)$      Verteilungsfunktion von $X_t$

$F_s(t)$      stationäre Anfangsverteilung eines Erneuerungsprozesses

$\lambda_s(t)$      zu $F_s(t)$ gehörige Ausfallrate

$z_i$, $z_s$      Indikatorvariable für den Zustand von $e_i$, $S$

$z$      Limit für Reparaturkostenrate (Abschn. 7.2)

$\varphi$      Strukturfunktion eines binären Systems $S$

$\varphi$, $\Phi$      Verteilungsdichte, Verteilungsfunktion der standard. Normalvert.

$p$      $(p_1, p_2, \ldots, p_n)$ Vektor der Verfügbarkeiten der Elemente $e_i$

$p_k$      absolute stationäre Zustandswahrscheinlichkeiten eines stochastischen Prozesses (Kapitel 5)

$h(p)$      Verfügbarkeit von $S$

$h(t)$, $H(t)$      Erneuerungsdichte, Erneuerungsfunktion

$V$      Verfügbarkeit

| | |
|---|---|
| $V_n$ | Menge der n-dimensionalen Vektoren mit den Komponenten 0 oder 1 |
| $V^{(0)}$, $V^{(1)}$ | Menge der Schnitt-, Pfadvektoren eines monotonen bin. Systems |
| $V_t$, $R_t$ | Vorwärts-, Rückwärtsrekurrenzzeit eines Erneuerungsprozesses |
| $G = (V,E)$ | Graph mit Knotenmenge $V$ und Kantenmenge $E$ |
| $\tilde{G} = (\tilde{V},\tilde{E})$ | stochastische Netzstruktur |
| $H$, $\tilde{H}$ | Ersatznetzstruktur, stochastische Ersatznetzstruktur |
| $R(\tilde{G})$ | beliebige Zuverlässigkeitskenngröße von $\tilde{G}$ (meist Zusammenhangswahrscheinlichkeit) |
| $p_{ij}(t)$ | Übergangswahrscheinlichkeiten einer homog. Markovschen Kette |
| $q_i$, $q_{ij}$ | Übergangsraten einer homogenen Markovschen Kette |
| $T_i$, $T_{ij}$ | absolute, bedingte Verweildauern einer Markovschen Kette im Zustand i |
| $T_k$ | Zeitpunkt der k-ten Erneuerung in einem Erneuerungsprozeß |
| $c_h$, $c_p$, $c_v$ | mittlere Kosten für Havarie-, prophylaktische, vollständige Erneuerungen |
| $c$ | mittlere Kosten einer vollständigen Erneuerung (Abschn. 7.2) |
| $d_h$, $d_p$, $d_v$ | mittlere Zeiten für Havarie-, prophylaktische, vollständige Erneuerungen |
| $c_m$, $d_m$ | mittlere Kosten, mittlere Zeit einer minimalen Reparatur |
| $K$ | (Instandsetzungs-) Kostenrate |
| $Y$ | zufällige Länge eines Erneuerungszyklus |
| $G(t)$ | Verteilungsfunktion von Y |
| $p(t)$, $\bar{p}(t)$ | Wahrscheinlichkeit eines Ausfalls vom Typ 2, Typ 1 |
| $C$ | zufällige Kosten je Erneuerungszyklus; zufällige Kosten einer Reparatur (nur im Abschn. 6.7) |
| $R(x)$ | Verteilungsfunktion der zufälligen Kosten C einer Reparatur |
| $L$ | Reparaturkostenlimit |
| $\hat{f}(s)$ | Laplace-Transformierte von $f(x)$ |
| $F^*(s)$ | Laplace-Stieltjes-Transformierte von $F(x)$ |
| $(f_1 * f_2)(t)$ | Faltung zweier Funktionen $f_1(x)$ und $f_2(x)$ |
| $|x|$ | Betrag einer reellen Zahl x |
| $|M|$ | Mächtigkeit (= Anzahl der Elemente) einer endlichen Menge M |
| $\exp(x)$ | $e^x$ |
| □ | Ende eines Beispiels |
| ■ | Ende einer Definition oder eines Satzes ohne Beweis |
| ▮ | Ende eines Beweises |

# 1. EINFÜHRUNG

Jahrhundertelang reichte dem Menschen seine Intuition und Erfahrung, um die von ihm benötigten technischen Hilfsmittel so zuverlässig herzustellen, wie er sie brauchte. Fehlte die Erfahrung, so konnte er immer noch mit einem unter Umständen erheblichen Mehraufwand an Arbeit und Material "nach der sicheren Seite" hin konstruieren bzw. bauen. Die bis jetzt erhalten gebliebenen Bauwerke der Antike und des Mittelalters legen hierfür beredtes Zeugnis ab. Seit Beginn dieses Jahrhunderts, vor allem seit den 40er Jahren hat sich diese Situation  jedoch gründlich geändert. Moderne technische Anlagen der Industrie, des Transport- und Nachrichtenwesens sowie der Militärtechnik sind häufig derart komplex, daß eine fundierte Zuverlässigkeitsplanung und ein gesicherter Zuverlässigkeitsnachweis mit rein empirischen Methoden nicht mehr möglich sind. So enthalten größere rechnergestützte Steuerungs- und Regelungsanlagen zehn- und hunderttausende elektronische Bauelemente. Mit zunehmender Komplexität und steigendem Automatisierungsgrad der Anlagen und davon abhängiger Prozesse ist aber auch deren wachsende Bedeutung im laufenden Betriebsprozeß verbunden. Ausfälle bzw. Störungen führen zu immer höheren ökonomischen Verlusten bzw. zur Gefährdung von Menschenleben. Somit wachsen einerseits die Schwierigkeiten beim Nachweis und der Prognose der Zuverlässigkeit, andererseits aber wird die Gewährleistung einer hohen Zuverlässigkeit zu einer unabdingbaren Notwendigkeit. Aber auch bei weniger komplexen Geräten kann sich der Ingenieur wegen der hohen Innovationsraten immer weniger auf seine Erfahrung stützen. Ein Entwurf nach der sicheren Seite verbietet sich schon  aus materialökonomischen Gesichtspunkten, jedoch auch wegen der Bedeutung des Verhältnisses von Nutzlast zu Gesamtgewicht, das insbesondere im Transportwesen sowie der Luft- und Raumfahrt einen hohen Stellenwert hat.

Die Beeinflussung der Zuverlässigkeit eines fertigen Geräts ist, falls überhaupt noch möglich, stets mit zusätzlichen ökonomischen Aufwendungen verbunden. Daher liegt die entscheidende Phase der Zuverlässigkeitsarbeit bereits in der Periode der Projektierung und Entwicklung. Nur hier kann neben den technischen auch den betriebswirtschaftlichen Erfordernissen mit Rechnung getragen werden.   Beiden Gesichtspunkten wird entsprochen, wenn nach dem Prinzip "so zuverlässig wie nötig, aber nicht so zuverlässig wie möglich" verfahren wird. In zahlreichen Fällen hat jedoch von vornherein der Zuverlässigkeitsaspekt das Primat gegenüber Kostenrechnungen. Als Beispiele seien genannt: Kernkraftwerke, Flugzeuge, Raumflugkörper, militärische Warn- und Abwehrsysteme. In diesen Fällen ist ungeachtet der erforderlichen Kosten die notwendige Zuverlässigkeit zu gewährleisten.

Die wachsenden Anforderungen an die Zuverlässigkeitsarbeit machten die Nutzung vorhandener und die Schaffung neuer naturwissenschaftlicher, technischer und betriebswirtschaftlicher Methoden notwendig. Dies führte zur Herausbildung einer neuen wissenschaftlichen Disziplin, der Zuverlässigkeitstheorie:

*Die Zuverlässigkeitstheorie beschäftigt sich mit der Messung, Vorhersage, Erhaltung und Optimierung der Zuverlässigkeit technischer Systeme.*

Dabei versteht man nach DIN 40041 (Zuverlässigkeit. Begriffe. 1990) unter der *Zuverlässigkeit* eines Systems sinngemäß seine Eignung, während vorgegebener Zeitspannen unter vorgegebenen Anwendungsbedingungen vorgegebene Forderungen zu erfüllen. Die Forderungen beziehen sich dabei auf *Zuverlässigkeitsmerkmale*, also auf bestimmte Qualitätsmerkmale, die in ihrer Gesamtheit die Zuverlässigkeit des Systems charakterisieren.

Für die praktische und theoretische Zuverlässigkeitsarbeit ist die gegebene Erklärung der Zuverlässigkeit zu allgemein, um als Arbeitsgrundlage dienen zu können. Je nach System und seinem Verwendungszweck erfolgt die Bewertung des Zuverlässigkeitsverhaltens auf der Grundlage quantifizierbarer *Zuverlässigkeitskenngrößen*, die im allgemeinen statistische Eigenschaften der Zuverlässigkeitsmerkmale widerspiegeln. Wichtige Zuverlässigkeitskenngrößen sind:

1. die *Überlebenswahrscheinlichkeit* als Wahrscheinlichkeit für das ausfallfreie Arbeiten des Systems in einem gegebenen Zeitintervall,
2. die *Verfügbarkeit* als Wahrscheinlichkeit für die Arbeitsfähigkeit des Systems in einem gegebenen Zeitpunkt,
3. die *mittlere Lebensdauer* des Systems als Erwartungswert der Zeit bis zum ersten Systemausfall.

Die Zuverlässigkeitstheorie ist vornehmlich eine technische Disziplin. Doch eine ihrer Säulen bildete von Beginn an die Mathematik; denn die mathematisch exakte Definition von Zuverlässigkeitskenngrößen machte die Anwendung mathematischer Methoden möglich und notwendig. Der Einsatz dieses Potentials führte in den letzten Jahrzehnten zur Herausbildung einer mathematischen Theorie der Zuverlässigkeit, im weitern kurz "Zuverlässigkeitstheorie" genannt. Die entscheidende Etappe wurde hierbei durch die Arbeiten *Moore/ Shannon (1956)* und *Neumann (1956)* eingeleitet. Gegenstand der Zuverlässigkeitstheorie sind die folgenden Problemkreise:

1. Untersuchung des wechselseitigen Zusammenhangs zwischen Zuverlässigkeitskenngrößen eines Systems und seiner Teilsysteme.
2. Modellierung des Ausfallverhaltens und der Abnutzung von Systemen.
3. Schätzung der Zuverlässigkeitskenngrößen von Systemen.
4. Entwicklung, Untersuchung und Optimierung von Maßnahmen zur Erhaltung und Wiederherstellung der Funktionstüchtigkeit von Systemen (Instandhaltungstheorie).

Der Gegenstand der Zuverlässigkeitstheorie in Verbindung mit den angegebenen Zuverlässigkeitskenngrößen läßt auf die große Bedeutung wahrscheinlichkeitstheoretischer Methoden in der Zuverlässigkeitstheorie schließen. In der Tat bildet die Wahrscheinlichkeitstheorie das theoretische Fundament der Zuverlässigkeitstheorie. (Daneben spielen vor allem noch Methoden der diskreten Mathematik und der mathematischen Optimierung eine Rolle.) Der reale Hintergrund dafür ist in den mannigfachen, deterministisch nicht oder nur unvollständig erfaßbaren Einflüssen auf das Ausfallverhalten technischer Erzeugnisse wie Belastungsschwankungen, Abnutzung, Materialfehler und in zunehmenden Anteilen "menschliches Versagen" zu suchen. Somit ist die Vorstellung, durch gründlichste Zuverlässigkeitsarbeit wenigstens Ausfälle mit katastrophalen Auswirkungen vollständig ausschließen zu können, nicht real. Möglich ist jedoch, durch entsprechende materielle und personelle Aufwendungen das Risiko hinreichend klein zu halten. Die Praxis bestätigt diese Feststellungen. So treten ungeachtet des hohen Stands und der ständigen Vervollkommnung der Zuverlässigkeitsarbeit in Bereichen wie der Luft- und Raumfahrt sowie dem Transportwesen immer wieder spektakuläre Unglücksfälle auf. So waren etwa die spektakulärsten Unglücke in der Luftfahrt im Jahre 1991 der Absturz einer zweistrahligen Boeing-767 der Lauda Air in Thailand, bei der 223 Menschen umkamen, der Absturz einer DC-8-61 der Nationair in Dschidda, der 261 Menschen zum Opfer fielen, und der Unfall einer Boeing-737-200 der Indian

Airlines mit 69 Toten. Der Einzelne weiß jedoch,daß für ihn die Wahrscheinlichkeit dafür, das Benutzen eines Flugzeugs mit der Gesundheit oder gar mit dem Leben bezahlen zu müssen, vernachlässigbar klein ist. Die offiziellen Daten der International Air Transport Association besagen, daß es im Jahre 1991 durchschnittlich 1,3 Tote je Milliarde Personenkilometer gab, wobei allerdings durch terroristische Anschläge verursachte Flugunfälle nicht mit berücksichtigt wurden. Ein derartig kleines Risiko sorgt nur deshalb gelegentlich für Schlagzeilen, weil sich das Ereignis "Benutzung eines Flugzeugs" täglich weltweit millionenfach wiederholt. Im Zeitalter der Technik muß der Mensch lernen, mit Risiken dieser Größenordung leben. Andererseits geben aber Stand und Entwicklung von Wissenschaft und Technik die Gewähr dafür, daß der Risikofaktor beherrschbar bleibt. Die Zuverlässigkeitstheorie hat hieran entscheidenden Anteil.

# 2 ZUVERLÄSSIGKEITSTHEORETISCHE GRUNDBEGRIFFE UND -MODELLE

## 2.1 EINFACHE SYSTEME

### 2.1.1 Definition

Ein *einfaches System* im Sinne der Zuverlässigkeitstheorie ist ein technisches Erzeugnis, das im Hinblick auf das Entstehen, Eintreten und Lokalisieren von Ausfällen sowie in bezug auf die Planung, Durchführung und Abrechnung von Instandhaltungsmaßnahmen nicht weiter differenziert wird. Somit sind Bauelemente typische Beispiele für einfache Systeme.

Im folgenden wird stets vorausgesetzt, daß nur zwischen den Systemzuständen "funktionstüchtig" (arbeitend, arbeitsfähig, intakt) oder "funktionsuntüchtig" (ausgefallen, defekt) unterschieden werden kann. Daher ist der Systemzustand durch eine *binäre* oder *Boolesche Variable* z(t) charakterisierbar:

$$z(t) = \begin{cases} 1, & \text{wenn das System funktionstüchtig ist,} \\ 0, & \text{sonst.} \end{cases} \tag{2.1}$$

Da nur zwei Systemzustände existieren, erfolgt der Übergang vom funktionstüchtigen in den funktionsuntüchtigen Zustand zwangsläufig durch einen *Sprungausfall*, das heißt, in vernachlässigbar kleiner Zeit und jeder Ausfall ist ebenso zwangsläufig ein *Voll-* bzw. *Totalausfall*. Durch diese Prämissen ist der Begriff der Systemlebensdauer eindeutig definiert:

Unter der *Lebensdauer* X eines Systems versteht man die Zeitspanne von der Inbetriebnahme des Systems bis zum ersten Ausfall.

Daher läßt sich die Indikatorvariable des Systemzustands ohne Instandsetzung nach Ausfall in folgender Weise darstellen (Bild 2.1):

$$z(t) = \begin{cases} 1 \text{ für } t < X, \\ 0 \text{ für } t \geq X. \end{cases}$$

Die Lebensdauer ist die entscheidende Zuverlässigkeitskenngröße einfacher Systeme. Wichtige weitere Zuverlässigkeitskenngrößen werden von ihr vollständig oder zum überwiegenden Teil bestimmt. Aufgrund der bereits in der Einführung genannten zahlreichen stochstisch in Erscheinung tretenden Ausfallursachen sind Lebensdauern Zufallsgrößen. Es werden daher zunächst die wichtigsten wahrscheinlichkeitstheoretischen Kenngrößen für Lebensdauern eingeführt und zuverlässigkeitstheoretisch interpretiert. Selbstverständlich lassen sich die für Lebensdauern eingeführten Kenngrößen sinngemäß auf Reparaturdauern übertragen, da sich diese in der Praxis ebenfalls als Zufallsgrößen erweisen.

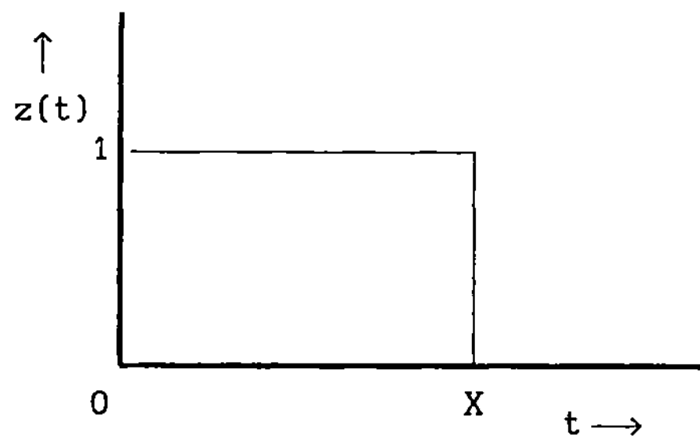


Bild 2.1    Indikatorvariable für Systeme ohne Instandsetzung

## 2.1.2  Wahrscheinlichkeitstheoretische Kenngrößen

In der Zuverlässigkeitstheorie bezeichnet man die Verteilungsfunktion der Lebensdauer X

$$F(t) = P(X < t)$$

als *Ausfallwahrscheinlichkeit*; denn es ist $F(t)$ die Wahrscheinlichkeit für das Eintreten eines Systemausfalls im Intervall $[0,t)$. Die Funktion $F(t)$ bestimmt die *Lebensdauer-* oder *Ausfallverteilung* des Systems. $F(t)$ ist eine nichtfallende Funktion von t mit der Eigenschaft $0 \le F(t) \le 1$. Der Fall $F(0) > 0$ bedeutet, daß unmittelbar bei Betriebsbeginn des Systems ein Ausfall möglich ist, während im Fall $F(\infty) < 1$ mit positiver Wahrscheinlichkeit unbeschränkte Lebensdauern auftreten können. Im allgemeinen schließt man jedoch diese Fälle aus und setzt $F(0) = 0$ und $F(\infty) = 1$ voraus. Für $a < b$ folgt aus $P(X < b) = P(X < a) + P(a \le X < b)$ und der Definition von $F(t)$

$$P(a \le X < b) = F(b) - F(a). \tag{2.2}$$

Eine wichtige Lebensdauerverteilung ist die *Weibullverteilung* (siehe auch Abschn. 2.1.5)

$$F(t) = \begin{cases} 0, & t < 0, \\ 1 - \exp(-\lambda t^{\beta}), & t \ge 0,\ \lambda > 0,\ \beta > 0. \end{cases}$$

Für $\beta = 1$ erhält man die bekannte *Exponentialverteilung* mit der Verteilungsfunktion $F(t) = 1 - e^{-\lambda t}$, $t \geq 0$, und für $\beta = 2$ die *Rayleighverteilung* mit der Verteilungsfunktion

$$F(t) = 1 - e^{-\lambda t^2}, \quad t \geq 0.$$

Die *Überlebenswahrscheinlichkeit* $\bar{F}(t)$ eines Systems ist definiert durch

$$\bar{F}(t) = P(X \geq t) = 1 - F(t).$$

$\bar{F}(t)$ ist die Wahrscheinlichkeit dafür, daß im Intervall $[0,t)$ kein Ausfall erfolgt. Die Überlebenswahrscheinlichkeit ist eine nichtwachsende Funktion von t mit der Eigenschaft $0 \leq \bar{F}(t) \leq 1$ (Bild 2.2). Wegen ihrer zentralen Bedeutung wird sie vor allem in der "älteren" Fachliteratur und gelegentlich auch noch in der neueren schlechthin *Zuverlässigkeit* *(reliability)* oder *Zuverlässigkeitsfunktion* genannt und mit $R(t)$ bezeichnet.

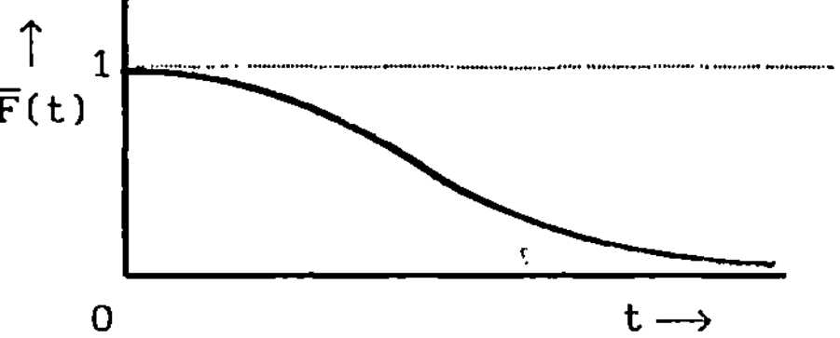

Bild 2.2   Qualitativer Verlauf der Überlebenswahrscheinlichkeit

Wenn die Funktion $F(t)$ differenzierbar ist, bezeichnet man ihre Ableitung

$$f(t) = \frac{dF(t)}{dt} = \lim_{x \to 0} \frac{F(t+x) - F(x)}{x} \tag{2.3}$$

als *Ausfall-* oder *Lebensdauerdichte* (kurz: Dichte). Sie ist eine nichtnegative Funktion mit den Eigenschaften

$$\int_0^t f(x)\, dx = F(t), \quad \int_a^b f(x)\, dx = F(b) - F(a), \quad \int_0^\infty f(x)\, dx = 1.$$

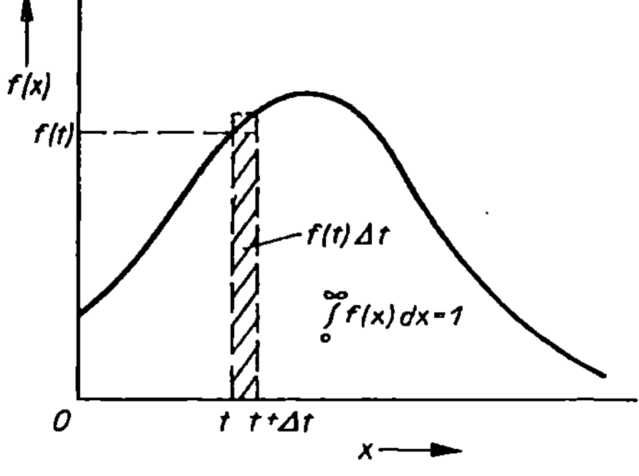

Bild 2.3   Beispiel für die Verteilungsdichte einer Lebensdauer

Für kleine $\Delta t$ gilt in guter Näherung (Bild 2.3)

$$P(t < X \le t) = F(t+\Delta t) - F(t) = \int_{t}^{t+\Delta t} f(x)dx \approx f(t)\Delta t. \qquad (2.4)$$

Daher ist für kleine $\Delta t$ das Produkt $f(t)\Delta t$ in ausreichender Näherung die Wahrscheinlichkeit dafür, daß das System im Intervall $[t,t+\Delta t]$ ausfällt.

Als *mittlere Lebensdauer* des Systems bezeichnet man den Mittelwert bzw. Erwartungswert von X:

$$E(X) = \int_{0}^{\infty} x \, dF(x) = \int_{0}^{\infty} x \, f(x) \, dx.$$

Durch partielle Integration folgt aus der Definition des uneigentlichen Integrals

$$\int_{0}^{\infty} x \, dF(x) = \lim_{t \to \infty} \left[ tF(t) - \int_{0}^{t} F(x) \, dx \right] = \lim_{t \to \infty} \left[ -t\overline{F}(t) + \int_{0}^{t} \overline{F}(x) \, dx \right].$$

Unter der Voraussetzung $E(X) < \infty$ gilt $\lim_{t \to \infty} [tF(t)] = 0$, so daß man in diesem Fall die bequeme Darstellung

$$E(X) = \int_{0}^{\infty} \overline{F}(x) \, dx \qquad (2.5)$$

erhält. Die *Varianz* oder *Streuung* $D^2(X)$ von X ist der Erwartungswert der quadratischen Abweichung der Lebensdauer von ihrem Erwartungswert:

$$D^2(X) = E(X - E(X))^2 = \int_{0}^{\infty} (x - E(X))^2 \, f(x) \, dx.$$

Durch Ausquadrieren erhält man die äquivalente Darstellung

$$D^2(X) = E(X^2) - (E(X))^2. \qquad (2.6)$$

*Standardabweichung* $D(X)$ und *Variationskoeffizient* $V(X)$ sind definiert durch

$$D(X) = \sqrt{D^2(X)} \;, \quad V(X) = D(X)/ E(X).$$

Die Standardabweichung charakterisiert das Streuverhalten der Lebensdauern von Systemen mit identisch verteilten Lebensdauern ("statistisch äquivalente

Systeme"). Sie ist in etwa gleich der mittleren linearen Abweichung der Lebensdauer von ihrem Erwartungswert. Da diese absolute Abweichung für den Vergleich des Streuverhaltens zweier Lebensdauern mit unterschiedlichen Erwartungswerten nicht voll aussagekräftig ist, wurde der Variationskoeffizient eingeführt.

Das $\varepsilon$-*Quantil* einer stetigen Verteilungsfunktion $F(t)$ ist eine Lösung $t_\varepsilon$ der Gleichung

$$F(t_\varepsilon) = \varepsilon, \quad 0 \leq \varepsilon < 1. \tag{2.7}$$

Die Quantile sind eindeutig bestimmt, wenn $F(t)$ streng monoton ist. Die Kenntnis von $t_\varepsilon$ erlaubt also unmittelbar die Aussage: Im Intervall $[0, t_\varepsilon]$ fällt das System mit Wahrscheinlichkeit $\varepsilon$ aus bzw. mit Wahrscheinlichkeit $1-\varepsilon$ nicht aus.

**Beispiel 2.1** Die eingeführten Kenngrößen sollen für eine rayleighverteilte Lebensdauer $X$ mit der Verteilungsfunktion $F(t) = 1 - \exp(-\lambda t^2)$, $t \geq 0$, berechnet werden. Die Überlebenswahrscheinlichkeit ist $\overline{F}(t) = \exp(-\lambda t^2)$, $t \geq 0$, und die Verteilungsdichte $f(t) = F'(t) = 2\lambda t \exp(-\lambda t^2)$, $t \geq 0$. Aus $F(t) = \varepsilon$ ergibt sich das $\varepsilon$-Quantil zu

$$t_\varepsilon = \sqrt{-\frac{1}{\lambda} \ln(1-\varepsilon)}$$

Die mittlere Lebensdauer beträgt nach (2.5)

$$E(X) = \int_0^\infty t\left[2\lambda t \exp(-\lambda t^2)\right]dt = 2\lambda \int_0^\infty t^2 \exp(-\lambda t^2)\, dt,$$

woraus man nach der Substitution $x = \lambda t^2$

$$E(X) = \sqrt{1/\lambda} \int_0^\infty x^{1/2}\, e^{-x}\, dx = \sqrt{1/\lambda}\ \Gamma(1,5) = 0{,}886\, \sqrt{1/\lambda}$$

erhält. Hierbei ist $\Gamma(t)$ die bekannte Gammafunktion:

$$\Gamma(t) = \int_0^\infty x^{t-1}\, e^{-x}\, dx. \tag{2.8}$$

Analog ergibt sich für die Varianz, wenn Formel (2.6) benutzt wird,

$$D^2(X) = 2\lambda \int_0^\infty t^3 \exp(-\lambda t^2)dt - (E(X))^2 = \frac{1}{\lambda}\left(\Gamma(2) - (\Gamma(1.5))^2\right) = \frac{1}{\lambda}(1-\pi/4)$$

$$= 0,215 \frac{1}{\lambda} \ .$$

Somit betragen Standardabweichung und Variationskoeffizient

$$D(X) = 0,463 \sqrt{1/\lambda} \ , \quad V(X) = 0,523.$$

Gilt etwa $\lambda = 0,0001 \ h^{-1}$, so erhält man $E(X) = 886$ h und $D(X) = 463$ h. Im Durchschnitt betragen also die Abweichungen der Lebensdauern von ihrem Erwartungswert 463 h bzw. 52,3% (bezogen auf den Erwartungswert). Das 0,05 – Quantil beträgt in diesem Fall

$$t_{0,05} = \sqrt{- \ 10 \ 000 \ \ln( \ 0,95)} \ = 22,6 \ h.$$

Das System fällt also in den ersten 22,6 Stunden  nach seiner Inbetriebnahme nur mit Wahrscheinlichkeit 0,05 aus.                                                   □

### 2.1.3 Alterung

Praktisch interessant ist neben der Ausfallwahrscheinlichkeit eines neuen Systems auch die eines Systems, das schon eine gewisse Zeit t ohne auszufallen in Betrieb ist. Dies führt zum Problem der Bestimmung der Verteilungsfunktion $F_t(x)$ der bedingten *restlichen Lebensdauer* $X_t = X - t$ unter der Bedingung "X > t" (Bild  2.4).

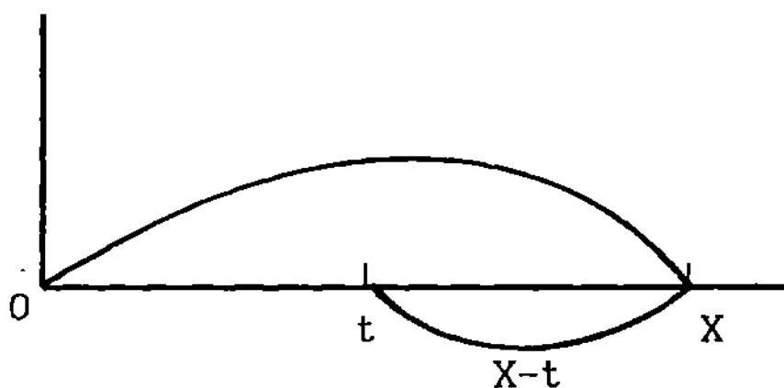


Bild 2.4   Veranschaulichung der restlichen Lebensdauer

Entsprechend der Definition der bedingten Wahrscheinlichkeit gilt

$$F_t(x) = P(X-t < x|X{\geq}t) = \frac{P("X-t < x" \cap "X{\geq}t")}{P(X{\geq}t)} = \frac{P(t \leq X < t+x)}{P(X{\geq}t)} \ .$$

Aus 2.2 folgt

$$F_t(x) = [F(t+x) - F(t)]/\,\overline{F}(t). \tag{2.9}$$

Die zugehörige *bedingte Überlebenswahrscheinlichkeit* ist

$$\overline{F}_t(x) = \overline{F}(t+x)/\,\overline{F}(t). \tag{2.10}$$

Aufgrund des Wirkens von Abnutzungserscheinungen wie Verschleiß, Ermüdung und Korrosion erwartet man, daß die bedingten Überlebenswahrscheinlichkeiten eines Systems abnehmen, je älter es wird, das heißt, je größer $t$ ist. Systeme mit dieser Eigenschaft nennt man *alternd*. Genauer definiert man:

**Definition 2.1** Ein System *altert* im Intervall $[t_1, t_2]$, wenn für beliebiges, aber festes $x > 0$ die bedingte Überlebenswahrscheinlichkeit $\overline{F}_t(x)$ monoton fällt in $t$, $t_1 \leq t \leq t_2$. ■

**Beispiel 2.2** X genüge einer Rayleighverteilung. Dann gilt

$$\overline{F}_t(x) = e^{-\lambda(t+x)^2}\!\Big/ e^{-\lambda t^2} = e^{-\lambda(2tx+x^2)}.$$

Für festes $x>0$ ist $\overline{F}_t(x)$ offenbar streng monoton fallend in $t$. Daher altert ein System mit rayleighverteilter Lebensdauer im gesamten Intervall $[0,\infty)$. Speziell sei $\lambda = 0,0001$. Tafel 2.1 zeigt die zugehörigen bedingten Überlebenswahrscheinlichkeiten

$$\overline{F}_{t_i}(20) = e^{-(0,004t_i + 0,04)}$$

für $t = 30i$, $i = 0,1,\dots,4$.

Tafel 2.1 Bedingte Überlebenswahrscheinlichkeiten

| $t_i$ | 0 | 30 | 60 | 90 |
|---|---|---|---|---|
| $\overline{F}_t(20)$ | 0,961 | 0,852 | 0,756 | 0,670 |

**Exponentialverteilung** Auf eine bemerkenswerte Eigenschaft von Systemen mit exponential verteilter Lebensdauer stößt man bei der Berechnung der zugehörigen bedingten Überlebenswahrscheinlichkeit: Gemäß (2.10) gilt nämlich mit $F(t) = 1 - e^{-\lambda t}$, $t \geq 0$,

$$\overline{F}_t(x) = e^{-\lambda(t+x)}\!\Big/ e^{-\lambda t} = e^{-\lambda x} = \overline{F}(x). \tag{2.11}$$

Demnach hängen die bedingten Überlebens- bzw. Ausfallwahrscheinlichkeiten vom bereits erreichten "Alter" t des Systems gar nicht ab. Falls also das System zu einem beliebigen Zeitpunkt t noch arbeitet, so ist es bezüglich seines künftigen Ausfallverhaltens in $[t,\infty)$ zum Zeitpunkt t "so gut wie neu"; es altert nicht.

Die Exponentialverteilung erfüllt gemäß (2.11) die Funktionalgleichung

$\bar{F}_t(x) = \bar{F}(x)$ bzw., damit gleichbedeutend,

$$\bar{F}(t+x) = \bar{F}(t) \; \bar{F}(x).$$

Es läßt sich überdies zeigen, daß die Exponentialverteilung die einzige ist, die dieser Bedingung genügt.

### 2.1.4 Ausfallrate

Bezieht man die bedingte Ausfallwahrscheinlichkeit $F_t(\Delta t)$ eines Systems im Intervall $[t, t+t+\Delta t]$ auf die Länge t dieses Zeitintervalls, so erhält man die bedingte Ausfallwahrscheinlichkeit je Zeiteinheit $F_t(\Delta t)/\Delta t$, also eine "Ausfallwahrscheinlichkeitsrate". Diese strebt nun, falls die Dichte $f(t) = F'(t)$ existiert, für $\Delta t \to 0$ gegen eine Funktion $\lambda(t)$, die über die momentane Ausfallneigung des Systems zum Zeitpunkt t Auskunft gibt:

$$\lambda(t) = \lim_{\Delta t \to 0} F_t(\Delta t)/\Delta t = \lim_{\Delta t \to 0} \frac{F(t+\Delta t) - F(t)}{\Delta t} \Big/ \bar{F}(t). \qquad (2.12)$$

Also gilt gemäß (2.3)

$$\lambda(t) = f(t)/ \bar{F}(t). \qquad (2.13)$$

Die Funktion $\lambda(t)$ heißt *Ausfallrate.* In den Anwendungen nutzt man ihre durch (2.12) gegebene Definition häufig in der äquivalenten Form

$$P(X-t \leq \Delta t \,|\, X>t) = \lambda(t)\Delta t + o(\Delta t). \qquad (2.14)$$

Hierbei ist o(x) das *Landau'sche Ordnungssymbol*, also eine beliebige Funktion von x, von der nur verlangt wird, daß sie die Bedingung

$$\lim_{x \to 0} o(x) = 0$$

erfüllt (Anhang 1). Demnach ist $\lambda(t)$ für hinreichend kleine $\Delta t$ in guter Näherung die Wahrscheinlichkeit für den Ausfall des Systems in $[t, t+\Delta t]$, wenn es ohne auszufallen bis zum Zeitpunkt t gearbeitet hat. Diese Eigenschaft der Ausfallrate kann man nutzen, um sie unmittelbar auf der Grundlage von

Lebensdauerdaten aus einer einfachen Stichprobe zu schätzen: Wurde zwecks Zuverlässigkeitsprüfung zum Zeitpunkt 0 eine Anzahl von statistisch äquivalenten Systemen in Betrieb genommen, dann ist deren Ausfallrate in $[t,t+\Delta t]$ näherungsweise gleich dem Quotienten aus der Anzahl der in $[t,t+\Delta t]$ ausgefallenen Systeme und der zum Zeitpunkt t noch funktionstüchtigen Systeme.

**Beispiel 2.3**  Die Überlebenswahrscheinlichkeit eines Systems sei durch eine Funktion folgender Struktur gegeben (Potenzverteilung):

$$\bar{F}(t) = \begin{cases} 0, & t < 0, \\ (1 - t/1000)^2 & 0 \leq t \leq 1000 \text{ h}, \\ 1 & t > 1000. \end{cases}$$

Die maximal mögliche Lebensdauer des Systems ist daher 1000 h. Die Ausfalldichte ist $f(t) = -d\bar{F}(t)/dt$ bzw.

$$f(t) = \begin{cases} 0 & t < 0, \\ (1 - t/1000)\big/500, & 0 \leq t \leq 1000 \text{ h}, \\ 0 & t > 1000 \text{ h}. \end{cases}$$

Daher beträgt die Ausfallrate

$$\lambda(t) = \frac{2}{1000 - t} \, , \quad 0 \leq t < 1000 \text{ h}.$$

Die Ausfallrate wächst somit in $[0,1000)$ ausgehend von $\lambda(0) = 1/500$ streng monoton und unbeschränkt.                                       □

Durch Integration auf beiden Seiten von (2.13) und anschließendem Entlogarithmieren erhält man für die Ausfallwahrscheinlichkeit die Darstellung

$$F(t) = 1 - \exp\left( \int_0^t \lambda(x)dx \right) \tag{2.15}$$

Daher sind bei Existenz von f(t) die Funktionen f(t), F(t), $\bar{F}(t)$ und $\lambda(t)$ bezüglich der Charakterisierung der Lebensdauerverteilung einander äquivalent. Ferner ergibt sich durch Kopplung von (2.10) und (2.15) für die bedingte Überlebenswahrscheinlichkeit die Darstellung

$$\bar{F}_t(x) = \exp\left( -\int_t^{t+x} \lambda(u)du \right) = \exp\left( -\int_0^x \lambda(u+t)du \right). \tag{2.16}$$

Wird mit

$$\Lambda(t) = \int_0^t \lambda(u)du$$

die *Hazardfunktion* bezeichnet, so läßt sich $\overline{F}_t(x)$ auch in der Form

$$\overline{F}_t(t) = \exp\Big[-(\Lambda(t+x) - \Lambda(t)\Big] \qquad (2.17)$$

schreiben. Aus (2.17) wird diejenige Eigenschaft der Ausfallrate deutlich, die ihre Bedeutung in der Zuverlässigkeitstheorie ausmacht: Die bedingte Überlebenswahrscheinlichkeit $\overline{F}_t(x)$ ist genau dann für beliebiges, aber festes x im Intervall $[t_1, t_2]$ eine monoton fallende Funktion von t, wenn die Ausfallrate dort monoton wächst. Somit gilt gemäß Definition 2.1 der

**Satz 2.1** Ein System altert im Intervall $[t_1, t_2]$ genau dann, wenn seine Ausfallrate $\lambda(t)$ dort monoton wächst. ■

Die Eigenschaft der Alterung eines Systems ist daher unmittelbar aus dem Verlauf seiner Ausfallrate ablesbar. Die Ausfallrate enthält somit nicht nur Information über den momentanen Grad der Alterung eines Systems, sondern auch über die Tendenz der Alterung.
Die formale Definition der Ausfallrate gemäß (2.13) hängt natürlich nicht von der Interpretation von F(t) als Ausfallwahrscheinlichkeit ab. Vor allem die Eigenschaft (2.14) wird bei der Analyse stochastischer Modelle (nicht nur der Zuverlässigkeitstheorie) auch im Zusammenhang mit Reparaturdauerverteilungen genutzt.

**Weibull- und Exponentialverteilung** Man rechnet leicht nach, daß ein System mit weibullverteilter Lebensdauer die Ausfallrate

$$\lambda(t) = \lambda\beta t^{\beta-1}$$

hat. Infolgedessen wächst die Ausfallrate eines Systems mit weibullverteilter Lebensdauer genau dann, wenn $\beta > 1$ ist. Somit liegt in diesem Fall gemäß Satz 2.1 Alterung vor. Für $\beta < 1$ fällt die Ausfallrate, das heißt, mit wachsender Betriebsdauer des Systems wird seine Neigung auszufallen immer kleiner ("Verjüngung"). Für $\beta = 1$ geht die Weibullverteilung in die Exponentialverteilung über und die Ausfallrate ist konstant: $\lambda(t) \equiv \lambda$. Wegen der bereits genannten, aus (2.13) bzw. (2.15) abzuleitenden Äquivalenz der Funktionen $\lambda(t)$ und F(t) ist die Konstanz der Ausfallrate eine charakteristische Eigenschaft der Exponentialverteilung. Inhaltlich bedeutet sie, daß sich das statistische Ausfallverhalten von Systemen mit exponentialverteilter Lebensdauer mit wachsender Betriebsdauer nicht ändert.

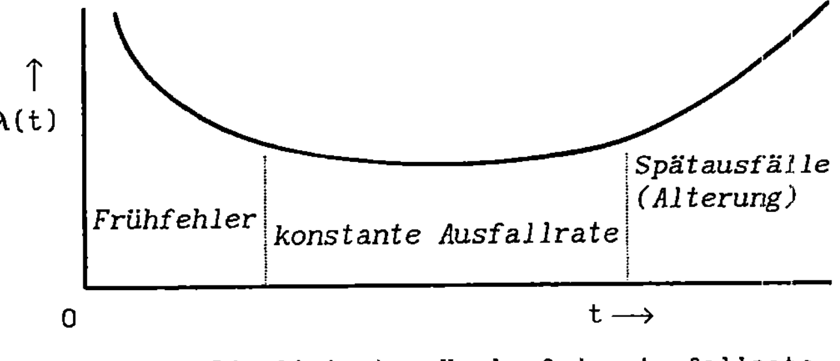



Bild 2.5   Idealisierter Verlauf der Ausfallrate

**Badewannenkurve** Der prinzipielle qualitative Verlauf der Ausfallrate eines technischen Systems läßt sich aus folgenden Überlegungen ableiten: Unmittelbar nach Inbetriebnahme eines Systems werden Abnutzungserscheinungen als Ursache der Alterung im allgemeinen noch nicht wirksam, dagegen ist mit einem Abklingen der *Frühfehler*, also einer Abnahme der Ausfallneigung zu rechnen. Die Ausfallrate fällt. Es folgt eine Phase der konstanten Ausfallrate. Hier sind die Frühfehler abgeklungen und die Abnutzungserscheinungen sind immer noch vernachlässigbar. Während der Phase der konstanten Ausfallrate werden Systemausfälle im wesentlichen durch "äußere Einflüsse" verursacht; das sind etwa Umweltbeanspruchungen wie Druck, Umgebungstemperatur und Erschütterungen sowie Funktionsbeanspruchungen wie Belastungsschwankungen, Spannungs- und Leistungsschwankungen und selbsterzeugte Wärme. Man sagt, in dieser Phase sind die Ausfälle "rein zufälliger" Natur. Es folgt die Phase der *Spätausfälle*: Zu den "rein zufälligen" (stets wirkenden) Ausfallursachen kommen noch die systematischen, durch Abnutzung hervorgerufenen Ausfallursachen hinzu, so daß ein Anstieg der Ausfallrate die Folge ist. Diese etwas idealisierte Vorstellung über den Verlauf der Ausfallrate kommt in der bekannten *Badewannenkurve* (Bild 2.5) zum Ausdruck. Es sei jedoch betont, daß in vielen Fällen zum Teil erhebliche Abweichungen von der Badewannenkurve beobachtet wurden. Das ist vor allem dann der Fall, wenn mehrere Ausfallursachen zeitlich voneinander versetzt wirken.

**Technische Daten** Die Ausfallrate elektronischer Bauelemente in der Phase ihres konstanten Verlaufs ist ihre dominierende Zuverlässigkeitskenngröße. Das liegt nicht zuletzt in der relativen Langlebigkeit elektronischer Bauelemente im Vergleich zu ihrer Anwendungsdauer (Nutzungsdauer) begründet, wodurch Alterungserscheinungen kaum von Bedeutung sind. Renommierte Firmen (zum Beispiel AEG, Siemens) geben daher in regelmäßigen Abständen Tabellen mit den Ausfallraten der von ihnen produzierten bzw. eingesetzten Bauelementen bzw. Baugruppen unter normalen Betriebsbedingungen an (siehe auch Birolini (1991), Hedtke (1984), Schrüfer (1984)). Das diesbezügliche Standardwerk ist jedoch das vom US Department of Defense seit 4 Jahrzehnten in regelmäßigen Abständen herausgegebene Military Handbook 217. Demgemäß liegen die Ausfallraten von elektronischen Bauelementen wie Dioden, Transistoren, Kondensatoren, Schaltern und Relais gegenwärtig zwischen $10^{-4}$ und $10^{-10}$ $[h^{-1}]$, die von integrierten Schaltkreisen zwischen $10^{-6}$ und $10^{-10}$ $[h^{-1}]$ (TTL-Technik MSI und LSI). Um eine Vorstellung von diesen Größenordnungen zu bekommen, beachte man, daß der Kehrwert der Ausfallrate gleich dem Erwartungswert der Zeitdauer der Phase konstanter Ausfallrate ist. Diese hat aber den überwiegenden Anteil an der mittleren Lebensdauer elektronischer Bauelemente; denn nach *Hedtke (1984)* kann man etwa bei integrierten Schaltkreisen mit Frühausfällen bis zu 5000 Betriebsstunden rechnen, bei passiven Bauelementen sowie bei diskreten Halbleitern bis 1000 h, während eine merkliche Alterung nicht vor $4,4 \cdot 10^5$ Betriebsstunden (etwa 50 Jahre) einsetzt.

**Approximation der Ausfallrate**  Zeitliche Schwankungen der Ausfallrate eines Systems werden in relativ kurzen Zeiträumen häufig durch Änderungen im Betriebsrythmus hervorgerufen. Beispielsweise gibt es verschärfte und normale Betriebsbedingungen sowie An- und Abfahrzeiten von Produktionsprozessen. Diese unterschiedlichen Phasen während der Nutzung technischer Systeme haben kurzfristig einen erheblich größeren Einfluß auf die Ausfallrate als die Phänomene, die zur Entstehung der Badewannenkurve führen. (Man beachte, daß die Deutung der Badewannenkurve konstante Betriebsbedingungen vorausetzt.) Die exakte Ermittlung der zeitlichen Abhängigkeit der Ausfallrate von unterschiedlichen Betriebsphase ist im allgemeinen nicht oder nur mit unverhältnismäßig großem Aufwand möglich. Daher rechnet man in diesen Fällen für Zuverlässigkeitsprognosen näherungsweise mit einer mittleren konstanten Ausfallrate. Beispielsweise zerfalle die Betriebsdauer eines Systems in n Phasen $B_1$, $B_2$,..., $B_n$, in denen das System jeweils mit den konstanten Ausfallraten $\lambda_1$, $\lambda_2$,..., $\lambda_n$ arbeitet, und die jeweils mit den Anteilen $a_1, a_2,...,a_n$ auftreten, $a_1 + a_2 +...+ a_n = 1$. Die (unbedingte) Systemausfallrate ist dann

$$\lambda = a_1 \lambda_1 + a_2 \lambda_2 + ... + a_n \lambda_n. \tag{2.18}$$

**Beispiel 2.4** Eine Atlaniküberquerung mit einer Segeljacht dauert 20 Tage. Schlechte Winderhältnisse zwingen, in durchschnittlich 20% der Fahrzeit mit Motorunterstützung zu segeln. Die Ausfallrate des Antriebmotors im Arbeitszustand sei $\lambda_1 = 0,0008$ [h$^{-1}$] und im Ruhezustand $\lambda_2 = 0,0001$ [h$^{-1}$]. Mit welcher Wahrscheinlichkeit kann während der gesamten Fahrt, falls erforderlich, mit Motorunterstützung gefahren werden?

Die unbedingte Ausfallrate des Motors ist

$$\lambda = 0,2 \cdot 0,0008 + 0,8 \cdot 0,0001 = 0,00024 \ [\text{h}^{-1}].$$

Daher beträgt seine Überlebenswahrscheinlichkeit

$$\overline{F}(t) = e^{-0,00024t}, \quad t \geq 0.$$

Somit ist die gesuchte Wahrscheinlichkeit gleich

$$\overline{F}(480) = 0,891. \qquad \qquad \square$$

**Ausfälle bei Schockeinwirkung** Erfahrungsgemäß gibt es Zeitpunkte während der Betriebsdauer technischer Systeme, in denen Ausfälle bevorzugt auftreten, etwa beim Ein- und Ausschalten elektronischer Systeme, beim Anlassen eines Motors oder beim Starten und Landen eines Flugzeugs. Die Ursachen derartiger Ausfälle sollen kurz *Schocks* genannt werden. Im folgenden wird der Beitrag von Schocks zur Systemausfallrate berechnet.

Ein Schock verursache unabhängig von den anderen mit Wahrscheinlichkeit p einen Systemausfall. Daher verursachen n Schocks mit Wahrscheinlichkeit

$$\pi_n = (1 - p)^n$$

keinen Ausfall. Da p naturgemäß als klein vorausgesetzt werden kann, gilt näherungsweise $\pi_n = e^{-np}$. Wenn s die mittlere Anzahl der je Zeiteinheit eintreffenden Schocks bezeichnet, dann treffen in t Zeiteinheiten durchschnittlich st Schocks ein. Also wird im Intervall $[0, t]$ mit Wahrscheinlichkeit

$$\pi(t) = e^{-spt} \tag{2.19}$$

kein auf Schocks zurückzuführender Systemausfall verursacht. Der Beitrag der Schocks zur Systemausfallrate ist also gleich sp.

**Beispiel 2.5** Eine Pumpe zur Füllstandsregulierung eines Flüssigkeitsbehälters befindet sich in der Phase ihrer Funktionstüchtigkeit (= *Klardauer* gemäß DIN 40 041) entweder im Arbeits- oder Ruhezustand, und zwar jeweils mit den durchschnittlichen Anteilen $a_1 = 0,3$ bzw. $a_2 = 0,7$. Arbeitet die Pumpe, dann hat sie die Ausfallrate $\lambda = 0,0003$ [h$^{-1}$]; im Ruhezustand hat sie die

Ausfallrate $\lambda_2 = 0,000008$ [h$^{-1}$]. Je Stunde wird die Pumpe im Mittel s = 2 mal eingeschaltet. Beim Einschalten fällt die Pumpe mit  Wahrscheinlichkeit p = 0,001 aus. Mit welcher Wahrscheinlichkeit tritt innerhalb von 4 Wochen kein Ausfall ein?

Zur Lösung dieser Aufgabe sind die Formeln (2.18) und (2.19) zu kombinieren. Der Schockbeitrag sp = 0,002 zur Gesamtausfallrate $\lambda$ der Pumpe kann nur auftreten, wenn die Pumpe arbeitet. Also gilt

$$\lambda = a_1(sp + \lambda_1) + a_2\lambda_2$$

$$= 0,3(0,002 + 0,0003) + 0,7\cdot0,000008 = 0,000746 \text{ [h}^{-1}\text{]}$$

Somit ist die Überlebenswahrscheinlichkeit der Pumpe

$$\bar{F}(t) = e^{-0,000746t}, \quad t \geq 0.$$

Die gesuchte Wahrscheinlichkeit beträgt daher

$$\bar{F}(28\cdot24) = \bar{F}(672) = e^{-0,5013} = 0,6057. \qquad \square$$

### 2.1.5  Verfügbarkeit

Ausgefallene Systeme werden, wenn die Möglichkeit und Notwendigkeit besteht, durch geeignete Instandsetzungsmaßnahmen wieder in den funktionstüchtigen Zustand versetzt. Dieser Vorgang wiederholt sich während der gesamten Nutzungsdauer des Systems. Die zugehörige, durch (2.1) definierte Indikatorvariable für den Systemzustand hat in diesem Fall qualitativ den in Bild 2.6 dargestellten Verlauf.

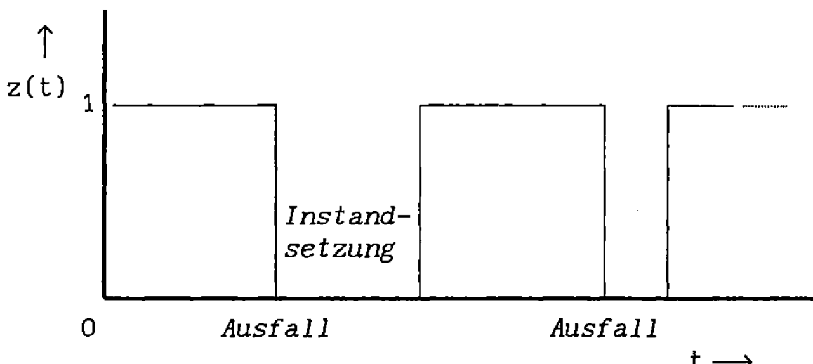


Bild 2.6   Indikatorvariable bei Instandsetzung

Die Wahrscheinlichkeit p(t) dafür, daß das System zum Zeitpunkt t funktions-

tüchtig (verfügbar) ist, heißt *Verfügbarkeit* des Systems zum Zeitpunkt t
oder *Momentanverfügbarkeit*:

$$p(t) = P(z(t) = 1).$$    (2.20)

Die Wahrscheinlichkeit $1 - p(t) = P(z(t) = 0)$ ist dementsprechend die *Nicht-verfügbarkeit* des Systems zum Zeitpunkt t. Offenbar ist im Fall eines Systems ohne Instandsetzung nach einem Ausfall ("Systeme ohne Erneuerung") die Verfügbarkeit (Nichtverfügbarkeit) gleich der Überlebenswahrscheinlichkeit $\bar{F}(t)$ (Ausfallwahrscheinlichkeit $F(t)$). Aufgrund der Definition des Erwartungswertes diskreter Zufallsgrößen gilt

$$E(z(t)) = 0 \cdot P(z(t) = 0) + 1 \cdot P(z(t) = 1) = p(t).$$

Somit ist die Verfügbarkeit eines Systems gleich dem Erwartungswert seiner Indikatorvariablen:

$$p(t) = E(z(t)).$$    (2.21)

Für Systeme mit unbeschränkter (hinreichend großer) Betriebsdauer betrachtet man anstelle von $p(t)$ häufiger den Grenzwert

$$p = \lim_{t \to \infty} p(t)$$

und bezeichnet ihn im Fall seiner Existenz als *stationäre Verfügbarkeit* oder *Dauerverfügbarkeit* des Systems. Die Dauerverfügbarkeit ist also gleich dem mittleren Zeitanteil, in dem sich das System im funktionstüchtigen Zustand befindet. Ist $T_a$ die mittlere Arbeitszeit und $T_s$ die mittlere Stillstandszeit eines Systems in einem Intervall der Länge $T = T_a + T_s$, dann beträgt die Dauerverfügbarkeit des Systems in diesem Intervall

$$p = \frac{T_a}{T_a + T_s}.$$    (2.22)

## 2.2  KLASSEN VON WAHRSCHEINLICHKEITSVERTEILUNGEN

### 2.2.1  Parametrische Klassen

In diesem Abschnitt werden wichtige Wahrscheinlichkeitsverteilungen stetiger Zufallsgrößen vorgestellt, die in der Zuverlässigkeits- und Instandhaltungstheorie als Lebens- und Reparaturdauerverteilungen oder auch als Verteilungen von Reparaturkosten bevorzugt angewendet werden. Als Verteilungen nicht-negativer Zufallsgrößen sind ihre Verteilungsfunktionen und Verteilungsdichten identisch 0 für t < 0, so daß darauf nicht mehr hingewiesen wird. Der Vollständigkeit halber werden die Kenngrößen der bereits eingeführten Exponentialverteilung noch einmal aufgelistet.

**Exponentialverteilung**   Eine Zufallsgröße X heißt *exponential* verteilt mit dem Parameter $\lambda$, wenn ihre Verteilungsfunktion durch

$$F(t) = 1 - e^{-\lambda t}, \quad \lambda > 0$$

gegeben ist.

Dichte:          $f(t) = \lambda e^{-\lambda t}$

Erwartungswert:  $E(X) = 1/\lambda$

Varianz:         $D^2(X) = (1/\lambda)^2$

Ausfallrate:     $\lambda(t) = \lambda$

Auf die besondere Stellung der Exponentialverteilung wurde bereits in den Abschnitten 2.1.3 und 2.1.4 hingewiesen.

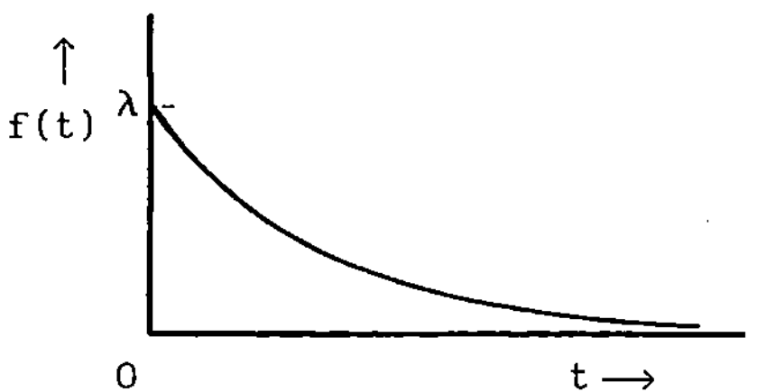


Bild 2.7   Dichte der Exponentialverteilung

**Weibullverteilung**   Eine Zufallsgröße X heißt *weibullverteilt* mit den Parametern $\lambda$ und $\beta$, wenn ihre Verteilungsfunktion durch

$$F(t) = 1 - \exp(-\lambda t^{\beta})$$

gegeben ist.

Dichte:          $f(t) = \lambda\beta t^{\beta-1} \exp(-\lambda t^{\beta})$

Ausfallrate      $\lambda(t) = \lambda\beta t^{\beta-1}$

Erwartungswert:  $E(X) = \left(\frac{1}{\lambda}\right)^{1/\beta} \Gamma\left(\frac{1}{\beta} + 1\right)$

Varianz:         $D^2(X) = \left(\frac{1}{\lambda}\right)^{2/\beta} \left[\Gamma\left(\frac{2}{\beta} + 1\right) - \left(\Gamma\left(\frac{1}{\beta} + 1\right)\right)^2\right]$

Die Gammafunktion $\Gamma(t)$ ist durch (2.8) definiert.

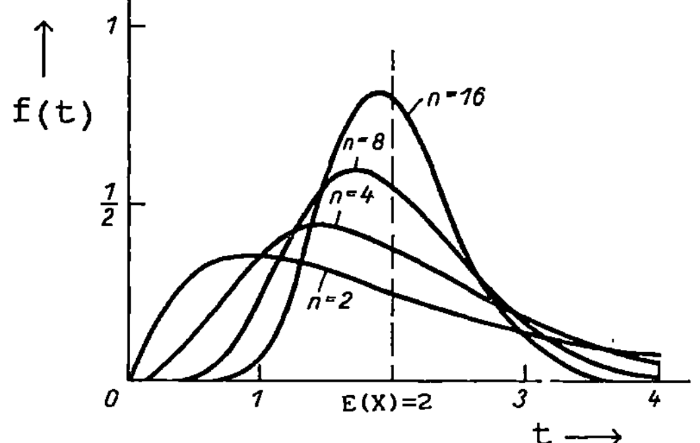

Bild 2.8   Dichten der Weibullverteilung für $\lambda = 1$

Für die Weibullverteilung ist auch folgende Darstellung zweckmäßig:

$$F(t) = 1 - \exp\left[-(t/\vartheta)^\beta\right].$$

Somit hat eine Vergrößerung bzw. Verkleinerung von $\vartheta$ nur eine Streckung bzw. Stauchung der Zeitachse zur Folge. Damit ist $\vartheta$ ein *Skalenparameter*, während $\beta$ als *Formparameter* die entscheidende Bedeutung hat. Diese Tatsache wird auch aus der Darstellung des Erwartungswertes von X deutlich:

$$E(X) = \vartheta\ \Gamma\left(\frac{1}{\beta} + 1\right).$$

**Bemerkung**   Die Weibullverteilung wurde Ende der 40er Jahre von dem schwedischen Ingenieur *Weibull* im Ergebnis von Untersuchungen der Zuverlässigkeit von Verschleißteilen als Ausfallverteilung vorgeschlagen. Jedoch wurde sie bereits Ende der 20er Jahre im Zusammenhang mit der Analyse der Korngrößenverteilung in Mahlgut von den bedeutenden Freiberger Montanwissenschaftlern *Rosin* und *Rammler* gefunden und trägt daher in der montanwissenschaftlichen Literatur deren Namen (siehe etwa *Rosin/Rammler (1934)*).

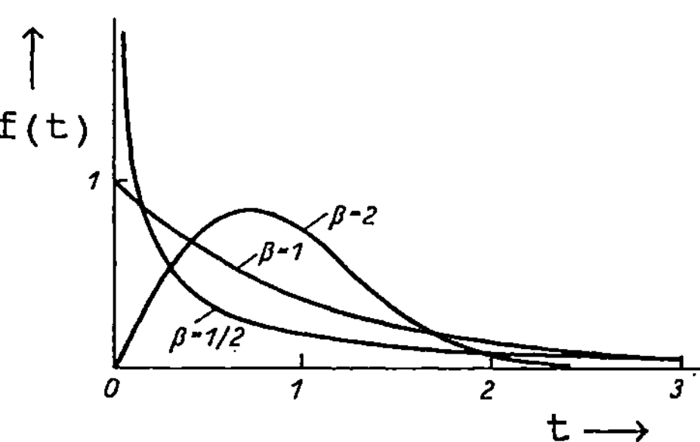

Bild 2.9   Dichten der Erlangverteilung für für n=2 und $\lambda$=1

**Erlangverteilung**  Eine nichtnegative Zufallsgröße X heißt *erlangverteilt* der Ordnung n mit dem Parameter $\lambda > 0$, falls ihre Verteilungsfunktion durch

$$F(t) = 1 - e^{-\lambda t} \sum_{k=0}^{n-1} \frac{(\lambda t)^k}{k!}$$

gegeben ist.

Dichte:
$$f(t) = \lambda \frac{(\lambda t)^{n-1}}{(n-1)!} e^{-\lambda t}$$

Erwartungswert:
$$E(X) = n/\lambda$$

Varianz:
$$D^2(x) = n/\lambda^2$$

Die gemäß (2.13) gebildete Ausfallrate ist stets wachsend, und es gelten

$$\lambda(0) = 0 \text{ sowie } \lim_{t \to \infty} \lambda(t) = \lambda.$$

In den Anwendungen ist von Bedeutung, daß sich die Erlangverteilung als Verteilung der Summe von n unabhängigen, exponential mit dem Parameter $\lambda$ verteilten Zufallsgrößen ergibt.

**Potenzverteilung**  Eine Zufallsgröße X genügt einer *Potenzverteilung* mit den Parametern $\beta > 0$ und $\tau > 0$, wenn ihre Verteilungsfunktion durch

$$F(t) = \begin{cases} 1 - (1 - \frac{t}{\tau})^\beta, & 0 \le t \le \tau, \\ 1, & \tau < t, \end{cases}$$

gegeben ist.

Dichte:
$$f(t) = \begin{cases} \frac{\beta}{\tau}(1 - \frac{t}{\tau})^{\beta-1}, & 0 \le t \le \tau, \\ 0, & \tau < t. \end{cases}$$

Erwartungswert:
$$E(X) = \frac{\tau}{\beta + 1}$$

Varianz:
$$D^2(X) = \frac{\beta}{(\beta+1)^2(\beta+2)}\tau^2$$

Ausfallrate:
$$\lambda(t) = \frac{\beta}{\tau - t}, \quad 0 \le t < \tau.$$

Die Ausfallrate wächst in $[0,\infty)$ unbeschränkt. Für $\beta=1$ erhält man die Gleichverteilung im Intervall $[0,\tau]$. Der Parameter $\tau$ ist ein Skalenparameter.

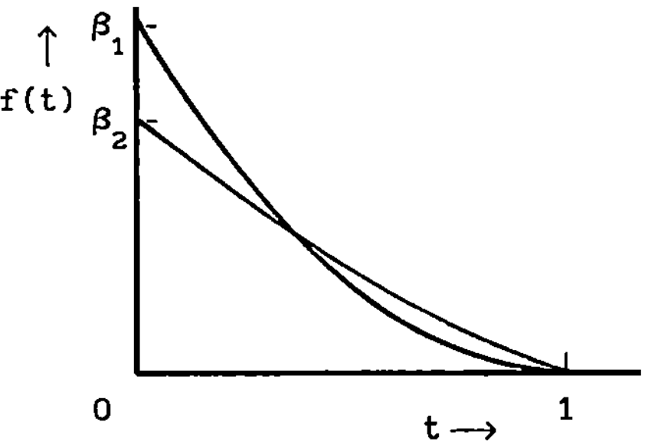


**Bild 2.10 Dichten der Potenzverteilung für $\tau=1$**

**(Logarithmische) Normalverteilung** Eine Zufallsgröße Y heißt *normalverteilt* mit dem Erwartungswert $\mu$ und der Varianz $\sigma^2$, wenn ihre Verteilungsdichte die Gestalt

$$f(t) = \frac{1}{\sqrt{2\pi\,\sigma^2}} \, \exp\left(- \frac{(t-\mu)^2}{2\sigma^2}\right)$$

hat. Insbesondere ist Y *standardisiert normalverteilt*, wenn $\mu = 0$ und $\sigma = 1$ sind. Die Verteilungsfunktion einer standardisiert normalverteilten Zufallsgröße wird mit $\phi(t)$ bezeichnet:

$$\phi(t) = \frac{1}{\sqrt{2\pi}} \int_{-\infty}^{t} e^{-x^2/2} \, dx \; .$$

Die Normalverteilung ist als Lebensdauerverteilung nicht geeignet, da negative Realisierungen mit positiver Wahrscheinlichkeit $\Phi(-\mu/\sigma)$ auftreten können. Man "stutzt" daher diese Verteilung bezüglich des Nullpunkts oder geht über zur logarithmischen Normalverteilung: Eine Zufallsgröße X heißt *logarithmisch normalverteilt* mit den Parametern $\mu$ und $\sigma$, wenn $X = e^{Y}$ gilt und Y normalverteilt ist mit dem Erwartungswert $\mu$ und der Varianz $\sigma^2$.

Verteilungsfunktion:
$$F(t) = \Phi\left(\frac{\ln t - \mu}{\sigma}\right)$$

Dichte:
$$f(t) = \frac{1}{\sqrt{2\pi}\,\sigma t} \, \exp\left(- \frac{(\ln t - \mu)^2}{2\sigma^2}\right)$$

Erwartungswert:
$$E(X) = \exp\left(\mu + \frac{\sigma^2}{2}\right)$$

Varianz:
$$D^2(X) = e^{2\mu+\sigma^2}\left(e^{\sigma^2} - 1\right)$$

Die entsprechend der Formel (2.13) gebildete Ausfallrate der logarithmischen Normalverteilung ist im allgemeinen nicht monoton. Die logarithmische Normalverteilung wird vor allem als Verteilung von Reparaturdauern angewendet.

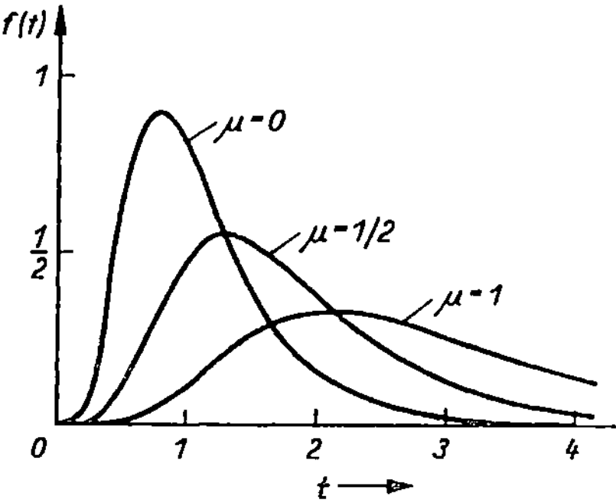

Bild 2.11   Verteilungsdichten der logarithmischen Normalverteilung für $\sigma$=1

## 2.2.2  Nichtparametrische Klassen

Die im vorangegangenen Abschnitt eingeführten Klassen von Lebensdauerverteilungen sind durch eine vorgegebene funktionelle Struktur der Verteilungsfunktion bzw. der ihr äquivalenten Kenngrößen charakterisiert. Bei geeigneter Wahl der Parameter waren innerhalb einer Klasse sowohl fallende als auch
steigende Ausfallraten möglich. Zum Beispiel ist im Fall der Weibullverteilung die Ausfallrate wachsend für $\beta > 1$, konstant für $\beta = 1$ und fallend für
$0 < \beta < 1$. Aufgrund der inhaltlichen Bedeutung der Ausfallrate, die zeitliche Alterung bzw. Verjüngung von technischen Systeme zu beschreiben, hat es
sich als tragfähig und für die Lösung praktischer und theoretischer Probleme
der Zuverlässigkeitsarbeit als zweckmäßig erwiesen, Eigenschaften der Ausfallrate als Klassifizierungsmerkmal für Wahrscheinlichkeitsverteilungen zugrunde zu legen. Die ersten Ergebnisse dazu finden sich bereits in der Mono-
graphie *Barlow/Proschan (1965)*, siehe auch *Beichelt/Franken (1983)*. Hier sollen nur einige grundlegende, vornehmlich anwendungsorientierte Resultate vorgestellt werden.

Gemäß Satz 2.1 wächst (fällt) die Ausfallrate $\lambda(t)$ genau dann, wenn die bedingte Überlebenswahrscheinlichkeit

$$\bar{F}_t(x) = \bar{F}(t+x)/\,\bar{F}(t)$$

bei beliebigem, aber festem $x \geq 0$ monoton wächst (fällt) in t. Angesichts
der Tatsache, daß die Ausfallrate nicht existieren muß (ihre Existenz ist an
die der Dichte gebunden), bietet sich das Verhalten der Funktion $\bar{F}_t(x)$ als
geeignetere Basis zur Klassifizierung von Lebensdauerverteilungen an.

**Definition 2.2**   Eine Verteilungsfunktion F(t) ist eine *IFR- (DFR-) Vertei-lung,* wenn $\bar{F}_t(x)$ bei beliebigem, aber festem $x \geq 0$ monoton fällt (wächst) in t, $0 < t < \infty$.   ■

IFR (DFR) steht als Abkürzung für "increasing (decreasing) failure rate". Üblich ist auch die Sprechweise "F(t) gehört zum Typ IFR (DFR)".
Für Verteilungen, die eine Dichte haben, ist die IFR- (DFR-) Eigenschaft damit äquivalent, daß die Ausfallrate monoton wachsend (fallend) ist. Somit sind Weibullverteilungen für $\beta > 1$ und Potenzverteilungen IFR , während Weibullverteilungen für $\beta < 1$ DFR sind. Die Exponentialverteilung ist sowohl IFR als auch DFR. Die logarithmische Normalverteilung ist weder IFR noch DFR.

**Satz 2.2**  Eine Verteilungsfunktion ist genau dann vom Typ IFR (DFR), wenn ln $\bar{F}(t)$ konkav (konvex) ist.

**Beweis**  Gemäß (2.15) gilt

$$\Lambda(t) = \int_o^t \lambda(u)du = - \ln \bar{F}(t).$$

Somit ist wegen (2.17) F(t) genau dann vom Typ IFR (DFR), wenn die Differenz $\Lambda(t+x) - \Lambda(t)$ für festes $x \geq 0$ wachsend (fallend) ist.   ▌

Da anstelle der Verteilungsfunktion häufig nur deren Laplace-Stieltjes-Transformierte (siehe Anhang 2) zur Verfügung stehen, ist der folgende Satz von Bedeutung *(Beichelt/Franken (1983))*.

**Satz 2.3**  Eine Verteilungsfunktion F(t) ist genau dann IFR (DFR), wenn ihre Laplace-Stieltjes-Transformierte F*(s) für alle n = 0,1,2,...und $s \geq 0$ den Bedingungen

$$a_n^2(s) \underset{(\leq)}{\geq} a_{n-1}(s)\, a_{n+1}(s)$$

genügt, wobei $a_{-1}(s) \equiv 1$, $a_0(s) = (1 - F^*(s))/s$ und

$$a_n(s) = \frac{(-1)^n}{n!} \frac{d^n a_o(s)}{ds^n}$$

gelten.   ■

Die praktische Bedeutung der Information über eine Verteilung, vom Typ IFR bzw. DFR zu sein, liegt nichtzuletzt darin begründet, daß sie die Konstruktion von Schranken erlaubt, wobei als zusätzliche Information lediglich die Kenntnis gewisser Momente bzw. Quantile erforderlich ist. Aus der Vielzahl bekannter Schranken werden hier nur die wichtigsten angegeben. Dabei sei für k = 1, 2,...

$$\mu_k = E(X^k) = \int_0^\infty x^k \, f(x) \, dx$$

das *k-te Moment* einer Zufallsgröße X mit der Dichte f(x). Speziell ist das 1. Moment der Erwartungswert von X: $\mu_1 = \mu = E(X)$.

Ist F(t) vom Typ IFR, gilt

$$\overline{F}(t) \geq \begin{cases} \exp \, (-t(k!/\mu_k)^{1/k} & \text{für } t \leq \mu_k^{1/k} \\ 0 & \text{für } t > \mu_k^{1/k} \end{cases} . \qquad (2.23)$$

Insbesondere ergibt sich für k = 1

$$\overline{F}(t) \geq \begin{cases} e^{-t/\mu} & \text{für } t \leq \mu, \\ 0 & \text{für } t > \mu. \end{cases} \qquad (2.24)$$

Bild 2.12 zeigt den Verlauf der unteren Schranken (2.23) für $\mu = \mu_1 = 1$, $\mu_2 = 3/2$ und $\mu_3 = 3$ in den zugehörigen nichttrivialen Bereichen $t \leq 1$, $t \leq \sqrt{3/2}$ bzw. $t \leq \sqrt[3]{3}$. Speziell ist im Intervall $0 \leq t \leq 1$ die Schranke (2.24) am besten.

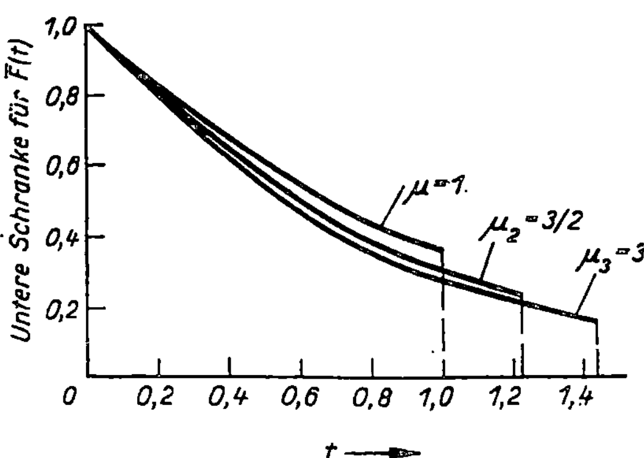


Bild 2.12   Untere Schranken für F̄(t) im Fall IFR

Ist F(t) vom Typ DFR, gelten

$$\overline{F}(t) \leq \begin{cases} e^{-t/\mu} & \text{für } t \leq \mu, \\ \mu(et)^{-1} & \text{für } t > \mu \end{cases} \qquad (2.25)$$

und gemäß *Brown* (*1979*)

$$\overline{F}(t) \geq e^{-(t/\mu + \gamma)} \tag{2.26}$$

mit

$$\gamma = \frac{\mu_2}{2\mu^2} - 1. \tag{2.27}$$

Bild 2.13 zeigt den Verlauf der Schranken (2.25) und (2.26) für $\mu = 1$ und $\mu_2 = 5/2$.

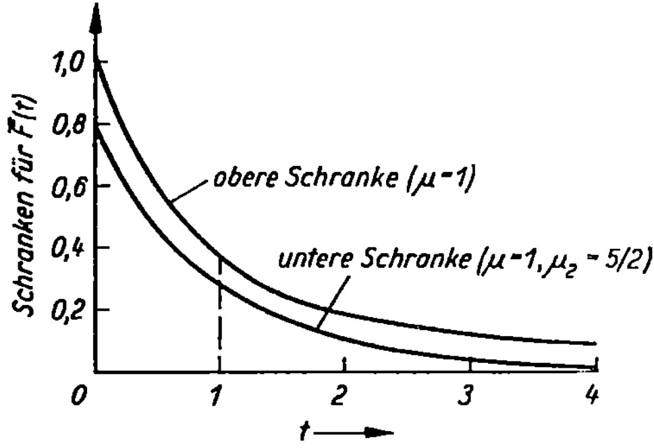


Bild 2.13   Schranken für DFR-Verteilungen

Neben Abschätzungen sind auch Näherungsformeln für $\overline{F}(t)$ von Interesse. *Brown* (*1979*) bewies

$$\sup_{t} |\overline{F}(t) - e^{-t/\mu}| \leq 1 - e^{-\gamma},$$

falls F(t) vom Typ DFR ist und *Solov'ev* (*1978*) zeigte

$$\sup_{t} |\overline{F}(t) - e^{-t/\mu}| \leq 1 - \sqrt{2\gamma + 1},$$

falls F(t) vom Typ IFR ist. (Die Konstante $\gamma$ ist in beiden Fällen wieder durch (2.27) gegeben.) Somit lassen sich sowohl IFR- als auch DFR-Verteilungen umso besser durch eine Exponentialverteilung mit dem gleichen Erwartungswert approximieren, je kleiner $\gamma$ ist. (Die Exponentialverteilung hat die Eigenschaft $\gamma = 0$.)

In der Praxis ist häufig der Fall zu beobachten, daß die Ausfallrate zwar tendenziell wächst, aber ein monotones Wachsen bzw. Fallen nicht vorliegt. Dieser Sachverhalt tritt etwa bei periodischen Belastungsschwankungen auf oder zyklischen Veränderungen der äußeren Bedingungen. Es ist daher naheliegend, die Voraussetzung des monotonen Verlaufs der Ausfallrate dahingehend abzuschwächen, daß ein solcher Verlauf nur von der durchschnittliche Ausfallrate

$$\bar{\lambda}(t) = \frac{1}{t} \int\limits_{0}^{t} \lambda(x)dx = \frac{1}{t} \Lambda(t)$$

gefordert wird. Wegen $\Lambda(t) = - \ln \bar{F}(t)$ führt diese Überlegung zu folgender Definition, die wiederum nicht von der Existenz der Verteilungsdichte abhängt.

**Definition 2.3**  Eine Verteilungsfunktion F(t) ist eine *IFRA-(DFRA-) Verteilung,* wenn  $-(1/t)\ln \bar{F}(t)$  monoton wachsend (fallend) in t, t $\geq$ 0, ist.   ∎

Unmittelbar aus der Definition ergibt sich: Eine Verteilungsfunktion ist genau dann IFRA (DFRA), wenn

$$\bar{F}(at) \underset{(\leq)}{\geq} [\bar{F}(t)]^a$$

für alle a $\in$ (0,1) und t $\geq$ 0 gilt.

Das folgende Kriterium für das Vorliegen der IFRA-(DFRA-) Eigenschaft eignet sich besonders zum experimentellen Nachweis dieser Eigenschaften, leistet aber auch gute Dienste bei der Herleitung von Abschätzungen.

**Satz 2.4**  *(Barlow/Proschan (1978)).* Eine Verteilungsfunktion F(t) ist genau dann IFRA (DFRA), wenn die Differenz

$$F(t) - e^{-\lambda t}$$

für jedes $\lambda > 0$ keinen oder genau einen Vorzeichenwechsel von " + " nach nach " - " (von " - " nach " + ") aufweist.   ∎

Mit Hilfe dieses Satzes ergeben sich für eine IFRA- (DFRA-) Verteilungsfunktion F(t) mit dem $\varepsilon$-Quantil $t_\varepsilon$ die Abschätzungen

$$\bar{F}(t) \underset{(\leq)}{\geq} \exp\left( \frac{t}{t_\varepsilon} \ln (1 - \varepsilon) \right) \quad \text{für } t \leq t_\varepsilon \, ,$$

$$\bar{F}(t) \underset{(\geq)}{\leq} \exp\left( \frac{t}{t_\varepsilon} \ln(1 - \varepsilon) \right) \quad \text{für } t \geq t_\varepsilon \, . \tag{2.28}$$

Ferner folgt aus Satz 2.4 für eine IFRA-Verteilungsfunktion F(t)

$$\bar{F}(t) \leq \begin{cases} 1 & \text{für } t < \mu \\ e^{-rt} & \text{für } t \geq \mu \, , \end{cases} \tag{2.29}$$

wobei $r = r(t,\mu)$ Lösung der Gleichung

$$1 - \mu r = e^{-rt}$$

ist (Bild 2.14).

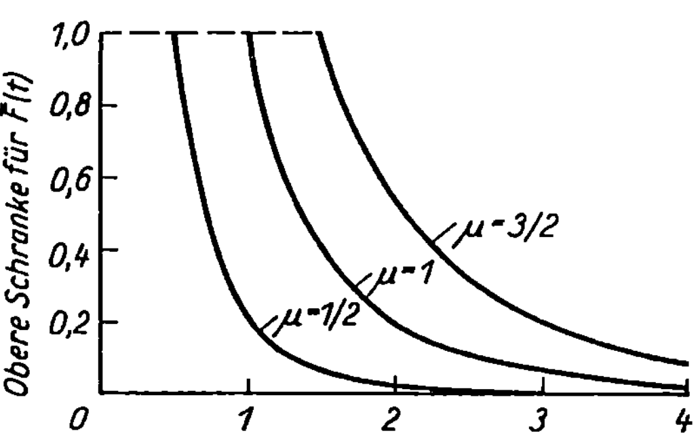


Bild 2.14   Obere Schranken (2.29) für $\overline{F}(t)$ im Fall IFRA

**Beispiel 2.6**   Durch eine Garantieerklärung des Herstellers sei bekannt, daß ein technisches System im Verlauf von 1000 Betriebsstunden mit Wahrscheinlichkeit 0,95 nicht ausfällt; es gilt also $\overline{F}(1000) = 0,95$ und $t_\varepsilon = t_{0,05} =$ = 1000 h ist das 0,05 - Quantil der Lebensdauerverteilung des Systems. Daher läßt sich gemäß (2.28) die Überlebenswahrscheinlichkeit des Systems durch eine Exponentialverteilung mit dem Parameter

$$\lambda = -(1/t_\varepsilon)\ln\,(1-\varepsilon) = -(1/1000)\,\ln\,0,95 = 0,0000513 \;[\mathrm{h}^{-1}]$$

in folgender Weise abschätzen:

$$\overline{F}(t) \geq e^{-0,0000513t} \quad \text{für } t \leq 1000,$$

$$\overline{F}(t) \leq e^{-0,0000513t} \quad \text{für } t \geq 1000.$$

Speziell ergibt ergibt sich hieraus, daß zum Zeitpunkt $t = 900$ [h] das System mit einer Wahrscheinlichkeit von mindestens 0,955 noch arbeitet.     □

Ist $F(t)$ eine IFRA-Verteilung mit den zugehörigen Momenten $\mu_k$, $k = 1,2,\ldots$, so gilt

$$\overline{F}(t) \geq \begin{cases} \min\left(\exp(-bt),\ \exp(-t(\mu_k/\,k!)^{1/k}\right) & \text{für } t \leq \mu_k^{1/k} \\[2mm] 0 & \text{für } t > \mu_k^{1/k}, \end{cases} \tag{2.30}$$

wobei $b = b_{\mu_k}(t)$ Lösung der Gleichung

$$b^k(t^k - \mu_k) + e^{-bt} \sum_{j=1}^{k} \frac{k!\,(bt)^{k-j}}{(k-j)!} = 0$$

ist. Man überzeugt sich leicht davon, daß die untere Schranke (2.30) wegen der Gültigkeit von

$$b_{\mu_k}(t) \geq (k!/\mu_k)^{1/k} \quad \text{für alle } t \in (0, \ \mu_k^{1/k})$$

kleiner ist als die untere Schranke (2.23) für die Überlebenswahrscheinlichkeit einer IFR-Verteilung.

## 2.3  STRUKTURIERTE SYSTEME

### 2.3.1  Einführung

Im Unterschied zu (strukturell) einfachen Systemen wird jetzt ein struktureller Aufbau aus Teilsystemen berücksichtigt. Dieser Abschnitt beschäftigt sich mit elementaren, aber grundlegenden Modellen zuverlässigkeitstheoretischer Systemstrukturen. Eine detaillierte Behandlung allgemeinerer Modelle erfolgt in den Kapiteln 3 bis 5.

Das System S bestehe aus den Teilsystemen $e_1, e_2, \ldots, e_n$, die als *Elemente* bezeichnet werden. Ebenso wie bei den Elementen wird nur zwischen den Systemzuständen "funktionstüchtig" und "funktionsuntüchtig" unterschieden. Die Lebensdauern der Elemente seien voneinander unabhängige Zufallsgrößen $X_i$ mit den Ausfallwahrscheinlichkeiten $F_i(t)$, den Überlebenswahrscheinlichkeiten $\overline{F}_i(t)$ und den Ausfallraten $\lambda_i(t)$, $i = 1,2,\ldots,n$. Die entsprechenden Zuverlässigkeitskenngrößen des Systems seien $X_s$, $F_s(t)$, $\overline{F}_s(t)$ und $\lambda_s(t)$.

### 2.3.2  Seriensysteme

Ein *Seriensystem* ist dadurch charakterisiert, daß der Ausfall bereits eines Elements zum Systemausfall führt (Bild 2.15). Somit gilt

$$X_s = \min \ (X_1, X_2, \ldots, X_n).$$

Hieraus folgt wegen der vorausgestzten Unabhängigkeit der Lebensdauern der Elemente ("unabhängige Elemente")

$$P(X_s > t) = P(X_1 > t, \ X_2 > t, \ldots, \ X_n > t)$$
$$= P(X_1 > t) \ P(X_2 > t) \ldots P(X_n > t).$$

Daher gilt:

$$\overline{F}_s(t) = \overline{F}_1(t)\,\overline{F}_2(t)\ldots\overline{F}_n(t). \tag{2.31}$$

*Die Überlebenswahrscheinlichkeit eines Seriensystems mit unabhängigen Elementen ist gleich dem Produkt der Überlebenswahrscheinlichkeiten seiner Elemente.*

Formel (2.31) heißt demzufolge *Produktformel* (für die Überlebenswahrscheinlichkeit eines Seriensystems mit unabhängigen Elementen). Wegen (2.15) läßt sie sich auch in der Form

$$\exp\left(-\int_o^t \lambda_s(x)dx\right) = \exp\left(-\left[\int_o^t \lambda_1(x)dx + \int_o^t \lambda_2(x)dx + \ldots + \int_o^t \lambda_n(x)dx\right]\right)$$

schreiben. Hieraus ergibt sich der fundamentale Zusammenhang

$$\lambda_s(t) = \lambda_1(t) + \lambda_2(t) + \ldots + \lambda_n(t). \tag{2.32}$$

*Die Ausfallrate eines Seriensystems mit unabhängigen Elementen ist gleich der Summe der Ausfallraten seiner Elemente.*

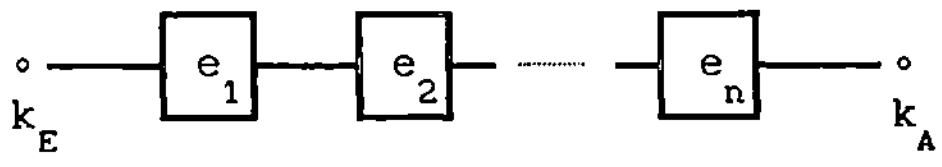

Bild 2.15   Veranschaulichung eines Seriensystems

Speziell beträgt bei exponential verteilten Lebensdauern der Elemente, also für $\lambda_i(t) \equiv \lambda$, die mittlere Lebensdauer eines Seriensystems mit unabhängigen Elementen

$$E(X_s) = 1/\lambda = 1/(\lambda_1 + \lambda_2 + \cdots + \lambda_n)$$

Wenn das System aus statistisch äquivalenten Elementen besteht, das heißt, alle Elemente haben die gleiche, durch $F_i(t) \equiv F(t)$ bzw. $\lambda_i(t) \equiv \lambda(t)$ bestimmte Ausfallverteilung, vereinfachen sich die Formeln (2.31) und (2.32) zu

$$\overline{F}_s(t) = (\overline{F}(t))^n, \quad \lambda_s(t) = n\,\lambda(t).$$

**Beispiel 2.7**  Ein elektronischer Schaltkreis bestehe aus 10 Siliziumtransistoren, 5 Siliziumdioden, 20 Schichtwiderständen und 11 Keramikkondensatoren. Die Draht- und Lötverbindungen seien absolut zuverlässig. Unter normalen Betriebsbedingungen haben die Bauelemente folgende Ausfallraten:

Transistoren: $\lambda_1 = 5 \cdot 10^{-7}$ [h$^{-1}$],    Dioden:        $\lambda_2 = 10^{-7}$ [h$^{-1}$],

Widerstände: $\lambda_3 = 5 \cdot 10^{-9}$ [h$^{-1}$],    Kondensatoren: $\lambda_4 = 4 \cdot 10^{-7}$ [h$^{-1}$].

Der Schaltkreis ist als zuverlässigkeitstheoretisches Seriensystem aufzufassen. Daher beträgt seine Ausfallrate

$$\lambda = 10\lambda_1 + 5\lambda_2 + 20\lambda_3 + 11\lambda_4 = 10^{-5} \text{ [h}^{-1}\text{]}.$$

Die Überlebenswahrscheinlichkeit des Schaltkreises ist

$$\overline{F}_s(t) = e^{-0,00001t},$$

und seine mittlere Lebensdauer beträgt

$$E(X_s) = 1/\lambda_s = 10^5 \text{ [h]}.$$

Das 0,05-Quantil dieser Verteilung ist

$$t_{0,05} = -[\ln 0,05]/\lambda_s = 5130 \text{ [h]}.$$

Somit fällt der Schaltkreis in den ersten 5130 Betriebsstunden mit Wahrscheinlichkeit 0,95 nicht aus.                                                        □

Abschließend sei erwähnt, daß die Anwendbarkeit von Formel (2.31) nicht ausschließlich auf solche Systeme zugeschnitten ist, die den unterstellten strukturellen Aufbau aus Elementen aufweisen. Vielmehr ist sie immer dann anwendbar, wenn ein Systemausfall stets auf eine von n unabhängig voneinander wirkenden Ausfallursachen beliebiger Art (*independent failure modes*) zurückgeführt werden kann. Somit ist (2.31) auch auf die Bestimmung der Überlebenswahrscheinlichkeit strukturell einfacher Systeme anzuwenden, wenn $X_i$ den zufälligen Zeitpunkt bezeichnet, an dem die i-te Ausfallursache einen Systemausfall hervorrufen würde. Beispiel: Ein elektronisches Bauteil kann im Kurzschluß oder im offenen Stromkreis ausfallen. Aber auch "äußere Ursachen" wie Belastungsschwankungen oder Bedienungsfehler können als unabhängige Ausfallursachen wirken und erfordern, ein strukturell einfaches System als zuverlässigkeitstheoretisches Seriensystem zu modellieren.

Aus (2.31) erhält man für die Überlebenswahrscheinlichkeit eines Seriensystems die Abschätzung

$$\overline{F}_s(t) \geq 1 - \sum_{i=1}^{n} F_i(t).$$

Diese Abschätzung ist umso besser, je kleiner die Ausfallwahrscheinlichkeiten $F_i(t)$ der Elemente sind. Daher ist ihre Anwendung vor allem für kleine t bzw. für hochzuverlässige (bezogen auf $(0,t)$) Elemente zu empfehlen. Der Fehler ist nicht größer als

$$\frac{1}{2} \sum_{i=1}^{n} [F_i(t)]^2.$$

Bei der im Beispiel 2.7 betrachteten Situation liegt dieser Fehler für $t = 10$ [h] in einer Größenordnung von $10^{-8}$.

Unter der zusätzliche Voraussetzung IFR-verteilter Lebensdauern der Elemente kann eine weitere Abschätzung der Überlebenswahrscheinlichkeit $\bar{F}_s(t)$ eines Seriensystems angegeben werden, wobei lediglich die Erwartungswerte der Lebensdauern der Elemente

$$m_i = \int_0^\infty \bar{F}_i(t)dt$$

bekannt sein müssen. Wegen (2.24) gilt nämlich

$$\bar{F}_s(t) \geq \exp\left(-t \sum_{i=1}^{n} \frac{1}{m_i}\right) \quad \text{für } t < \min (m_1, m_2, \ldots, m_n).$$

### 2.3.3 Redundante Systeme

Die Erhöhung der Überlebenswahrscheinlichkeit eines Seriensystems kann nur dadurch erfolgen, daß die Überlebenswahrscheinlichkeit seiner Elemente erhöht wird. Bedenkt man aber, daß moderne technische Systeme nicht selten aus Hunderten von Teilsystemen und Tausenden von Bauteilen bestehen, so erkennt man, daß diesem Zugang schon bald technische und ökonomische Grenzen gesetzt sind. Tafel 2.2 verdeutlicht an einem Beispiel für ein festes, aber beliebiges $t$ den raschen Abfall der Überlebenswahrscheinlichkeit $\bar{F}_s(t)$ eines Seriensystems mit wachsender Anzahl $n$ seiner Elemente selbst unter der Voraussetzung einer hohen Überlebenswahrscheinlichkeit $\bar{F}_i(t) = 0,999$ aller Elemente:

Tafel 2.2 Abfall der Überlebenswahrscheinlichkeiten eines Seriensystems

| $n$ | 1 | 10 | 100 | 1000 |
|---|---|---|---|---|
| $\bar{F}_s(t)$ | 0,9990 | 0,9900 | 0,9048 | 0,3677 |

Die Notwendigkeit und Zweckmäßigkeit des Einbaus von Reserveelementen zur Erreichung vorgegebener hoher Überlebenswahrscheinlichkeiten steht damit außer Frage.

Die Funktionstüchtigkeit eines Seriensystems erfordert die Funktionstüchtigkeit aller seiner Elemente. Systeme, die diese Eigenschaft nicht haben, heißen *strukturell redundant*. In strukturell redundanten Systemen wird zwischen *Arbeits- und Reserveelementen* unterschieden. Fällt ein Arbeitselement aus, übernimmt ein Reserveelement dessen Funktion; das Reserveelement wird also zum Arbeitselement. Die Funktionstüchtigkeit des Systems ist solange gewährleistet, wie Reserveelemente zur Verfügung stehen (und die Umschaltung vom Reserve- in den Arbeitszstand möglich ist). Drei Arten der strukturellen Redundanz (Reservierung, Reserve) werden unterschieden:

**Kalte Redundanz**   Im Reservezustand sind die Elemente keinerlei Beanspruchungen ausgesetzt. Infolgedessen verändern sich ihre Zuverlässigkeitskenngrößen nicht. Insbesondere können sie, solange sie sich im Reservezustand befinden, nicht ausfallen.

**Warme Redundanz**   Die Reserveelemente sind geringeren Beanspruchungen ausgesetzt als die Arbeitselemente. Zwar sind Ausfälle von Reserveelementen möglich, aber die Ausfallwahrscheinlichkeit eines Elements im Arbeitszustand ist größer als die eines Elements im Reservezustand.

**Heiße Redundanz**   Die Reserveelemente sind den gleichen Anforderungen ausgesetzt wie die Arbeitselemente. Statistisch äquivalente Elemente haben also im Arbeits- wie im  Reservezustand die gleiche Ausfallverteilung. Die Unterscheidung zwischen Arbeits- und Reserveelementen ist deshalb im Fall der heißen Reserve formaler Natur; entscheidend für die Funktionstüchtigkeit des Systems ist nur, daß die Anzahl der funktionstüchtigen Elemente eine vorgegebene Mindestanzahl nicht unterschreiten darf.

Anstelle von kalter, warmer und heißer Redundanz (Reserve) spricht man auch von *unbelasteter, erleichterter und belasteter Redundanz*. Inhaltlich treffend sind auch die Bezeichnungen *aktive* bzw. *passive Redundanz* anstelle von heißer bzw. kalter Redundanz. In *DIN 40041* (Ausgabe Dezember 1990) werden auch die Begriffe *funktionsbeteiligte*  bzw. *nichtfunktionsbeteiligte Redundanz* vorgeschlagen.

**Maßstab der Redundanz**   Anstelle der individuellen Bereitstellung von Reserveelementen für die einzelnen Arbeitselemente ist es häufig zweckmäßig, Teilsysteme (Teilmengen von Arbeitselementen) mit (Teil-) Reservesystemen zu versehen. Die Anzahl der Elemente in einem sochen Teilsystem heißt *Maßstab der Redundanz*. Grundsätzlich führt eine Vergrößerung des Maßstabs der Redundanz bei gleicher Anzahl von Elementen im System zu einer Erhöhung der Ausfallwahrscheinlichkeit des Systems. (Voraussetzung ist allerdings eine hinreichend zuverlässige Umschaltung vom Reserve- in den Arbeitszustand.) Andererseits ist aber der Einbau von Reserveteilsystemen im allgemeinen billiger und technisch einfacher zu realisieren als die Schaffung von individueller struktureller Redundanz für einzelne Elemente.

**Zuverlässigkeitsschaltbilder** Bild 2.15 diente der Veranschaulichung der zuverlässigkeitstheoretischen Struktur eines Seriensystems. Man nennt derartige graphische Darstellungen *Zuverlässigkeitsschaltbilder*, *Zuverlässigkeitsblockschaltbilder* oder *Zuverlässigkeitsschaltpläne*. Zum Zweck ihrer genauen Beschreibung wird ein gerichteter Graph (Abschn. 4.2) mit zwei besonders ausgezeichneten Knoten $k_E$ und $k_A$, den *Ein- und Ausgangsknoten*, eingeführt. Jede Kante des Graphen verkörpere genau ein Element des Systems, und jedes Element werde durch mindestens eine Kante verkörpert. Ein Graph dieser Art heißt *Zuverlässigkeitsschaltbild* des Systems, wenn er folgende Eigenschaft hat: Das System ist genau dann funktionstüchtig, falls mindestens ein Weg von $k_E$ nach $k_A$ führt, der nur solche Kanten enthält, die funktionstüchtige Elemente verkörpern. Im Zuverlässigkeitsschaltbild kann auf die besondere Markierung des Ein- bzw. Ausgangsknotens im allgemeinen verzichtet werden. Ebenso führt es kaum zu Mißverständnissen, wenn man auf die Orientierung der Kanten verzichtet, also zu einem ungerichteten Graphen übergeht. Schließlich kann die Rolle der Kanten von den Knoten übernommen werden.

In den folgenden beiden Abschnitten werden zwei wichtige Grundtypen strukturell redundanter Systeme betrachtet.

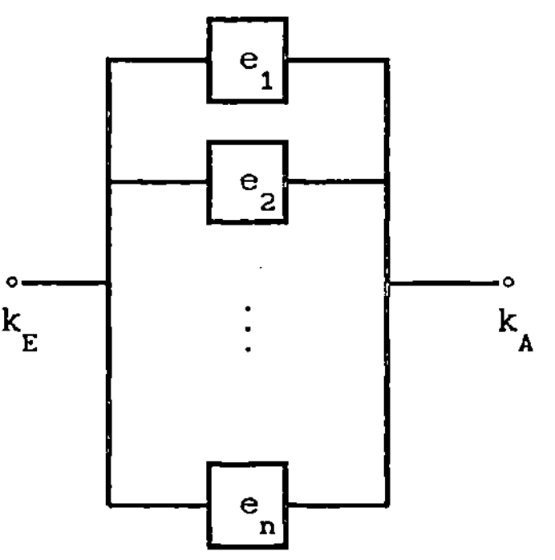


Bild 2.16   Zuverlässigkeitsschaltbild eines Parallelsystems

### 2.3.4 Parallelsysteme

Ein *Parallelsystem* besteht aus einem Arbeitselement und $n-1$ Elementen in heißer Redundanz (Bild 2.16).

Somit ist ein Parallelsystem genau dann funktionstüchtig, wenn mindestens eines seiner Elemente funktionstüchtig ist. Daher gelten

$$X_s = \max (X_1, X_2, \ldots, X_n)$$

und

$$F_s(t) = P(X_s < t) = P(X_1 < t, X_2 < t, \ldots, X_n < t).$$

Demzufolge sind Ausfallwahrscheinlichkeit und Überlebenswahrscheinlichkeit eines Parallelsystems mit unabhängigen Elementen durch

$$F_s(t) = F_1(t)\, F_2(t) \ldots F_n(t),$$

$$\bar{F}_s(t) = 1 - F_1(t)\, F_2(t) \ldots F_n(t). \tag{2.33}$$

gegeben. Insbesondere beträgt die Überlebenswahrscheinlichkeit eines Parallelsystems mit identisch gemäß $F_i(t) \equiv F(t)$ verteilten Lebensdauern der Elemente

$$\bar{F}_s(t) = 1 - [F(t)]^n.$$

Hieraus folgt für die mittlere Lebensdauer eines Parallelsystems mit exponential mit dem Parameter $\lambda$ verteilten Lebensdauern der Elemente bei Anwendung von (2.5) und der Substitution $z = 1 - e^{-\lambda t}$

$$E(X_s) = \int_0^\infty \left[ 1 - (1-e^{-\lambda t})^n \right] dt$$

$$= \frac{1}{\lambda} \int_0^1 \frac{1 - z^n}{1 - z}\, dz = \frac{1}{\lambda} \int_0^1 (1+z+\ldots+z^{n-1})\, dz,$$

so daß folgt

$$E(X_s) = \frac{1}{\lambda} \left( 1 + \frac{1}{2} + \ldots + \frac{1}{n} \right). \tag{2.34}$$

In Anbetracht der Divergenz der harmonischen Reihe kann man also durch eine genügend große Anzahl parallel geschalteter Elemente mit endlicher mittlerer Lebensdauer $1/\lambda$ eine beliebig große mittlere Lebensdauer des Systems erreichen. Allerdings braucht man bereits 11 Elemente, damit die mittlere Systemlebensdauer dreimal größer ist als die mittlere Lebensdauer eines Elements.

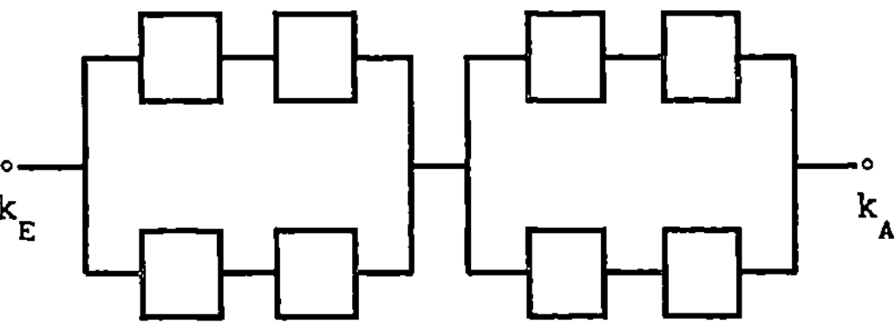

Bild 2.17   Beispiel für ein Serien- Parallelsystem

In der Praxis erweisen sich zahlreiche Systeme zuverlässigkeitstheoretisch als Kopplungen von Serien- und Parallelsystemen (Bild 2.17);denn auch strukturell reine Parallelsysteme müssen zuverlässigkeitstheoretisch häufig als Serien-Parallelsysteme modelliert werden. Das ist etwa dann der Fall, wenn Ausfallursachen existieren, die gleichzeitig auf alle Systemelemente wirken, zum Beispiel "äußere Ursachen" wie ungünstige Umwelteinflüsse (Staub, Feuchtigkeit, Vibration), Instandhaltungsfehler, Naturkatastrophen oder "innere Ursachen" wie elektrische Wechselwirkungen zwischen den Elementen oder höhere Temperaturen durch räumliche Konzentration der Elemente. Ausfallursachen dieser Art bewirken voneinander abhängige Ausfälle der Systemelemente und heißen *globale Ausfallursachen (common failure modes)*. Am einfachsten ist der Fall zu modellieren, wenn globale Ausfallursachen alle Elemente eines Parallelsystems gleichzeitig zerstören, da sie dann in jedem Fall zu einem zuverlässigkeitstheoretischen Serien- Parallelsystem führen. Globale Ausfallursachen können natürlich auch bei Seriensystemen wirken und dort mit unabhängigen Ausfallursachen (independent failure modes) zusammenfallen.

**Beispiel 2.8**   Ein Parallelsystem bestehe aus n unabhängigen Elementen mit identisch gemäß $F(t) = 1 - e^{-\lambda t}$ verteilten Lebensdauern. Wie groß muß n mindestens sein, damit das System im Intervall [0, 1/λ] mit Wahrscheinlichkeit 0,95 nicht ausfällt?

Es ist also das kleinste n mit der Eigenschaft

$$\bar{F}_s(1/\lambda) = 1 - (1 - e^{-1})^n > 0,95 \quad \text{bzw.} \quad \frac{\ln 0,05}{\ln(1-e^{-1})} \leq n$$

gesucht. (Man beachte, daß 1/λ die mittlere Lebensdauer eines Elements ist.) Es folgt $n_{min} = 7$.

Welchen Einfluß hat eine globale Ausfallursache, die mit einer konstanten Ausfallrate $\lambda_g = 0,02\lambda$ einen Systemausfall verursachen kann, auf $n_{min}$? In diesem Fall ist $n_{min}$ das kleinste n, das der Bedingung

$$\bar{F}_s(1/\lambda) = \left[(1 - (1 - e^{-1})^n\right]e^{-0,02} \geq 0,95$$

genügt; denn mit dem Parallelsystem ist ein weiteres fiktives Element in Serie zu schalten, das die globale Ausfallursache verkörpert. (Die globale Ausfallursache sei gleichzeitig eine unabhängige.) Es folgt $n_{min}$ = 8.    □

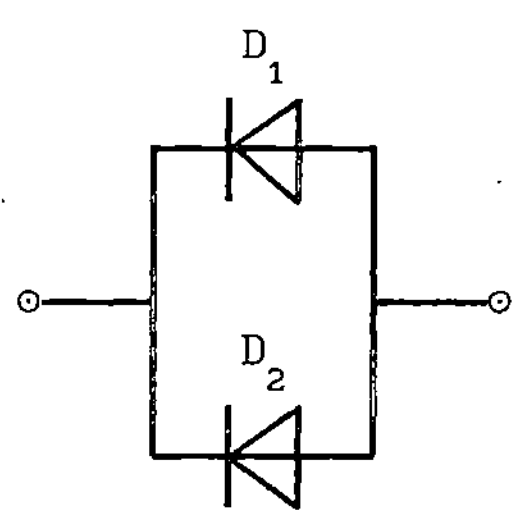


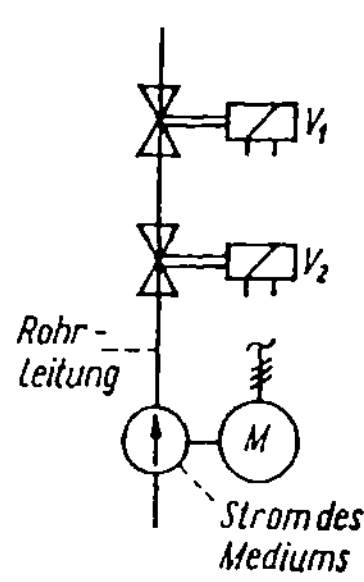


Bild 2.18. Zwei elektrisch parallel         Bild 2.19. Reihenschaltung zweier
geschaltete Dioden                          Magnetventile

Bereits am Beispiel von Serien- und Parallelsystemen läßt sich zeigen, daß die zuverlässigkeitstheoretischen und die schaltungstechnischen Strukturen von Systemen nicht unbedingt übereinstimmen müssen. Beseteht das System zum Beispiel aus zwei elektrisch parallel geschalteten Dioden (Bild 2.18), so ist es bezüglich der Ausfallart "Kurzschluß" schon dann ausgefallen, wenn eine der beiden Dioden ausgefallen ist. Damit liegt ein Seriensystem im Sinne der Zuverlässigkeitstheorie vor. Als weiteres Beispiel möge eine Reihenschaltung von zwei Magnetventilen $V_1$ und $V_2$ in einer Rohrleitung dienen (Bild 2.19). Eine solche Reihenschaltung ist dann angebracht, wenn der zuverlässigen Unterbrechung des Mediumstroms (Flüssigkeit, Gas) große Bedeutung zukommt. Bezüglich der Ausfallart "Schließen der Rohrleitung nicht gelungen" liegt ein zuverlässigkeitstheoretisches Parallelsystem vor. Dagegen handelt es sich bezüglich der Ausfallart "Öffnen der Rohrleitung nicht gelungen" um ein Seriensystem auch im Sinne der Zuverlässigkeitstheorie.


### 2.3.5  k-aus-n-Systeme

Ein *k-aus-n-System* oder *k-von-n-System* besteht aus k Arbeitselementen und n-k Elementen, die sich in heißer Redundanz befinden.

Somit ist ein k-aus-n-System genau dann funktionstüchtig, wenn mindestens k seiner n Elemente arbeiten. Insbesondere ist ein Seriensystem ein n-aus-n-

System und ein Parallelsystem ein 1-aus-n-System. Liegen die Lebensdauern der Elemente in geordneter Reihenfolge

$$X_{i_1} \le X_{i_2} \le \ldots \le X_{i_n}$$

vor, so ist die Lebensdauer eines k-aus-n-Systems durch

$$X_s = X_{i_{n-k+1}}$$

gegeben. Die Wahrscheinlichkeit dafür, daß von den n Elementen genau j von vornherein ausgewählte das Intervall (0,t) überleben, ist $[F(t)]^{n-j}[\bar{F}(t)]^j$. Da es $\binom{n}{j}$ Möglichkeiten gibt, diese Elemente auszuwählen und zur Arbeit des Systems $j \ge k$ funktionstüchtige Elemente erforderlich sind, beträgt die Überlebenswahrscheinlichkeit eines k-aus-n-Systems mit unabhängigen Elementen

$$\bar{F}_s(t) = \sum_{j=k}^{n} \binom{n}{j} [F(t)]^{n-j} [\bar{F}(t)]^j \tag{2.35}$$

Analog zu (2.34) läßt sich zeigen, daß für unabhängige, exponential mit dem Parameter $\lambda$ verteilte Lebensdauern der Elemente gilt

$$E(X_s) = \int_0^\infty \bar{F}(t)dt = \frac{1}{\lambda}\left( \frac{1}{k} + \frac{1}{k+1} + \ldots + \frac{1}{n} \right).$$

k-aus-n-Systeme gehören zu den Grundmodellen für die Zuverlässigkeitsanalyse *fehlertoleranter Systeme*. Insbesondere entsprechen sie formal den *Auswahlschaltungen*.

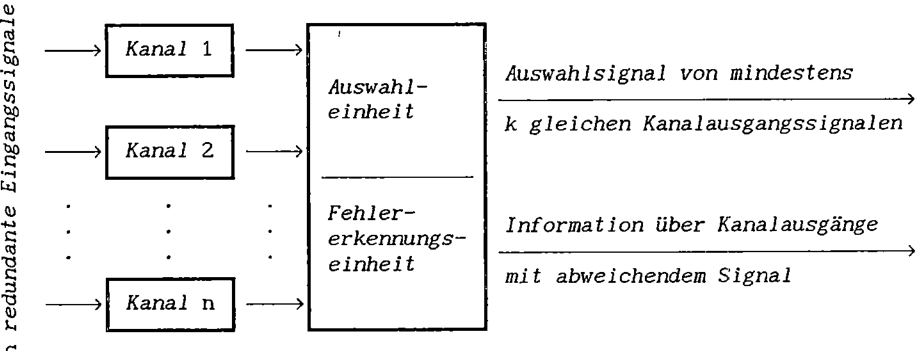


Bild 2.20. Schema einer Auswahlschaltung

Bild 2.20 zeigt das Schema einer Auswahlschaltung. Es soll am Beispiel der Überwachung des Verlaufs eines driftenden Parameters erläutert werden: n un-

abhängige und gleichzeitig gemessene Werte des Parameters werden über n Ka-
näle zu einem Auswahlelement (Voter) geleitet und dort verglichen. Liegen
mindestens k bis auf zulässige Meßfehler gleiche Meßwerte vor, so wird dieser Wert als der wahre Wert angesehen und zum Systemausgang geschaltet. Die
davon abweichenden Meßwerte lassen auf Ausfälle der zugehörigen Meßgeräte
oder Übertragungskanäle schließen und geben zu Instandsetzungsmaßnahmen Anlaß. Speziell spricht man von *Majoritätsschaltungen*, wenn k > n/2 ist; das
heißt, die Mehrheit der zu vergleichenden Meßwerte (Signale) müssen übereinstimmen. In der Sicherungstechnik haben sich vor allem die 2-aus-3-Majori-
tätsschaltungen bewährt. Der technische Mehraufwand ist noch vertretbar und
der Zuverlässigkeitsgewinn meist ausreichend.

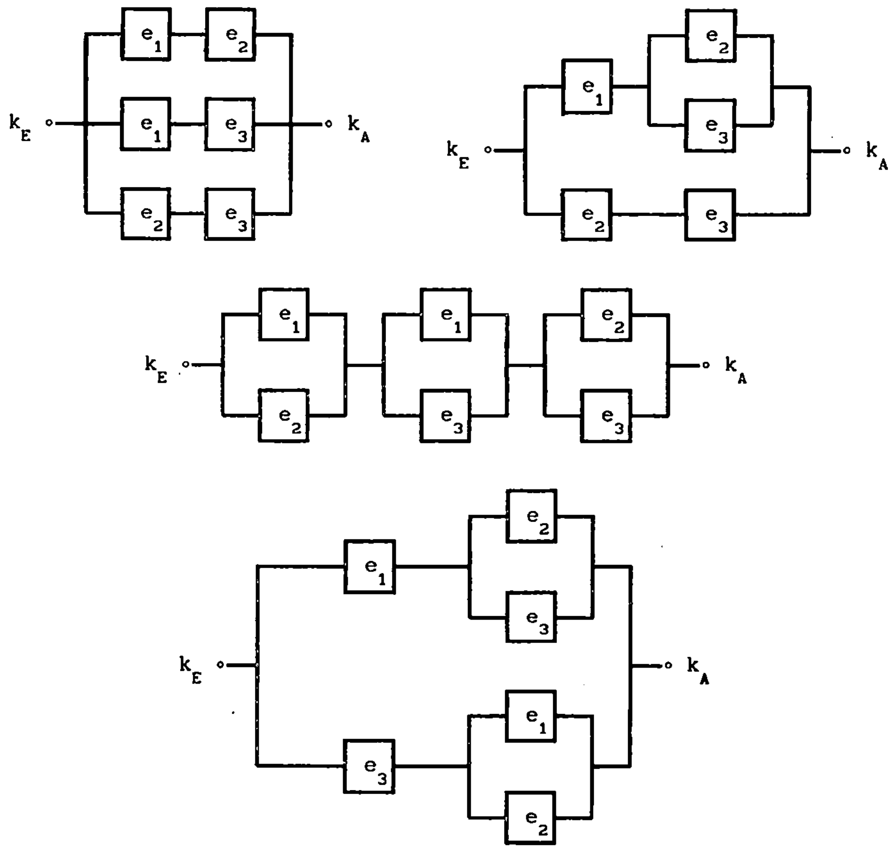

Bild 2.21    Zuverlässigkeitsschaltbilder eines 2-aus-3-Systems

**Beispiel 2.9** Ein 2-aus-3-System mit unabhängigen, identischen Elementen hat gemäß (2.35) die Überlebenswahrscheinlichkeit

$$\bar{F}_s(t) = [\bar{F}(t)]^2 [3 - 2\bar{F}(t)] \; . \tag{2.36}$$

Speziell ergibt sich für exponential gemäß $F(t) = 1 - e^{-\lambda t}$ verteilte Lebensdauern der Elemente

$$\bar{F}_s(t) = e^{-2\lambda t}(3 - 2e^{-\lambda t}) \; . \tag{2.37}$$

Schließlich soll am Beispiel des 2-aus-3-Systems darauf hingewiesen werden, daß ein System mehrere äquivalente Zuverlässigkeitsschaltbilder (bezüglich einer Ausfallart) haben kann. Bild 2.21 zeigt 4 verschiedene Zuverlässigkeitsschaltbilder des 2-aus-3-Systems.

**Beispiel 2.10** Der Druck in einem Überdruckbehälter wird durch ein 2-aus-3-System überwacht, das aus voneinander unabhängig arbeitenden Sensoren mit den Überlebenswahrscheinlichkeiten $\bar{F}(t) = e^{-\lambda t}$ besteht. Jeder Sensor hat unter normalen Betriebsbedingungen die Ausfallrate $\lambda_n = 0,0001$ [$h^{-1}$]. Nach 500 Betriebsstunden soll die Druckanzeige noch mit 99%iger Sicherheit erfolgen. Ein einzelner Sensor überlebt diese Zeit nur mit Wahrscheinlichkeit $e^{-0,05} = 0,951$, das 2-aus-3-System jedoch gemäß (2.37) mit Wahrscheinlichkeit

$$e^{-0,01}(3-2e^{-0,05}) = 0,993;$$

erfüllt also rein rechnerisch die Zuverlässigkeitsforderung. Praktische Messungen haben jedoch ergeben, daß nach 500 Betriebsstunden das System nur noch mit Wahrscheinlichkeit 0,98 funktionstüchtig ist und die Differenz zu 0,99 signifikant ist; das heißt, es handelt sich nicht um eine zufällige Abweichung. Der Zuverlässigkeitsingenieur hat Grund zu der Annahme, daß im Überdruckbehälter verschärfte Betriebsbedingungen herrschen, die als globale Ausfallursache gleichermaßen auf die Sensoren wirkt und deren Ausfallrate um jeweils $\lambda_g$ erhöht. Die Ausfallrate der Sensoren ist also mit $\lambda = \lambda_n + \lambda_g$ anzustzen. Zum Zweck von Zuverlässigkeitsprognosen unter tatsächlichen Betriebsbedingungen ist $\lambda_g$ zu ermitteln. Gemäß (2.37) erfüllt $\lambda_g$ die Gleichung

$$e^{-2(\lambda_n + \lambda_g)t}\left(3 - 2e^{-(\lambda_n + \lambda_g)t}\right) = 0,98 \tag{2.38}$$

wobei $t = 500$ und $\lambda_n = 0,0001$ ist. Setzt man $x = e^{-(\lambda_n + \lambda_g)t}$ , so erhält man aus (2.38) eine kubische Gleichung für x:

$$x^2(3 - 2x) = 0,98 \quad \text{bzw.} \quad x^3 - \frac{3}{2}x^2 + 0,49 = 0.$$

Die interessierende Lösung ist $x_g = 0,916$. Aus

$$0,916 = e^{-(0,0001 + \lambda_g)500}$$

erhält man die gesuchte Ausfallrate zu

$$\lambda_g = 0,000075 \ [h^{-1}] \ .$$

Wenn jedoch der Rückgang der Zuverlässigkeit des 2-aus-3-Systems gegenüber den normalen Betriebsbedingunen auf globale Ausfallursachen zurückzuführen ist, die alle 3 Sensoren (oder zumindest zwei von diesen) gleichzeitig funktionsuntüchtig machen, dann sind diese Ausfallursachen zuverlässigkeitstheoretisch durch ein fiktives Element mit der Ausfallrate $\lambda_g$ zu berücksichtigen, das mit dem 2-aus-3-System in Serie geschaltet wird. Daher ist in diesem Fall $\lambda_g$ aus der Gleichung

$$e^{-0,1} (3 - 2e^{-0,05})e^{-500\lambda_g} = 0,98$$

zu bestimmen. Es folgt $e^{-500\lambda_g} = 0,987$ und hieraus $\lambda_g = 0,000026 \ h^{-1}$. $\quad \square$

# 3    MONOTONE BINÄRE SYSTEME

## 3.1    EINFÜHRUNG

Die im vorangegangenen Kapitel eingeführten Modelle reichen in vielen Fällen nicht aus, um die zuverlässigkeitstheoretische Struktur komplizierter technischer Systeme befriedigend zu beschreiben. Daher wird im folgenden ein allgemeineres zuverlässigkeitstheoretisches Modell behandelt, das die bisher betrachteten als Spezialfälle enthält. Die Grundvoraussetzung, daß die Zustände der Elemente $e_1$, $e_2$, ..., $e_n$ und des Systems S binäre bzw. Boolesche Indikatorvariable der Art (2.1) sind, wird aber beibehalten. Jedoch ist die Einführung spezieller Bezeichnungen notwendig:

$$z_i = \begin{cases} 1, & \text{wenn } e_i \text{ funktionstüchtig ist,} \\ 0, & \text{sonst,} \end{cases}$$

$$z_s = \begin{cases} 1, & \text{wenn } S \text{ funktionstüchtig ist,} \\ 0, & \text{sonst.} \end{cases}$$

Gegenstand dieses Kapitels sind die *binären Systeme*, die auch unter der Bezeichnung *Boolesche Zuverlässigkeitsmodelle* bekannt sind. Ein binäres System liegt vor, wenn neben der Annahme, daß die Indikatorvariablen für den Zustand der Elemente und des Systems binäre Variable sind, noch die folgende Voraussetzung erfüllt ist: *Die Zustände der Elemente bestimmen eindeutig den Zustand des Systems.* Aufgrund dieser Voraussetzung läßt sich der Zustand des Systems als Funktion des Zustands der Elemente darstellen:

$$z_s = \varphi(z_1, z_2, \ldots, z_n) \ . \tag{3.1}$$

Eine mögliche Zeitabhängigkeit der $z_i$ wird in diesem Kapitel nicht berücksichtigt; denn alle Untersuchungen beziehen sich auf einen festen Zeitpunkt oder es wird der stationäre Fall ($t \to \infty$) betrachtet.

Ein Hauptproblem der Zuverlässigkeitsanalyse binärer Systeme besteht in der Bestimmung von $\varphi$. Die dazu notwendigen Grundlagen aus der Theorie der Booleschen Funktionen werden im folgenden Abschnitt bereitgestellt. Da $\varphi$ eine binäre Variable ist, ergibt sich beim Übergang zu zufälligen Indikatorvariablen $z_i$ die Systemverfügbarkeit einfach durch Berechnung des Erwartungswertes von $\varphi$ (siehe (2.21)).

Ungeachtet der Vielzahl von Algorithmen, die für die Zuverlässigkeitsanalyse von binären monotonen Systemen entwickelt wurden, ist die "Größe" der Systeme, deren Zuverlässigkeit gegenwärtig durch rechnergestützte Algorithmen berechnet werden kann, recht beschränkt. So darf die Anzahl der Elemente bei hinreichend komplizierter "Vermaschung" derselben die Schranke 50 nicht überschreiten, um auch bei Anwendung der gegenwärtig schnellsten Rechner Ergebnisse in vertretbarer Zeit zu erhalten. Diese ungünstige Situation ist auf die dem Problem innewohnenden rechentechnischen Schwierigkeiten zurückzuführen. Bislang sind für Systeme mit allgemeiner zuverlässigkeitstheoretischer Struktur nur solche Algorithmen zur exakten Berechnung der Systemzuverlässigkeit bekannt, deren Rechenzeit mit wachsender Komplexität der Systeme exponentiell wächst ("exponentielle Algorithmen"). Diese Tatsache ist nicht überraschend, da das Problem der exakten Berechnung der Systemzuverlässigkeit NP-schwierig ist. Daher ist es unwahrscheinlich, daß polynomiale Algorithmen entwickelt werden können. Dieser Umstand schließt jedoch nicht aus, daß für gewisse, einfach strukturierte Systeme polynomiale Algorithmen existieren. Detaillierte Betrachtungen dazu finden sich bei *Ball (1986)* und *Colbourn (1987)*.

### 3.2   Boolesche Funktionen

Eine *Boolesche* oder *binäre Variable* x ist dadurch charakterisiert, daß sie nur zwei Werte annehmen kann. Im folgenden wird stets vorausgesetzt, daß dies die Werte 0 oder 1 sind.

Für beliebige Boolesche Variable x und y werden drei logische Operationen eingeführt:

$$\text{Konjunktion:} \quad x \wedge y = \begin{cases} 1, & \text{wenn } x = y = 1 \\ 0, & \text{sonst.} \end{cases}$$

$$\text{Disjunktion:} \quad x \vee y = \begin{cases} 0, & \text{wenn } x = y = 0 \\ 1, & \text{sonst.} \end{cases}$$

$$\text{Negation:} \quad \bar{x} = \begin{cases} 1, & \text{wenn } x = 0, \\ 0, & \text{wenn } x = 1. \end{cases}$$

Der wesentliche Vorteil des vereinbarten Wertebereichs $\{0,1\}$ Boolescher Variablen liegt darin begründet, daß die eingeführten Operationen und damit auch ihre Kombinationen unkompliziert durch arithmetische Operationen zwischen reellen Zahlen ausgedrückt werden können:

$$\text{Konjunktion:} \quad x \wedge y = xy$$

$$\text{Disjunktion:} \quad x \vee y = x + y - xy \tag{3.2}$$

$$\text{Negation:} \quad \bar{x} = 1 - x$$

In diesem Kapitel wird anstelle von "$x \wedge y$" meist die Produktform "$xy$" verwendet. In Anlehnung an die Schaltungstechnik wird die folgende Definition eingeführt:

**Definition 3.1** Zwei Boolesche Variable $x$ und $y$ heißen *orthogonal (disjoint)*, wenn $xy = 0$ ist. ∎

Im Falle der Orthogonalität sind $x \vee y$ und $x + y$ wegen (3.2) identisch:

$$x \vee y = x + y \quad \text{für } xy = 0. \tag{3.3}$$

Konjunktion und Disjunktion lassen sich auch in folgender Weise darstellen:

$$\text{Konjunktion:} \quad x \wedge y = \min\,(x,y)$$

$$\text{Disjunktion:} \quad x \vee y = \max\,(x,y)$$

Es seien $x,y$ und $z$ Boolesche Variable. Dann genügen Konjunktion, Disjunktion und Negation den folgenden Regeln:

$$\text{Idempotenz:} \quad x \vee x = x, \quad xx = x$$

$$\text{Kommutativität:} \quad x \vee y = y \vee x, \quad xy = yx$$

$$\text{Assoziativität:} \quad (x \vee y) \vee z = x \vee (y \vee z)$$

$$(xy)z = x(yz)$$

$$\text{Distributivität:} \quad x(y \vee z) = xy \vee yz$$

$$x \vee yz = (x \vee y)(x \vee z)$$

$$\text{de Morgansche Regeln:} \quad \overline{x \vee y} = \bar{x}\,\bar{y}$$

$$\text{Absorption:} \quad x \vee xy = x$$

$$x(x \vee y) = x$$

$$\text{doppelte Negation:} \quad x = \bar{\bar{x}}$$

$$\text{Verschmelzung} \quad x \vee \bar{x} = 1, \quad \bar{x}x = 0$$

$$\text{Orthogonalisierung:} \quad x \vee y = x + \bar{x}y \tag{3.4}$$

Es seien $x_1, x_2, \ldots, x_n$ binäre Variable. Die *n-stellige Konjunktion* und die *n-stellige Disjunktion* sind definiert durch

$$\bigwedge_{i=1}^{n} x_i = x_1 \wedge x_2 \wedge \ldots \wedge x_n = \begin{cases} 1, & \text{wenn } x_1 = x_2 = \ldots = x_n = 1, \\ 0, & \text{sonst.} \end{cases}$$

$$\bigvee_{i=1}^{n} x_i = x_1 \vee x_2 \vee \ldots \vee x_n = \begin{cases} 0, & \text{wenn } x_1 = x_2 = \ldots = x_n = 0, \\ 1, & \text{sonst.} \end{cases}$$

Äquivalente Darstellungen sind

$$\bigwedge_{i=1}^{n} x_i = \prod_{i=1}^{n} x_i = \min (x_1, x_2, \ldots, x_n), \tag{3.5}$$

$$\bigvee_{i=1}^{n} x_i = 1 - \prod_{i=1}^{n} \bar{x}_i = \max (x_1, x_2, \ldots, x_n). \tag{3.6}$$

Die *de Morganschen Regeln* für n-stellige Konjunktionen und Disjunktionen lauten

$$\overline{\bigwedge_{i=1}^{n} x_i} = \bigvee_{i=1}^{n} \bar{x}_i \, , \qquad \overline{\bigvee_{i=1}^{n} x_i} = \bigwedge_{i=1}^{n} \bar{x}_i \, . \tag{3.7}$$

Eine Boolesche Variable $y$, die ihrerseits von frei wählbaren Booleschen Variablen $x_1$, $x_2$, $\ldots$, $x_n$ abhängt, bezeichnet man als *Boolesche Funktion der Ordnung n*: $y = y(x_1, x_2, \ldots, x_n)$. Ihr Definitionsbereich ist die Menge $V_n$ aller derjenigen Vektoren $x = (x_1, x_2, \ldots, x_n)$, deren Komponenten die Werte 0 oder 1 annehmen können. Spezielle Boolesche Funktionen der Ordnung n sind somit die n-stellige Konjunktion und die n-stellige Disjunktion sowie die Indikatorvariable für den Systemzustand $z_s$, wie sie durch (3.1) definiert ist. Boolesche Variable sind Boolesche Funktionen der Ordnung 1. Die Darstellung Boolescher Funktionen in Abhängigkeit von ihren Argumenten ist im allgemeinen nicht eindeutig. Daher sagt man, zwei Boolesche Funktionen $y_1$ und $y_2$ sind *logisch äquivalent*, wenn $y_1(x) = y_2(x)$ für alle $x \in V_n$ gilt. Für jede Boolesche Funktion $y$ der Ordnung n existieren Konjunktionen $C_1$, $C_2, \ldots$, $C_c$ und Disjunktionen $D_1, D_2, \ldots, D_d$ gewisser $x_i$ und $\bar{x}_j$ , $i \neq j$, $1 \leq i, j \leq n$, so daß gelten

$$y = \bigvee_{i=1}^{c} C_i = C_1 \vee C_2 \vee \ldots \vee C_c,$$

$$y = \bigwedge_{i=1}^{d} D_i = D_1 \wedge D_2 \wedge \ldots \wedge D_d.$$

Diese beiden logisch äquivalenten Booleschen Funktionen heißen *disjunktive*

*Normalform* bzw. *konjunktive Normalform* von y. Für paarweise orthogonale $C_i$ kann man die disjunktive Normalform wegen (3.3) als arithmetische Summe schreiben:

$$y = \sum_{i=1}^{c} C_i = C_1 + C_2 + \ldots + C_c, \qquad C_j C_k = 0 \text{ für } j \neq k. \tag{3.8}$$

Eine disjunktive Normalform mit paarweise orthogonalen Summanden wird im folgenden *Orthogonalform* genannt.

Zwei Konjunktionen (Produkte) $C_j$ und $C_k$, $j \neq k$, sind wegen (3.4) genau dann orthogonal, wenn eine Variable $x_i$ in $C_j$ vorkommt und ihre Negation $\bar{x}_i$ in $C_k$ bzw. umgekehrt.

## 3.3  STRUKTURFUNKTIONEN

### 3.3.1  Grundlagen

Die durch (3.1) definierte Boolesche Funktion $\varphi$, die den Systemzustand $z_s$ in Abhängigkeit von den Zuständen der Elemente $z_i$ angibt, heißt *Struktur*-oder *Systemfunktion*. Ihr Definitionsbereich ist die Menge $V_n$, deren Elemente im folgenden mit $z = (z_1, z_2, \ldots, z_n)$ bezeichnet werden. Die Vektoren $z$ heißen *Zustandsvektoren* der Elemente. Anstelle von (3.1) wird daher auch

$$z_s = \varphi(z)$$

geschrieben. Basisstrukturfunktionen der Ordnung n sind:

$$\text{Seriensystem:} \qquad \varphi(z) = \bigwedge_{i=1}^{n} z_i = \min (z_1, z_2, \ldots, z_n). \tag{3.9}$$

$$\text{Parallelsystem:} \qquad \varphi(z) = \bigvee_{i=1}^{n} z_i = \max (z_1, z_2, \ldots, z_n). \tag{3.10}$$

$$\text{k-aus-n-System:} \qquad \varphi(z) = \begin{cases} 1, & \text{wenn } \sum_{i=1}^{n} z_i \geq k, \\ 0, & \text{wenn } \sum_{i=1}^{n} z_i < k. \end{cases} \tag{3.11}$$

In arithmetischer Form lauten die Strukturfunktionen für Serien-und Parallelsysteme in Analogie zu (2.31) und (2.33) :

$$\text{Seriensystem:} \qquad \varphi(z) = z_1 z_2 \ldots z_n. \tag{3.12}$$

$$\text{Parallelsystem:} \qquad \varphi(z) = 1 - \bar{z}_1 \bar{z}_2 \ldots \bar{z}_n. \tag{3.13}$$

Die Strukturfunktion eines Seriensystems nimmt somit entsprechend ihrer Definition genau dann den Wert 1 an, wenn alle $z_i = 1$ sind, während im Fall eines Parallelsystems $\varphi(z)$ genau dann 1 ist, wenn mindestens eines der $z_i$ gleich 1 ist.

Um Strukturfunktionen nicht unnötig zu verkomplizieren, ist es zweckmäßig, solche Systemelemente aus der Betrachtung auszuschließen, die keinen Einfluß auf den Systemzustand haben und die damit auch irrelevant bezüglich der Systemzuverlässigkeit sind. Zur genauen Definition dieser Eigenschaft wird für beliebige $z = (z_1, z_2, \ldots, z_n) \in V_n$ folgende Bezeichnung eingeführt:

$$(0_i, z) = (z_1, z_2, \ldots, z_{i-1}, 0, z_{i+1}, \ldots, z_n),$$
$$(1_i, z) = (z_1, z_2, \ldots, z_{i-1}, 1, z_{i+1}, \ldots, z_n). \tag{3.14}$$

Diese Bezeichnungen beinhalten, daß jeweils die i-te Komponente fixiert wird, das Element $e_i$ also von vornherein als funktionsuntüchtig bzw. funktionstüchtig vorausgesetzt wird.

**Definition 3.2**  Das Element $e_i$ eines Systems mit der Strukturfunktion $\varphi$ ist *irrelevant*, wenn $\varphi((1_i, z)) = \varphi((0_i, z))$ für alle $z \in V_n$ gilt. Anderenfalls ist $e_i$ *relevant*.  ▪

Ebenso naheliegend wie die Voraussetzung der Relevanz aller Elemente ist es zu fordern, daß die Strukturfunktion $\varphi$ nicht fällt in jedem Argument. Anderenfalls könnte es nämlich passieren, daß der Ausfall eines Elements $e_i$ (also Übergang von $z_i = 1$ zu $z_i = 0$) das System vom funktionsuntüchtigen in den funktionstüchtigen Zustand versetzt (Übergang von $z_s = \varphi((1_i, z)) = 0$ zu $z_s = \varphi((0_i, z)) = 1$)

**Definition 3.3** Ein binäres System mit der Strukturfunktion $\varphi(z)$, $z \in V_n$, ist *monoton*, wenn

a) jedes Element relevant ist und

b) $\varphi((0_i, z)) \leq \varphi((1_i, z))$ für $i = 1, 2, \ldots, n$ und alle $z \in V_n$ gilt.  ▪

Aus den Eigenschaften a) und b) kann man leicht zwei einfache Folgerungen ziehen:

1) $\varphi(0, 0, \ldots, 0) = 0, \quad \varphi(1, 1, \ldots, 1) = 1.$ $\tag{3.15}$

2) Für alle $z = (z_1, z_2, \ldots, z_n) \in V_n$ gilt

$$\prod_{i=1}^{n} z_i \leq \varphi(z) \leq 1 - \prod_{i=1}^{n} \bar{z}_i . \tag{3.16}$$

Die Beziehungen (3.15) drücken aus, daß der Ausfall (die Funktionstüchtig-keit) aller Elemente auch den Ausfall (die Funktionstüchtigkeit) des Systems nach sich zieht. Die Ungleichungen (3.16) besagen wegen (3.12) und (3.13), daß ein beliebiges monotones System bezüglich der Funktionstüchtigkeit stets "strukturell stärker" ("strukturell schwächer") ist als ein Seriensystem (Parallelsystem) mit der gleichen Anzahl von Elementen.

**Definition 3.4**  Es sei $\varphi(z)$ die Strukturfunktion des binären Systems S. Dann ist die zu $\varphi$ *duale Strukturfunktion* $\varphi_d$ durch

$$\varphi_d(z) = 1 - \varphi(\bar{z}) \tag{3.17}$$

mit $z = (z_1, z_2, \ldots, z_n)$ und $\bar{z} = (\bar{z}_1, \bar{z}_2, \ldots, \bar{z}_n)$ definiert. $\varphi_d$ ist die Struk-turfunktion des zu S *dualen Systems* $S_d$. ∎

Das duale System zu einem Seriensystem (Parallelsystem) ist ein Parallelsy-stem (Seriensystem). Diese Tatsache folgt unmittelbar aus den Beziehungen (3.12) und (3.13). Allgemeiner ist das duale System zu einem k-aus-n-System ein (n-k+1)-aus-n-System. Die Analyse des dualen Systems ist unter Umstän-den mit weniger Aufwand verbunden als die des ursprünglichen. Andererseits treten duale Systeme häufig in natürlicher Weise bei Systemen auf, die zwei Ausfallarten haben (siehe die Beispiele "Diode" und "Magnetventil" im Abschn. 2.3.4).

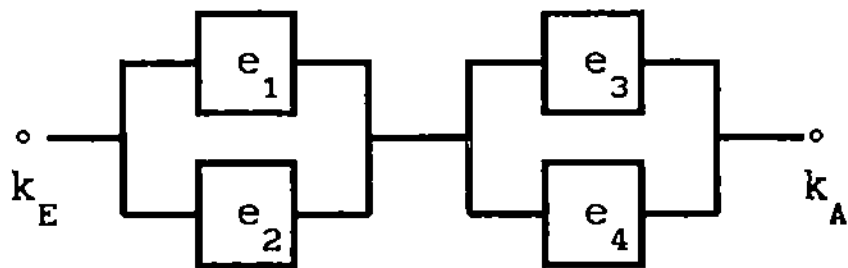


Bild 3.1   Serienschaltung zweier Parallelsysteme

**Beispiel 3.1**  Die zuverlässigkeitstheoretische Struktur eines Systems S sei durch eine Serienschaltung zweier Parallelsysteme, die jeweils aus den Ele-menten $e_1$ und $e_2$ bzw. $e_3$ und $e_4$ bestehen, gegeben (Bild 3.1). Dieses System ist also genau dann funktionstüchtig, wenn beide Parallelsysteme funktions-tüchtig sind. Es folgt mit $z = (z_1, z_2, z_3, z_4)$

$$\varphi(z) = (z_1 \lor z_2) \land (z_3 \lor z_4)$$

bzw.

$$\varphi(z) = [1 - \bar{z}_1 \bar{z}_2][1 - \bar{z}_3 \bar{z}_4].$$

Die zu $\varphi(z)$ duale Strukturfunktion ist

$$\varphi_d(z) = 1 - \varphi(\bar{z}) = 1 - (1-z_1 z_2)(1-z_3 z_4)$$

$$= z_1 z_2 + z_3 z_4 - z_1 z_2 z_3 z_4 = z_1 z_2 \vee z_3 z_4 .$$

Somit ist $\varphi_d(z)$ die Strukturfunktion eines Systems, das sich zuverlässig-keitstheoretisch als Parallelschaltung zweier Seriensysteme erweist, die jeweils aus den Elementen $e_1$ und $e_2$ bzw. $e_3$ und $e_4$ bestehen (Bild 3.2).      □

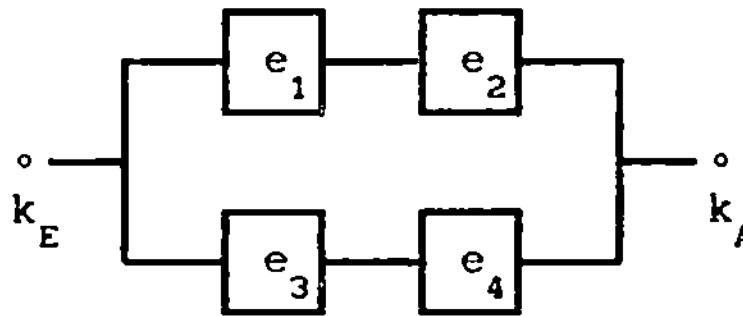


Bild 3.2. Parallelschaltung zweier Seriensysteme

**Beispiel 3.2**   Die Strukturfunktion eines 2-aus-3-Systems ist gemäß (3.11) durch

$$\varphi(z_1, z_2, z_3) = \begin{cases} 1, & \text{wenn } z_1 + z_2 + z_3 \geq 2, \\ 0, & \text{wenn } z_1 + z_2 + z_3 < 2 \end{cases} \tag{3.18}$$

gegeben. Die Strukturfunktion des dazu dualen Systems ist

$$\varphi_d(z_1, z_2, z_3) = 1 - \varphi(\bar{z}_1, \bar{z}_2, \bar{z}_3) = \begin{cases} 0, & \text{wenn } \bar{z}_1 + \bar{z}_2 + \bar{z}_3 \geq 2, \\ 1, & \text{wenn } \bar{z}_1 + \bar{z}_2 + \bar{z}_3 < 2. \end{cases}$$

Somit gilt wegen $\bar{z}_i = 1-z_i$

$$\varphi_d(z_1, z_2, z_3) = \begin{cases} 0, & \text{wenn } 1 \geq z_1 + z_2 + z_3, \\ 1, & \text{wenn } 1 < z_1 + z_2 + z_3. \end{cases}$$

Das zu einem 2-aus-3-System gehörige duale System ist somit wieder ein 2-aus-3-System. Schließlich soll am Beispiel dieses Systems illustriert werden, wie man Boolesche Funktionen mit Hilfe einer Tafel darstellen kann. In Tafel 3.1 ist jedem Vektor $z \in V_3$ der entsprechende Funktionswert $\varphi(z)$ zugeordnet.

Da $V_n$ genau $2^n$ Elemente enthält, ist die Charakterisierung von Booleschen Funktionen in Tabellenform für $n > 4$ kaum noch sinnvoll. Ein Hauptanliegen dieses Kapitels besteht daher in der Entwicklung von effektive Verfahren zur analytischen Darstellung von Strukturfunktionen. Dabei werden ausschließlich monotone Systeme, insbesondere also nichtfallende Strukturfunktionen, vorausgesetzt. Es sei jedoch betont, daß reale Systeme existieren, die zwar nur aus relevanten Elementen bestehen, aber nicht monoton sind. Ein konkretes Beispiel für ein derartiges System ist das folgende. Weitere finden sich in *Inagaki/Henley (1980)* und *Zhang/Mei (1987)*.

Tafel 3.1. Strukturfunktion eines 2-aus-3-Systems

| k | z | $z_1$ | $z_2$ | $z_3$ | $\varphi(z)$ |
|---|---|---|---|---|---|
| 1 | (0,0,0) | 0 | 0 | 0 | 0 |
| 2 | (1,0,0) | 1 | 0 | 0 | 0 |
| 3 | (0,1,0) | 0 | 1 | 0 | 0 |
| 4 | (0,0,1) | 0 | 0 | 1 | 0 |
| 5 | (1,1,0) | 1 | 1 | 0 | 1 |
| 6 | (1,0,1) | 1 | 0 | 1 | 1 |
| 7 | (0,1 1) | 0 | 1 | 1 | 1 |
| 8 | (1,1,1) | 1 | 1 | 1 | 1 |

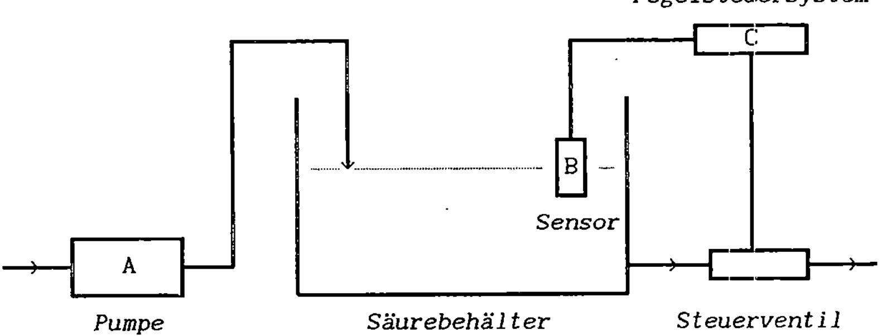


Bild 3.3 Steuersystem "Säurepegelstand"

**Beispiel 3.3** Eine Pumpe A führt einem Behälter Säure zu (Bild 3.3). Bedingt durch Leistungsschwankungen der Pumpe ist der Pegelstand der Säure im Behälter Schwankungen unterworfen. Problematisch ist jedoch nur die Situation, wenn der Pegelstand über einer vorgegebenen Toleranzschranke $\tau$ liegt. Der jeweilige Pegelstand $\sigma$ wird von einem Sensor B an ein Pegelsteuersystem C weitergegeben. Signalisiert B ein Verlassen des Toleranzbereichs, veranlaßt

C das Steuerventil, den Säureabfluß zu erhöhen. Das Steuerventil wird als absolut zuverlässig vorausgesetzt, während der Füllstandsmesser B einen zulässigen Pegelstand anzeigen kann, obwohl $\sigma > \tau$ ist. Ein Pegelstand $\sigma < \tau$ werde stets korrekt angezeigt. Folgende Indikatorvariable werden eingeführt:

$$z_1 = \begin{cases} 1, & \text{wenn } \sigma < \tau \text{ ist} \quad (A \text{ pumpt normal}), \\ 0, & \text{wenn } \sigma \geq \tau \text{ ist} \quad (A \text{ pumpt zuviel}), \end{cases}$$

$$z_2 = \begin{cases} 1, & \text{wenn } B \text{ korrekt anzeigt}, \\ 0, & \text{sonst}. \end{cases}$$

$$z_3 = \begin{cases} 1, & \text{wenn } C \text{ korrekt auf das Signal von } B \text{ reagiert}, \\ 0, & \text{sonst}. \end{cases}$$

Das System wird als funktionstüchtig angesehen, wenn $\sigma < \tau$ ist oder beim Vorliegen des Zustands $\sigma \geq \tau$ an dessen Beseitigung gearbeitet wird. Entsprechend den Voraussetzungen ist das System beim Vorliegen folgender Zustandsvektoren $z = (z_1, z_2, z_3)$ funktionstüchtig:

$$(1,1,1), \quad (0,1,1), \quad (0,0,0). \tag{3.19}$$

An diesem Beispiel ist verblüffend, daß sogar beim Vorliegen des Zustands $(0,0,0)$ das System als funktionstüchtig angesehen werden kann. Dies liegt darin begründet, daß C auf das (falsche) Signal von B falsch reagiert, so daß im Endeffekt das Steuerventil zur Steigerung des Säureabflusses angeregt wird. Die Strukturfunktion des Systems ist durch

$$\varphi(z_1, z_2, z_3) = z_1 z_2 z_3 \vee \overline{z}_1 z_2 z_3 \vee \overline{z}_1 \overline{z}_2 \overline{z}_3.$$

gegeben; denn $\varphi$ nimmt genau an den durch (3.19) gegebenen Vektoren den Wert 1 an. Die auftretenden Konjunktionen sind offenbar orthogonal, so daß $\varphi$ in Orthogonlform vorliegt und somit die "$\vee$" durch "$+$" ersetzt werden können

$$\begin{aligned} \varphi(z_1, z_2, z_3) &= z_1 z_2 z_3 + \overline{z}_1 z_2 z_3 + \overline{z}_1 \overline{z}_2 \overline{z}_3 \\ &= z_2 z_3 + \overline{z}_1 \overline{z}_2 \overline{z}_3. \end{aligned} \tag{3.20}$$

$\varphi$ ist nicht monoton, da zu zum Beispiel $\varphi(0,0,1) = 0$ und $\varphi(0,0,0) = 1$ ist; im Zustand $(0,0,1)$ wird das System also durch den Ausfall von C funktionstüchtig.

Das zu einem binären System gehörige duale System ist nicht nur für monotone Systeme definiert. Beispielsweise ist die zu (3.20) gehörige duale Strukturfunktion

$$\varphi_d(z_1,z_2,z_3) = 1 - \varphi(\bar{z}_1,\bar{z}_2,\bar{z}_3) = 1 - \bar{z}_2\bar{z}_3 - z_1z_2z_3.$$

$\varphi_d$ ist 0 an den durch (3.19) gegebenen Zustandsvektoren und 1 sonst. □

### 3.3.2 Pivotzerlegung

Jede Strukturfunktion der Ordnung n, n > 1, läßt sich als Summe zweier orthogonaler Boolescher Funktionen der Ordnung n-1 auf folgende Weise darstellen:

$$\varphi(z) = z_i\varphi((1_i,z)) + \bar{z}_i\varphi((0_i,z)). \tag{3.21}$$

Hierbei sind $((0_i,z))$ und $((1_i,z))$ durch (3.14) definiert. Offenbar sind $\varphi((0_i,z))$ und $\varphi((1_i,z))$ die Strukturfunktionen des Systems unter der Bedingung, daß das Element $e_i$ funktionstüchtig bzw. im Ausfallzustand befindlich ist.

Von der Gültigkeit der Formel (3.21) überzeugt man sich leicht durch gesonderte Betrachtung der Fälle "$z_i = 1$" und "$z_i = 0$": Für $z_i = 1$ reduziert sich die Gleichung (3.21) auf $\varphi(z)) = \varphi((1_i,z))$, und für $z_i = 0$ auf $\varphi(z) = \varphi((0_i,z))$. Beide Gleichungen sind aber unter der jeweiligen Voraussetzung offensichtlich richtig. Die Beziehung (3.21) heißt *Zerlegungsformel* für $\varphi$ mit dem *Pivotelement* $e_i$ oder *Faktorisierungsformel*, das angewendete Prinzip *Pivotzerlegung, Faktorisierung* oder auch *Dekomposition*.

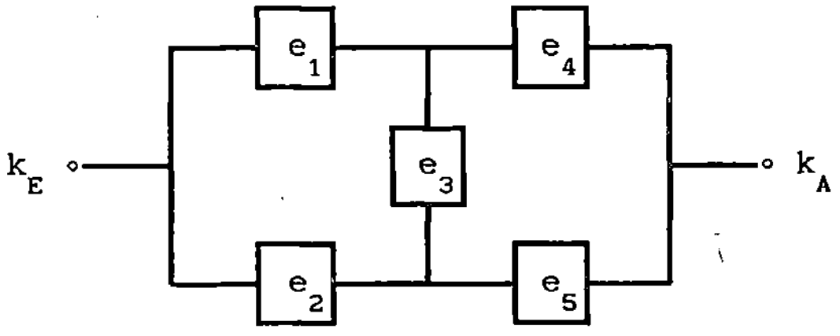


Bild 3.4   Brückenschaltung

**Beispiel 3.4** Die Anwendung von (3.21) zur Ermittlung der Strukturfunktion soll an einem System illustriert werden, dessen Zuverlässigkeitsschaltbild durch die Brückenschaltung von Bild 3.4 gegeben ist. Hierbei wird stillschweigend vereinbart, daß die Kante, die $e_3$ verkörpert, in beiden Richtungen durchlaufen werden kann. (Bei den anderen Kanten ist ohnehin nur eine Richtung interessant.) Es liegt nahe, $e_3$ als Pivotelement zu verwenden, da

es bezüglich der Struktur des Systems eine Schlüsselrolle einnimmt. Für  i=3
und $z \in V_5$ ergibt sich aus (3.21)

$$\varphi(z) = z_3 \varphi((1_3,z)) + (1-z_3)\varphi((0_3,z)).$$

Hierbei ist $\varphi((1_3,z))$ die Strukturfunktion einer Serienschaltung der aus $e_1$
und $e_2$ sowie aus $e_4$ und $e_5$ bestehenden Parallelsysteme, und $\varphi((0_3,z))$ ist
die Strukturfunktion einer Parallelschaltung der aus $e_1$ und $e_4$ sowie aus $e_2$
und $e_3$ bestehenden Seriensysteme. Daher gilt (siehe auch (3.12) und (3.13))

$$\varphi((1_3,z)) = (1 - \overline{z}_1\overline{z}_2)(1 - \overline{z}_4\overline{z}_5),$$

$$\varphi((0_3,z)) = 1 - (1 - z_1 z_4)(1 - z_2 z_5).$$

Das Beispiel zeigt auch, daß die Anwendung der Pivotzerlegung nicht nur zur
Reduktion der Ordnung der zu behandelnden Strukturfunktionen führt, sondern
bei geeigneter Wahl des Pivotelements auch zu elementaren Strukturen.     □

Auf die Strukturfunktionen $\varphi((1_i,z))$ und $\varphi((0_i,z))$ der Ordnung n-1 läßt sich
(3.21) wiederum anwenden u.s.w.. Auf diese Weise erhält man nach n-1
Schritten eine Darstellung von  $\varphi(z)$, $z = (z_1,z_2,\ldots,z_n)$, in Orthogonalform:

$$\varphi(z) = \sum_{y \in V_n} \varphi(y) \prod_{i=1}^{n} z_i^{y_i}(1 - z_i)^{\overline{y}_i}. \qquad (3.22)$$

Wie üblich wird hierbei $0^0 = 0$ gesetzt. Die Summation erstreckt sich über
alle $2^n$ Vektoren $y = (y_1,y_2,\ldots,y_n) \in V_n$. Allerdings genügt es, nur über
diejenigen Zustandsvektoren $y$ zu summieren, für die $\varphi(y) = 1$ gilt. Die Orthogonalität der Summanden von (3.22) ergibt sich sukzessiv aus der Orthogonalität der beiden Summanden von (3.21). Wegen des mit steigendem n exponentiellen Wachstums der Anzahl der Summanden sind der praktischen Anwendung
von (3.22) zur Bestimmung von Orthogonalformen höherer Ordnung Grenzen gesetzt.

Wenn die Summanden in (3.22) vollständig ausmultiplizert werden, erhält man
$\varphi(z)$ in der Form

$$\varphi(z) = a_0 + \sum_{i=1}^{n} a_i z_i + \sum_{i,j=1}^{n} a_{ij} z_i z_j +$$

$$+ \sum_{\substack{i,j,k=1 \\ i<j<k}}^{n} a_{ijk} z_i z_j z_k + \ldots + a_{12\ldots n} z_1 z_2 \ldots z_n.$$

Das ist die *Linearform* der Strukturfunktion. Diese ist stets eindeutig bestimmt, während für eine komplizierte Strukturfunktion die Anzahl der zu ihr logisch äquivalenten Orthogonalformen recht groß sein kann.

**Beispiel 3.5**  Es soll die Orthogonalform (3.22) für ein 2-aus-3-System aufgestellt werden. Gemäß Tafel 3.1 treten 4 nichtverschwindende Summanden auf:

$$\varphi(z) = \varphi(1,1,0)\ z_1^1\,z_1^{-0}\,z_2^1\,z_2^{-0}\,z_3^0\,z_3^{-1}$$
$$+\ \varphi(1,0,1)\ z_1^1\,z_1^{-0}\,z_2^0\,z_2^{-1}\,z_3^1\,z_3^{-0}$$
$$+\ \varphi(0,1,1)\ z_1^0\,z_1^{-1}\,z_2^1\,z_2^{-0}\,z_3^1\,z_3^{-0}$$
$$+\ \varphi(1,1,1)\ z_1^1\,z_1^{-0}\,z_2^1\,z_2^{-0}\,z_3^1\,z_3^{-0}\ .$$

Also ist

$$\varphi(z) = z_1 z_2 (1-z_3) + z_1 z_3 (1-z_2) + z_2 z_3 (1-z_1) + z_1 z_2 z_3.$$

Durch Ausmultiplikation erhält man die Linearform:

$$\varphi(z) = z_1 z_2 + z_1 z_3 + z_2 z_3 - 2 z_1 z_2 z_3. \tag{3.23}$$

$\square$

### 3.3.3  Pfad- und Schnittdarstellungen

Durch eine Strukturfunktion $\varphi$ wird die Menge der Zustandsvektoren $V_n$ in zwei disjunkte Teilmengen $V_n^{(1)}$ und $V_n^{(0)}$ auf folgende Weise zerlegt:

$$V_n^{(1)} = \{z,\ \varphi(z) = 1\}, \qquad V_n^{(0)} = \{z,\ \varphi(z) = 0\}.$$

Die Teilmenge $V_n^{(1)}$ bzw. $V_n^{(0)}$ enthält alle diejenigen Zustandsvektoren der Elemente, für die das System funktionstüchtig bzw. ausgefallen ist. Die in $V_n^{(1)}$ enthaltenen Vektoren heißen *Pfadvektoren und die in* $V_n^{(0)}$ enthaltenen *Schnittvektoren.* Jedem Pfadvektor (Schnittvektor) $z = (z_1, z_2, \ldots, z_n)$ wird die Menge von Indizes $\mathfrak{W}(z)$ ($\mathfrak{S}(z)$) derjenigen Komponenten von $z$ zugeordnet, die den Wert 1 (0) haben:

$$\mathfrak{W}(z) = \{j,\ z_j = 1\},\quad z \in V_n^{(1)}; \qquad \mathfrak{S}(z) = \{k,\ z_k = 0\},\quad z \in V_n^{(0)}.$$

$\mathfrak{W}(z)$ ist die zu $z$ gehörende *Pfadmenge* und $\mathfrak{S}(z)$ die zu $z$ gehörende *Schnittmenge).* Inhaltlich sind die Begriffe Pfadvektor (Schnittvektor) und Pfadmenge (Schnittmenge) einander äquivalent. Man spricht daher auch schlechthin von *Pfaden* und *Schnitten.* Pfad- und Schnittmengen können, ohne daß mit Mißverständnissen zu rechnen ist, mit den Mengen der durch sie charakterisierten Elementen identifiziert werden. Zur Vereinfachung der Sprechweise wird davon gelegentlich Gebrauch gemacht. Wegen (3.15) ist $0 = (0,0,\ldots,0)$ stets ein Schnittvektor und $1 = (1,1,\ldots,1)$ stets ein Pfadvektor. Man bezeichnet daher $0$ als den *trivialen Schnittvektor* und $1$ als den *trivialen Pfadvektor.* Serien- bzw. Parallelsysteme haben jeweils nur einen Pfad- bzw. Schnittvektor, nämlich den trivialen.

**Beispiel 3.6** Für das 2-aus-3 – System sind entsprechend Tafel 3.1 $(1,1,0)$, $(1,01)$ und $(0,0,1)$ die nichttrivialen Pfadvektoren sowie $(0,0,1)$, $(0,1,0)$ und $(0,0,\overset{.}{1})$ die nichttrivialen Schnittvektoren. Die zugehörigen Pfad- und Schnittmengen stimmen überein: $\{1,2\}$, $\{1,3\}$, $\{2,3\}$.        □

In der Fachliteratur werden Pfade häufig als *Wege* bezeichnet. Diese Bezeichnung ist jedoch in der Graphentheorie schon vergeben. Inhaltlich treffend und sprachlich neutral ist die von *Gaede (1977)* eingeführte Terminologie *Verbindung* und *Trennung* anstelle von Pfad und Schnitt.

**Minimale Pfad- und Schnittvektoren** In der Menge der Zustandsvektoren $V_n$ wird folgende Relation eingeführt: Gelten für die Vektoren $y = (y_1,y_2,\ldots y_n)$ und $z = (z_1,z_2,\ldots,z_n)$ die Ungleichungen $y_i \le z_i$ , $i = 1,2,\ldots,n$, und gilt $y_j < z_j$ für mindestens ein $j$, so schreibt man $y < z$ oder $z > y$. Der Vektor $y$ $(z)$ heißt dann *kleiner (größer)* als der Vektor $z$ $(y)$. Damit ist aber nur eine Teilordnung in $V_n$ eingeführt: denn zum Beispiel gilt für $y = (1,0,1)$ und $z = (0,1,1)$ weder $y < z$ noch $z < y$.

Ein Pfadvektor $z$ heißt *minimal*, wenn für alle Vektoren $y \in V_n$, die der Bedingung $y < z$ genügen, $\varphi(y) = 0$ gilt. Ein Schnittvektor $z$ heißt *minimal*, wenn für alle $y \in V_n$, die der Bedingung $z < y$ genügen, $\varphi(y) = 1$ gilt. Zu *minimalen Pfadvektoren (Schnittvektoren)* gehören *minimale Pfadmengen (Schnittmengen)*. Fällt nur eines der Elemente aus, die beim Vorliegen eines minimalen Pfadvektors funktionstüchtig sind, so versagt auch das System. Andererseits: Wird nur eines der beim Vorliegen eines minimalen Schnittvektors funktionsuntüchtigen Elemente in den funktionstüchtigen Zustand versetzt, so wird auch das System wieder funktionstüchtig. "Minimal" in Verbindung mit einem Pfad- bzw. Schnittvektor bezieht sich also auf die Anzahl der durch ihn bestimmten funktionstüchtigen bzw. funktionsuntüchtigen Elemente. Dabei ist zu beachten, daß sich nach Definition die Elemente außerhalb von Pfad- und Schnittmengen im funktionsuntüchtigen bzw. funktionstüchtigen Zustand befinden.

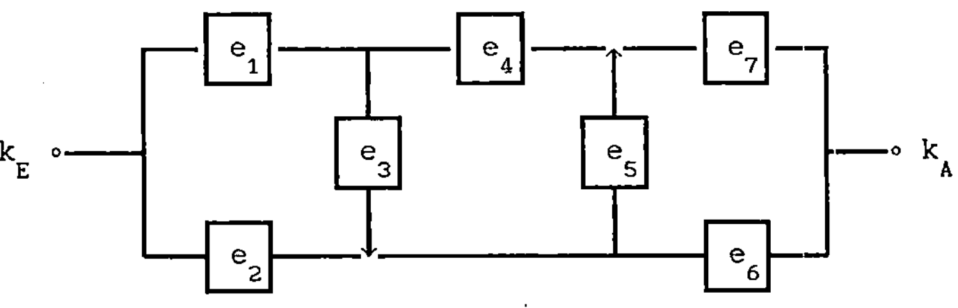


Bild 3.5   Verallgemeinerte Brückenstruktur

**Beispiel 3.7**   Gegeben ist ein System mit dem im Bild 3.5 dargestellten Zuverlässigkeitsschaltbild. Die minimalen Pfadvektoren sind

$$(1,0,1,0,1,0,1), \quad (1,0,1,0,0,1,0), \quad (1,0\ 0,1,0,0,1) \ .$$
$$( \ 0,1,0,0,1,0,1), \quad (0,1,0,0,0,1,0).$$

Die minimalen Schnittvektoren sind

$$(0,0,1,1,1,1,1), \quad (1,0,0,0,1,1,1),$$
$$(1,1,1,0,0,0,1), \quad (1,1,1,1,1,0,0).$$

In diesem einfachen Beispiell kann man die minimalen Pfad- und Schnittvektoren unmittelbar aus dem Zuverlässigkeitsschaltbild ablesen. (Man beachte jedoch, daß die Kanten, die $e_3$ und $e_5$ verkörpern, nur in eine Richtung durchlaufen werden können.)                                                    □

Sind alle minimalen Pfadmengen eines monotonen Systems bekannt, so ist es prinzipiell leicht, dessen Schnittmengen zu ermitteln: Aus jeder minimalen Pfadmenge wird jeweils ein Element (eventuell die gleichen) herausgegriffen. Auf diese Weise erhält man stets eine Schnittmenge; denn wenn die Elemente einer so gewonnenen Menge alle funktionsuntüchtig sind, kann auch das System nicht funktionieren. (Man verifiziere diesen Sachverhalt am Beispiel 3.7!) Es ist jedoch zu beachten, daß durch diese Prozedur nicht unbedingt nur minimale Schnittvektoren erzeugt werden. Das Herausfiltern der minimalen Schnittvektoren aus der gegebenen Menge aller Schnittvektoren kann für große Systeme rechentechnisch sehr aufwendig sein.

**Darstellung der Strukturfunktion**   Es seien $\mathfrak{B}_1,\mathfrak{B}_2,\ldots,\mathfrak{B}_w$ die minimalen Pfadmengen und $\mathfrak{G}_1,\mathfrak{G}_2,\ldots,\mathfrak{G}_s$ die minimalen Schnittmengen eines monotonen Systems. Die Bedeutung dieser Mengen für die Zuverlässigkeitsanalyse monotoner Systeme liegt im wesentlichen darin begründet, daß ihre Kenntnis jeweils die Konstruktion spezieller Darstellungen der Strukturfunktion erlaubt.

Für beliebige $\mathbf{z} = (z_1, z_2, \ldots, z_n) \in V_n$ wird jedem $\mathfrak{B}_j$ die Konjunktion

$$A_j(\mathbf{z}) = \bigwedge_{i \in \mathfrak{B}_j} z_i = \prod_{i \in \mathfrak{B}_j} z_i \qquad (3.24)$$

und jedem $\mathfrak{C}_k$ die Disjunktion

$$B_k(\mathbf{z}) = \bigvee_{i \in \mathfrak{C}_k} z_i = 1 - \prod_{i \in \mathfrak{C}_k} \bar{z}_i \qquad (3.25)$$

zugeordnet. Man beachte, daß in (3.24) und (3.25) die $\mathfrak{B}_j$ und $\mathfrak{C}_k$ lediglich die Bedeutung von Indexmengen haben; $\mathbf{z}$ selbst also nicht unbedingt ein minimaler Pfad- bzw. Schnittvektor sein muß.

Die Boolesche Funktion $A_j(\mathbf{z})$ nimmt genau dann den Wert 1 an, wenn alle durch $\mathfrak{B}_j$ fixierten Elemente $\{e_i, i \in \mathfrak{B}_j\}$ funktionstüchtig sind. Mit anderen Worten, für alle Pfadvektoren $\mathbf{z}$, die größer oder gleich dem zu $\mathfrak{B}_j$ gehörigen minimalen Pfadvektor sind, gilt $A_j(\mathbf{z}) = 1$. Man bezeichnet die $A_1, A_2, \ldots, A_w$ als *minimale Pfadserienstrukturen*. Nach Definition der $\mathfrak{B}_j$ ist System genau dann funktionstüchtig, wenn mindestens eine der minimalen Pfadserienstrukturen funktionstüchtig (das heißt, gleich 1) ist. Daher gilt

$$\varphi(\mathbf{z}) = \bigvee_{j=1}^{w} A_j(\mathbf{z}) = \bigvee_{j=1}^{w} \bigwedge_{i \in \mathfrak{B}_j} z_i \; . \qquad (3.26)$$

Die Darstellung (3.26) von $\varphi$ ist eine disjunktive Normalform der Strukturfunktion mit den im allgemeinen nichtorthogonalen $A_j(\mathbf{z})$.
Analog bezeichnet man die $B_1, B_2, \ldots, B_s$ als *minimale Schnittparallelstrukturen*. Das System befindet sich genau dann im Ausfallzustand, wenn mindestens eine der minimalen Schnittparallelstrukturen ausgefallen ist (das heißt, gleich 0) ist. Daher gilt

$$\varphi(\mathbf{z}) = \bigwedge_{k=1}^{s} B_k(\mathbf{z}) = \bigwedge_{k=1}^{s} \bigvee_{i \in \mathfrak{C}_k} z_i \qquad (3.27)$$

Die Darstellung (3.27) ist ein konjunktive Normalform der Strukturfunktion.

Wegen (3.9) und (3.10) entsprechen die Darstellungen (3.26) und (3.27) der Strukturfunktion einer Parallelschaltung von Serienstrukturen bzw. einer Serienschaltung von Parallelstrukturen. Als Folgerung ergibt sich (wenn von den elementaren Parallel- und Serienstrukturen abgesehen wird):

*Das Zuverlässigkeitsverhalten eines jeden monotonen Systems läßt sich in mindestens zwei Zuverlässigkeitsschaltbildern veranschaulichen.*

Im allgemeinen sind nicht primär die minimalen Pfade und Schnitte eines Systems gegeben, sondern ein Zuverlässigkeitsschaltbild. Es existieren jedoch eine große Anzahl rechnergestützter Verfahren zur Bestimmung der Pfade und Schnitte auf der Basis eines Zuverlässigkeitsschaltbilds (siehe dazu Abschn. 4.4.4).

Es liegt nahe, die Darstellung (3.26) der Darstellung (3.27) vorzuziehen, wenn $w \ll s$ oder zumindest $w < s$ gilt, da dann eine weniger komplizierte Strukturfunktion zu erwarten ist. Allerdings sind bei der Entscheidung über die Anwendung von (3.26) oder (3.27) auch die Anzahlen der Elemente in den Pfad- und Schnittmengen zu beachten. Aufgrund von (3.5) und (3.6) hat man für (3.26) und (3.27) auch die logisch äquivalenten Darstellungen

$$\varphi(z) = 1 - \prod_{j=1}^{w}\left(1 - \prod_{i \in \mathfrak{W}_j} z_i\right) = \max_{1 \le j \le w} \min_{i \in \mathfrak{W}_j} z_i \ , \qquad (3.28)$$

$$\varphi(z) = \prod_{k=1}^{s}\left(1 - \prod_{i \in \mathfrak{G}_k} \bar{z}_i\right) = \min_{1 \le k \le s} \max_{i \in \mathfrak{G}_k} z_i \qquad (3.29)$$

Durch Anwendung der de Morganschen Regeln läßt sich die konjunktive Normalform (3.27) bzw. (3.29) für $\varphi$ in eine disjunktive Normalform für $1 - \varphi$ in Abhängigkeit von den $z_i$ überführen:

$$1 - \varphi(z) = \bigvee_{k=1}^{s} \bigwedge_{i \in \mathfrak{G}_k} \bar{z}_i \ . \qquad (3.30)$$

Eine Anwendung der Darstellung (3.30) besteht darin, daß sie der Bestimmung der Minimalschnitte eines monotonen Systems bei bekannten Minimalpfaden zugrunde liegt (und umgekehrt). Dazu ist die disjunktive Normalform (3.26) durch weitestgehende Umformungen entsprechend den im Abschn. 3.2 aufgelisteten Rechenregeln in eine disjunktive Normalform für $1 - \varphi$ in Abhängigkeit von den $\bar{z}_i$ zu überführen. Entsprechend (3.30) kann man dann sofort die Minimalschnitte ablesen. Dieses prinzipielle Vorgehen soll an einem Beispiel demonstriert werden.

**Beispiel 3.8** Es liege wieder das System mit dem durch Bild 3.4 gegebenen Zuverlässigkeitsschaltbild vor. Die minimalen Pfadmengen sind

$$\mathfrak{W}_1 = \{1,4\}, \quad \mathfrak{W}_2 = \{2,5\}, \quad \mathfrak{W}_3 = \{1,3,5\} \ , \quad \mathfrak{W}_4 = \{2,3,4\}.$$

Die dazugehörigen minimalen Pfadserienstrukturen sind

$$A_1 = z_1 z_4, \quad A_2 = z_2 z_5, \quad A_3 = z_1 z_3 z_5, \quad A_4 = z_2 z_3 z_4.$$

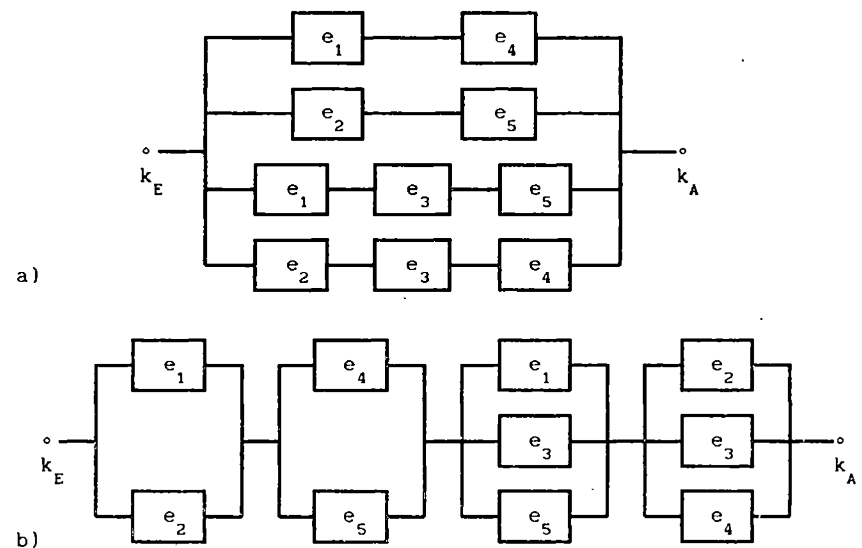

Bild 3.6   Brückenstruktur (Bild 3.4) als a) Parallelschaltung von Serien-
           strukturen und b) Serienschaltung von Parallelstrukturen

Daher ist

$$\varphi(z) = z_1 z_4 \ \lor \ z_2 z_5 \ \lor \ z_1 z_3 z_5 \lor z_2 z_3 z_4.$$

Die Anwendung der de Morganschen Regeln liefert

$$1 - \varphi(z) = (\bar z_1 \lor \bar z_4)(\bar z_2 \lor \bar z_5)(\bar z_1 \lor \bar z_3 \lor \bar z_5)(\bar z_2 \lor \bar z_3 \lor \bar z_4).$$

Durch Anwendung der Distributivgesetze und der Absorptionsregel erhält man

$$1 - \varphi(z) = (\bar z_1 \lor \bar z_4)(\bar z_2 \lor \bar z_5)[\bar z_3 \lor (\bar z_3 \lor \bar z_5)(\bar z_2 \lor \bar z_4)].$$

$$= \bar z_1 \bar z_2 \lor \bar z_4 \bar z_5 \lor (\bar z_1 \bar z_5 \lor \bar z_2 \bar z_4)(\bar z_3 \lor \bar z_1 \bar z_4 \lor \bar z_2 \bar z_5).$$

$$= \bar z_1 \bar z_2 \lor \bar z_4 \bar z_5 \lor \bar z_1 \bar z_3 \bar z_5 \lor \bar z_2 \bar z_3 \bar z_4 \ .$$

Also hat das System die minimalen Schnittmengen

$$G_1 = \{1,2\}, \quad G_2 = \{4,5\}, \quad G_3 = \{1,3,5\}, \quad G_4 = \{2,3,4\}.$$

(Natürlich kann man auch in diesem einfachen Fall die Minimalschnitte unmittelbar aus dem Zuverlässigkeitsschaltbild ablesen.) Die zugehörigen minimalen Schnittparallelstrukturen sind

$$B_1 = 1 - \bar z_1 \bar z_2, \quad B_2 = 1 - \bar z_4 \bar z_5, \quad B_3 = 1 - \bar z_1 \bar z_3 \bar z_5, \quad B_4 = 1 - \bar z_2 \bar z_3 \bar z_4.$$

Nach Ausmultiplikation einer der beiden Darstellungen (3.28) oder (3.29) erhält man die Linearform der Strukturfunktion:

$$\varphi(z) = z_1 z_4 + z_2 z_5 + z_1 z_3 z_5 + z_2 z_3 z_4 - z_1 z_2 z_3 z_4 - z_1 z_2 z_3 z_5$$
$$- z_1 z_2 z_4 z_5 - z_1 z_3 z_4 z_5 - z_2 z_3 z_4 z_5 + 2 z_1 z_2 z_3 z_4 z_5 . \tag{3.31}$$

Bild 3.6 zeigt das Zuverlässigkeitsschaltbild des Systems entsprechend den Darstellungen der Strukturfunktion (3.26) bzw. (3.27) in Form einer Parallelschaltung von Serienstrukturen bzw. einer Serienschaltung von Parallelstrukturen. □

Das geschilderte Grundprinzip der "Inversion der Minimalpfade in die Minimalschnitte" (bzw. umgekehrt) wurde in zahlreichen Arbeiten verfeinert, um rechentechnische Vorteile zu erzielen (*Heidtmann (1983), Locks (1979), Rai/Aggarwal (1978)*).

### 3.3.4 Erzeugung von Orthogonalformen

Wegen der Berechnung der Systemverfügbarkeit als Erwartungswert der Strukturfunktion ist die Darstellung von $\varphi$ in Orthogonal- oder Linearform zweckmäßig; denn in diesem Fall ergibt sich die Systemverfügbarkeit einfach durch Addition der Erwartungswerte aller Summanden (Konjunktionen) von $\varphi$. (Diese Problematik wird genauer erst im folgenden Abschnitt behandelt.) Die Darstellungen (3.26), (3.27) bzw. (3.30) der Strukturfunktion sind jedoch im allgemeinen weder Orthogonal- noch Linearformen, so daß sie in eine solche überzuführen sind. Das einfache Ausmultiplizieren von (3.28) bzw. (3.29) zur Gewinnung der Linearformen ist für komplizierte Systeme rechentechnisch zu aufwendig. Daher wurden rechnergestützte Verfahren entwickelt, die eine disjunktive Normalform mit nichtorthogonalen Summanden der Art (3.26) bzw. (3.30) in eine Orthogonalform überführen.

**Problem** Die Strukturfunktion sei in der disjunktiven Normalform

$$\varphi = A_1 \vee A_2 \vee \ldots \vee A_w \quad \text{mit } A_k = \prod_{i \in \mathfrak{B}_k} z_i \tag{3.32}$$

gegeben, wobei $\mathfrak{B}_k$ die minimalen Pfadmengen des Systems sind. Ferner sei **M** die Menge aller möglichen Produkte (Konjunktionen ) gewisser $z_i$ und $\bar{z}_j$, $i \neq j$, $i,j = 1,2,\ldots,n$. Dann sind paarweise orthogonale Produkte $D_1, D_2,\ldots,D_d$, $D_j \in$ **M**, in der Weise zu konstruieren, daß gilt

$$\bigvee_{k=1}^{w} A_k = \sum_{j=1}^{d} D_j . \tag{3.33}$$

Die existierenden Verfahren zur Lösung des Problems lassen sich im wesentlichen in zwei Klassen einteilen: Die erste Klasse (*Abraham (1979),Fratta/Montanari (1973), Locks (1982), Beichelt/Sproß (1987), Heidtmann (1989)* u.a.) beruht auf der induktiv leicht zu beweisenden Beziehung

$$\bigvee_{k=1}^{w} A_k = \sum_{k=1}^{w} G_k, \qquad G_j G_k = 0 \text{ für } j \neq k, \qquad (3.34)$$

mit

$$G_k = \overline{A}_1 \overline{A}_2 \ldots \overline{A}_{k-1} A_k.$$

Die zweite KLasse (*Schneeweiß (1984), Torrey (1983)* u.a.) stützt sich auf die Zerlegungsformel (3.21). Rechentechnisch erwies sich vor allem das Verfahren von Abraham als vorteilhaft. Es soll daher hier ausführlich dargestellt werden.

**Verfahren von Abraham**  Das Prinzip besteht darin, jedes $A_k$, $k \geq 2$, in (3.33) durch eine Summe

$$L_k = \sum_{D \in M_k} D, \qquad M_k \subseteq M$$

zu ersetzen, so daß mit $L_1 = A_1$

$$\bigvee_{i=1}^{w} A_i = \sum_{k=1}^{w} L_k = \sum_{D \in M_\varphi} D$$

gilt und die Menge

$$M_\varphi = \{D, D \in M_k, k = 1,2,\ldots,w\}$$

besteht aus paarweise orthogonalen Produkten aus $M$. Die Summen $L_k$ werden sukzessiv von Summen $L_{1,k}$; $L_{2,k}$; $\ldots$, $L_{k-1,k}$ mit der Eigenschaft

$$\bigvee_{i=1}^{j} A_i \vee A_k = \bigvee_{i=1}^{j} A_i + L_{j,k},$$

erzeugt, wobei gilt

$$L_{j,k} = \sum_{D \in M_{j,k}} D, \qquad M_{j,k} \subseteq M.$$

Der Prozeß beginnt für jedes $k = 2,3,\ldots,w$ mit $j = 1$ und endet mit $j = k-1$; $L_{k-1,k} = L_k$. Der Übergang von $L_{j-1,k}$ zu $L_{j,k}$ bzw. von $M_{j-1,k}$ zu $M_{j,k}$ hängt davon ab, welcher der folgenden drei Fälle a), b) oder c) vorliegt. Zur Charakterisierung dieser Fälle wird mit A ein beliebiges Produkt gewisser (nichtnegierter!) $z_i$ bezeichnet und mit $C(A,B) = \{C_1,C_2,\ldots,C_c\}$, $B \in M$, die Menge derjenigen $z_i$, die als Faktoren in A auftreten, aber nicht in B.

a) $AB = 0$ (A und B sind orthogonal), wenn $z_i$ in A und $\overline{z}_i$ in B als Faktoren auftreten.

b) $A \vee B = A$, wenn A und B nicht orthogonal sind und $C(A,B) = \emptyset$ ist.

c) $A \vee B = A + \overline{C}_1 B + C_1 \overline{C}_2 B + \ldots + C_1 C_2 \ldots C_{c-1} \overline{C}_c B$, wenn A und B nicht orthogonal sind und $C(A,B) \neq \emptyset$.

Um $M_{j,k}$ aus $M_{j-1,k}$ zu konstruieren, wird $C(A_j,B)$ für $B \in M_{j-1,k}$ gebildet. Liegt der Fall a) vor, so ist B auch Element von $M_{j,k}$. Liegt der Fall b) vor, wird B eliminiert, es ist überflüssig für die Erzeugung von $M_{k-1,k} = M_k$. Im Fall c) enthält $M_{j,k}$ die Produkte $\overline{C}_1 B$, $C_1 \overline{C}_2 B, \ldots,$ $C_1 C_2 \ldots C_{c-1} \overline{C}_c B$. Die vollständige Menge $M_{j,k}$ ergibt sich, wenn diese Prozedur für jedes $B \in M_{j,k}$ durchgeführt wird. Ausgangspunkt ist $M_{0,k} = \{A_k\}$. Es ist zu beachten, daß die Mengen $M_2$, $M_3$, $\ldots$, $M_w$ unabhängig voneinander erzeugt werden und somit in beliebiger Reihenfolge ermittelt werden können.

*Algorithmus*

0. Ordne die $A_j$ aufsteigend nach der Anzahl ihrer Elemente.

1. Initialisiere $M_\varphi = \{ A_1 \}$, $k = 2$.

2. Initialisiere $M_{0,k} = \{A_k\}$.

3. Initialisiere $M_{j,k} = \emptyset$.

4. Für alle $B \in M_{j-1,k}$:

4.1. Sind $A_j$ und B orthogonal, dann erweitere $M_{j,k}$ um B und nehme ein anderes B.

4.2. Erzeuge $C(A_j,B)$.

4.3. Ist $C(A_j,B) = \emptyset$, entferne B und nehme ein anderes B.

4.4. Ist $C(A_j,B) = \{C_1, C_2, \ldots, C_c\}$, $c \geq 1$, erweitere $M_{j,k}$ um die Produkte $\overline{C}_1 B$, $C_1 \overline{C}_2 B, \ldots, C_1 C_2 \ldots C_{c-1} \overline{C}_c B$.

4.5. Nehme ein anderes B.

5. Ist $j < k-1$, dann $j \leftarrow j+1$ und gehe zu 3.

6. Erweitere $M_\varphi$ um $M_{k-1,k}$.

7. Ist $k < w$, dann $k \leftarrow k+1$ und gehe zu 2.

8. Stop.

Die Anwendung des Algorithmus auf die im Beispiel 3.8 aufgetretene Strukturfunktion

$$\varphi = z_1 z_4 \vee z_2 z_5 \vee z_1 z_3 z_5 \vee z_2 z_3 z_4$$

liefert für $\varphi$ die Orthogonalform

$$\varphi = z_1 z_4 + \bar{z}_1 z_2 z_5 + z_1 z_2 \bar{z}_4 z_5 + z_1 \bar{z}_2 z_3 \bar{z}_4 z_5 + \bar{z}_1 z_2 z_3 z_4 \bar{z}_5.$$

Hier wird ein etwas komplizierteres Beispiel betrachtet.

Tafel 3.2  Darstellung der Produkte $A_j$ von Beispiel 3.9

| $A_j$ | $z_1$ | $z_2$ | $z_3$ | $z_4$ | $z_5$ | $z_6$ | $z_7$ | $z_8$ | $z_9$ | $z_{10}$ | $z_{11}$ | $z_{12}$ |
|---|---|---|---|---|---|---|---|---|---|---|---|---|
| $A_1$ | – | – | – | – | – | – | – | – | – | 1 | 1 | 1 |
| $A_2$ | 1 | – | 1. | 1 | – | – | – | 1 | – | – | – | – |
| $A_3$ | – | – | – | 1 | – | 1 | – | 1 | – | – | 1 | – |
| $A_4$ | – | 1 | 1 | – | – | – | – | – | – | 1 | – | 1 |
| $A_5$ | 1 | – | 1 | – | 1 | – | 1 | 1 | – | – | – | – |
| $A_6$ | – | 1 | 1 | 1 | – | 1 | – | 1 | – | – | – | – |
| $A_7$ | 1 | – | 1 | – | 1 | – | – | – | 1 | – | – | 1 |

**Beispiel 3.9**  Die minimalen Pfadmengen  eines Systems, das aus 12 Elementen besteht, seien

$$\mathfrak{B}_1 = \{10,\ 11,\ 12\},\quad \mathfrak{B}_2 = \{1,\ 3,\ 4,\ 8\},\quad \mathfrak{B}_3 = \{4,\ 6,\ 8,\ 11\},$$
$$\mathfrak{B}_4 = \{2,\ 3,\ 10,\ 12\},\quad \mathfrak{B}_5 = \{1,\ 3,\ 5,\ 7,\ 8\},\quad \mathfrak{B}_6 = \{2,\ 3,\ 4,\ 6,\ 8\},$$
$$\mathfrak{B}_7 = \{1,\ 3,\ 5,\ 9,\ 12\}.$$

Die zugehörigen Produkte sind in Tafel 3.2 symbolisch in Form einer Matrix dargestellt. Um das Verfahren zu illustrieren, genügt es, sich etwa auf die Bestimmung der Menge $M_7 = M_{6,7}$ zu beschränken. Tafel 3.3 veranschaulicht das dazu nötige Vorgehen im Rahmen der Schritte 2 bis 5 des Algorithmus. Die Produkte A und B, $B \in M_{j-1,k}$, werden in den Tafeln 3.2 und 3.3 dadurch charakterisiert, daß das Auftreten der Variablen $z_i$ ($\bar{z}_i$) bzw. ihr Fehlen in diesen Produkten in der i-ten Spalte durch eine 1 (0) bzw. durch einen Strich gekennzeichnet wird. Da im Beispiel alle $B \in M_{2,7}$ orthogonal mit $A_3$ und alle $B \in M_{5,7}$ orthogonal mit $A_6$ sind, gelten die Beziehungen

$$M_{2,7} = M_{3,7} \quad \text{und} \quad M_{5,7} = M_{6,7}.$$

Zur vollständigen Ermittlung von $M_\varphi$ sind noch die Mengen $M_2$, $M_3, \ldots, M_6$ zu bestimmen. □

Tafel 3.3 Veranschaulichung der Anwendung des Algorithmus (Beispiel 3.8)

| $M_{j-1,7}$ | $z_1$ | $z_2$ | $z_3$ | $z_4$ | $z_5$ | $z_6$ | $z_7$ | $z_8$ | $z_9$ | $z_{10}$ | $z_{11}$ | $z_{12}$ | $C(A_j,B)$, $B \in M_{j-1,7}$ Orthogonalität |
|---|---|---|---|---|---|---|---|---|---|---|---|---|---|
| | | | | | | | Produkt | | | | | | |
| $M_{0,7}=\{A_7\}$ | 1 | – | 1 | – | 1 | – | – | – | 1 | – | – | 1 | $\{z_{10},z_{11}\}$ |
| $M_{1,7}$ | 1 | – | 1 | – | 1 | – | – | – | 1 | 0 | – | 1 | $\{z_4,z_8\}$ |
| | 1 | – | 1 | – | 1 | – | – | – | 1 | 1 | 0 | 1 | $\{z_4,z_8\}$ |
| $M_{2,7}$ | 1 | – | 1 | 0 | 1 | – | – | – | 1 | 0 | – | 1 | |
| | 1 | – | 1 | 1 | 1 | – | – | 0 | 1 | 0 | – | 1 | alle orthogonal |
| | 1 | – | 1 | 0 | 1 | – | – | – | 1 | 1 | 0 | 1 | mit $A_3$ |
| | 1 | – | 1 | 1 | 1 | – | – | 0 | 1 | 1 | 0 | 1 | |
| $M_{3,7}$ | 1 | – | 1 | 0 | 1 | – | – | – | 1 | 0 | – | 1 | orthogonal mit $A_4$ |
| | 1 | – | 1 | 1 | 1 | – | – | 0 | 1 | 0 | – | 1 | orthogonal mit $A_4$ |
| | 1 | – | 1 | 0 | 1 | – | – | – | 1 | 1 | 0 | 1 | $\{z_2\}$ |
| | 1 | – | 1 | 1 | 1 | – | – | 0 | 1 | 1 | 0 | 1 | $\{z_2\}$ |
| $M_{4,7}$ | 1 | – | 1 | 0 | 1 | – | – | – | 1 | 0 | – | 1 | $\{z_7,z_8\}$ |
| | 1 | – | 1 | 1 | 1 | – | – | 0 | 1 | 0 | – | 1 | orthogonal mit $A_5$ |
| | 1 | 0 | 1 | 0 | 1 | – | – | – | 1 | 1 | 0 | 1 | $\{z_7,z_8\}$ |
| | 1 | 0 | 1 | 1 | 1 | – | – | 0 | 1 | 1 | 0 | 1 | orthogonal mit $A_5$ |
| $M_{5,7}$ $= M_{6,7}$ $= M_7$ | 1 | – | 1 | 0 | 1 | – | 0 | – | 1 | 0 | – | 1 | |
| | 1 | – | 1 | 0 | 1 | – | 1 | 0 | 1 | 0 | – | 1 | |
| | 1 | – | 1 | 1 | 1 | – | – | 0 | 1 | 0 | – | 1 | alle orthogonal |
| | 1 | 0 | 1 | 0 | 1 | – | 0 | – | 1 | 1 | 0 | 1 | mit $A_6$ |
| | 1 | 0 | 1 | 0 | 1 | – | 1 | 0 | 1 | 1 | 0 | 1 | |
| | 1 | 0 | 1 | 1 | 1 | – | – | 0 | 1 | 1 | 0 | 1 | |

In dem Bestreben, den Rechenaufwand weitestgehend zu reduzieren, wurden ausgehend von Abraham's Algorithmus Verfahren entwickelt, die auf die Erzeugung möglichst "kurzer" Orthogonalformen (gemessen an der Anzahl d der Summanden bzw. an der Anzahl der insgesamt auftretenden Symbole) hinzielen (*Beichelt/ Sproß (1987, 1989), Heidtmann (1989)*). Die kleinstmögliche Anzahl (= w) von Summanden in der Orthogonalform wird nur bei den sogenannten *schichtbaren Systemen (shellable systems)* (*Ball/Provan (1988)*) erreicht.

### 3.3.5  Inklusions-Exklusionsform

Ausgehend von der Darstellung $\varphi = A_1 \vee A_2 \vee \ldots \vee A_w$ der Strukturfunktion gelangt man auch auf folgende Weise zu ihrer Linearform: Man beginnt damit, $A_1 \vee A_2$ gemäß (3.2) mit arithmetischen Operationen auszudrücken:

$$A_1 \vee A_2 = A_1 + A_2 - A_1 A_2 \ .$$

Nun wird (3.2) wiederum angewendet und zwar mit $x = A_1 \vee A_1$ und $y = A_3$:

$$A_1 \vee A_2 \vee A_3 = (A_1 + A_2 - A_1 A_2) + A_3 - (A_1 + A_2 - A_1 A_2)A_3$$

$$= A_1 + A_2 + A_3 - A_1 A_2 - A_1 A_3 - A_2 A_3 + A_1 A_2 A_3 \ .$$

Schließlich erhält man durch vollständige Induktion eine *Inklusions - Exklusionsform* der Strukturfunktion:

$$\varphi = \sum_{k=1}^{w} (-1)^{k-1} T_k \tag{3.35}$$

mit
$$T_k = \sum_{1 \le i_1 < i_2 < \ldots < i_k \le w} A_{i_1} A_{i_2} \ldots A_{i_k} \ .$$

Jedes der $T_k$ enthält genau $\binom{w}{k}$ Summanden, so daß in (3.35) insgesamt

$$\binom{w}{1} + \binom{w}{2} + \ldots + \binom{w}{w} = 2^w - 1$$

Summanden auftreten. Es läßt sich aber zeigen, daß mit steigendem w ein immer größer werdender Prozentsatz dieser Summanden sich gegenseitig aufhebt, wenn die Produkte $A_{i_1} A_{i_2} \ldots A_{i_k}$ durch Nutzung der Idempotenzeigenschaft weitestgehend vereinfacht werden. Nach Ausführung dieser Vereinfachungen erhält man die Linearform der Strukturfunktion. (Übung: Man konstruiere die Linearform der Strukturfunktion für das System von Beispiel 3.8 über die Inklusions-Exklusionsform!)


## 3.4    NUMERISCHE ZUVERLÄSSIGKEITSANALYSE

### 3.4.1  Exakte Berechnung der Systemverfügbarkeit

Die verschiedenen Darstellungsformen der Systemfunktion sind nicht an Voraussetzungen über das statistische Ausfallverhalten der Elemente gebunden und erfordern auch keine Kenntnis darüber. Die Strukturfunktion widerspiegelt lediglich die deterministischen Abhängigkeiten zwischen den Zuständen des Systems und seiner Elemente. Um Zuverlässigkeitsaussagen machen zu können, ist jedoch nicht primär die Kenntnis der momentanen Zustände der Elemente erforderlich, sondern die Kenntnis der Wahrscheinlichkeiten ihres Auftretens. Daher werden im folgenden die bisher betrachteten Indikatorvariablen für die Zustände der Elemente $z_i$ als zufällige Boolesche Variable mit den bekannten Wahrscheinlichkeitsverteilungen

$$p_i = E(z_i) = P(z_i = 1), \quad 1 - p_i = P(z_i = 0); \quad i = 1,2,\ldots,n,$$

aufgefaßt. Die Vektoren der Menge $V_n$ sind bei dieser Interpretation der $z_i$ Realisierungen des zufälligen Zustandsvektors $z = (z_1, z_2, \ldots, z_n)$. Diese Voraussetzung hat zur Folge, daß auch der Systemzustand $z_s = \varphi(z)$ eine Zufallsgröße ist mit einer zunächst unbekannten Wahrscheinlichkeitsverteilung

$$p_s = E(\varphi) = P(\varphi = 1); \quad 1 - p_s = P(\varphi = 0).$$

Das Problem besteht darin, bei bekannten $p_i$ die Systemverfügbarkeit $p_s$ exakt oder zumindest näherungsweise zu berechnen. Dieses Problem wird im folgenden unter der Voraussetzung voneinander unabhängig arbeitender Elemente behandelt; denn dann kann man zur Berechnung von $p_s$ folgende einfache Regel anwenden:

**Regel (R)** Aus einer Orthogonalform oder Linearform der Strukturfunktion $\varphi$ erhält man die Systemverfügbarkeit $p_s$ durch Ersetzen der in $\varphi$ auftretenden Variablen $z_i$ und $\bar{z}_j$ durch $p_i$ bzw. $1 - p_j$; $i,j = 1,2,\ldots,n$.

Die Gültigkeit dieser Regel folgt einfach aus der Tatsache, daß der Erwartungswert einer Summe von Zufallsgrößen gleich der Summe der Erwartungswerte der Zufallsgrößen und der Erwartungswert des Produkts unabhängiger Zufallsgrößen gleich dem Produkt der Erwartungswerte der Zufallsgrößen ist.

Zum Beispiel ergibt die Anwendung von (R) auf (3.12), (3.13) und (3.23):

$$
\begin{aligned}
\textit{Seriensystem:} &\quad p_s = p_1 p_2 \cdots p_n, \\
\textit{Parallelsystem:} &\quad p_s = 1 - (1-p_1)(1-p_2)\ldots(1-p_n), \\
\textit{2-aus-3-System:} &\quad p_s = p_1 p_2 + p_1 p_3 + p_2 p_3 - 2p_1 p_2 p_3.
\end{aligned}
$$

(3.36)

Das sind die bereits aus Kapitel 2 bekannten Verfügbarkeiten (2.31), (2.33) und (2.36), wobei sich (2.36) allerdings auf den Fall identischer Elemente bezieht ($p_i = \bar{F}(t)$, $i = 1,2,3$). Im Unterschied zu Kapitel 2 wird jedoch in diesem Kapitel, wie bereits im Abschn. 3.1 betont, die Systemverfügbarkeit nur an einem festen Zeitpunkt $t = t_o$ betrachtet oder es interessiert die stationäre Verfügbarkeit ($t \to \infty$). Die Anwendung von (R) auf die Orthogonalform (3.22) liefert

$$P_s = \sum_{y \in V_n} \varphi(y) \prod_{i=1}^{n} p_i^{y_i} (1 - p_i)^{\overline{y}_i} .$$

Aus den bisherigen Darlegungen resultiert eine prinzipielle Folgerung:

*Die Verfügbarkeit eines monotonen Systems mit unabhängigen Elementen ist bei Vorgabe der Verfügbarkeiten der Elemente eindeutig bestimmt.*

Es existiert also eine Funktion h mit der Eigenschaft

$$P_s = E(\varphi(z)) = h(p_1, p_2, \ldots, p_n)$$

bzw.

$$P_s = h(\mathbf{p}) \quad \text{mit} \quad \mathbf{p} = (p_1, p_2, \ldots, p_n). \tag{3.37}$$

Bei offensichtlicher Modifikation der Schreibweise (3.14) folgt aus der Zerlegungsformel (3.21) eine analoge Darstellung für h(**p**):

$$h(\mathbf{p}) = p_i h((1_i, \mathbf{p})) + (1 - p_i) h((0_i, \mathbf{p})). \tag{3.38}$$

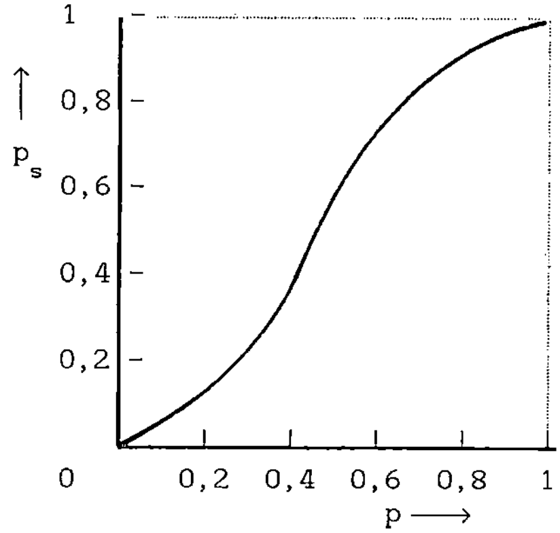


Bild 3.7   Systemverfügbarkeit in Abhängigkeit von der
Elementverfügbarkeit (Beispiel 3.10)

**Beispiel 3.10**   Es wird das gleiche System wie im Beispiel 3.4 betrachtet (Bild 3.4). Die dort vorgenommene Zerlegung der Strukturfunktion mit dem Pivotelement $e_3$ ergibt für h(**p**) die Zerlegungsformel

$$h(\mathbf{p}) = p_3 h((1_3, \mathbf{p})) + (1-p_3) h((0_3, \mathbf{p}))$$

mit

$$h((0_3, \mathbf{p})) = 1 - (1-p_1 p_4)(1-p_2 p_5),$$

$$h((1_3, \mathbf{p})) = [1 - (1-p_1)(1-p_2)][1 - (1-p_4)(1-p_5)].$$

Durch Ausmultiplikation folgt

$$p_s = h(p) = p_1p_4 + p_2p_5 + p_1p_3p_5 + p_2p_3p_4 - p_1p_2p_3p_4 - p_1p_2p_3p_5$$
$$- p_1p_2p_4p_5 - p_1p_3p_4p_5 - p_2p_3p_4p_5 + 2p_1p_2p_3p_4p_5 .$$

Dieses Ergebnis hätte man natürlich auch sofort aus ·der Linearform (3.31) ablesen können. Speziell gilt für $p_i = p$, $i = 1,2,\ldots,5$:

$$p_s = 2p(1+p+p^3) - 5p^4 .$$

Bild 3.7 zeigt die Abhängigkeit der Systemverfügbarkeit $p_s$ von der Elementverfügbarkeit p. Man erkennt den charakteristischen S-förmigen Verlauf von $p_s = p_s(p)$. □

### 3.4.2 Abschätzungen für beliebige Systeme

Prinzipiell ist es stets möglich, die Strukturfunktion eines beliebigen monotonen Systems in Orthogonal- oder Linearform darzustellen und daraus bei unabhängigen Elementen die Systemverfügbarkeit vermittels (R) zu berechnen. Allerdings stößt man dabei -auch bei Anwendung modernster Rechentechnikschnell an vertretbare Grenzen bezüglich Rechenzeit und Speicherplatzbedarf. Daher haben leichter zu beschaffende Abschätzungen der Systemverfügbarkeit eine große Bedeutung.

a) Eine triviale Abschätzung folgt aus (3.16) durch Übergang zu den Erwartungswerten:

$$\prod_{i=1}^{n} p_i \leq p_s \leq 1 - \prod_{i=1}^{n} (1-p_i) .$$

Somit ist die Verfügbarkeit eines beliebigen monotonen Systems mit unabhängigen Elementen bei gleicher Anzahl und jeweils gleichen Verfügbarkeiten der Elemente stets größer (kleiner) als die Verfügbarkeit eines Seriensystems (Parallelsystems).

b) Schärfere Schranken für die Systemverfügbarkeit kann man aus den Darstellungen (3.28) und (3.29) der Strukturfunktion ableiten;denn aus diesen Gleichungen folgt für alle $j = 1,2,\ldots,w$ und alle $k = 1,2,\ldots,s$

$$\min_{i \in \mathbb{B}_j} z_i \leq \varphi(z) \leq \max_{i \in \mathbb{G}_k} z_i ,$$

oder, damit gleichbedeutend,

$$\prod_{i \in \mathbb{B}_j} z_i \leq \varphi(z) \leq 1 - \prod_{i \in \mathbb{G}_k} (1-z_i)$$

Durch Übergang zu den Erwartungswerten erhält man die Abschätzung

$$\prod_{i\in\mathfrak{B}_j} p_i \le p_s \le 1 - \prod_{i\in\mathfrak{G}_k} (1-p_i).$$

Da $\mathfrak{B}_j$ $(\mathfrak{G}_k)$ eine beliebige Pfadmenge (Schittmenge) ist, läßt sich diese Abschätzung noch weiter verschärfen:

$$\max_{1\le j\le w} \prod_{i\in\mathfrak{B}_j} p_i \le p_s \le \min_{1\le k\le s}\left\{1 - \prod_{i\in\mathfrak{G}_k} (1 - p_i)\right\}. \tag{3.39}$$

**c)** Eine weitere Abschätzung für $p_s$ ist *(Barlow/Proschan (1978))*

$$l(p) \le p_s \le r(p) \tag{3.40}$$

mit

$$l(p) = \prod_{k=1}^{s}\left(1 - \prod_{i\in\mathfrak{G}_k} (1-p_i)\right), \quad r(p) = 1 - \prod_{j=1}^{w}\left(1 - \prod_{i\in\mathfrak{B}_j} p_i\right)$$

Die Schranken $l(p)$ und $r(p)$ erhält man formal durch Ersetzen der $z_i$ in der jeweils ersten Darstellung der Strukturfunktion (3.29) bzw. (3.28) durch $p_i$.

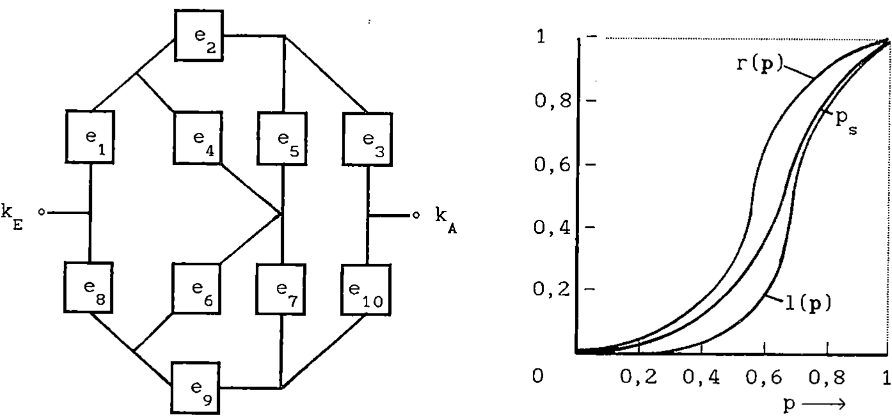


Bild 3.8  Zuverlässigeitsschaltbild eines Systems mit 10 Elementen

Bild 3.9  Schranken für die Systemverfügbarkeit (Beispiel 3.11)

**Beispiel 3.11** Es liege ein System mit dem im Bild 3.8 dargestellten Zuverläsigkeitsschaltbild vor. Jedes der 10 Elemente habe die gleiche Verfügbarkeit p. Bild 3.9 zeigt $l(p)$, $r(p)$ und den exakten Verlauf der Systemverfügbarkeit $p_s$ in Abhängigkeit von p. Auffällig ist wieder wie im Bild 3.7 der typisch S-förmige Verlauf von $p_s = p_s(p)$. Die obere Schranke $r(p)$ erweist sich für kleine p als bessere Näherung für $p_s$ als die untere Schranke $l(p)$.

Der umgekehrte Sachverhalt liegt für große p vor. Allgemein ist aufgrund der bisher vorliegenden praktischen Erfahrungen zu vermuten, daß bei hinreichend kleinen (großen) Verfügbarkeiten der Elemente die obere (untere) Schranke als Approximation für $p_s$ vorzuziehen ist. $\qquad$ □

**d)** Liegt die Strukturfunktion in einer Inklusions-Exklusionsform vor, gilt

$$p_s = \sum_{k=1}^{w} (-1)^k \, E(T_k). \qquad (3.41)$$

Untere und obere Schranken für $p_s$ erhält man durch die Partialsummen der Reihe (3.41):

$$p_s \leq E(T_1)$$
$$p_s \geq E(T_1) - E(T_2)$$
$$p_s \leq E(T_1) - E(T_2) + E(T_3)$$
$$p_s \geq E(T_1) - E(T_2) + E(T_3) - E(T_4)$$
$$\vdots$$

Die in dieser Weise gebildeten Schranken konvergieren wegen (3.41) natürlich stets gegen $p_s$ , aber nicht unbedingt monoton. Rechentechnisch kann man die Berechnung der Schranken mit der Erzeugung der minimalen Pfade verbinden und braucht dann nur soviel Pfade erzeugen, wie zur Erzielung der gewünschten Genauigkeit notwendig sind.

**e)** Elementare Schranken für die Strukturfunktion erhält man aus (3.28) und (3.29), wenn nur g (h) der w (s) minimalen Pfadvektoren (Schnittvektoren) verwendet werden:

$$\max_{1 \leq j \leq g} \; \min_{i \in \mathfrak{B}_j} \; z_i \leq \varphi \leq \min_{1 \leq k \leq h} \; \max_{k \in \mathfrak{G}_k} \qquad (3.42)$$

Analog zu (3.26) bzw. (3.30) kann man (3.42) auch in der Form

$$\bigvee_{j=1}^{g} A_j \leq \varphi \leq 1 - \bigvee_{k=1}^{h} C_k \, , \quad C_k = \bigwedge_{i \in \mathfrak{G}_k} \bar{z}_i \, , \qquad (3.43)$$

schreiben. Wird $G_j = \bar{A}_1 \bar{A}_2 \ldots \bar{A}_{j-1} A_j$ und $H_k = \bar{C}_1 \bar{C}_2 \ldots \bar{C}_{k-1} C_k$ gesetzt, so folgt aus (3.43) analog zu (3.34)

$$\sum_{j=1}^{g} G_j \leq \varphi \leq 1 - \sum_{k=1}^{h} H_k \, .$$

Somit erhält man für die Systemverfügbarkeit $p_s$ die Schranken

$$l(g) = \sum_{j=1}^{g} E(G_j) \le p_s \le 1 - \sum_{k=1}^{h} E(H_k) = r(h). \qquad (3.44)$$

Die Berechnung der $E(G_j)$ und $E(H_k)$ erfolgt am einfachsten durch Konstruktion von Orthogonalformen für die $G_j$ und $H_k$ entsprechend Abschn. 3.3.4. Ungeachtet ihrer einfachen Struktur haben die Schranken (3.44) einige Vorteile:

1) Bei vorgegebener Genauigkeitsschranke $\varepsilon > 0$ kann die Erzeugung der minimalen Pfad- und Schnittvektoren, der zugehörigen Orthogonalformen für die $G_j$ und $H_k$ sowie der Schranken $l(g)$ und $r(h)$ rechentechnisch leicht miteinander gekoppelt und sukzessiv solange fortgeführt werden, bis $r(h)-l(g) < \varepsilon$ ausfällt.

2) Wie bereits im Abschn. 3.3.4 erwähnt, sollten zur Erzeugung möglichst kurzer Orthogonalformen die minimalen Pfad- bzw. Schnittmengen in aufsteigender Folge ihrer Mächtigkeit geordnet werden. Aber diese Ordnung ist auch erforderlich, um mit möglichst wenig minimalen Pfaden und Schnitten den vorgegebenen Genauigkeitsgrad $\varepsilon$ zu erreichen.

3) Bei einem Vergleich mit den Schranken (3.39) und (3.40) wird deutlich, daß (3.44) zwar nicht alle minimalen Pfade bzw. Schnitte erfordert, dafür aber die Konstruktion von Orthogonalformen notwendig macht. Andererseits liefern die Orthogonalformen zusätzliche Informationen über die Systemverfügbarkeit, so daß die Schranken (3.44) auch bei relativ kleinen g und h schärfer als (3.39) und (3.40) sein können. Wegen des exponentiellen Wachstums der Anzahl der minimalen Pfade und Schnitte bei wachsender Komplexität des Systems können in diesem Fall auch die Rechenzeiten zur Ermittlung der Schranken (3.44) um Größenordnungen kleiner sein als die zur Ermittlung der Schranken (3.39) und (3.40); denn die exponentielle Zunahme der Rechenzeit für die Orthogonalformen fällt für relativ kleine g und h noch nicht entscheidend ins Gewicht.

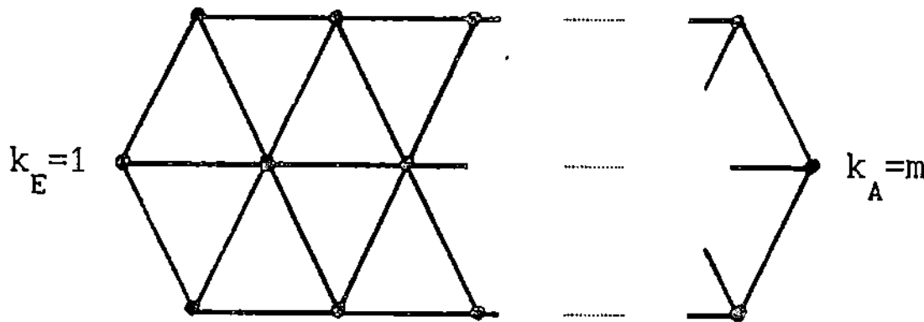


Bild 3.10 Zuverlässigkeitsschaltbild eines Systems variabler Größe

**Beispiel 3.12** Bild 3.10 zeigt das Zuverlässigkeitsschaltbild eines Systems mit $n = 5 + 7(m-1)$ Elementen und $k_E = 1$ als Eingangs- und $k_A = m$ als Ausgangsknoten. Jedem Element des Systems entspricht genau eine Kante und umgekehrt. (Im Unterschied zu den bisherigen Darstellungen von Zuverlässigkeitsschaltbildern wird jetzt der Einfachheit halber auf den "Einbau" von Kästchen in die Kanten verzichtet.) Tafel 3.4 enthält für einige Werte von m die zugehörigen Anzahlen w und s der minimalen Pfade und Schnitte des Systems.

Tafel 3.4    Anzahlen minimaler Pfade und Schnitte

| m | w | s |
|---|---|---|
| 4 | 3 | 4 |
| 7 | 21 | 18 |
| 10 | 151 | 56 |
| 13 | 1081 | 148 |
| 16 | 7739 | 356 |
| 19 | 55405 | 806 |

Tafel 3.5    Obere und unter Schranken für $p_s$ im Fall $m = 19$

| g | l(g) | h | r(h) |
|---|------|---|------|
| 5 | 0,6453 | 2 | 0,9980 |
| 10 | 0,8069 | 4 | 0,9978 |
| 20 | 0,9040 | 8 | 0,9976 |
| 40 | 0,9765 | 12 | 0,9976 |
| 43 | 0,9871 | 15 | 0,9975 |

Aus Tafel 3.4 wird deutlich, daß bereits für $m \geq 16$ eine Orthogonalisierung von Strukturfunktion der Form (3.26) und (3.27) praktisch nicht mehr möglich ist. Sie ist jedoch auch nicht notwendig, wie die Berechnung der Schranken (3.44) für den Fall $m = 19$ zeigt. Untere Schranken l(g) wurden für 43 minimale Pfadmengen und und obere Schranken r(h) für 15 minimale Schnittmengen berechnet. Tafel 3.5 zeigt die erhaltenen Resultate. Es gilt

$$0,98715 \leq p_s \leq 0,99756$$

und somit $r(15) - 1(43) = 0,0104$. Eine derartig geringe maximal mögliche Abweichung der Schätzung

$$\hat{p}_s = \frac{1}{2}[l(43) + r(15)] = 0,99235$$

vom exakten Wert $p_s$ fällt in der Praxis schon durch die den Ausgangsdaten anhaftende Ungenauigkeit nur in Ausnahmefällen ins Gewicht. (Die Ergebnisse wurden in etwa 20 Sekunden auf einem PC erzielt.)     □

Eine weitere Anwendung der Schranken (3.44) auf ein rechentechnisch kompliziertes Problem wird im Abschnitt 4.4.3 gegeben.

### 3.4.3 Abschätzungen für k-aus-n-Systeme

Es sei $\mathbf{p} = (p_1, p_2, \ldots, p_n)$ der Vektor der Verfügbarkeiten der Elemente eines k-aus-n-Systems mit unabhängigen Elementen und

$$P_s = h_k(\mathbf{p}) = h_k(p_1, p_2, \ldots, p_n)$$

bezeichne die Systemverfügbarkeit. Dann gilt für identische Elementverfügbarkeiten

$$h_k(p, p, \ldots, p) = \sum_{j=k}^{n} \binom{n}{k} p^j (1-p)^{n-j} \tag{3.45}$$

Für beliebige Vektoren $\mathbf{p}$ beträgt die Systemverfügbarkeit

$$h_k(\mathbf{p}) = \sum_{\{y, y_1 + y_2 + \ldots + y_n \geq k\}} p_1^{y_1} p_2^{y_2} \ldots p_n^{y_n} (1-p_1)^{\overline{y}_1} (1-p_2)^{\overline{y}_2} \ldots (1-p_n)^{\overline{y}_n}, \tag{3.46}$$

wobei über alle Vektoren $\mathbf{y} = (y_1, y_2, \ldots, y_n) \in V_n$ summiert wird. Die exakte Berechnung der Systemverfügbarkeit bei beliebigen Vektoren $\mathbf{p}$ gemäß (3.46) stößt schon bald an die Grenzen der Rechentechnik. Beispielsweise enthält (3.46) schon für ein 5-aus-8-System 93 Summanden. Daher ist es naheliegend, (3.46) durch (3.45) abzuschätzen, wenn dort p geeignet gewählt wird. Ein erstes Resultat erzielte bereits *Hoeffding (1956)*: Bezeichnet

$$\overline{p} = \frac{1}{n} \sum_{i=1}^{n} p_i$$

das arithmetische Mittel der $p_i$, gilt

$$h_k(p_1, p_2, \ldots, p_n) \geq h_k(\overline{p}, \overline{p}, \ldots, \overline{p}) \text{ für } \sum_{i=1}^{n} p_i \geq k,$$

$$h_k(p_1, p_2, \ldots, p_n) \leq h_k(\overline{p}, \overline{p}, \ldots, \overline{p}) \text{ für } \sum_{i=1}^{n} p_i \leq k-1 \tag{3.47}$$

Hoeffding konstruierte auch Schranken für den Fall

$$k-1 \leq \sum_{i=1}^{n} p_i \leq k, \tag{3.48}$$

die jedoch wegen ihrer Komplexität hier nicht angegeben werden sollen. Um schärfere Schranken mit zum Teil größeren Anwendungsbereich angeben zu können, sind zwei wichtige Begriffe einzuführen.

**Definition 3.4** Es seien $\mathbf{x} = (x_1, x_2, \ldots, x_n)$ und $\mathbf{y} = (y_1, y_2, \ldots, y_n)$ zwei Vektoren mit der Eigenschaft

$$\sum_{i=1}^{n} x_i = \sum_{i=1}^{n} y_i. \tag{3.49}$$

Ferner bezeichne $\mathbf{x}^* = (x_1^*, x_2^*, \ldots, x_n^*)$ und $\mathbf{y}^* = (y_1^*, y_2^*, \ldots, y_n^*)$ diejenigen Vektoren, die aus $\mathbf{x}$ und $\mathbf{y}$ dadurch hervorgehen, daß deren Komponenten in fallender Reihenfolge geordnet werden. Dann *majorisiert* der Vektor $\mathbf{x}$ den Vektor $\mathbf{y}$ (Schreibweise: $\mathbf{x} \overset{(m)}{>} \mathbf{y}$) genau dann, wenn

$$\sum_{i=1}^{j} x_i^* \geq \sum_{i=1}^{j} y_i^*$$

für alle $j = 1,2,\ldots,n$ gilt. (Für $j = n$ gilt wegen (3.49) das Gleichheitszeichen.) ∎

Anschaulich bedeutet diese Definition, daß im Fall $\mathbf{x} \overset{(m)}{>} \mathbf{y}$ die Komponenten von $\mathbf{x}$ mehr streuen als die von $\mathbf{y}$. Geht also der Vektor $\mathbf{y}$ aus $\mathbf{x}$ dadurch hervor, daß einige Komponenten von $\mathbf{x}$ durch ihr arithmetisches Mittel ersetzt werden, so gilt $\mathbf{x} \overset{(m)}{>} \mathbf{y}$. Zum Beispiel ist $(5,7,4,2) \overset{(m)}{>} (6,6,3,3)$. Insbesondere gilt für einen beliebigen Vektor $\mathbf{x} = (x_1, x_2, \ldots, x_n)$ immer

$$\mathbf{x} \overset{(m)}{>} \overline{\mathbf{x}} \qquad \text{mit } \overline{\mathbf{x}} = (\overline{x}, \overline{x}, \ldots, \overline{x}) \quad \text{und } \overline{x} = \frac{1}{n} \sum_{i=1}^{n} x_i .$$

**Definition 3.5** Es sei $R^n$ der n-dimensionale Euklidische Raum und f eine Funktion auf $R^n$. Die Funktion f heißt *Schur-konvex* auf B, $B \subseteq R^n$, wenn

$$f(\mathbf{x}) \geq f(\mathbf{y}) \qquad \text{für } \mathbf{x} \overset{(m)}{>} \mathbf{y} \text{ und } \mathbf{x},\mathbf{y} \in B$$

gilt, und *Schur-konkav* auf B, wenn

$$f(\mathbf{x}) \leq f(\mathbf{y}) \qquad \text{für } \mathbf{x} \overset{(m)}{>} \mathbf{y} \text{ und } \mathbf{x},\mathbf{y} \in B$$

gilt. ∎

Somit führen unter der Voraussetzung konstanter Komponentensummen größere Schwankungen der Komponenten von $\mathbf{x}$ bei Schur-Konkavität von f zu größeren Funktionswerten und bei Schur-Konvexität zu kleineren Funktionswerten.

**Satz 3.1** (*Gleser (1975)*) Die Systemverfügbarkeit $h_k(\mathbf{p})$, $\mathbf{p} = (p_1, p_2, \ldots, p_n)$, ist Schur-konvex bzw. Schur-konkav in

$$\{\mathbf{p}, \sum_{i=1}^{n} p_i \geq k+1\} \qquad \text{bzw.} \qquad \{\mathbf{p}, \sum_{i=1}^{n} p_i \leq k-2\}.$$
∎

Dieser Satz impliziert in den angegebenen Teilbereichen die Schranken (3.47) von Hoeffding, dafür sind die Schranken (3.47) auf einem größeren Bereich definiert. Weitere Teilbereiche des $R^n$ zur Konstruktion von Schranken für $h_k(\mathbf{p})$ erschließt der folgende Satz. Dabei bezeichne $[a,b]^n$ die Menge derjenigen Vektoren aus $R^n$, deren Komponenten sämtlich im Intervall $[a,b]$ liegen.

**Satz 3.2** (*Boland/Proschan (1984)*)  Die Funktion $h_k(p)$ ist Schur-konvex bzw. Schur-konkav in

$$\left[\frac{k-1}{n-1},\ 1\ \right]^n \quad \text{bzw.} \quad \left[0,\ \frac{k-1}{n-1}\ \right]^n.$$

Für die Bereiche aus $[0,1]^n$, die durch die Sätze 3.1 und 3.2 nicht erfaßt werden, um Aussagen über die Schur-Konvexität bzw. -Konkavität von $h_k(p)$ zu treffen, stehen bislang nur die Abschätzungen (3.47) bzw. die bereits erwähnten komplizierteren Abschätzungen, die Hoeffding unter der Bedingung (3.48) angegeben hat, zur Verfügung.

**Beispiel 3.13**  Es liege ein 5-aus-8-System vor mit

$$\mathbf{p} = (0,60;\ 0,64;\ 0,70;\ 0,74;\ 0,80;\ 0,84;\ 0,90:\ 0,94).$$

Durch arithmetische Mittelbildung jeweils benachbarter Komponenten erhält man aus $\mathbf{p}$ sukzessiv die Vektoren

$$\mathbf{p}_1 = (0,62;\ 0,62;\ 0,72;\ 0,72;\ 0,82;\ 0,82;\ 0,92;\ 0,92),$$
$$\mathbf{p}_2 = (0,67;\ 0,67;\ 0,67;\ 0,67;\ 0,87;\ 0,87;\ 0,87;\ 0,87),$$
$$\mathbf{p}_3 = (0,77;\ 0,77;\ 0,77;\ 0,77;\ 0,77;\ 0,77;\ 0,77;\ 0,77).$$

Aufgrund der Bildungsvorschrift dieser Vektoren gilt

$$\mathbf{p}_i \overset{(m)}{<} \mathbf{p}_{i+1}, \quad i = 0,1,2 \quad \text{mit } \mathbf{p}_0 = \mathbf{p}.$$

Da alle Komponenten $p_i$ der Vektoren größer als $(k-1)/(n-1) = 4/7$ sind, liefert Satz 3.2 für die exakte Systemverfügbarkeit $h_5(p)$ die unteren Schranken

$$h_5(\mathbf{p}) = 0,92097 \geq h_5(\mathbf{p}_1) = 0,92069$$
$$\geq h_5(\mathbf{p}_2) = 0,91896$$
$$\geq h_5(\mathbf{p}_3) = 0,91201.$$

Diese Abschätzungen liefert aber auch Satz 3.1, da dessen Voraussetzung

$$\sum_{i=1}^{8} p_i = 6,16 \geq k+1 = 6$$

ebenfalls erfüllt ist. Es seien nun

$$\mathbf{p}\ = (0,10;\ 0,14;\ 0,20;\ 0,24;\ 0,30;\ 0,34;\ 0,40;\ 0,44)$$

und

$$\mathbf{p}_1 = (0,12;\ 0,12;\ 0,22;\ 0,22;\ 0,32;\ 0,32;\ 0,42;\ 0,42),$$
$$\mathbf{p}_2 = (0,17;\ 0,17;\ 0,17;\ 0,17;\ 0,37;\ 0,37;\ 0,37;\ 0,37),$$
$$\mathbf{p}_3 = (0,27;\ 0,27;\ 0.27;\ 0,27;\ 0,27;\ 0,27;\ 0,27;\ 0,27).$$

Wie oben gilt $\mathbf{p}_i \overset{(m)}{<} \mathbf{p}_{i+1}$, $i = 0,1,2$ mit $\mathbf{p}_0 = \mathbf{p}$. Wiederum sind die beiden

Sätze 3.1 und 3.2 anwendbar, da sowohl

$$\sum_{i=1}^{8} p_i = 2,16 \leq k-2 = 3$$

gilt als auch alle Komponenten der Vektoren $p_i$ kleiner als $(k-1)/(n-1) = 4/7$ sind. Man erhält für die exakte Systemverfügbarkeit h $(p)$ = 0,3188 die oberen Schranken

$$h_5(p) = 0,3188 \leq h_5(p_1) = 0,3206$$
$$\leq h_5(p_2) = 0,3318$$
$$\leq h_5(p_3) = 0,3768.$$

In beiden Fällen wird deutlich, daß die jeweils mit $p_3 = (\bar{p},\bar{p},\dots,\bar{p})$ berechneten Schranken die mit Abstand die schlechtesten sind, so daß die Verbesserung der Hoeffdingschen Schranken (3.47) notwendig war. Deren Vorteil ist, daß sie den geringsten Rechenaufwand erfordern.                                    □

## 3.5    IMPORTANZKKRITERIEN FÜR ELEMENTE

### 3.5.1  Einführung

Die Verfügbarkeit eines Systems wird im allgemeinen durch unterschiedliche Elemente unterschiedlich beeinflußt. Dieser Einfluß kann bezüglich mehrerer Fragestellungen interessieren. Wesentliche Gesichtspunkte sind:

1) Welchen Anteil hat ein Element an der Verfügbarkeit des Systems?
2) Wie ändert sich die Verfügbarkeit des Systems in Abhängigkeit von der Verfügbarkeit eines Elements?
3) Welcher (maximale) Verfügbarkeitsgewinn für das System läßt sich durch Erhöhung der Verfügbarkeit eines Elements erreichen?
4) Welches Element verursacht mit größter Wahrscheinlichkeit einen Ausfall des Systems?
5) Welche Elemente tragen mit größter Wahrscheinlichkeit zum Ausfall des Systems bei?

Entsprechende quantitative Kriterien zur Beantwortung dieser Frage heißen *Importanzen* oder *Wichtigkeiten* der Elemente. Auf die Fragestellungen 1 bis 3 bezieht sich ein von *Birnbaum (1969)* eingeführtes Kriterium, während die Fragen 4 und 5 Anlaß zur Definition der von *Barlow/Proschan (1975)* und *Vesely/Fussel (1970)* eingeführten Kriterien waren (siehe auch *Beichelt/Franken (1983)*).Alle diese Kriterien erlauben eine Bewertung der Elemente nach ihrer Bedeutung für die Systemverfügbarkeit bezüglich der jeweiligen Importanz.

Eine zentrale Stellung nimmt hierbei die *Birnbaum-Importanz* ein, auf der dieser Abschnitt aufbaut.

### 3.5.2  Birnbaum-Importanz

Die *Birnbaum-Importanz* $I(i,p)$ des Elements $e_i$ ist definiert durch

$$I(i,p) = \frac{\partial h(p)}{\partial p_i}, \quad i = 1,2,\ldots,n, \qquad (3.50)$$

wobei gemäß (3.37) $h(p)$ die Systemverfügbarkeit in Abhängigkeit vom Vektor der Zustandswahrscheinlichkeiten der Elemente $p = (p_1,p_2,\ldots,p_n)$ ist. Diese zunächst wenig anschauliche Definition wird durch Bildung des totalen Differentials von $h(p)$ nach den $p_i$ motiviert:

$$dh(p) = \sum_{i=1}^{n} \frac{\partial h(p)}{\partial p_i} dp_i . \qquad (3.51)$$

Der Zuwachs an Systemverfügbarkeit $dh(p)$ stellt sich somit als gewichtete Summe der Zuwächse der Elementverfügbarkeiten $dp_i$ dar, wobei als Gewichte die Birnbaum-Importanzen der zugehörigen Elemente auftreten. Der Einfluß der Verfügbarkeit eines Elements auf die Systemverfügbarkeit steigt also mit dessen Birnbaum-Importanz.

Eine äquivalente Darstellung der Birnbaum-Importanz $I(i,p)$, die unmittelbar das anschauliche Verständnis dieses Kriteriums fördert, gewinnt man durch partielle Differentiation der Zerlegungsformel (3.38) nach $p_i$. Da $h((0_i,p))$ und $h((1_i,p))$ nicht von $p_i$ abhängen, erhält man

$$I(i,p) = h((1_i,p)) - h((0_i,p)). \qquad (3.52)$$

Somit gibt $I(i,p)$ den maximal möglichen Gewinn an Systemverfügbarkeit an, der durch Installation des Elements $e_i$ in das System erreicht werden kann. Dieser Gewinn wird genau dann realisiert, wenn $e_i$ absolut zuverlässig ist. Die Darstellung (3.52) von $I(i,p)$ ist äquivalent zu

$$I(i,p) = P(\varphi((1_i,z)) - \varphi((0_i,z)) = 1).$$

Daher ist $I(i,p)$ auch als Wahrscheinlichkeit dafür interpretierbar, daß ein funktionsuntüchtiges System bei Inbetriebnahme des Elements $e_i$ (durch Neuinstallation oder nach dessen Instandsetzung) in den funktionstüchtigen Zustand versetzt wird

Für Serien- und Parallelsysteme gilt entsprechend (3.36)

$$Seriensystem:\ I(i,p) = \prod_{\substack{j=1\\j\neq i}}^{n} p_j\ ,\quad Parallelsystem:\ I(i,p) = \prod_{\substack{j=1\\j\neq i}}^{n} (1-p_j)$$

Somit hat im Fall eines Seriensystems das Element mit der kleinsten Verfügbarkeit die größte Birbaum-Importanz. ("Eine Kette ist so fest wie ihr schwächstes Glied.") Analog hat in einem Parallelsystem das Element mit der größten Verfügbarkeit die größte Birnbaum-Importanz.

**Strukturelle Importanzen** Zur Berechnung der Birnbaum-Importanz müssen sowohl die Struktur als auch die Verfügbarkeiten der Elemente bekannt sein. Sind die Verfügbarkeiten nicht bekannt, dann ist zur Groborientierung über die zuverlässigkeitstheoretische Wichtigkeit der Elemente ein Importanzkriterium allein aus der Struktur des Systems abzuleiten. Man nennt derartige Kriterien *strukturelle Importanzen.*

Die *strukturelle Birnbaum-Importanz* eines Elements erhält man aus seiner Birnbaum-Importanz dadurch, daß formal alle $p_i$ = 1/2 gesetzt werden. Somit ist die strukturelle Birnbaum-Importanz nicht für Systeme geeignet, von denen bekannt ist, daß sie aus Elementen mit hoher, aber unbekannter Verfügbarkeit bestehen. Für diesen in der Praxis häufig auftretenden Fall haben *Butler (1977)* und *Arndt/Kirstein (1983)* informativere strukturelle Importanzmaße entwickelt.

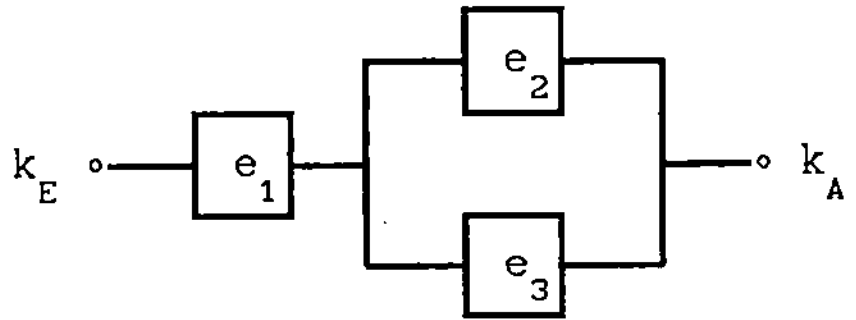


Bild 3.11   Serien-Parallelstruktur mit 3 Elementen

**Beispiel 3.14** Es wird ein System mit dem im Bild 3.11 dargestellten Zuverlässigkeitsschaltbild betrachtet. Die Strukturfunktion ist

$$\varphi(z) = z_1 z_2 \vee z_1 z_3 = z_1 z_2 + z_1 z_3 - z_1 z_2 z_3. \tag{3.53}$$

Entsprechend Regel (R) beträgt die Systemverfügbarkeit

$$p_s = h(p) = p_1 p_2 + p_1 p_3 - p_1 p_2 p_3. \tag{3.54}$$

Die Birnbaum-Importanzen sind

$$I(1,p) = p_2 + p_3 - p_2 p_3,\quad I(2,p) = p_1 - p_1 p_2,\quad I(3,p) = p_1 - p_1 p_3. \tag{3.55}$$

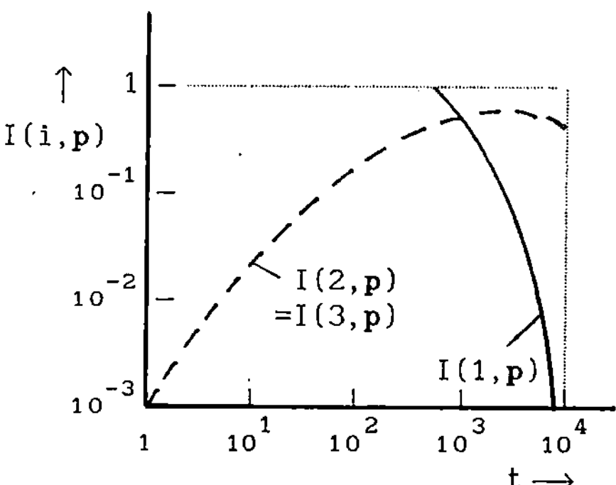


Bild 3.12   Vergleich von Birnbaum-Importanzen (Beispiel 3.14)

Intuitiv erwartet man, daß das Element $e_1$ die größte Birnbaum-Importanz hat, da sein Ausfall unmittelbar einen Systemausfall nach sich zieht. Das ist uneingeschränkt der Fall, wenn $p_2$, $p_3 \geq p_1$ gilt. Sonst hat $e_1$ nur dann die größte Birnbaum-Importanz, wenn folgende Ungleichungen gelten:

$$p_3 + p_2/(1-p_2) > p_1, \qquad p_2 + p_3/(1-p_3) > p_1. \tag{3.56}$$

Diese Bedingungen sind nicht erfüllt, wenn $p_2$ bzw. $p_3$ hinreichend klein ausfallen.

Bild 3.12 zeigt die Zeitabhängigkeit der Birnbaum-Importanzen (3.55) beim Vorliegen von Momentanverfügbarkeiten der Form

$$p_1 = \exp(-10^{-4}t) \text{ und } p_2 = p_3 = \exp(-10^{-3}t).$$

Die strukturellen Birnbaum-Importanzen errechen sich aus (3.55) mit $p_1 = p_2 = p = 1/2$ zu

$$I(1) = 3/4 \text{ und } I(2) = I(3) = 1/4.$$

Erwartungsgemäß hat $e_1$ die mit Abstand größte strukturelle Importanz.          □


### 3.5.3   Importanz und Verfügbarkeitszuwachs

Auf zwei Eigenschaften der Birnbaum-Importanz sei noch einmal hingewiesen:
1) $I(i,p)$ hängt nicht von $p_i$ ab. 2) $I(i,p)$ ist der maximal mögliche Gewinn, an Systemverfügbarkeit, der durch den Einbau von $e_i$ in das System erreicht werden kann. Beide Eigenschaften der Birnbaum-Importanz lassen sie zunächst in bezug auf bestimmte Fragestellungen als wenig geeignetes Importanzmaß erscheinen. Erstens können Elemente mit hoher Verfügbarkeit trotz hoher Birnbaum-Importanz für den Zuverlässigkeitsanalytiker uninteressant sein, da sie

ja als hochzuverlässige Elemente kaum eine Ausfallursache darstellen. Zweitens ist der maximal mögliche Verfügbarkeitsgewinn eine hypothetische Größe, da die Verfügbarkeiten der Elemente im allgemeinen von 0 und 1 verschieden sind. Dagegen interessieren vordergründig die tatsächlichen Gewinne bzw. Verluste an Systemverfügbarkeit, die durch Änderung der Elementverfügbarkeiten auftreten (Frage 3). Eine Standardsituation ist die folgende: Die Verfügbarkeit eines Systems ist zu erhöhen. Dafür stehen beschränkte materielle Mittel zur Verfügung. Wie sind diese einzusetzen, damit ein maximaler Effekt bezüglich der Systemverfügbarkeit erreicht wird? Es interessieren hier vor allem diejenigen Elemente, deren Erhöhung der Verfügbarkeit (bezogen auf den Istzustand) am meisten zur Erhöhung der Systemverfügbarkeit beiträgt. Aufgrund der bisherigen Ausführungen muß die Birnbaum-Importanz diese Information nicht unbedingt enthalten, da deren Hauptanteil auf die Erhöhung der Elementverfügbarkeit von 0 auf den Istzustand zurückzuführen sein kann. Diese Überlegungen geben Anlaß zur Einführung des bezüglich des Elements $e_i$ maximal möglichen Verfügbarkeitsgewinns (bezogen auf den Istzustand) als Importanzkriterium (siehe *Beichelt (1988)*):

$$I_1(i,\mathbf{p}) = h((1_i,\mathbf{p})) - h(\mathbf{p}). \qquad (3.57)$$

Mit analogen Interpretationen ist ebenfalls die Einführung des folgenden Kriteriums sinnvoll:

$$I_0(i,\mathbf{p}) = h(\mathbf{p}) - h((0_i,\mathbf{p})). \qquad (3.58)$$

$I_0(i,\mathbf{p})$ gibt den Zuwachs an Systemverfügbarkeit an, der auf die Installation des Elements $e_i$ zurückzuführen ist. Offenbar gilt

$$I(i,\mathbf{p}) = I_0(i,\mathbf{p}) + I_1(i,\mathbf{p}).$$

Ferner folgt aus (3.38)

$$I_0(i,\mathbf{p}) = p_i h((1_i,\mathbf{p})) + (1-p_i)h((0_i,\mathbf{p})) - h((0_i,\mathbf{p}))$$
$$= p_i [h((1_i,\mathbf{p})) - h((0_i,\mathbf{p}))].$$

Also gilt wegen (3.57)

$$I_0(i,\mathbf{p}) = p_i I(i,\mathbf{p}). \qquad (3.59)$$

Analog erhält man

$$I_1(i,\mathbf{p}) = (1-p_i)I(i,\mathbf{p}). \qquad (3.60)$$

Da $I(i,\mathbf{p})$ nicht von $p_i$ abhängt, wird also ein Element im Hinblick auf eine Verfügbarkeitserhöhung des Systems (Kriterium $I_0(i,\mathbf{p})$) immer unwichtiger, je zuverlässiger es ist. Da aber die Birnbaum-Importanzen der Elemente im allgemeinen verschieden sind, kann natürlich durchaus ein Element $e_k$ mit $p_k > p_i$ existieren, das $I_1(k,p) > I_1(i,p)$ erfüllt, das also bezüglich $I_1$ wichtiger ist als $e_i$. Ebenso wächst der Beitrag von $e_i$ an der Systemverfügbarkeit (Kriterium $I_0(i,p)$) linear mit der Verfügbarkeit $p_i$ dieses Elements. Damit hat man eine weitere wesentliche Interpretation der Birnbaum-Importanz: Die Geschwindigkeit, mit der sich die Systemverfügbarkeit bei wachsender Verfügbarkeit von $e_i$ erhöht, ist konstant (unabhängig von $p_i$) und gleich $I(i,p)$. Diese Tatsache ist unabhängig von der hier gegebenen Interpretation eine interessante Eigenschaft monotoner Systeme. Die Birnbaum-Importanz enthält also auch die relevante Information bezüglich Frage 3.

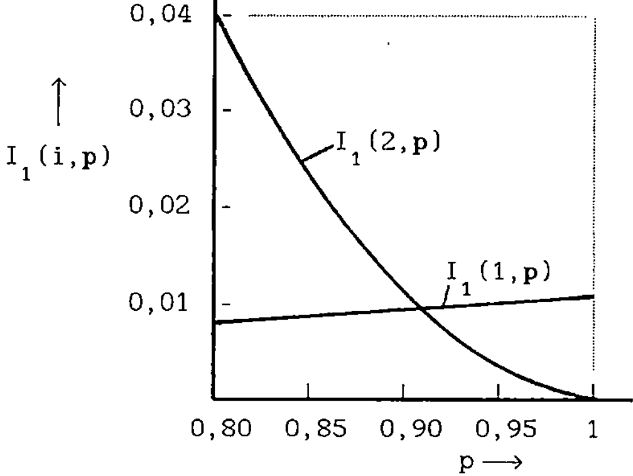


Bild 3.13   Importanzvergleich (Beispiel 14)

**Fortsetzung von Beispiel 3.14**  Aus (3.54) und (3.55) erhält man

$$I_0(1,p) = h(p), \quad I_0(2,p) = p_1 p_2(1-p_3), \quad I_0(3,p) = p_1 p_3(1-p_2).$$

Somit leistet $e_1$ unabhängig vom Vektor $p$ einen höheren Beitrag zur Systemverfügbarkeit als die Elemente $e_2$ und $e_3$. Dagegen ist der Beitrag von $e_2$ zur Systemverfügbarkeit genau dann größer oder gleich dem Beitrag von $e_3$, wenn $p_2 \geq p_3$ ausfällt. Ferner ist

$$I_1(1,p) = [p_2(1-p_3) + p_3](1-p_1), \quad I_1(2,p) = I_1(3,p) = p_1(1-p_2)(1-p_3).$$

Es gilt also genau dann

$$I_1(1,p) < I_1(2,p),$$

wenn

$$p_1 > p_2(1-p_3) + p_3 \qquad\qquad (3.61)$$

ausfällt. Das heißt, in bezug auf eine Erhöhung der Systemverfügbarkeit hat $e_2$ (bzw. $e_3$) genau dann größere Reserven als $e_1$, wenn die Verfügbarkeit des durch $e_2$ und $e_3$ gebildeten Parallelsystems kleiner als die Verfügbarkeit von $e_1$ ist. Dieser Sachverhalt ist inhaltlich klar, da $e_1$ und dieses Parallelsystem in Serie geschaltet sind.

Speziell seien $p_1 = 0,99$ und $p_2 = p_3 = p$. In diesem Fall gilt die Bedingung (3.61) genau dann, wenn $p < 0,9$ ausfällt. Bild 3.12 zeigt für $p \geq 0,8$ den Verlauf von $I_1(1,p)$ und $I_1(2,p)$. Die Bedingung (3.61) und die durch Vergleich der Birnbaum-Importanzen entstandene Bedingung (3.56) sind offenbar voneinander verschieden. Dadurch wird im Beispiel noch einmal deutlich gemacht, daß es in bestimmten Fällen zweckmäßig ist, eine Importanzordnung der Elemente unmittelbar auf der Grundlage der Kriterien $I_0(i,p)$ bzw. $I_1(i,p)$ vorzunehmen. $\quad\square$

Aus (3.51) und (3.59) folgt

$$dh(p) = \sum_{i=1}^{n} I_0(i,p) \, d(\ln p_i). \tag{3.62}$$

Daher ist neben der bereits gegebenen inhaltlichen Begründung von $I_0(i,p)$ als geeignetes Importanzmaß eine formale Begründung dieses Kriteriums analog zu den nach der Beziehung (3.51) gemachten Ausführungen möglich. Für monotone Systeme ohne Instandsetzung ausgefallener Elemente wird diese Begründung noch anschaulicher als im Fall der Birnbaum -Importanz; denn dann ist $p_i$ gleich der Überlebenswahrscheinlichkeit

$$p_i = p_i(t) = \bar{F}_i(t)$$

von $e_i$ und demzufolge ist gemäß (2.13)

$$-d(\ln p_i(t))/dt$$

die Ausfallrate $\lambda_i(t)$ von $e_i$, während $f_s(t) = - dh(p(t))/dt$ die Verteilungsdichte der Systemlebensdauer ist. Also kann (3.62) in der äquivalenten Form

$$f_s(t) = \sum_{i=1}^{n} I_0(i,p(t)) \, \lambda_i(t)$$

geschrieben werden. Die Verteilungsdichte der Systemlebensdauer erweist sich somit als gewichtete Summe der Ausfallraten der Elemente, wobei als Gewichte die Importanzmaße $I_0(i,p(t))$ auftreten.

Importanzmaße lassen sich analog zu den Elementen auch für Pfade und Schnitte eines monotonen binären Systems definieren (*Lambert (1975)*).

## 3.6   MODULARE ZERLEGUNG

Im technologischen Schema eines technischen Systems fallen mehr oder weniger "abgeschlossene" Teilsysteme besonders auf. Ist insbesondere ein Teilsystem so geschaltet, daß die Kenntnis seines Zustands in bezug auf die Prognose des Systemzustands den gleichen Informationsgehalt hat wie die Kenntnis der Zustände aller seiner Elemente, dann nennt man das Teilsystem einen *Modul* des Systems. Für die Zuverlässigkeitsanalyse eines Systems mit Moduln empfiehlt sich folgendes prinzipielle Vorgehen: Zunächst werden alle Module des Systems zusammen mit ihrer wechselseitigen zuverlässigkeitstheoretischen Schaltung erfaßt. Damit ist eine *modulare Zerlegung* des Systems gegeben. Danach wird das System strukturell dadurch vereinfacht, daß die Moduln im Zuverlässigkeitsschaltbild als "Elemente" erscheinen. Die Verfügbarkeit des so vereinfachten Systems wird mit einem geeigneten Verfahren ermittelt, wobei zuvor noch die Verfügbarkeiten der Moduln zu berechnen sind. Natürlich kann ein Modul wieder "Teilmoduln" enthalten, so daß das beschriebene Verfahren zur Berechnung der Systemverfügbarkeit mehr als zwei Stufen umfassen kann. Je nach Systemstruktur, insbesondere nach Anzahl und Umfang der Moduln bzw. Teilmoduln, führt seine Anwendung zu erheblichen numerischen Vorteilen gegenüber dem Vorgehen ohne Nutzung einer modularen Zerlegung. Das wird vor allem bei der Ermittlung der minimalen Pfad- und Schnittmengen deutlich; denn deren Anzahlen wachsen im allgemeinen exponentiell mit wachsender Anzahl der Elemente.

**Beispiel 3.15**   Bild 3.14 zeigt das Zuverlässigkeitsschaltbild eines Systems S, das unmittelbar einen Aufbau aus 3 Moduln erkennen läßt. Seine Strukturfunktion $\varphi(z)$, $z = (z_1, z_2, \ldots, z_9)$, läßt sich unter Nutzung der modularen Zerlegung auf folgende Weise gewinnen: Modul 1 hat die bereits im Bild 3.4 eingeführte Brückenstruktur. Seine Strukturfunktion

$$u = \varphi_1(z_1, z_2, \ldots, z_5)$$

ist daher in Linearform durch (3.31) gegeben. Die Module 2 und 3 sind Parallelsysteme mit den Strukturfunktionen

$$v = \varphi_2(z_6, z_7) = 1 - (1-z_6)(1-z_7)$$

bzw.

$$w = \varphi_3(z_8, z_9) = 1 - (1-z_8)(1-z_9).$$

Werden die Module als Elemente aufgefaßt, so hat das resultierende vereinfachte System die bereits aus Bild 3.11 bekannte Serien-Parallelstruktur.

Daher lautet seine Strukturfunktion gemäß (3.53)

$$\varphi(z) = \psi(u,v,w) = uv + uw - uvw.$$

Die Boolesche Funktion $\psi$ ist die *organisierende Strukturfunktion* des zugrunde liegenden Systems. □

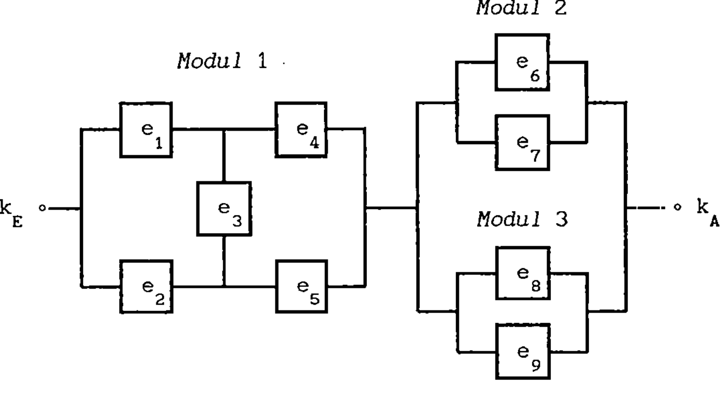


Bild 3.14 System mit 3 Moduln

## 3.7 EREIGNISBÄUME

Neben Zuverlässigkeitsschaltbildern besteht eine andere Möglichkeit der graphischen Darstellung des Zuverlässigkeitsverhaltens von binären Systemen in der Konstruktion von *Ereignisbäumen.* An der Spitze des Baumes befindet sich das jeweils interessierende *Hauptereignis* (*top event*). Gewöhnlich beschränkt man sich auf die Hauptereignisse *Systemausfall* und *Funktionstüchtigkeit.* Im ersten Fall spricht anstelle von Ereignisbaum von *Fehlerbaum* (*fault tree*), im zweiten Fall von *Funktionsbaum* (*success tree*). An der Basis des Baumes befinden sich die *Primärereignisse.* Diese beziehen sich im allgemeinen auf den Zustand der Elemente, nämlich funktionstüchtig oder nicht. Ausgehend von den Primärereignissen zeigt der Ereignisbaum die Wege auf, die zum Eintreten des Hauptereignisses führen. Im Unterschied zu den Zuverlässigkeitsschaltbildern enthält der Ereignisbaum Kästchen, die nicht die Systemelemente, sondern logische Operationen symbolisieren. Man nennt diese Kästchen *Tore* oder *Gatter* (gates). Sie charakterisieren das Zusammenspiel der Primärereignisse im Hinblick auf das Eintreten des Hauptereignisses. Im Bild 3.15 werden die standardisierten Zeichen zusammengestellt, wie sie von den DIN 2542, Teile 1 und 2 (Ausgabe 1990) vorgeschlagen werden.

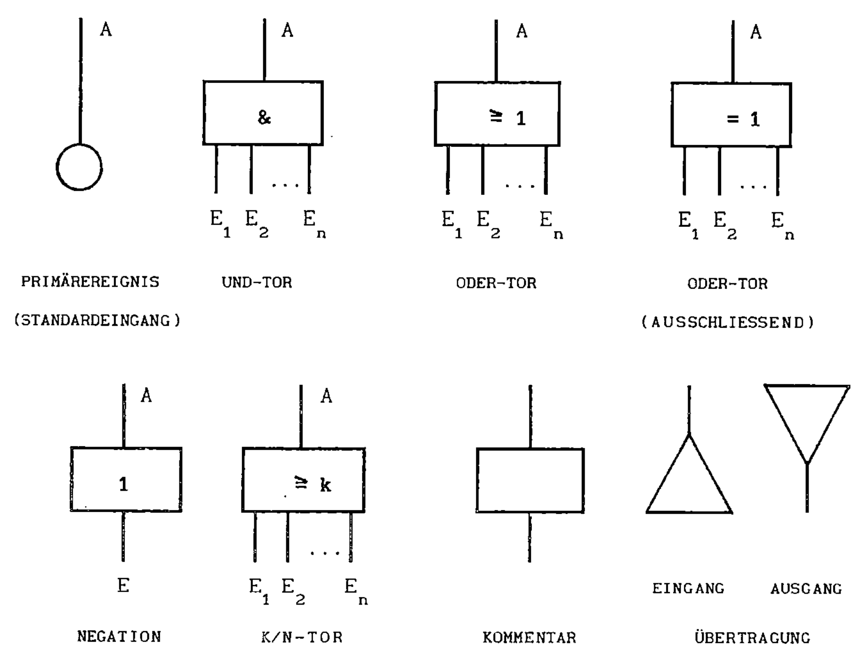



Bild 3.15   Standardisierte Zeichen für Ereignisbäume

Das Und-Tor entspricht der logischen Konjunktion: Das Ausgangsereignis A
tritt ein, wenn alle n Eingangsereignisse $E_i$ eintreten. Das Oder-Tor entspricht der logischen Disjunktion: Das Ausgangsereignis tritt ein, wenn mindestens ein Eingangsereignis eintritt. Das ausschließende Oder-Tor symboli-
siert die Orthogonalität: Das Ausgangsereignis tritt ein, wenn genau eines
der Eingangsereignisse eintritt. Das Ausgangsereignis des k/n-Tors tritt
ein, wenn mindestens k der Eingangsereignisse eintreten. Kommentare zu den
Aus- bzw. Eingängen oder zu Verknüpfungen werden in leeren Rechtecken einge-
tragen. Schließlich können umfangreiche Ereignisbäume mit den Übertragungs-
bildzeichen an einer Stelle abgebrochen und an einer anderen Stelle fortgesetzt werden.

Die Erstellung von Ereignisbäumen erfordert eine genaue und systematische
Analyse des Zuverlässigkeitsverhaltens technischer Systeme. Für die praktische Zuverlässigkeitsarbeit ist ihre Erstellung daher auch ohne numerische
Auswertung von Bedeutung. Letztere ist für monotone Systeme prinzipiell mit
den in diesem Kapitel beschriebenen Methoden möglich; da man aus den Funk-

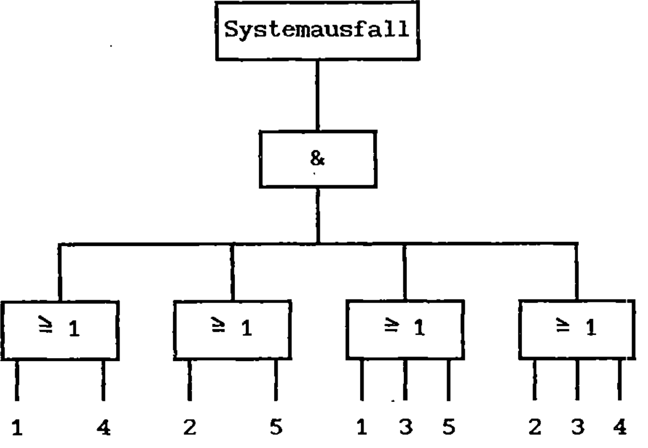


Bild 3.16   Fehlerbaum eines 2-aus-3-Systems in a) ausführlicher und
b) verkürzter Darstellung

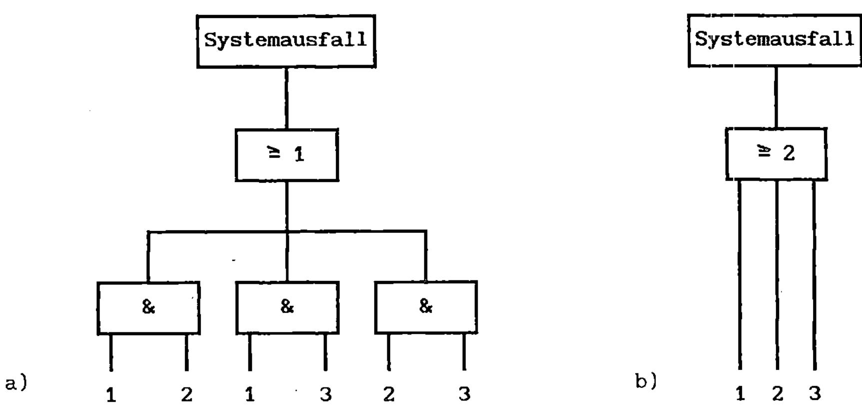


Bild 3.17   Fehlerbaum des Systems mit der Brückenstruktur von Bild 3.4

tions- bzw. Fehlerbäumen die minimalen Pfade und Schnitte eines Systems ablesen kann bzw. umgekehrt, bei deren Kenntnis diese Bäume erstellen kann.
Ebenso lassen sich Pivot- und modulare Zerlegungen bei der Erstellung bzw.
Auswertung von Ereignisbäumen nutzen bzw. vornehmen. Voraussetzung dafür ist,
daß man die Primärereignisse mit der Funktionstüchtigkeit bzw. Funktionsuntüchtigkeit der Elemente des Systems identifiziert. Die Bilder 3.16 und 3.17
zeigen die Fehlerbäume eines 2-aus-3-Systems und eines Systems mit der Brük-
kenstruktur von Bild 3.4. Das Primärereignis i ist mit der Funktionsuntüchtigkeit des Elements $e_i$ gleichzusetzen. (Der Leser vergleiche den Fehlerbaum
von Bild 3.17 mit dem Zuverlässigkeitsschaltbild a) von Bild 3.6 für die

Brückenstruktur und konstruiere einen Fehlerbaum, der den im Bild 3.6 b) dargestelltem Zuverlässigkeitsschaltbild der Brückenstruktur entspricht.) Natürlich kann man auch Ereignisbäume für nichtmonotone Systeme erstellen. Als Übung konstruiere der Leser den Fehlerbaum für das Steuersystem "Säure-pumpe" von Beispiel 3.3 mit dem Hauptereignis "Säurestand ist zu hoch".

Ausführlicher werden Fehlerbäume etwa bei *Misra (1992)* und *Schneeweiß (1992)* behandelt.

# 4　STOCHASTISCHE NETZSTRUKTUREN

## 4.1　EINFÜHRUNG

Die technologischen Schemata zahlreicher technischer Systeme weisen netzartige Strukturen auf. Dazu gehören vor allem solche Systeme, die aus territorial voneinander getrennten, jedoch in funktionsbedingter Weise miteinander verbundenen Teilsystemen bestehen. Typische Beispiele dafür sind Fernmelde- und Rechnernetze, Straßen- und Eisenbahnnetze sowie Energieverbundnetze. Die Sicherung der Funktionstüchtigkeit derartiger Systeme ist von erheblicher Bedeutung. Daher wird seit etwa 2 Jahrzehnten der Zuverlässigkeit von Netzstrukturen zunehmende Aufmerksamkeit gewidmet. Die Bedeutung dieser Untersuchungen nimmt nicht zuletzt dadurch eine Schlüsselrolle in der Zuverlässigkeitstheorie ein, weil die Resultate mit gewissen Einschränkungen auch auf die analytische Behandlung beliebiger monotoner binärer Systeme angewendet werden können. Dieses Kapitel beschäftigt sich mit der Definition relevanter Zuverlässigkeitskenngrößen für Netzstrukturen und mit der Beschreibung effektiver Verfahren zu deren Berechnung.

**Hinweis**　Rechnerprogramme für die angegebenen, aber auch für weitere effektive Algorithmen bzw. Verfahren zur Zuverlässigkeitsanalyse stochastischer Netzstrukturen sowie beliebiger monotoner binärer Systeme können vom Autor angefordert werden.

## 4.2　GRAPHENTHEORETISCHE GRUNDBEGRIFFE

Die Zuverlässigkeitsanalyse stochastischer Netzstrukturen erfordert die Nutzung von Grundbegriffen und Resultaten der Graphentheorie. Da die Terminologie in der Fachliteratur nicht einheitlich ist, macht sich eine Zusammenstellung graphentheoretischer Grundbegriffe erforderlich.

Es sei $V$ eine nichtleere endliche Menge, deren Elemente im folgenden mit natürlichen Zahlen identifiziert werden:

$$V = \{0,1,\ldots,m\}.$$

Ein *Graph* ist ein Tupel $G=(V,E)$, wobei die Elemente der Menge $E$ Zahlenpaare $(i,j)$ mit $i,j \in V$ sind. Die Elemente von $V$ sind die *Knoten (vertices)* und die Elemente von **E** die *Kanten (edges)* des Graphen. Im folgenden werden die Kanten $(i,j)$ auch mit $e_{ij}$ bezeichnet. Zur Veranschaulichung markiert man die Knoten als Punkte in der Ebene und eine Kante $(i,j)$ wird als Streckenzug zwischen i und j dargestellt. Ein Graph heißt *planar,* wenn er so gezeichnet werden kann, daß sich die Kanten nicht schneiden.

**Ungerichtete Graphen**  In einem ungerichteten Graphen wird zwischen den Kanten $e_{ij}$ und $e_{ji}$ nicht unterschieden. Die Knoten i und j heißen *Endknoten* von $e_{ij}$. Gilt $i=j$, so ist $e_{ij} = e_{ii}$ eine *Schlinge* von G. Zwei Kanten heißen *parallel,* wenn sie gemeinsame Endknoten haben. Ein Graph ohne Schlingen und parallele Kanten heißt *schlicht.* Die folgenden Ausführungen beziehen sich generell auf schlichte Graphen.

Sind i und j Endknoten ein und derselben Kante, so heißen i und j *adjazent* oder auch *durch die Kante* $e_{ij}$ *direkt miteinander verbunden.* Die *Adjazenzmatrix* $A = ((a_{ij}))$ des Graphen $G = (V,E)$ ist eine durch

$$a_{ij} = \begin{cases} 1, & \text{wenn } e_{ij} \in E \\ 0, & \text{sonst} \end{cases} \tag{4.1}$$

definierte symmetrische Matrix.

**Beispiel 4.1**  Die Adjazenzmatrix des in Bild 4.1 veranschaulichten Graphen $G = (V,E)$ mit

$$V = \{1,2,\ldots,6\}, \qquad E = \{e_{12}, e_{13}, e_{23}, e_{34}, e_{45}, e_{46}, e_{56}\}$$

ist

$$A = \begin{pmatrix} 0 & 1 & 1 & 0 & 0 & 0 \\ 1 & 0 & 1 & 0 & 0 & 0 \\ 1 & 1 & 0 & 1 & 0 & 0 \\ 0 & 0 & 1 & 0 & 1 & 1 \\ 0 & 0 & 0 & 0 & 1 & 1 \\ 0 & 0 & 0 & 1 & 1 & 0 \end{pmatrix}.$$

$\square$

Ein Graph $G_T = (V_T, E_T)$ heißt *Teilgraph* von $G = (V,E)$, wenn $V_T \subseteq V$ und $E_T \subseteq E$ gelten. Speziell ist G ein *Kantenteilgraph* von G, wenn $V_T = V$ und $E_T \subseteq E$ gelten. Der Teilgraph $(V_T, E_T)$ heißt von $V_T$ *erzeugt,* wenn $E_T$ aus der Menge derjenigen Kanten aus **E** besteht, deren Endknoten in $V_T$ enthalten sind. Ist $G_T$ ein Teilgraph von G, so sagt man auch, $G_T$ ist in G *enthalten.*

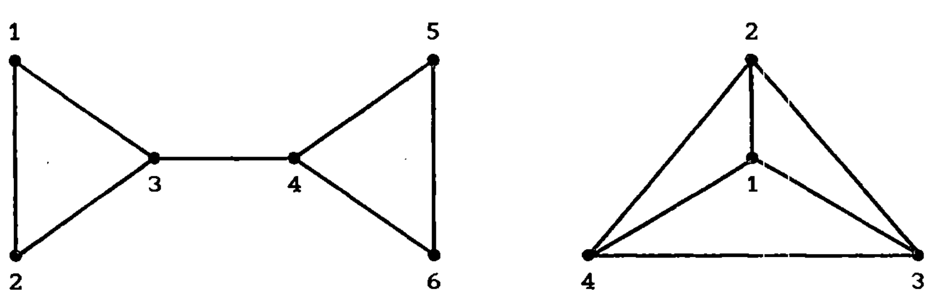

Bild 4.1   Graph mit Brücke          Bild 4.2   Regulärer Graph vom Grade 3

Ein Graph G heißt *vollständig*, wenn jedes Knotenpaar durch eine Kante verbunden ist. In diesem Fall ist in der Adjazenzmatrix jedes $a_{ij} = 1$. Bild 4.2 zeigt einen vollständigen Graphen. Ist i ein Endknoten der Kante e, so sind i und e *inzident.* Ein Knoten ist vom *Grade* g, wenn g Kanten mit ihm inzidieren. Ein Knoten heißt *isoliert*, wenn er den Grad 0 hat, also Endpunkt keiner Kante ist. Ein Graph heißt *regulär vom Grade g,* wenn alle seine Knoten den Grad g haben. Insbesondere ist ein vollständiger Graph mit m Knoten regulär vom Grade m-1. Ein regulärer Graph vom Grade 2 heißt *Kreis.* Der im Bild 4.2 dargestellte Graph ist regulär vom Grade 3 und enthält 7 Kreise. Um analog zur Adjazenzmatrix die Inzidenzmatrix definieren zu können, ist die Kantenmenge zu ordnen:

$$E = \{e_1, e_2, \ldots, e_n\}.$$

Die *Inzidenzmatrix* $I = ((b_{ik}))$, $i = 1,2,\ldots,m$; $k = 1,2,\ldots,n$, ist definiert durch

$$b_{ik} = \begin{cases} 1, & \text{wenn i inzident mit } e_k \text{ ist,} \\ 0, & \text{sonst.} \end{cases} \tag{4.2}$$

**Beispiel 4.2**   Die Kantenmenge des Graphen von Bild 4.1 wird in der Form $E = \{e_1, e_2, \ldots, e_7\}$ mit $e_1 = e_{12}$, $e_2 = e_{13}$, $e_3 = e_{23}$, $e_4 = e_{34}$, $e_5 = e_{45}$, $e_6 = e_{46}$ und $e_7 = e_{56}$ geschrieben. Die zugehörige Inzidenzmatrix ist

$$I = \begin{pmatrix} 1 & 1 & 0 & 0 & 0 & 0 & 0 \\ 1 & 0 & 1 & 0 & 0 & 0 & 0 \\ 0 & 1 & 1 & 1 & 0 & 0 & 0 \\ 0 & 0 & 0 & 1 & 1 & 1 & 0 \\ 0 & 0 & 0 & 0 & 1 & 0 & 1 \\ 0 & 0 & 0 & 0 & 0 & 1 & 1 \end{pmatrix}.$$

$\square$

Es seien i und j zwei beliebige Knoten, und es sei eine Folge von Knoten und

Kanten der Art

$$i,\ e_{i i_1},\ i_1,\ e_{i_1 i_2},\ i_2,\ \dots, i_{L-1},\ e_{i_{L-1} j},\ j \tag{4.3}$$

gegeben. Eine Folge dieser Art heißt *Weg* zwischen i und j oder *(i,j) - Weg*.
Die natürliche Zahl L ist die *Länge* des Weges und i und j sind seine *Endknoten*. Ein Weg ist *minimal,* wenn kein Knoten mehrfach durchlaufen wird; das
heißt, wenn die Folge (4.3) keinen Kreis enthält. (Jedoch ist der Fall i = j
möglich.) Ein minimaler (i,j)-Weg muß nicht unbedingt der kürzeste Weg zwischen i und j sein! Ohne daß es zu Mißverständissen führt, kann ein (i,j)-
Weg auch in der Form

$$e_{i i_1},\ e_{i_1 i_2},\ \dots,\ e_{i_{L-1} j} \quad \text{bzw.} \quad i,\ i_1, i_2, \dots, i_{L-1},\ j$$

geschrieben werden.

Der *Abstand* zweier Knoten i und j ist die Länge $L_{ij}$ des kürzesten Wegs zwischen i und j. Unter dem *Durchmesser* D eines Graphen versteht man das Maximum der $L_{ij}$ über alle Knotenpaare (i,j):

$$D = \max_{(i,j)} L_{ij}.$$

Zwei Knoten i und j sind *miteinander verbunden* oder *i ist aus j erreichbar*
(bzw. umgekehrt), wenn ein Weg zwischen ihnen existiert. Somit ist ein Knoten genau dann isoliert, wenn er von keinem anderen Knoten erreicht werden
kann. Ein Graph heißt *zusammenhängend,* wenn zwischen je zwei beliebigen seiner Knoten ein Weg existiert. Ein Teilgraph $G_T$ von G bildet eine *Komponente*
von G, wenn er von einer maximalen Menge miteinander verbundener Knoten erzeugt wird. Somit gibt es in einem zusammenhängenden Graphen nur eine Komponente, und zwar den Graphen selbst. Demgegenüber besteht ein nichtzusammenhängender Graph aus mehreren Komponenten. Der Graph von Bild 4.1 "zerfällt"
bei Entfernung der Kante $e_{34}$ in zwei Komponenten. Eine Kante mit dieser
Eigenschaft heißt *Brücke* des Graphen. Analog dazu ist ein Knoten eine *Artikulation* des Graphen, wenn durch seine Entfernung der Zusammenhang des Graphen zerstört wird. (Die Entfernung eines Knoten ist äquivalent mit der Entfernung der mit ihm inzidenten Kanten.) Offenbar sind die Knoten 3 und 4 des
Graphen von Bild 4.1 Artikulationen.

Ein zusammenhängender Graph heißt *Baum,* wenn er keinen Kreis enthält. Ist $G_T$
ein Baum und Kantenteilgraph von G, so bezeichnet man $G_T$ als *Gerüst* von G.
Als *Blätter* eines Graphen bezeichnet man seine Knoten vom Grade 1.

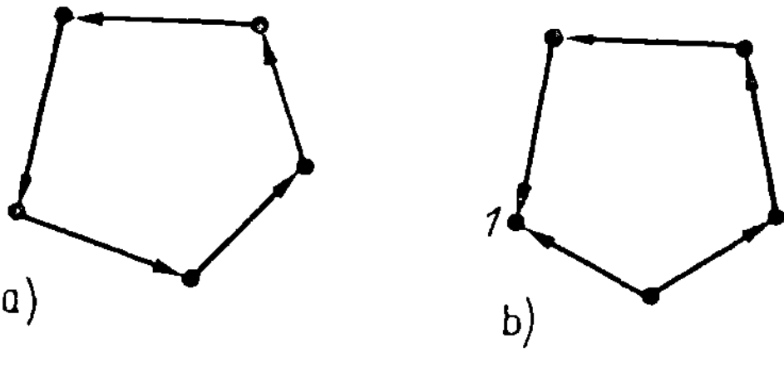


Bild 4.3  a) stark und b) schwach zusammenhängender Graph

**Gerichtete Graphen**  G=(V,E) ist ein *gerichteter Graph,* wenn zwischen den Kanten $e_{ij}$ = (i,j) und $e_{ji}$ = (j,i) unterschieden wird. Man ordnet also jeder Kante eine Richtung zu, die in der bildlichen Darstellung durch eine Pfeilspitze gekennzeichnet wird. Begriffe, die sich unzweideutig von ungerichteten Graphen auf gerichtete Graphen übertragen lassen, werden hier nicht noch einmal definiert.

Im folgenden soll die Reihenfolge der Knoten bei der Kantenindizierung bereits die Richtung charakterisieren. Daher wird i als *Anfangs-* und j als *Endknoten* der gerichteten Kante $e_{ij}$ ∈ E bezeichnet. Die Anzahl der Kanten, die den Knoten i als (Anfangs-) Endknoten haben, heißt *(Außen-) Innengrad* von i. Ist $e_{ij}$ ∈ E, so ist der Knoten j *adjazent* mit i, aber nicht umgekehrt. Mit dieser Erklärung der Adjazenz ist die *Adjazenzmatrix* wieder durch (4.1) gegeben. Die Folge (4.3) bildet jetzt einen *gerichteten Weg* mit dem *Anfangsknoten i* und dem *Endknoten* j, einen (i,j)-Weg. Existiert ein Weg von i nach j, so ist j aus i *erreichbar.* Ein Graph heißt *stark zusammenhängend,* wenn zwischen zwei beliebigen Knoten i und j sowohl ein Weg von i nach j als auch von j nach i existiert. Ein Graph ist *schwach zusammenhängend,* wenn der durch Weglassen der Orientierungen entstehende ungerichtete Graph zusammenhängend ist. Der Begriff der *Komponente* ist auch für den schwachen Zusammenhang wie beim ungerichteten Graphen definiert.  Bild 4.3 zeigt a) einen stark und b) einen schwach zusammenhängenden Graphen. Ein *Zyklus* ist ein stark zusammenhängender Graph, dessen Knoten alle den Innen- und Außengrad 1 haben (Bild 4.3 a)). Ein *Baum* ist ein schwach zusammenhängender Graph ohne Zyklen. Ein *gerichteter Baum* ist ein Baum mit der Eigenschaft, daß keiner seiner Knoten eine Innengrad größer als 1 hat. In gerichteten Bäumen existiert genau ein Knoten mit dem Innengrad 0. Dieser Knoten wird *Wurzel-* oder *Quellknoten* (kurz: *Wurzel* oder *Quelle)* des gerichteten Baums bezeichnet. Vom Wurzelknoten sind alle  Knoten des gerichteten Baums erreichbar. Ein *gerichtetes Gerüst* eines Graphen **G** ist ein Kantenteilgraph von **G**, der gleichzeitig ein gerichteter Baum ist.

Ein Graph ist *teilweise gerichtet*, wenn er sowohl ungerichtete als auch gerichtete Kanten enthält.

## 4.3    NETZSTRUKTUREN

### 4.3.1  Einführung

Unter einer *Netzstruktur*, einem *Netzgraphen* oder kurz einem *Netz* wird in diesem Kapitel ein (schwach) zusammenhängender Graph **G** = **(V,E)** ohne Schlingen verstanden. Als Beispiel zeigt Bild 4.4 eine ungerichtete Radialnetzstruktur. Derartige Strukturen sind typisch für Fernmeldenetze. Mit einem Zentralknoten 1 sind die Nebenknoten 2,3,...,m durch Kanten verbunden. Knoten 1 verkörpert die zentrale Vermittlungsstelle im Primärnetz, während die Knoten 2,3,...,m die Vermittlungsstellen der zugehörigen Sekundärnetze darstellen. "Benachbarte" Nebenknoten sind ebenfalls durch Kanten miteinander verbunden. Die Kanten verkörpern in diesem Fall Kabelverbindungen. Bild 4.5 zeigt eine hierarchische Netzstruktur. Sie veranschauliche vereinfacht etwa das Trinkwasserversorgungssystem eines Territoriums. Knoten 1 sei das zentrale Wasserreservoir, das alle Verbraucher zu  versorgen hat. Die übrigen Knoten stellen Verzweigungsstellen des Rohrleitungssystems  mit eventuellen Pumpstationen bzw. die Verbraucher dar. (Adäquater wäre es, bei dieser Interpretation in Bild 4.5 zu einem gerichteten Graphen überzugehen.)

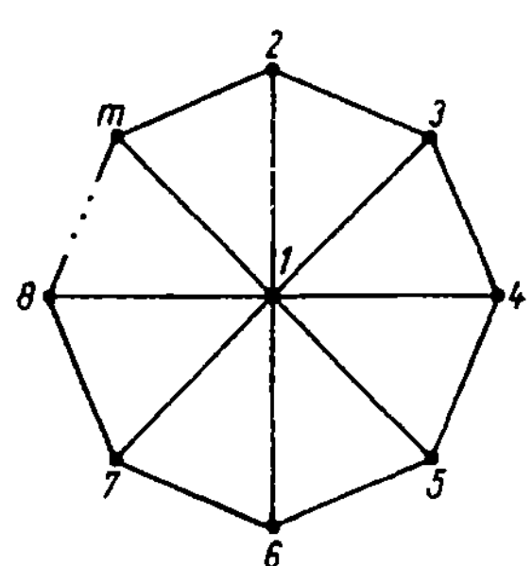

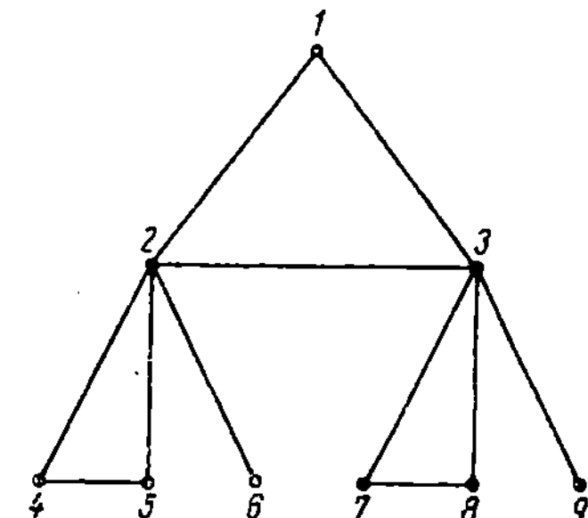

Bild 4.4   Radialnetzstruktur          Bild 4.5   Hierarchische Netzstruktur

## 4.3.2 Zusammenhangszahlen

Aus den Beispielen wurde deutlich, daß der graphentheoretische Zusammenhang von Netzstrukturen entscheidend für deren Funktionstüchtigkeit ist. Der Ausfall gewisser Knoten und Kanten etwa durch "innere" Ursachen wie Verschleiß und Alterung sowie durch "äußere Ursachen" wie Kabelzerstörung bei Tiefbauarbeiten, durch Naturkatastrophen (Erdbeben) sowie durch bewußte Beschädigung kann zur Zerstörung des Zusammenhangs der Netzstruktur führen. Daher ist bereits in der Entwurfsphase von Netzstrukturen der Aspekt der Stabilität ihres Zusammenhangs von Bedeutung. Auskunft darüber geben die *Kantenzusammenhangszahl* $k_e$ und die *Knotenzusammenhangszahl* $k_v$. Darunter versteht man die minimale Anzahl von Kanten bzw. Knoten, die entfernt werden (ausfallen) müssen, um den Zusammenhang des Netzes zu zerstören. Das heißt, es existieren $k_e$ Kanten bzw. $k_v$ Knoten, nach deren Entfernung die Netzstruktur in mindestens zwei Komponenten zerfällt. (Ein isolierter Knoten wird ebenfalls als Komponente angesehen.) Das Problem, bei gegebenen Knoten- und Kantenanzahlen $m$ bzw. $n$ maximale Zusammenhangszahlen der zu konstruierenden Netzstruktur zu erreichen, behandelte *Rubin (1978)*.

Ebenso sind diejenigen Netze von besonderem Interesse, die bei vorgegebenen Knoten- und Kantenanzahlen einen möglichst kleinen Durchmesser aufweisen; denn die Kommunikation zwischen zwei Knoten erfolgt dann über vergleichsweise kurze Wege *(Toueg/Steiglitz (1970), Boesch (1986))*. Die gleichzeitige Berücksichtigung der Kanten- und Knotenzusammenhangszahlen sowie des Durchmessers beim Entwurf "schwer verletzbarer" Netze muß im allgemeinen auf empirischer Grundlage erfolgen *(Soi/Aggarwal (1981), Boesch (1986), Beichelt/Stark (1989), Shier (1991))*.

**Beispiel 4.3** Die Kantenzusammenhangszahl der in Bild 4.4 dargestellten Radialnetzstruktur mit $m > 3$ ist $k_e = 3$, da mindestens 3 Kanten entfernt werden müssen, um einen Knoten zu isolieren. Die Knotenzusammenhangszahl $k_v$ ist ebenfalls gleich 3; denn durch die Entfernung von weniger als 3 Knoten gelingt es nicht, den Zusammenhang des (verbleibenden) Graphen zu zerstören. Der Durchmesser des Graphen ist 2, da der kürzeste Weg zwischen zwei Knoten $i$ und $j$ mit $|i - j| > 2$ über den Zentralknoten 1 führt und somit stets die Länge 2 hat. Der Durchmesser des Netzes ist $D = 2$; denn zwischen je zwei Knoten gibt es stets einen Weg der Länge 2, während beispielsweise zwischen den Knoten 1 und 5 kein Weg der Länge 1 existiert. □

### 4.3.3 Stochastische Netzstrukturen

Bei störanfälligen Knoten und Kanten liegt es nahe, diese mit ihren Verfügbarkeiten zu bewerten. Auf diese Weise gelangt man ausgehend von einer (deterministischen) Netzstruktur $G=(V,E)$ zu einer stochastischen Netzstruktur. Genauer werden folgende Voraussetzungen getroffen:

1) Die zugrunde liegende Netzstruktur $G = (V,E)$ bestehe aus der Knotenmenge $V = \{1,2,\ldots,m\}$ und der Kantenmenge $E = \{e_1,e_2,\ldots,e_n\}$.

2) Die Knoten sind absolut zuverlässig, das heißt, jeder Knoten hat die Verfügbarkeit 1.

3) Die Zustände $z_i$ der Kanten $e_i$, $i=1,2,\ldots,n$, lassen sich durch binäre Indikatorvariable charakterisieren:

$$z_i = \begin{cases} 1, & \text{wenn } e_i \text{ existiert (funktionstüchtig ist),} \\ 0, & \text{sonst.} \end{cases}$$

4) Die $z_1,z_2,\ldots,z_n$ sind voneinander unabhängige Zufallsgrößen.

Wird mit $\mathbf{p} = (p_1,p_2,\ldots,p_n)$ der Vektor der Kantenverfügbarkeiten $p_i = P(z_i=1)$ bezeichnet, so ist die zu $G$ gehörige *stochastische Netzstruktur* durch das Tupel $(G,\mathbf{p})$ vollständig bestimmt. Dabei ist es für die folgenden Ausführungen wie auch im Kapitel 3 ohne Belang, ob die $p_i$ als Momentan- oder stationäre Verfügbarkeiten interpretiert werden. Voraussetzung 2 wird nur der Einfachheit halber gemacht; denn für die Probleme, die in diesem Kapitel behandelt werden, kann man positive Nichtverfügbarkeiten der Knoten durch geeignete Modifikation der Kantenverfügbarkeiten oder durch Einführung neuer, fiktiver Kanten mit zugehörigen, absolut zuverlässigen Knoten berücksichtigen, so daß Voraussetzung 2 formal erfüllt ist (siehe auch *Elmallah (1992)*). Im folgenden wird für eine beliebige Netzstruktur $G$ die zugehörige stochastische Netzstruktur stets mit $\tilde{G}$ bezeichnet, das heißt, es wird $\tilde{G} =(G,\mathbf{p})$ gesetzt. Anschaulich erhält man eine Realisierung von $\tilde{G}$ dadurch, daß aus $G$ eine bestimmte Menge von Kanten entfernt wird. Die Gesamtheit der so entstehenden Teilgraphen von $G$ ist die Menge der Realisierungen von $\tilde{G}$. Insgesamt gibt es $2^n$ Realisierungen von $\tilde{G}$. Der grundsätzlich geforderte Zusammenhang einer Netzstruktur kann in den Realisierungen der zugehörigen stochastischen Netzstruktur durch die Nichtverfügbarkeit und damit de facto Nichtexistenz von Kanten verlorengehen. Aufgrund der Bedeutung des Zusammenhangs praxisrelevanter Netzstrukturen für deren Funktionstüchtigkeit ist es nicht verwunderlich, wenn die wichtigsten der in der Fachliteratur betrachteten Zuverlässigkeitskenngrößen für stochastische Netzstrukturen spezielle Zusammenhangswahrscheinlichkeiten sind:

1) *Paarweise Zusammenhangswahrscheinlichkeit (two-terminal reliability).*
   Diese bezieht sich stets auf zwei beliebige, aber fest vorgegebene Knoten u und v, u≠v, und ist die Wahrscheinlichkeit $R_{u,v}(\tilde{G})$ dafür, daß v aus u erreichbar ist.

2) *Knoten-Netz-Zusammenhangswahrscheinlichkeit (source-to-net-reliability).*
   Diese bezieht sich stets auf einen beliebigen, aber festen Knoten u und ist die Wahrscheinlichkeit $R_u(\tilde{G})$ dafür, daß jeder Knoten aus V von u aus erreichbar ist.

3) *K-Zusammenhangswahrscheinlichkeit (K-terminal reliability).*
   Das ist die Wahrscheinlichkeit $R_K(\tilde{G})$ dafür, daß jeder Knoten aus einer vorgegebenen Menge von *Terminalknoten* K von jedem anderen Knoten aus K erreichbar ist.

4) *Zusammenhangswahrscheinlichkeit (all-terminal-reliability, overall reliability, connectednes probability).*
   Das ist die Wahrscheinlichkeit $R_V(\tilde{G})$ des starken Zusammenhangs der stochastischen Netzstruktur, also die Wahrscheinlichkeit dafür, daß jeder Knoten aus jedem anderen erreichbar ist.

Ist G ungerichtet, so gilt offenbar $R_u(\tilde{G}) = R_v(\tilde{G})$ für alle u ∈ V. Die Zusammenhangswahrscheinlichkeit $R_v(\tilde{G})$ erfaßt am besten die Anforderungen, die an ein Kommunikationsnetz gestellt werden, während die Knoten- Netz- Zusammenhangswahrscheinlichkeit $R_1(\tilde{G})$ das adäquate Kriterium für das in Bild 4.5 dargestellte Trinkwasserversorgungssystem ist.

## 4.4 STOCHASTISCHE NETZSTRUKTUREN ALS MONOTONE BINÄRE SYSTEME

### 4.4.1 Einführung

Unter den Voraussetzungen 1 bis 4 des vorangegangenen Abschnitts ist jede stochastische Netzstruktur zuverlässigkeitstheoretisch ein monotones binäres System, und zwar bezüglich jeder der 4 eingeführten Zuverlässigkeitskenngrößen. Seine Elemente sind die Kanten der Netzstruktur. Die zu $R_{u,v}$, $R_u$, $R_K$

und $R_v$ gehörigen Strukturfunktionen seien $\varphi_{u,v}$, $\varphi_u$, $\varphi_K$ und $\varphi_v$. Die folgende Übersicht gibt die zu diesen Strukturfunktionen gehörenden minimalen Pfadvektoren an, wobei diese auch noch davon abhängen, ob G gerichtet oder ungerichtet ist. Hierbei ist zu beachten, daß die Mengen der gerichteten Gerüste und der K-Bäume leicht aus der Menge der zugehörigen ungerichteten Gerüste gewonnen werden können.

| *Strukturfunktion* | | *minimaler Pfadvektor* |
|---|---|---|
| $\varphi_{u,v}$ | (G gerichtet oder ungerichtet) | minimaler Weg von u nach v |
| $\varphi_u$ | (G gerichtet) | gerichtetes Gerüst mit dem Wurzelknoten u |
| $\varphi_K$ | (G ungerichtet) | minimaler K-Baum (= Baum, der alle Knoten aus K enthält und keine bezüglich $R_K(\tilde{G})$ irrelevanten Kanten) |
| $\varphi_v$ | (G ungerichtet) | Gerüst |

Um die Relevanz aller Kanten bezüglich der jeweils interessierenden Strukturfunktion bzw. Zuverlässigkeitskenngröße zu sichern, ist gegebenenfalls die unterliegende Netzstruktur G zu modifizieren. Beispielsweise ist in der Netzstruktur von Bild 4.6 die Kante (3,4) irrelevant bezüglich $\varphi_{1,5}$, aber natürlich relevant bezüglich $\varphi_{1,4}$.

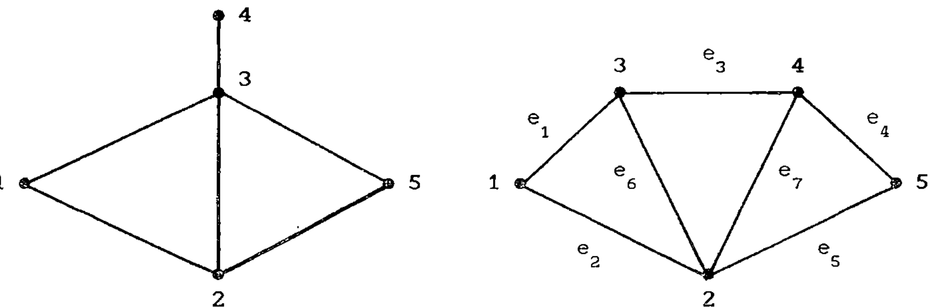

Bild 4.6   Netzstruktur mit irrelevanter Kante bezüglich $\varphi_{1,5}$

Bild 4.7   Netzstruktur mit 7 relevanten Kanten bez. $\varphi_{1,5}$

**Netzstruktur und Zuverlässigkeitsschaltbild**   Bezeichnet G das Zuverlässigkeitsschaltbild eines monotonen binären Systems mit dem Eingangsknoten $k_E = u$ und dem Ausgangsknoten $k_A = v$, dann ist nach Definition des Zuverlässigkeitsschaltbilds (siehe Abschnitt 2.3.3) $R_{u,v}(\tilde{G})$ die Verfügbarkeit des Systems.

Man beachte jedoch, daß zwar jede stochastische Netzstruktur als Zuverlässigkeitsschaltbild angesehen werden kann, aber nicht jedes Zuverlässigkeitsschaltbild als stochastische Netzstruktur; denn in einem Zuverlässigkeitsschaltbild kann ein Element durch mehrere Kanten repräsentiert werden. Die Algorithmen zur Erzeugung der minimalen $(u,v)$-Wege sind jedoch mit geringfügigen Modifikationen auch auf Zuverlässigkeitsschaltbilder anwendbar.

### 4.4.2 Pivotzerlegung

Als sehr geeignet für die Zuverlässigkeitsanalyse stochastischer Netzstrukturen hat sich die Anwendung der (Pivot-) Zerlegungsformel (3.38) erwiesen. Zudem erlaubt sie eine instruktive geometrische Interpretation: Der Graph $G_e$ gehe aus $G$ dadurch hervor, daß die Kante e kontrahiert (das heißt, ihre Eckpunkte verschmelzen und die entstehende Schlinge wird entfernt), während der Graph $G_{-e}$ aus $G$ durch Entfernung der Kante e entstehe. (Diese Bezeichnungsweise wird auch noch später verwendet werden.) Dann läßt sich die Zerlegungsformel (3.38) mit der Pivotkante e in der Form

$$R(\tilde{G}) = p_e\, R(\tilde{G}_e) + (1-p_e)R(\tilde{G}_{-e}) \tag{4.4}$$

schreiben, wobei $R(\circ)$ eine beliebige der eingeführten Zuverlässigkeitskenngrößen bezeichnet und $p_e$ die Verfügbarkeit von e ist. Es ist zweckmäßig, die Pivotkante so auszuwählen, daß die Berechnung von $R(\tilde{G}_e)$ und $R(\tilde{G}_{-e})$ mit möglichst wenig Aufwand erfolgen kann, die Strukturen von $G_e$ und $G_{-e}$ sollten also im Hinblick auf die Berechnug der jeweiligen Zuverlässigkeitskenngröße möglichst einfach sein. (Auf diese Problematik wird im Abschnitt 4.6 noch genauer eingegangen.)

**Beispiel 4.4**  Die Netzstruktur von Bild 4.7 interessiert bezüglich der Berechnung der paarweisen Zusammenhangswahrscheinlichkeit $R_{1,5}(\tilde{G})$. Als Pivotkante wird $e_3$ gewählt. Der Graph $G_{-e_3}$ erweist sich als Serienschaltung zweier Parallelstrukturen, so daß die Berechnung von $R_{1,5}(\tilde{G}_{-e_3})$ leicht möglich ist. Der Graph $G_{e_3}$ enthält den Modul $M_{6,7}$, der aus den parallelen Kanten $e_6$ und $e_7$ besteht und die Verfügbarkeit $p_m = 1-(1-p_6)(1-p_7)$ hat. Durch Einführung des Moduls wird die Struktur von $G_{e_3}$ gerade die der Brückenstruktur von Bild 3.4. Die Verfügbarkeit eines Systems, dessen zuverlässigkeitstheoretische Struktur durch Bild 3.4 gegeben ist, wurde aber bereits im Beispiel 3.10 und zwar ebenfalls durch Anwendung von (3.38) berechnet. Die zweimalige Anwendung der Pivotzerlegung führt also die Berechnung der Verfügbarkeit der kompliziert vermaschten Brückenstruktur von Bild 4.7 auf die Berechnung der Verfügbarkeit von elementaren Serien-Parallelschaltungen zurück.  □

### 4.4.3  Pfad-Schnitt-Methode

Sind alle minimalen Pfad- bzw. Schnittvektoren bekannt, kann die zugehörige Strukturfunktion in der Form (3.26) bzw. (3.27) aufgestellt und in eine Orthogonalform  überführt werden. Die numerische Berechnung der jeweiligen Zuverlässigkeitskenngröße ist dann vermittels Regel (R) von Abschnitt 3.4.1 prinzipiell kein Problem mehr. Dieses Verfahren ist jedoch rechentechnisch mit das ungünstigste, was man überhaupt machen kann; denn die Rechenzeit steigt sowohl für die Erzeugung der minimalen Pfad- bzw. Schnittvektoren als auch für die Erzeugung der zugehörigen Orthogonalformen exponentiell mit wachsender Komplexität der Netzstruktur. Trotzdem werden in den folgenden Abschnitten einige Algorithmen zur Erzeugung von minimalen Wegen und Schnitten sowie von Gerüsten beschrieben. Weitere finden sich bei *Kohlas (1987)*. (Praktikabel sind sie allerdings alle nur nach erfolgter rechentechnischer Umsetzung.) Dafür gibt es zumindest zwei gute Gründe: 1) Das Verfahren ist universell anwendbar, und 2) die Schranken (3.44) liefern in vielen Fällen bei minimalem Rechenaufwand ausreichend Information über die gesuchte Zuverlässigkeitskenngröße. Das zweite Argument wurde bereits durch Beispiel 3.12 veranschaulicht und soll noch durch ein weiteres erhärtet werden.

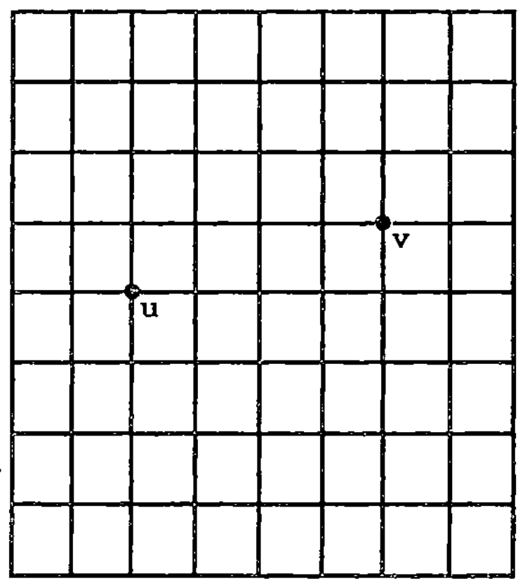

Bild 4.8   Netzstruktur mit 64 Knoten und 112 Kanten

**Beispiel 4.5** (*Beichelt/Sproß(1989)*)  Bild 4.8 zeigt eine quadratische Netzstruktur mit $m = 64$ Knoten, $n = 112$ Kanten sowie den Terminalknoten u und v. Die Kanten haben die gleiche Verfügbarkeit p. Es interessiert die paarweise Zusammenhangswahrscheinlichkeit $R_{u,v}(\tilde{G})$. Zwischen u und v gibt es über 100 000 Minimalwege und über 10 000 Minimalschnitte. Eine exakte Berechnung von $R_{u,v}$ durch Orthogonalisierung der Strukturfunktionen (3.26) bzw. (3.27) ist also praktisch vollkommen ausgeschlossen. Dagegen können untere Schranken $l(g)$ für $g \leq 60$ und obere Schranken $r(h)$ für $h \leq 26$ gemäß (3.44) mit einem PC in weniger als 60 Sekunden berechnet werden. Die Tafeln 4.1 und 4.2 enthalten einige Resultate für $p = 0,85$ und $p = 0,95$. Dabei wurden nur Minimalwege mit einer Länge $\leq 8$ und Minimalschnitte der Mächtigkeit $\leq 10$ verwendet. Man erkennt, daß bereits für $g = 60$ und $h = 26$ die Differenz $r(h)-l(g)$ hinreichend klein ausfällt; denn es gilt $r(26)-l(60) = 0,01302$ für $p = 0,85$ und $r(26)-l(60)=0,00016$ für $p = 0,95$. Die Tafeln enthalten auch die Längen d der Orthogonalformen, auf deren Grundlage die Berechnung der Schranken erfolgte. In Tafel 4.2 fällt auf, daß trotz des mit h raschen Anwachsens der Länge der Orthogonalformen die oberen Schranken in den ersten fünf Stellen nach dem Komma nicht mehr beeinflußt werden. Diese Tatsache bekräftigt den bekannten Sachverhalt, daß die zuverlässigkeitstheoretische Importanz von Minimalwegen mit wachsender Länge abnimmt (*Lambert (1975)*).							□

Tafel 4.1 Untere Schranken für $R_{u,v}$

| | | p=0,85 | p=0,95 |
|---|---|---|---|
| g | d | | l(g) |
| 2 | 3 | 0,66686 | 0,89392 |
| 5 | 11 | 0,86276 | 0,98309 |
| 10 | 26 | 0,90079 | 0,98964 |
| 15 | 54 | 0,94712 | 0,99797 |
| 20 | 133 | 0,96479 | 0,99910 |
| 30 | 122 | 0,98390 | 0,99979 |
| 60 | 510 | 0,98569 | 0,99982 |

Tafel 4.2 Obere Schranken für $R_{u,v}$

| | | p=0,85 | p=0,95 |
|---|---|---|---|
| g | d | | r(h) |
| 2 | 5 | 0,99899 | 0,999998 |
| 6 | 29 | 0,99897 | 0,999998 |
| 13 | 696 | 0,99896 | 0,999998 |
| 26 | 4450 | 0,99896 | 0,999998 |

### 4.4.4  Erzeugung der (u,v)-Minimalwege

Die in diesem Abschnitt behandelten Verfahren sind auf gerichtete und ungerichtete Netzstrukturen anwendbar.Auf drei Klassen von Verfahren wird Bezug genommen:  1) Suche in die Tiefe (Depth-First-Search), 2) Suche in die Breite (Breadth-First-Search) und 3) Matrizenverfahren.

**Suche in die Tiefe**  Das Prinzip dieses Verfahrens beseht darin, ausgehend vom Knoten u eine Folge adjazenter Knoten durch ein naheliegendes Suchverfahren zu konstruieren, wobei kein Knoten mehrmals auftreten darf. Auf diese Weise entsteht ein  minimaler Weg bis zum jeweils erreichten Knoten j. Ist v bereits ein adjazenter Knoten von j, so ist schon ein minimaler Weg von u nach v gefunden. Für das weitere Vorgehen ist die Kante $e_{jv}$ zu sperren und nach weiteren Möglichkeiten zu suchen, ausgehend j nach v zu gelangen. Hat jedoch j nur noch adjazente Knoten,  die auf bereits gefundenen Wegen liegen, so ist zu dem "Vorgängerknoten" i von j längs des zurückgelegten Wegs zurückzukehren (*Backtrack-Prinzip*). Für das weitere Vorgehen wird die Kante $e_{ij}$ gesperrt und der Weg über einen anderen adjazenten Knoten von i fortgesetzt (falls ein solcher existiert, der noch nicht auf dem bereits von u nach i zurückgelegtem Weg liegt) usw. Schließlich kehrt man durch sukzessives Zurückschreiten zum Knoten u zurück, und es wird die gleiche Prozedur für jeden adjazenten Knoten von u wiederholt. Ablauf und Ergebnis des Verfahrens läßt sich recht instruktiv in einem *Suchbaum* $G_B$ mit dem Wurzelknoten u veranschaulichen. Die Knoten und Kanten der Ausgangsstruktur G werden im allgemeinen durch mehrere Knoten bzw. Kanten von $G_B$ verkörpert. Insbesondere verkörpern alle Blätter von $G_B$ den Knoten v. Den (u,v)-Minimalwegen von G entsprechen in $G_B$ umkehrbar eindeutig die Wege von u  bis  zu den Blättern. Eine formale Beschreibung des Verfahrens erfolgt im Algorithmus 4.1. Ohne die Anwendbarkeit des Algorithmus für ungerichtete Netzstrukturen zu beeinträchtigen, bezieht sich die verwendete Terminologie auf gerichtete Netze.

*Algorithmus 4.1*

1.   Lege eine Ordnung für Kanten mit gleichem Anfangsknoten fest. Es sei e die erste Kante mit u als Anfangsknoten. Markiere u und v.

2.   Es sei j der Endknoten von e.

2.1. Wenn j nicht markiert ist:

   - Markiere j und e.

- Bezeichne neu mit e die erste Kante, die j als Anfangsknoten hat.
- Gehe zu 2.

2.2. Wenn j=v ist:

- e, v und alle markierten Knoten und Kanten bilden einen (u,v)- Minimalweg.
- Gehe zu 3.

3.  Es sei i der Anfangsknoten von e.

3.1. (*Backtracking*) Wenn e die letzte Kante mit dem Anfangsknoten i ist:

- Gilt i=u, stop. Alle Minimalwege sind erzeugt.
- Bezeichne neu mit·e die markierte Kante mit dem Endknoten i.
- Lösche die Markierungen von e und i.
- Gehe zu 3.

3.2. Bezeichne neu mit e den Nachfolger von e (bezüglich der geordneten Menge der Kanten mit dem gemeinsamen Anfangsknoten i).

3.3. Gehe zu 2.

Enthält G bezüglich $\varphi_{u,v}$ irrelevante Kanten, so erzeugt Algorithmus 4.1 die minimalen (u,v)-Wege nur dann, wenn Schritt 2.1 um folgenden Anstrich erweitert wird:

- Wenn keine Kante den Anfangsknoten j hat, gehe zu 3.

Durch diese Ergänzung werden die bezüglich $\varphi_{u,v}$ irrelevanten Kanten erkannt und können aus G eliminiert werden. In diesem Fall liefert der Algorithmus neben den (u,v)-Minimalwegen gleichzeitig die um die irrelevanten Kanten reduzierte Netzstruktur.

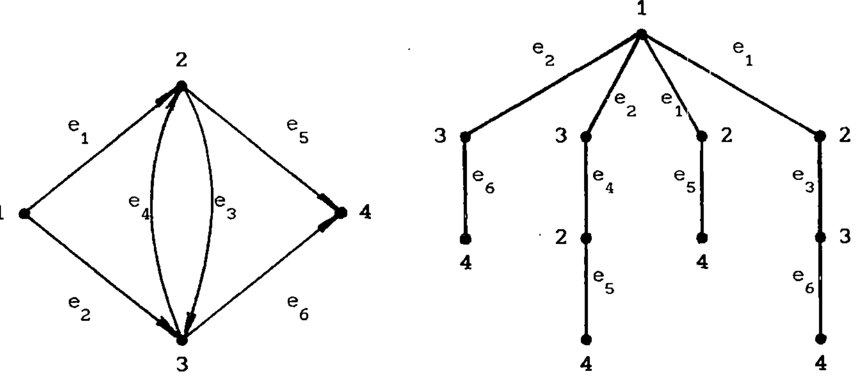

Bild 4.9 Gerichtete Brückenstruktur und Suchbaum bezüglich $\varphi_{1,4}$

**Beispiel 4.6**   In der gerichteten Brückenstruktur von Bild 4.9 sind alle
(1,4)-Minimalwege zu bestimmen. Dazu werden die mit den Knoten inzidenten
Kanten entsprechend ihrer Numerierung geordnet. Dann erzeugt Algorithmus 4.1
die Minimalwege in der Reihenfolge, wie sie in $G_B$, von rechts nach links gelesen, stehen. Die Zahlen an den Knoten von $G_B$ sowie die Bezeichnungen der
Kanten beziehen sich auf die jeweils verkörperten Knoten bzw. Kanten der
Ausgangsstruktur. Aus $G_B$ können unmittelbar die Minimalwege abgelesen werden:

$$\mathfrak{B}_1 = \{e_1, e_3, e_6\}, \quad \mathfrak{B}_2 = \{e_1, e_5\}, \quad \mathfrak{B}_3 = \{e_2, e_4, e_5\}, \quad \mathfrak{B}_4 = \{e_2, e_6\}.$$

Aus dem Beispiel wird auch deutlich, daß man in dem gerichteten Baum $G_B$ ohne
Mißverständnisse zu provozieren die Orientierungen weglassen kann, also mit
dem zugehörigen ungerichteten Baum arbeiten kann.                              □

**Suche in die Breite**   Bei Anwendung des Tiefensuchverfahrens wird zielgerich-
tet an der Erzeugung eines Minimalwegs gearbeitet und erst nach dessen Auf-
findung der nächste in Angriff genommen. Dagegen wird bei Anwendung des
Breitensuchverfahrens in jedem Schritt gleichzeitig an der Erzeugung der
noch nicht gefundenen Minimalwege gearbeitet. Im ersten Schritt werden alle
zu u adjazenten Knoten ermittelt. Gehört v bereits zu den adjazenten Knoten
von u, so ist schon ein Minimalweg gefunden. Allgemein werden in einem
Schritt zu jedem erreichten Knoten  die adjazenten Knoten ermittelt, wobei
diejenigen Knoten unberücksichtigt bleiben, die auf einem der bereits erzeugten Minimalwege von u bis zum bereits erreichten Knoten liegen. Immer,
wenn ein so gefundener Knoten mit v zusammenfällt, ist ein (u,v)-Minimalweg
gefunden. Das Verfahren läßt sich wieder in einem gerichteten Suchbaum veranschaulichen. Da aber die Rechenzeiten bei Anwendung von Tiefen- und Breitensuchverfahren etwa in der gleichen Größenordnung liegen, der Speicherplatzbedarf bei Anwendung des Breitensuchverfahrens jedoch höher ist als bei
Tiefensuchverfahren, wird hier auf eine algorithmische Beschreibung des
Breitensuchverfahrens verzichtet. Ein Vorteil des Breitensuchverfahrens ist
aber nicht zu unterschätzen: Es erzeugt die Minimalwege sukzessiv mit aufsteigender Länge. Da kürzere Minimalwege durchschnittlich eine höhere zuverlässigkeitstheoretische Importanz haben als längere, empfiehlt sich das
Breitensuchverfahren für eine Kopplung mit Orthogonalisierungsverfahren zum
Zweck der Berechnung von Schranken für die paarweise Zusammenhangswahrscheinlichkeit auf der Basis von (3.44).

**Potenzierung der Kantenadjazenzmatrix** Die *Kantenadjazenzmatrix* $K = ((k_{ij}))$ einer Netzstruktur $G = (V,E)$ ist definert durch

$$k_{ij} = \begin{cases} e_{ij}, & \text{wenn } e_{ij} \in E, \\ 0, & \text{sonst.} \end{cases} \qquad i,j = 1,2,\ldots,m.$$

Somit geht $K$ aus der durch (4.1) definierten Adjazenzmatrix $A$ dadurch hervor, daß die dort auftretenden Einsen durch die zughörigen Kanten ersetzt werden. Mit der Vereinbarung, daß mit den $k_{ij}$ wie mit reellen Zahlen gerechnet wird, sind die Potenzen $K^r = ((k_{ij}^{(r)}))$ rekursiv durch $K^r = K^{r-1}K$ bzw.

$$k_{ij}^{(r)} = \sum_{\nu=1}^{m} k_{i\nu}^{(r-1)} k_{\nu j} \;, \quad 2 \le r \le m \tag{4.5}$$

definiert. Aus dieser Bildungsvorschrift resultiert die für die Bestimmung der Minimalwege wichtige Eigenschaft der Kantenadjazenzmatrix: Die Summanden, aus denen sich $k_{ij}^{(r)}$ zusammensetzt, entsprechen umkehrbar eindeutig den Wegen der Länge r zwischen i und j. Zum Beispiel entspricht einem Summanden der Form $e_{ik}e_{kl}e_{lj}$ der Weg $e_{ik}, e_{kl}, e_{lj}$. Allerdings werden dabei auch nichtminimale Wege erzeugt. Um diesen unnötigen Aufwand zu vermeiden, ist anstelle von (4.5) mit einer "reduzierten Summendarstellung" für $k_{ij}^{(r)}$ arbeiten. Das heißt, ausgehend von r = 3 werden stets diejenigen Summanden aus (4.5) gestrichen, die nichtminimalen Wegen entsprechen. Man erhält so eine "reduzierte" r-te Potenz der Kantenadjazenzmatrix, die mit $\tilde{K} = ((\tilde{k}_{ij}^{(r)}))$ bezeichnet werden soll. Da hier nur der Fall $u \neq v$ interessiert, wird stets $\tilde{k}_{jj}^{(r)} = 0$ gesetzt. Auch gilt offenbar $\tilde{k}_{ij}^{(2)} = k_{ij}^{(2)}$ für $i \neq j$.

**Beispiel 4.7** Die Kantenadjazenzmatrix der gerichteten Brückenstruktur von Bild 4.9 ist

$$K = \begin{pmatrix} 0 & e_1 & e_2 & 0 \\ 0 & 0 & e_3 & e_5 \\ 0 & e_4 & 0 & e_6 \\ 0 & 0 & 0 & 0 \end{pmatrix} . \text{ Daher ist } \tilde{K}^2 = \begin{pmatrix} 0 & e_2 e_4 & e_1 e_3 & e_1 e_5 + e_2 e_6 \\ 0 & 0 & 0 & e_3 e_6 \\ 0 & 0 & 0 & e_4 e_5 \\ 0 & 0 & 0 & 0 \end{pmatrix} .$$

Aufgrund von $\tilde{k}_{14}^{(2)} = e_1 e_5 + e_2 e_6$ sind $\{e_1, e_5\}$ und $\{e_2, e_6\}$ die minimalen (1,4)-Wege der Länge 2. In $\tilde{K}^3$ ist nur $\tilde{k}_{14}^{(3)} = e_1 e_3 e_6 + e_2 e_4 e_5$ nicht identisch 0.

Daher sind $\{e_1,e_3,e_6\}$ und $\{e_2,e_4,e_5\}$ die minimalen (1,4)-Wege der Länge 3. $\tilde{K}^4$ ist die Nullmatrix, so daß keine minimalen (1,4)-Wege einer Länge größer als 3 existieren können.                                                            □

In Spezialfällen kann das Verfahren der Potenzierung der Kantenadjazenzmatrix so modifiziert werden, daß rechentechnische Vorteile entstehen:

1) In ungerichteten Netzstrukturen muß $k_{ij}^{(r)} = k_{ji}^{(r)}$ bzw. $\tilde{k}_{ij}^{(r)} = \tilde{k}_{ji}^{(r)}$ gelten. Daher genügt es, die Matrixelemente lediglich für $i < j$ (bzw. $i > j$) zu bestimmen, $r = 2,3,\ldots$

2) Interessieren nur die (u,v)-Minimalwege, so sind von $\tilde{K}^r$ lediglich die Zeilenvektoren $(\tilde{k}_{u1}^{(r)}, \tilde{k}_{u2}^{(r)}, \ldots, \tilde{k}_{um}^{(r)})$ zu ermitteln. Ferner können bereits in der Ausgangsmatrix $K$ alle $e_{vi}$ gleich 0 gesetzt werden.

### 4.4.5 Erzeugung der (u,v)-Minimalschnitte

Bereits im Beispiel 3.8 wurde eine Möglichkeit zur Gewinnung der Minimalschnitte eines monotonen Systems aufgezeigt. Voraussetzung war allerdings die Kenntnis aller Minimalpfade. Vorteile dieses Verfahrens sind, daß sie sowohl auf ungerichtete als auch auf gerichtete Graphen anwendbar sind und das sie bei Vorgabe der Minimalpfade nicht von der jeweiligen Zuverlässigkeitskenngröße abhängen. Nachteilig sind die hohen Rechenzeiten und der große Speicherplatzbedarf. Günstiger liegen die diesbezüglichen Verhältnisse bei den direkten Verfahren der Minimalschnittbestimmung. Die folgenden Ausführungen beziehen sich auf (u,v)-Minimalschnitte (Schnitte bezüglich $\varphi_{uv}$).

Gegeben sei eine ungerichtete Netzstruktur $G = (V,E)$ mit den ausgewählten Terminalknoten $u$ und $v$. Die zu einer beliebigen Knotenteilmenge $N$ von $V$ gehörige komplementäre Teilmenge sei $\bar{N} = V \setminus N$. Ferner sei $C(N)$ die Menge derjenigen Kanten aus $E$, die einen Endpunkt in $N$ und den anderen in $\bar{N}$ haben. Die Menge $C(N)$ ist genau dann ein (u,v)-Minimalschnitt, wenn $N$ folgende Eigenschaften erfüllt:

1) $u \in N$, $v \in \bar{N}$.

2) Die von $N$ und $\bar{N}$ erzeugten kantendisjunkten Teilgraphen $G(N)$ und $G(\bar{N})$ von $G$ sind zusammenhängend.

Ist $G(N)$ bzw. $G(\bar{N})$ nicht zusammenhängend, aber erfüllt 1), so ist $C(N)$ ein nichtminimaler (u,v)-Schnitt. Die Eigenschaften 1) und 2) werden stets durch die einelementige Menge $N = \{u\}$ erfüllt. In diesem Fall besteht der zu $N$ gehörige Minimalschnitt $C\{u\}$ aus der Menge der mit $u$ inzidenten Kanten.

**Beispiel 4.8** Gegeben sei die in Bild 4.10 dargestellte Netzstruktur mit den Terminalknoten $u = 1$ und $v = 6$. Für $N = \{1,3,5\}$ ist $\bar{N} = \{2,4,6\}$ und somit sind $G(N) = (N,\{e_2,e_5\})$ und $G(\bar{N}) = (\bar{N},\{e_4,e_7\})$ zusammenhängende Teilgraphen von $G$. Daher ist $C(N) = \{e_1,e_3,e_6,e_8\}$ Minimalschnitt.

Für $N = \{1,2,4,5\}$ ist $\bar{N} = \{3,6\}$. Somit gilt $G(N) = (N,\{e_1,e_4,e_6\})$ und $C(N) = \{N,\varnothing\}$. Der Teilgraph $G(N)$ ist zusammenhängend, $G(\bar{N})$ aber nicht, so daß $C(N) = \{e_2,e_3,e_5,e_7,e_8\}$ ein nichtminimaler (1,6)-Schnitt ist. □

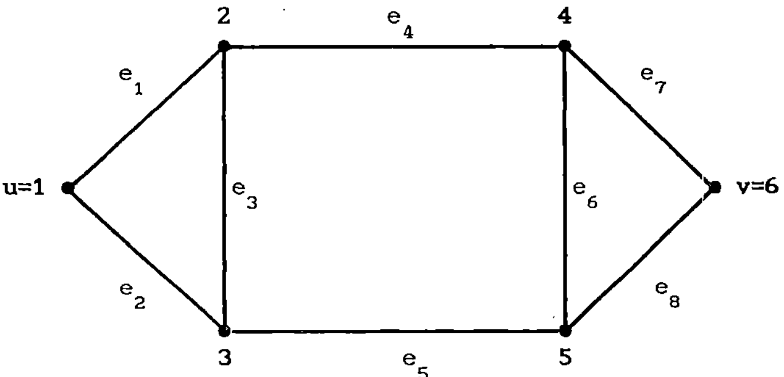


Bild 4.10   Ungerichtete Netzstruktur mit 6 Knoten

Das Auffinden der (u,v)-Minimalschnitte ist also äquivalent der Bestimmung aller Mengen $N$, $N \subseteq V$, die den Eigenschaften 1) und 2) genügen. Die Mehrheit der Verfahren zur direkten Minimalschnittbestimmung geht von $N=\{u\}$ aus, und durch zielgerichtete Modifikation von $N$ werden alle Minimalschnitte erzeugt. Unter den für ungerichtete Netzstrukturen bekannt gewordenen Verfahren zählen die von *Abel/Bicker (1982)* und *Tsukiyama et al.(1980)* mit zu den rechentechnisch günstigsten.

**Verfahren von Abel und Bicker** Das Grundprinzip dieses Verfahrens besteht in der sukzessiven Erweiterung bzw. dem Abbau einer Menge $M$, deren Elemente Tupel der Art (C,B) sind, wobei $C = C(N)$ ein Minimalschnitt und $B \subset V$ ist. Dabei bezeichnet $B$ diejenige Knotenmenge, die ausgehend von $C(N)$ bei der Erzeugung eines weiteren Minimalschnitts nicht verwendet werden darf. Durch Vorgabe von $B$ wird die Mehrfacherzeugung eines Minimalschnitts vermieden.

Bei der Erweiterung von $M$ spielt die Menge $\Gamma(N)$ aller derjenigen Knoten eine Rolle, die zu einem Knoten aus $N$ adjazent sind, selbst jedoch nicht zu $N$ gehören. Die Menge $M$ wird mit $\{C(\{u\}),\varnothing\}$ initialisiert. Für ein beliebiges Element $(C(N),B)$ aus $M$ wird $A = \Gamma(N) \setminus \{B \cup \{v\}\}$ gebildet. Das ist diejenige Knotenmenge, die ausgehend von $C(N)$ zur Erzeugung weiterer Minimalschnitte dienen kann. Für jedes $k \in A$ wird geprüft, ob der durch $\overline{N \cup \{k\}}$ erzeugte Graph $G(\overline{N \cup \{k\}})$ zusammenhängend ist. (Der Graph $G(N \cup \{k\})$ ist stets zusammenhängend, da $G(N)$ diese Eigenschaft hat.) Ist dies der Fall, dann ist $C(N \cup \{k\})$ ebenfalls ein Minimalschnitt, und $M$ wird um das Tupel $(C(N \cup \{k\}),B_2)$ erweitert. Hierbei ist $B_2 = B \cup B_1$, und $B$ ist die Menge derjenigen Knoten aus $A$, die schon vor dem aktuellen $k$ aus $A$ ausgewählt wurden und zur Erzeugung eines Minimalschnitts führten. Ist $G(\overline{N \cup \{k\}})$ nicht zusammenhängend, so wurde kein Minimalschnitt erzeugt. Ist keine Erweiterung der Menge $M$ mehr möglich, so sind alle Minimalschnitte erzeugt. Eine formalisierte Beschreibung der Vorgehensweise erfolgt im Algorithmus 4.2.

*Algorithmus 4.2*

1.    Gib den Minimalschnitt $C(\{u\})$ aus und initialisiere eine Menge $M$ durch $M = \{C(\{u\}),\varnothing\}$.

2.1.    Ist $M = \varnothing$, stop. Alle $(u,v)$-Minimalschnitte sind erzeugt.

2.2.    Ist $M \neq \varnothing$, wähle ein Tupel $(C(N),B)$ aus $M$ und entferne es aus $M$:
$M := M \setminus \{C(N),B\}$

3.    Bilde $A = \Gamma(N) \setminus \{B \cup \{v\}\}$ und initialisiere $B_1 = \varnothing$.

4.1.    Ist $A = \varnothing$, gehe zu 2.

4.2.    Ist $A \neq \varnothing$, wähle ein $k \in A$ und entferne es aus $A$:   $A := A \setminus \{k\}$.

5.1.    Ist $G(\overline{N \cup \{k\}})$ nicht zusammenhängend, gehe zu 4.

5.2.    Ist $G(\overline{N \cup \{k\}})$ zusammenhängend, gib den Minimalschnitt $C(N \cup \{k\})$ aus und bilde $B_2 = B \cup B_1$.

6.    Erweitere $M$ um das Tupel $(C(N \cup \{k\}),B_2)$.

7.    Setze $B_1 := B_1 \cup \{k\}$ und gehe zu 4.

**Beispiel 4.9** Algorithmus 4.2 wird auf die Ermittlung der $(1,6)$ - Minimalschnitte der in Bild 4.10 dargestellten Netzstruktur angewendet. Die mit römischen Ziffern numerierten Hauptschritte kennzeichnen Beginn bzw. Abschluß der Abarbeitung des angegebenen Elements von $M$. Dieses wird im Schritt 2.2 dann nicht noch einmal aufgeführt, sondern es wird nur die um dieses Element reduzierte Menge $M$ angegeben. Nicht abzuarbeitende Schritte werden übergangen. $C_1, C_2, \ldots, C_9$ sind die in dieser Reihenfolge erzeugten Minimalschnitte.

1.   Gib den Minimalschnitt $C_1 = C(\{1\}) = \{e_1, e_2\}$ aus und initialisiere $M = \{(C_1, \varnothing)\}$.

I.   $(C_1, \varnothing)$

2.2.   $M = \varnothing$.   3. $A = \Gamma(\{1\}) = \{2,3\}$; $B_1 = \varnothing$.

4.2.   k=2; $A = \{3\}$.   5.2. $C_2 = C(\{1,2\}) = \{e_2, e_3, e_4\}$, $B_2 = \varnothing$.

6.   $M = \{(C_2, \varnothing), (C_3, \{2\})\}$.

II.   $(C_2, \varnothing)$

2.2.   $M = \{C_3, \{2\})\}$.   3. $A = \Gamma(\{1,2\}) = \{3,4\}$; $B_1 = \varnothing$.

4.2.   k=3; $A = \{4\}$.   5.2. $C_4 = C(\{1,2,3\}) = \{e_4, e_5\}$, $B_2 = \varnothing$.

6.   $M = \{(C_3, \{2\}), (C_4, \varnothing)\}$.   7. $B_1 = \{3\}$.   4.2. k=4, $A = \varnothing$.

5.2.   $C_5 = C(\{1,2,4\}) = \{e_2, e_3, e_6, e_7\}$; $B_2 = \{3\}$.

6.   $M = \{(C_3, \{2\}), (C_4, \varnothing), (C_5, \{3\})\}$.

III.   $(C_3, \{2\})$

2.2.   $M = \{(C_4, \varnothing), (C_5, \{3\})\}$.

3.   $A = \Gamma(1,3) \setminus \{2\} = \{2,5\} \setminus \{2\} = \{5\}$. $B_1 = \varnothing$.

4.2.   k = 5; $A = \varnothing$.   5.2. $C_6 = C(\{1,3,5\} = \{e_1, e_3, e_6, e_8\}$; $B_2 = \{2\}$.

6.   $M = \{(C_4, \varnothing), (C_5, \{3\}), (C_6, \{2\})\}$.

IV.   $(C_4, \varnothing)$

2.2.   $M = \{(C_5, \{3\}), (C_6, \{2\})\}$.   3. $A = \Gamma(\{1,2,3\}) = \{4,5\}$; $B_1 = \varnothing$.

4.2.   k=4; $A = \{5\}$.   5.2. $C_7 = C(\{1,2,3,4\}) = \{e_5, e_6, e_7\}$; $B_2 = \varnothing$.

6.   $M = \{(C_5, \{3\}), (C_6, \{2\}), (C_7, \varnothing)\}$; $B_1 = \{4\}$.

4.2.   k=5; $A = \varnothing$.   5.2. $C_8 = C(\{1,2,3,5\}) = \{e_4, e_6, e_8\}$; $B_2 = \{4\}$.

6.   $M = \{(C_5, \{3\}), (C_6, \{2\}), (C_7, \varnothing), (C_8, \{4\})\}$.

V.   $(C_5, \{3\})$.   VI. $(C_6, \{2\})$. In diesen Fällen trifft 5.1 zu.

VII.   $(C_7, \varnothing)$.

2.2.   $M = \{(C_8, \{4\})\}$. 3. $A = \Gamma(\{1,2,3,4\} \setminus \{6\} = \{5\}$. $B_1 = \varnothing$.

4.2.   k=5; $A = \varnothing$.   5.2   $C_9 = C(\{1,2,3,4,5\}) = \{e_7, e_8\}$; $B_2 = \{5\}$.

6.   $M = \{(C_8, \{4\}), (C_9, \{5\})\}$.

VIII.   $(C_8, \{4\})$,   IX. $(C_9, \{5\})$. In diesen Fällen trifft 4.1 zu und somit liegt die Situation 2.1 vor (alle Minimalschnitte sind erzeugt).   □

### 4.4.6 Erzeugung der Gerüste

Zur Ermittlung der Gerüste wird hier ein Suchverfahren vorgestellt, das analog zu dem im Abschnitt 4.4.4 beschriebenen Tiefensuchverfahren auf dem *Backtrack-Prinzip* beruht und das sukzessiv einen Suchbaum $G_B$ erzeugt, dessen Wege von der Wurzel bis zu den Blättern umkehrbar eindeutig den gesuchten Gerüsten entsprechen (*Christofides (1975)*).

**Grundlagen des Suchverfahrens**   In jedem Hauptschritt des Verfahrens wird eine Kante ausgewählt und auf ihre Eignung hin überprüft, einen bereits konstruierten Teilgraphen $G_T$ von $G$, der zum Gerüst ausgebaut werden soll, zu ergänzen. Eine Kante ist geeignet, wenn durch ihre Einbeziehung kein Kreis entsteht. Die Auswahl der Kanten erfolgt entsprechend der Reihenfolge ihrer Indizes: nach Prüfung der Kante $e_i$ folgt die Kante $e_{i+1}$. Ist ein Gerüst konstruiert (bei m Knoten sind dazu m−1 Kanten erforderlich), so wird in $G_B$ auf dem diesem Gerüst entsprechenden Weg bis zum ersten Knoten zurückgegangen, von dem eine Verzweigung die Konstruktion eines anderen Gerüsts ermöglicht. Im Prozeß des Aufbaus eine Gerüsts werden durch das Verfahren untereinander nicht verbundene Bäume erzeugt, die zusammen den Teilgraphen $G_T$ bilden. Spätestens nach Einbeziehung der (m−1)-ten Kante vereinigen sich diese Bäume zum Gerüst. Natürlich ist auch der Fall möglich, daß die Erzeugung eines Gerüsts über die ständige Erweiterung nur eines Baums erfolgt. Wesentlich für das Verfahren ist, daß die jeweils entstehenden Bäume künstlich zu gerichteten Bäumen gemacht werden und bei der Vereinigung zweier gerichteter Bäume durch Einbeziehung einer Kante eine teilweise Neuorientierung der Kanten notwendig ist, damit im Ergebnis wieder ein gerichteter Baum entsteht. Zur genauen Beschreibung des Verfahrens sind einige Vereinbarungen zu treffen.

I (*Markierung der Knoten*)   Jeder Knoten i wird während des Verfahrens mit einer Marke $(r_i, a_i)$ versehen. Hierbei gibt $r_i$ den Wurzelknoten des gerichteten Baums an, zu dem i gehört, und $a_i$ ist der Vorgängerknoten von i. Daher bezeichnet man $r_i$ als *Wurzelmarke* und $a_i$ als *Vorgängermarke*. Ist i ein Wurzelknoten, so wird $a_i = 0$ gesetzt. Ist i kein Wurzelknoten, existiert also eine Kante $(a_i, i)$, die $a_i$ mit i verbindet. Die Knotenmarkierung ermöglicht darüber zu entscheiden, ob bei Einbeziehung einer Kante in den bereits konstruierten Teilgraph $G_T$ ein Kreis entstehen würde oder nicht. Die Markierung eines Knotens kann sich im Prozeß der Erzeugung eines Gerüsts ändern.

II (*Vereinigung zweier gerichteter Bäume*)   In einem Verfahrensschritt mögen die gerichteten Bäume $B_1 = (V_1, E_1)$ und $B_2 = (V_2, E_2)$ durch Hinzunahme der Kante (s,t) miteinander verbunden werden. Es seien $r_1$ und $r_2$ die Wurzelknoten von $B_1$ und $B_2$. Ohne Beschränkung der Allgemeinheit gelte $r_1 < r_2$ sowie $s \in V_1$ und $t \in V_2$. Der durch Vereinigung von $B_1$, $B_2$ und der Kante (s,t) entstandene Teilgraph $G_T$ wird dadurch zu einem gerichteten Baum gemacht, daß $r_1$ zu seiner Wurzel erklärt wird. Daher erhalten alle Knoten von $G_T$ die Wurzelmarke $r_1$. Die Marken der Knoten aus $E_1$ bleiben somit erhalten. In $B_2$ sind die Orientierungen derjenigen Kanten umzukehren, die auf dem Weg von t zu $r_2$ liegen. Dementsprechend sind die Vorgängermarken der Knoten dieses Wegs zu ändern. Insbesondere ist $a_t$ = s zu setzen. Die Vorgängermarken aller anderer Knoten aus $E_2$ bleiben erhalten (Bild 4.11).

III (*Teilung eines gerichteten Baums*)   Durch das Entfernen einer Kante bei einem *Backtracking*-Schritt kann der vorliegende gerichtete Baum in zwei gerichtete Bäume, etwa $B_1 = (V_1, E_1)$ und $B_2 = (V_2, E_2)$, zerfallen. Wenn (s,t) die zu entfernende (gerichtete) Kante mit $s \in V_1$ und $t \in V_2$ ist, bleiben die Marken aller Knoten aus $V_1$ erhalten, die aus $V_2$ müssen geändert werden. Diese Änderung ist dadurch vollständig bestimmt, daß t zum Wurzelknoten gemacht wird und somit die Vorgängermarke 0 erhält. Die Vorgängermarken der anderen Knoten aus $E_2$ bleiben erhalten.

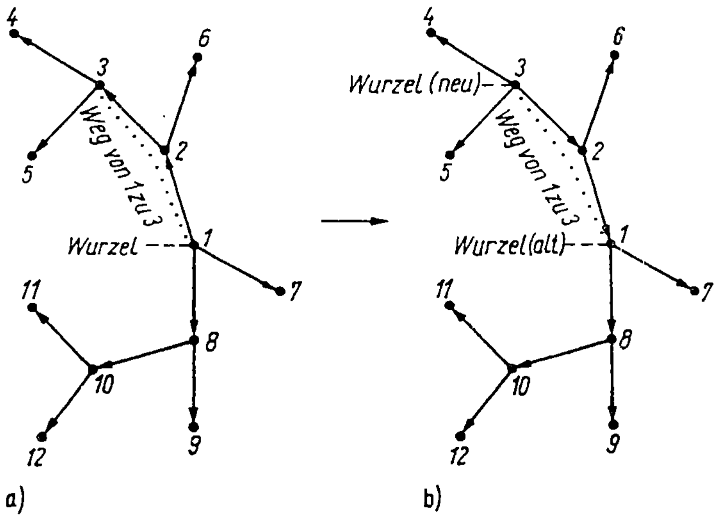


Bild 4.11   Übergang vom Wurzelknoten 1 in a) zum Wurzelknoten 3 in b)

*Algorithmus 4.3*

**1.** Wähle eine beliebigen Knoten $w \in V = \{1,2,\ldots,m\}$, der als Wurzel des zu
konstruierenden gerichteten Baums $G_B$ dienen soll. Der Grad von $w$ sei $g$.
Die mit $w$ inzidenten Kanten werden mit $e_1, e_2, \ldots, e_g$ und die übrigen mit
$e_{g+1}, e_{g+2} \ldots, \ldots, e_n$ bezeichnet. Versehe anfänglich jeden Knoten $i$ mit der
Marke $(i,o)$. Setze $k = 1$.

**2.** Wähle die Kante $e_k = (i,j)$. Gilt $k \leq n$, gehe zu 2.1; ist $k = n+1$ (keine
Kanten stehen mehr zur Verfügung), gehe zu 5.

**2.1.** Gilt $r_i = r_j$, dann gehören $i$ und $j$ dem gleichen schon konstruierten Baum
an und durch Einbeziehung von $e_k$ würde ein Kreis entstehen. Lehne daher $e_k$ ab, setze $k := k+1$ und kehre zu 2 zurück.

**2.2.** Gilt $r_i \neq r_j$, ergänze den bereits erzeugten Teilgraphen um $e_k$. Gehe
zu 3.

**3.** Vereinige die beiden Bäume mit den Wurzelknoten $r_i$ und $r_j$ wie unter II
beschrieben.

**4.** Zum Aufbau eines Gerüsts wurden bereits $z$ Kanten verarbeitet. (Die abgelehnten ausgenommen.)

**4.1.** Gilt $z = m+1$, ist ein Gerüst entstanden. Speichere dieses Gerüst und
gehe zu 5.

**4.2.** Gilt $z < m-1$, setze $k := k+1$ zu 2.

**5.** Die zuletzt erfolgreich verarbeitete Kante sei $e_j$.

**5.1.** Ist $e_j$ die einzige noch verfügbare Kante und $j = g$, stop. Alle Gerüste
sind erzeugt.

**5.2.** (*Backtracking*). Anderenfalls entferne $e_j$. Führe, falls erforderlich,
eine Neumarkierung der entstehenden Bäume entsprechend dem unter III
beschriebenen Vorgehen durch, setze $k := k+1$ und gehe zu 2.


**Beispiel 4.10** (*Christofides (1975)*) Bild 4.12 zeigt eine ungerichtete Netzstruktur $G = (V,E)$ mit $V = \{1,2,\ldots,7\}$ und $E = \{e_1, e_2, \ldots, e_7\}$. Vor der Konstruktion der Gerüste empfiehlt es sich, zur Abschätzung des Rechenaufwands
deren Anzahl $Z(G)$ nach der bekannten Formel

$$Z(G) = \left| I_0 I_0^T \right|$$

zu berechnen, wobei die Matrix $I_0$ aus der Inzidenzmatrix $I$ des Graphen $G$ dadurch hervorgeht, daß irgendeine Zeile aus I entfernt wird. Im vorliegenden Beispiel ist die Inzidenzmatrix durch

$$I = \begin{pmatrix} 1 & 1 & 0 & 0 & 0 & 0 & 0 \\ 1 & 0 & 1 & 1 & 1 & 0 & 0 \\ 0 & 1 & 1 & 0 & 0 & 1 & 0 \\ 0 & 0 & 0 & 1 & 0 & 1 & 1 \\ 0 & 0 & 0 & 0 & 1 & 0 & 1 \end{pmatrix} .$$

gegeben. Die Matrix $I_0$ gehe aus I etwa durch Entfernen der 2.Zeile hervor. Dann gilt

$$I_0 I_0^T = \begin{pmatrix} 2 & 1 & 0 & 0 \\ 1 & 3 & 1 & 0 \\ 0 & 1 & 3 & 1 \\ 0 & 0 & 1 & 2 \end{pmatrix} .$$

Somit beträgt die Anzahl der Gerüste, wenn die Determinante etwa nach der ersten Zeile entwickelt wird,

$$Z(G) = \left| I_0 I_0^T \right| = 2 \begin{vmatrix} 3 & 1 & 0 \\ 1 & 3 & 1 \\ 0 & 1 & 2 \end{vmatrix} - \begin{vmatrix} 1 & 1 & 0 \\ 0 & 3 & 1 \\ 0 & 1 & 2 \end{vmatrix} = 26 - 5 = 21.$$

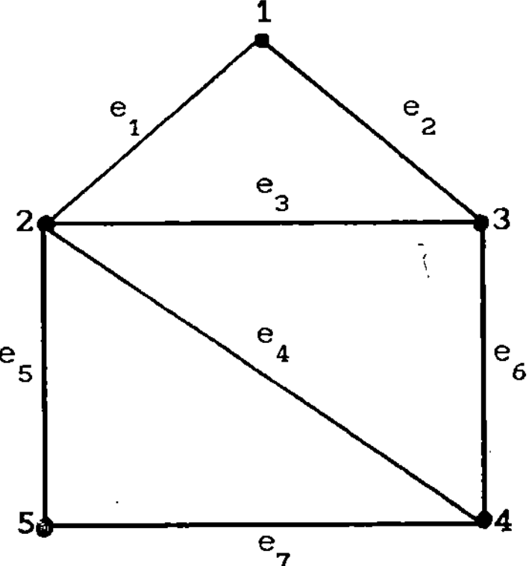


Bild 4.12   Netzstruktur mit 5 Knoten und 7 Kanten

Die Anwendung von Algorithmus 4.3 liefert den im Bild 4.13 dargestellten Suchbaum $G_B$, aus dem die 21 Gerüste unmittelbar entnommen werden können. Es ist zu beachten, daß der Schritt 3 des Algorithmus bereits bei Einbeziehung der zweiten Kante wirksam wird. Bild 4.14 zeigt die graphischen Darstellungen der Gerüste in der Reihenfolge, wie sie aus $G_B$ von rechts nach links abgelesen werden können.                                                                □

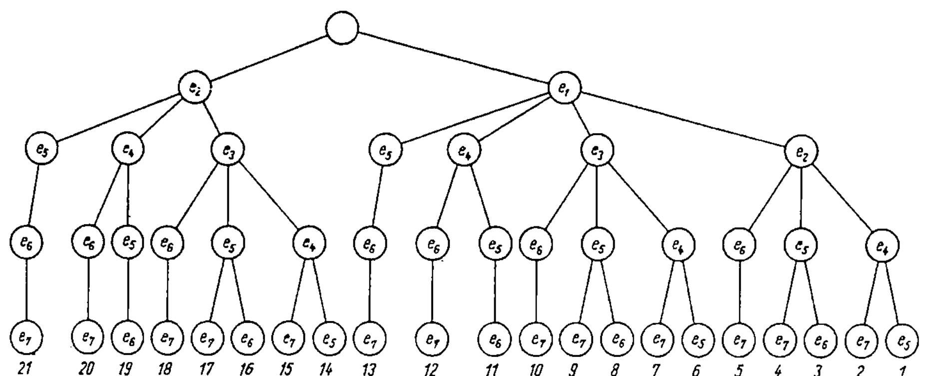

Bild 4.13    Suchbaum $\underset{B}{G}$    für Beispiel 4.10

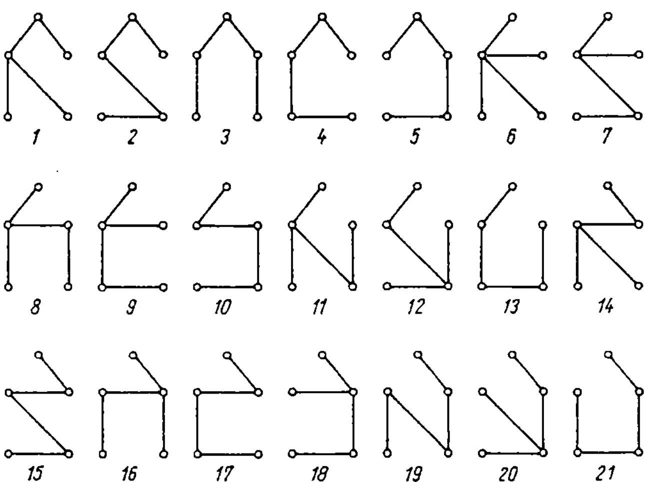

Bild 4.14    Gerüste der Netzstruktur von Bild 4.12

## 4.5 DEKOMPOSITION

### 4.5.1 Einführung

Da die Berechnung von Zuverlässigkeitskenngrößen stochastischer Netzstrukturen auf die Zuverlässigkeitsanalyse monotoner binärer Systeme führt, sind die damit verbundenen rechentechnischen Probleme -wie im Abschnitt 3.1 bereits erwähnt- NP-schwierig. Die Existenz von polynomialen Algorithmen zur Berechnung von Zuverlässigkeitskenngrößen beliebiger stochastischer Netzstrukturen ist daher nicht zu erwarten. Ungeachtet dieser objektiven Beschränkungen verlangen die praktischen Erfordernisse die Entwicklung immer leistungsfähigerer rechnergestützter Methoden, die eine exakte oder zumindest approximative Zuverlässigkeitsanalyse immer komplexerer Strukturen erlauben. Als besonders leistungsfähig haben sich hierbei Dekompositions- und '.eduktionsmethoden erwiesen. Diese Methoden sind speziell auf stochastir ⌐ne Netzstrukturen zugeschnitten und erlauben für eine große Klasse planarer Graphen sogar die Konstruktion polynomialer Algorithmen (siehe dazu *Politof/Satyanarayana (1986)* und *Colbourn (1987)*). Dieser Abschnitt stützt sich wesentlich auf die Arbeiten *Bienstock (1988)* sowie *Beichelt/Tittmann (1990)*, *(1991)*, *(1992)*. Es werden stets ungerichtete Netzstrukturen $G = (V,E)$ vorausgesetzt.

**Dekompositionsprinzip** Aufgrund des exponentiellen Wachstums an Rechenzeit mit zunehmender Komplexität der Netzstrukturen liegt es nahe, $G$ in zwei kantendisjunkte Teilgraphen aufzuspalten, getrennte Zuverlässigkeitsanalysen für die zugehörigen stochastischen Teilnetzstrukturen durchzuführen und die Ergebnisse so zu kombinieren, daß man die gewünschte Systemzuverlässigkeitskenngröße erhält. Dieser Weg wird jetzt beschritten.

Es seien $G^1 = (V^1, E^2)$ und $G^2 = (V^2, E^2)$ zwei kantendisjunkte Teilgraphen von $G$ mit der Eigenschaft

$$G = G^1 \cup G^2, \quad G_1 \cap G_2 = (U, \varnothing). \tag{4.6}$$

Eine Knotenmenge $U \subseteq V$ mit der Eigenschaft (4.6) heißt *trennende Knotenmenge* von $G$. Die Teilgraphen $G^1$ und $G^2$ haben also nur die Knoten aus $U$ gemeinsam. Wird die Knotenmenge $U$ aus $G$ entfernt, so entsteht ein Graph, der nicht mehr zusammenhängend ist. (Nach Definition ist eine Netzstruktur stets zusammenhängend.) Durch $G^1$ und $G^2$ sind stochastische Teilnetzstrukturen $\tilde{G}^1$ und $\tilde{G}^2$ bestimmt, und es gilt für jede Realisierung von $\tilde{G}$

$$\tilde{G} = \tilde{G}^1 \cup \tilde{G}^2 \ , \quad \tilde{G}^1 \cap \tilde{G}^2 = (U, \varnothing).$$

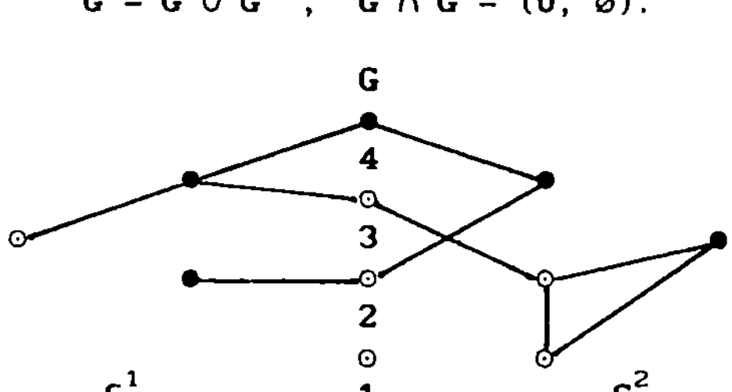

Bild 4.15   Illustration des K-Zusammenhangs

Die Auswahl von **U** erfolge stets so, daß die Teilgraphen $G^1$ und $G^2$ zusammenhängend sind. Demgegenüber müssen die Realisierungen von $\tilde{G}^1$ und $\tilde{G}^2$ natürlich
nicht zusammenhängend sein. Was hier interessiert ist, ob über **U** die Komponenten der Realisierungen von $\tilde{G}^1$ und $\tilde{G}^2$ so miteinander gekoppelt sind, daß
$\tilde{G}$ eine gewünschte Zusammenhangseigenschaft aufweist. Bild 4.15 veranschaulicht dieses Problem. Die Beispielstruktur wird an der trennenden Knoten-
menge $U = \{1,2,3,4\}$ aufgesspalten. Obwohl die Realisierungen von $\tilde{G}^1$ und $\tilde{G}^2$ in
dem betrachteten Fall nicht K-zusammenhängend sind, ist es doch die Reali-
sierung von $\tilde{G}$. (Die K-Knoten sind ausgefüllt.) Offenbar spielen diejenigen
Knoten aus **U** eine entscheidende Rolle, die zu ein- und denselben Komponenten
von $\tilde{G}^i$, $i = 1,2$, gehören. Diese Knotenmengen bilden die durch $\tilde{G}^1$ bzw. $\tilde{G}^2$ *induzierten Partitionen* von **U**. Es macht sich daher die Zusammenstellung eini-
ger mit Partitionen verbundener Begriffe und Bezeichnungen aus der Kombinatorik notwendig. Für eine detaillierte Behandlung sei etwa auf *Aigner (1979)*
verwiesen.

**Partitionen**   Eine *Partition* einer Menge **U** ist eine Familie paarweiser dis-
junkter Teilmengen (*Blöcke*) von **U**, deren Vereinigung **U** ist. Es gibt B Parti-
tionen von **U**, wobei $B = B(|U|)$ die *Bell-Zahl* von **U** ist, die aber nur von
deren Kardinalzahl $|U|$, also von der Anzahl ihrer Elemente, abhängt. Zum
Beispiel ist $B(2) = 2$, $B(3) = 5$, $B(4) = 15$, $B(5) = 52$, $B(6) = 203$ und $B(7) =$
877. Die Menge der Partitionen von **U** sei $\mathfrak{P} = \{\pi_1, \pi_2, \ldots, \pi_B\}$. In $\mathfrak{P}$ wird eine
Halbordnung "$\leq$" in der folgenden Weise eingeführt: Es gilt genau dann $\pi_i \leq$
$\pi_j$, wenn $\pi_j$ aus $\pi_i$ dadurch gewonnen werden kann, daß ein oder mehrere Blöcke
von $\pi_i$ in Blöcke geringerer Mächtigkeit aufgespalten werden werden. In diesem Fall heißt $\pi_j$ $(\pi_i)$ größer (kleiner) als $\pi_i$ $(\pi_j)$. Daher besteht die kleinste Partition nur aus einem Block. Diese Partition wird im folgenden mit $\pi_1$

bezeichnet. Die größte Partition besteht aus $|U|$ Blöcken, die jeweils aus den einzelnen Elementen von U gebildet werden. Mit $\pi_i \wedge \pi_j$ wird die größte Partition $\pi$ bezeichnet, die sowohl $\pi \leq \pi_i$ als auch $\pi \leq \pi_j$ erfüllt. Zum Beispiel sei für U = {1,2,3,4,5}

$$\pi_i = \{1,23,45\} \text{ und } \pi_j = \{12,345\}.$$

(Die Knoten, die nicht durch ein Komma getrennt sind, bilden einen Block. Diese Bezeichnungsweise wird auch später beibehalten.) Dann gilt

$$\pi_i \wedge \pi_j = \pi_1 = \{12345\}.$$

In diesem Beispiel gilt weder $\pi_i \leq \pi_j$ noch $\pi_i \geq \pi_j$. Die Relation "$\leq$" ist also nur eine *Halbordnung* auf der Menge aller Partitionen $\mathfrak{P}$. Das Tupel $(\mathfrak{P},\leq)$ bildet den zu U gehörenden *Partitionsverband.*

Im weiteren seien $G_j^i = (V_j^i, E_j^i)$ und $U_j$ diejenigen Graphen bzw. Knotenmengen, die aus $G^i$ bzw. U dadurch hervorgehen, daß die Blöcke von $\pi_j$ zu jeweils einem Knoten verschmelzen (und die dabei in $G_j^i$ möglicherweise auftretenden Schlingen entfernt werden). Es gilt also $U_j \subseteq V_j^i$.

**Beispiel 4.11** Es sei U = {1,2,3} mit den zugehörigen B = 5 Partitionen

$$\pi_1=\{123\}, \ \pi_2=\{12,3\}, \ \pi_3=\{13,2\}, \ \pi_4=\{1,23\} \ , \ \pi_5=\{1,2,3\}.$$

Bild 4.16 zeigt die aus dem gegebenen Beispielgraphen G resultierenden Graphen $G_j$. Dabei wird der durch Verschmelzung der Knoten j und k entstandene Knoten mit jk bezeichnet. □

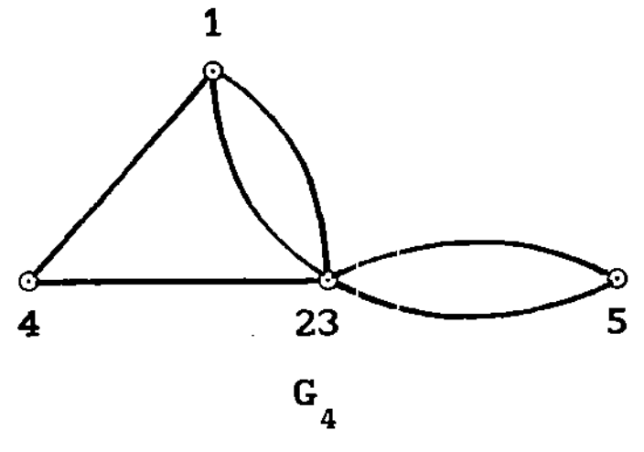


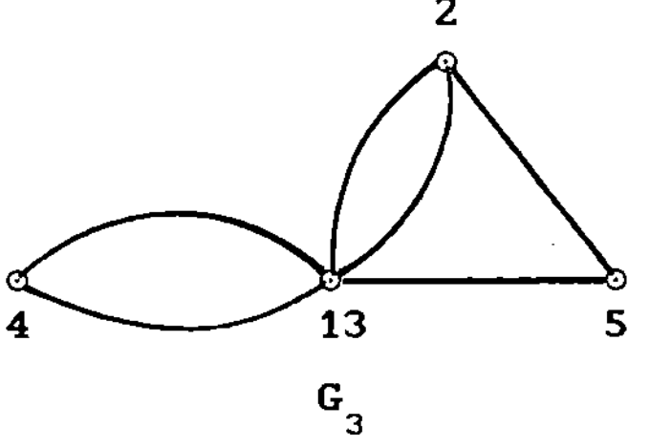


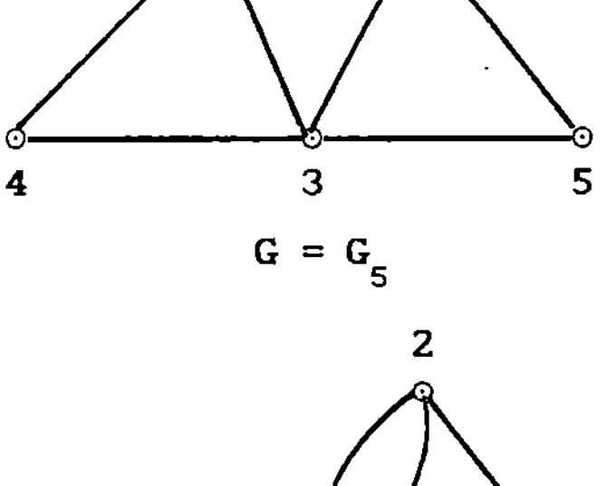


Bild 4.16  Netzstruktur G und abgeleitete Strukturen $G_j$ (Beispiel 4.11)

Der Zweck der Einführung der Strukturen $G_j^i$ besteht darin, separate Zuverlässigkeitsanalysen für die zugehörigen stochastischen Netzstrukturen $\tilde{G}_j^i$ vorzunehmen und die Resultate zur gewünschten Dekompositionsformel für die jeweils
interessierende Zuverlässigkeitskenngröße von $\tilde{G}$ zusammenzuführen. Das prinzipielle Vorgehen wird im folgenden anhand der paarweisen Zusammenhangswahrscheinlichkeit $R_{u,v}(\tilde{G})$ und der Zusammenhangswahrscheinlichkeit $R_v(\tilde{G})$ demonstriert.

### 4.5.2  Paarweise Zusammenhangswahrscheinlichkeit

Es sei die Netzstruktur $G = (V,E)$ mit der trennenden Knotenmenge $U$ und den
beiden Terminalknoten $u$ und $v$ gegeben; $u,v \notin U$, $u \in G^1$, $v \in G^2$. Für ein $r \in U_j$
werden zufällige Ereignisse $A, A_{j,ur}$ und $B_{j,rv}$ auf folgende Weise eingeführt:

$A$       u liegt in einer Komponente von $\tilde{G}^1$, die keinen Knoten mit $U$ gemeinsam
        hat;

$A_{j,ur}$    $\tilde{G}^1$ induziert die Partition $\pi_j$ von $U$ und u sowie r liegen in einer
        Komponente von $\tilde{G}^1$.

$B_{j,rv}$    In $\tilde{G}_j^2$ existiert ein Weg von r nach v.

Unter der Bedingung $A_{j,ur}$ existiert genau dann ein Weg von u nach v in $\tilde{G}$,
wenn $B_{j,rv}$ eintritt. Diese Tatsache liegt darin begründet, daß unter der
Bedingung $A_{j,ur}$ diejenigen Komponenten von $\tilde{G}^2$, die r bzw. v enthalten, durch
Komponenten von $\tilde{G}^1$ miteinander verbunden sind. (Man veranschauliche sich
diesen Sachverhalt anhand von Bild 4.15!) Das Ereignissystem

$$\{A,\ A_{j,ur},\ r \in U_j,\ j = 1,2,\ldots,B\}$$

ist vollständig. Daher folgt mit der Bezeichnung

$$P(A_{j,ur}) = P_{ur}(\tilde{G}_j^1) \text{ wegen } R_{uv}(\tilde{G}|A) = 0 \text{ und } R_{uv}(\tilde{G}|A_{j,ur}) = R_{rv}(\tilde{G}_j^2)$$

die gesuchte *Dekompositionsformel*

$$R_{uv}(\tilde{G}) = \sum_{j=1}^{B} \sum_{r \in U_j} P_{ur}(\tilde{G}_j^1)\, R_{rv}(\tilde{G}_j^2) \ . \qquad\qquad (4.7)$$

Die $P_{uv}(\tilde{G}_j^1)$ sind keine paarweisen Zusammenhangswahrscheinlichkeiten bezüglich $\tilde{G}_j^1$, aber es gilt

$$P(A_{j,ur} | \tilde{G}^1 \text{ erzeugt } \pi_j) = R_{ur}(\tilde{G}^1_j).$$

Man kann sich leicht überlegen, daß die rechte Seite der Dekompositionsformel (4.7)

$$D(|U|) = B(|U|+1) - B(|U|)$$

Summanden hat. Zum Beispiel ist $D(2) = 3$, $D(3) = 10$, $D(4) = 37$, $D(5) = 151$ und $D(6) = 674$. Da die Bellzahlen $B(|U|)$ mit wachsendem $|U|$ exponentiell schnell wachsen, haben die $D(|U|)$ die gleiche Eigenschaft.

Die $R_{rv}(\tilde{G}^2_j)$ sind paarweise Zusammenhangswahrscheinlichkeiten in $\tilde{G}^2_j$ und durch irgendein geeignetes Verfahren zu bestimmen, etwa durch Orthogonalisierung der Strukturfunktion $\varphi_{r,v}$ oder durch Pivotzerlegung. Die Strukturfunktion $\varphi_{r,v}$ selbst kann· nach Bestimmung aller minimalen $(r,v)$-Pfade in $G^2_j$ gemäß (3.26) konstruiert werden. Man beachte, daß sich die rechentechnische Komplexität dieser Probleme im Vergleich zum Ausgangsproblem $G$ um Größenordnungen reduziert hat, wenn $U$ so gewählt wurde, daß $G^1$ und $G^2$ etwa "gleich groß" sind.

Die Wahrscheinlichkeiten $P_{ur}(\tilde{G}^1_j)$ befriedigen ein inhomogenes lineares Gleichungssystem. Um es aufschreiben zu können, wird für $r \in U_j$ mit $U_{j,k,r}$ folde Teilmenge von $U_k$ bezeichnet: Es ist t genau dann Element von $U_{j,k,r}$, wenn in $\pi_j \wedge \pi_k$ ein Block existiert, der diejenigen Blöcke von $\pi_j$ und $\pi_k$ umfaßt, aus deren Verschmelzung r bzw. t resultieren. Wenn $\tilde{G}^1$ die Partition $\pi_k$ induziert und es in $\tilde{G}^1_k$ einen Weg von u nach t gibt, dann existiert in $\tilde{G}^1_j$ genau dann ein Weg von u nach r, wenn $t \in U_{j,k,r}$ ist. Daher gilt

$$R_{ur}(\tilde{G}^1_j) = \sum_{k=1}^{B} \sum_{t \in U_{j,k,r}} P_{ut}(\tilde{G}^1_k), \qquad (4.8)$$

mit $r \in U_j$ , $j = 1,2,\ldots,B$.

Die paarweisen $(u,r)$-Zusammenhangswahrscheinlichkeiten $R_{ur}(\tilde{G}^1_j)$ sind ebenso wie die $R_{rv}(\tilde{G}^2_j)$ vermittels vorhandener Methoden zu bestimmen, etwa durch wiederholte Anwendung der Dekompositionsformel (4.7).

**Beispiel 4.12** (*Beichelt/Tittmann (1991)* Die Anwendung der Dekompositionsformel (4.7) soll an der durch Bild 4.17 gezeigten Aufspaltung der Struktur $G$ durch die trennende Knotenmenge $U = \{1,2,3\}$ demonstriert werden. Die Par-

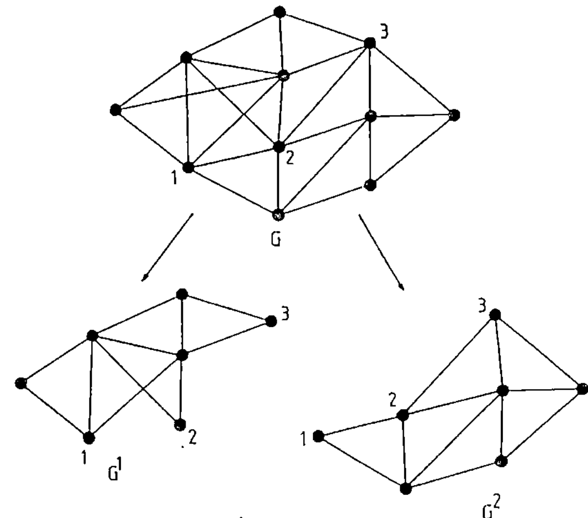

Bild 4.17   Netzstruktur und Aufspaltung an trennender Knotenmenge

Tafel 4.3   Koeffizientenmatrix $C$ von (4.8) im Fall $|U| = 3$

| $j$ | 1 | 2 | | 3 | | 4 | | 5 | | |
| --- | --- | --- | --- | --- | --- | --- | --- | --- | --- | --- |
| $U_j$ | {t} | {t,3} | {x,t} | {t,2} | {y,t} | {1,t} | {t,z} | {t,2,3} | {1,t,3} | {1,2,t} |
| 1 {r} | 1 | 1 | 1 | 1 | 1 | 1 | 1 | 1 | 1 | 1 |
| 2 {r,3} | 1 | 1 | 0 | 1 | 1 | 1 | 1 | 1 | 1 | 0 |
| {x,r} | 1 | 0 | 1 | 1 | 1 | 1 | 1 | 1 | 0 | 1 |
| 3 {r,2} | 1 | 1 | 1 | 1 | 0 | 1 | 1 | 1 | 0 | 1 |
| {y,r} | 1 | 1 | 1 | 0 | 1 | 1 | 1 | 0 | 1 | 0 |
| 4 {1,r} | 1 | 1 | 1 | 1 | 1 | 1 | 0 | 0 | 1 | 1 |
| {r,z} | 1 | 1 | 1 | 1 | 1 | 0 | 1 | 1 | 0 | 0 |
| {r,2,3} | 1 | 1 | 0 | 1 | 0 | 0 | 1 | 1 | 0 | 0 |
| 5 {1,r,3} | 1 | 1 | 0 | 0 | 1 | 1 | 0 | 0 | 1 | 0 |
| {1,2,r} | 1 | 0 | 1 | 1 | 0 | 1 | 0 | 0 | 0 | 1 |

titionen $\pi_j$ von U werden wie im Beispiel 4.11 bezeichnet:

$$\pi_1=\{123\}, \quad \pi_2=\{12,3\}, \quad \pi_3=\{13,2\}, \quad \pi_4=\{1,23\}, \quad \pi_5=\{1,2,3\}.$$

Werden die durch Verschmelzung der Knoten der Blöcke 123, 12, 13, und 23 entstehenden Knoten der $U_j$ in dieser Reihenfolge mit w, x, y und z bezeichnet, erhält man die zu den $\pi_j$ gehörigen Mengen $U_j$ in der Form

$$U_1=\{w\}, \quad U_2=\{x,3\}, \quad U_3=\{y,2\}, \quad U_4=\{1,z\} \text{ und } U_5=U.$$

Die Formel (4.7) hat 10 Summanden, so daß die Bestimmung der paarweisen Zusammenhangswahrscheinlichkeit $R_{uv}(\tilde{G})$ auf die Berechnung von insgesamt 20 paarweisen Zusammenhangswahrscheinlichkeiten in den reduzierten Strukturen $\tilde{G}^1_j$ und $\tilde{G}^2_j$ , $j = 1,2,3,4,5$ , und auf die Lösung des Gleichungssystems (4.8) mit 10 Unbekannten zurückgeführt wird. Tafel 4.3 zeigt die Koeffizientenmatrix $C$ von (4.8). Man beachte, daß in $U_2$, $U_3$ sowie $U_4$ je zwei und in $U_5$ drei Möglichkeiten zur Wahl der Terminalknoten r bzw. t bestehen, so daß in Tafel 4.3 bis auf $U_1$ die $U_j$ in mehreren Zeilen und Spalten auftreten.

Die inverse Matrix $C^{-1}$ von $C$ ist

$$C^{-1} = \begin{pmatrix}
1 & -1 & 0 & -1 & 0 & -1 & 0 & 1 & 1 & 1 \\
-1 & 0 & 0 & 1 & 0 & 1 & 0 & 0 & 0 & -1 \\
0 & 0 & -\frac{1}{2} & 0 & \frac{1}{2} & 0 & \frac{1}{2} & -\frac{1}{2} & -\frac{1}{2} & \frac{1}{2} \\
-1 & 1 & 0 & 0 & 0 & 1 & 0 & 0 & -1 & 0 \\
0 & 0 & \frac{1}{2} & 0 & -\frac{1}{2} & 0 & \frac{1}{2} & -\frac{1}{2} & \frac{1}{2} & -\frac{1}{2} \\
-1 & 1 & 0 & 1 & 0 & 0 & 0 & -1 & 0 & 0 \\
0 & 0 & \frac{1}{2} & 0 & \frac{1}{2} & 0 & -\frac{1}{2} & \frac{1}{2} & -\frac{1}{2} & -\frac{1}{2} \\
1 & 0 & -\frac{1}{2} & 0 & -\frac{1}{2} & -1 & \frac{1}{2} & -\frac{1}{2} & \frac{1}{2} & \frac{1}{2} \\
1 & 0 & -\frac{1}{2} & -1 & \frac{1}{2} & 0 & -\frac{1}{2} & \frac{1}{2} & -\frac{1}{2} & \frac{1}{2} \\
1 & -1 & \frac{1}{2} & 0 & -\frac{1}{2} & 0 & -\frac{1}{2} & \frac{1}{2} & \frac{1}{2} & -\frac{1}{2}
\end{pmatrix}$$

Es sei darauf hingewiesen,daß die Matrix $C$ nur von der Mächtigkeit der trennenden Knotenmenge $U$ abhängt!

Unter der Voraussetzung einer gemeinsamen Kantenverfügbarkeit $p = 0,8$ zeigt Tafel 4.4 die Resultate einer Zuverlässigkeitsanalyse von $\tilde{G}^1$ und $\tilde{G}^2$. Das Skalarprodukt der 3. und 4. Spalte ergibt die gewünschte paarweise Zusammenhangswahrscheinlichkeit

$$R_{uv}(\tilde{G}) = 0,981670. \qquad \square$$

Tafel 4.4    Numerische Ergebnisse für Beispiel 4.12

| $j$ | $U_j$ | $R_{ur}(\tilde{G}^1_j)$ | $P_{ur}(\tilde{G}^1_j)$ | $R_{rv}(\tilde{G}^2_j)$ |
|---|---|---|---|---|
| 1 | {r} | 0,991915 | 0,898960 | 0,90051 |
| 2 | {r,3} | 0,991566 | 0.043999 | 0,985391 |
|   | {x,r} | 0,945503 | 0,000039 | 0,982518 |
| 3 | {r,2} | 0,991519 | 0,037681 | 0,989751 |
|   | {y,r} | 0,951867 | 0,000039 | 0,988359 |
| 4 | {1,r} | 0,988425 | 0,007040 | 0,989787 |
|   | {r,z} | 0,984208 | 0,001434 | 0,949012 |
| 5 | {r,2,3} | 0,984130 | 0,002056 | 0,944837 |
|   | {1,r,3} | 0,950395 | 0,000357 | 0,983968 |
|   | {1,2,r} | 0,944031 | 0,000310 | 0,982302 |

**Untere Schranken**  Aufgrund des exponentiellen Wachstums der Anzahl der Summanden in der Dekompositionsformel (4.7) mit wachsendem $|U|$ sind auch deren Anwendung Grenzen gesetzt (etwa $|U| \leq 5$). Aber auf der Grundlage von (4.7) kann man gute Schranken für $R_{uv}(\tilde{G})$ ableiten, wenn nur einige Partitionen aus $\mathcal{P}$ berücksichtigt werden. Ein mögliches Vorgehen soll hier bei der Konstruktion von unteren Schranken für die paarweise Zusammenhangswahrscheinlichkeit demonstriert werden. (Weitere Beispiele geben *Tittmann/Blechschmidt (1991)*). Die Zerlegungsformel (4.7) schließt die Möglichkeit ein, daß (u,v)-Wege die Menge U mehrere Male "kreuzen", das heißt, ein (u,v)-Weg kann mehrere Knoten aus U enthalten. Derartige Wege sind relativ lang und ihre zuverlässigkeitstheoretische Importanz ist daher durchschnittlich erheblich kleiner als die derjenigen (u,v)-Wege, die U nur einmal kreuzen. Durch Vernachlässigung dieser "langen" Wege erhält man eine untere Schranke für $R_{uv}(\tilde{G})$, die vor allem für größere Netzstrukturen eine ausgezeichnete Näherung darstellt. Die Darlegungen beschränken sich auf den Fall $|U| = 3$. Die Konstruktion der Schranken für $|U| > 3$ erfolgt vollkommen analog.

Die Partitionen $\pi_j$ und die Elemente der zugehörigen Mengen $U_j$ werden wie im Beispiel 4.12 bezeichnet. Ferner sei $p_{uw}$ die Wahrscheinlichkeit dafür, daß in

$\tilde{G}^1$ (u,i)-Wege für i = 1, 2, 3 existieren; $p_{ux}$, $p_{uy}$, $p_{uz}$ bezeichnen die Wahrscheinlichkeiten dafür, daß in $\tilde{G}^1$ (u,i)-Wege für i = 1,2; i=1,3 bzw. i = 2,3 existieren, aber keine für i=3, i=2 bzw. i=1. Schließlich sei $p_{ui}$ die Wahrscheinlichkeit dafür, daß in $\tilde{G}^1$ ein (u,i)-Weg existiert, aber keine (u,j)-Wege für j $\in$ U \ {i} verfügbar sind. Dann folgt aus (4.7) die gesuchte untere Schranke $\underline{R}_{uv}(\tilde{G})$ für $R_{uv}(\tilde{G})$:

$$\underline{R}_{uv}(\tilde{G}) = p_{uw}R_{wv}(\tilde{G}_1^2) + p_{ux}R_{xv}(\tilde{G}_2^2)$$
$$+ p_{uy}R_{yv}(\tilde{G}_3^2) + p_{uz}R_{zv}(\tilde{G}_4^2) \qquad (4.9)$$
$$+ p_{u1}R_{1v}(\tilde{G}_5^2) + p_{u2}R_{2v}(\tilde{G}_5^2) + p_{u3}R_{3v}(\tilde{G}_5^2) .$$

Man beachte, daß $\tilde{G}_5^2 = \tilde{G}^2$ ist! Es seien

$$\mathfrak{U} = \bigcup_{j=1}^{5} U_j = \{1,2,3,w,x,y,z\}$$

und $R_t$, t $\in \mathfrak{U}$, die Wahrscheinlichkeit dafür, daß u und alle diejenigen Knoten von **U**, deren Verschmelzung zum Knoten t führte, in einer Komponente von $\tilde{G}^1$ liegen. Daher sind die $R_t$ spezielle K-Zusammenhangswahrscheinlichkeiten. Die Wahrscheinlichkeiten $p_{ut}$, t $\in \mathfrak{U}$, genügen dem folgenden linearen Gleichungssystem:

$$R_w = p_{uw}$$
$$R_x = p_{uw} + p_{ux}$$
$$R_y = p_{uw} + p_{uy}$$
$$R_z = p_{uw} + p_{uz}$$
$$R_1 = p_{uw} + p_{ux} + p_{uy} + p_{u1}$$
$$R_2 = p_{uw} + p_{ux} + p_{uz} + p_{u2}$$
$$R_3 = p_{uw} + p_{uy} + p_{uz} + p_{u3} .$$

Die eindeutige Lösung dieses Gleichungssytems ist

$$p_{uw} = R_w \qquad\qquad p_{u1} = R_1 + R_w - R_x - R_y$$
$$p_{ux} = R_x - R_w \qquad p_{u2} = R_2 + R_w - R_x - R_z$$
$$p_{uy} = R_y - R_w \qquad p_{u3} = R_3 + R_w - R_y - R_z .$$
$$p_{uz} = R_z - R_w$$

Die Vorteile der Schranke (4.9) gegenüber der Zerlegungsformel (4.7) bestehen darin, daß (4.9) weniger Summanden hat als (4.7) und die $p_{ut}$ leichter zu berechnen sind als die $P_{ut}(\tilde{G}^1_j)$. Die Schranke (4.9) gilt überdies auch für gerichtete Netzstrukturen. Wenn $\tilde{G}$ so gerichtet ist, daß ohnehin keine $(u,v)$-Wege existieren, die $U$ mehrfach kreuzen, dann ist die untere Schranke (4.9) gleich der exakten paarweisen Zusammenhangswahrscheinlichkeit $R_{uv}(\tilde{G})$.

Für das Beispiel 4.12 zeigt Tafel 4.5 die exakten paarweisen Zusammenhangswahrscheinlichkeiten und die unteren Schranken (4.9), jeweils für die identischen Kantenverfügbarkeiten $p = 0,8$ und $p = 0,9$. Man erkennt, daß die unteren Schranken außerordentlich gut sind.

Tafel 4.5    Numerische Ergebnisse

| $p$ | $R_{uv}(\tilde{G})$ | $R_{-uv}(\tilde{G})$ |
|-----|-----|-----|
| 0,8 | 0,981670 | 0,981666 |
| 0,9 | 0,997879 | 0,997878 |

### 4.5.3 Zusammenhangswahrscheinlichkeit

Der Einfachheit halber wird im folgenden die Zusammenhangswahrscheinlichkeit einer beliebigen stochastischen Netzstruktur $\tilde{G}$ mit $R(\tilde{G})$ bezeichnet. Die Ableitung einer auf der Zerlegung (4.6) von $G$ beruhenden Dekompositionsformel für $R(\tilde{G})$ erfordert die Einführung folgender zufälliger Ereignisse:

$A$        Jede Komponente von $\tilde{G}^1$ hat einen Knoten mit $U$ gemeinsam.

$A_j$      $\tilde{G}^1$ induziert die Partition $\pi_j$ von $U$ und jede Komponente von $\tilde{G}^1$ hat einen Knoten mit $U$ gemeinsam.

Die $A_j$, $j = 1, 2,\ldots, B$, sind einander paarweise ausschließend, und es gilt

$$A = A_1 \cup A_2 \cup \ldots \cup A_B.$$

Daher ist $\{\overline{A}, A_1, A_2,\ldots, A_B\}$ ein vollständiges Ereignissystem. Ferner gilt

$$R(\tilde{G}|\overline{A}) = 0,$$

da $\tilde{G}$ unter der Bedingung $\overline{A}$ nicht zusammenhängend sein kann. Andererseits ist

$$R(\tilde{G}|A_j) = R(\tilde{G}^2_j),$$

da $\tilde{G}$ unter der Bedingung $A_j$ genau dann zusammenhängend ist, wenn $\tilde{G}_j^2$ diese Eigenschaft hat; denn in diesem Fall werden die Komponenten von $\tilde{G}^1$ durch die von $\tilde{G}^2$ miteinander verbunden. Wird noch $P(A_j) = P(\tilde{G}_j^1)$ gesetzt, so erhält man durch Anwendung des Satzes von der totalen Wahrscheinlichkeit die gesuchte Dekompositionsformel:

$$R(\tilde{G}) = \sum_{j=1}^{B} P(\tilde{G}_j^1) \, R(\tilde{G}_j^2). \tag{4.10}$$

Die stochastische Netzstruktur $\tilde{G}_k^1$ ist genau dann zusammenhängend, wenn $A$ eintritt und $\tilde{G}^1$ eine solche Partition $\pi_j$ von $U$ erzeugt, die die Bedingung $\pi_j \wedge \pi_k = \pi_1$ erfüllt. Daher erfüllen die $P(\tilde{G}_j^1)$ das Gleichungssystem

$$\sum_{\{j;\,\pi_j \wedge \pi_k = \pi_1\}} P(\tilde{G}_j^1) = R(\tilde{G}_k^1). \tag{4.11}$$

Zur Vereinfachung der Darstellung werden jetzt für $i = 1,2$ und $j = 1,2,\ldots,B$ die Bezeichnungen

$$p_j^i = P(\tilde{G}_j^i), \qquad R_j^i = R(\tilde{G}_j^i),$$

$$\mathbf{p}^i = (p_1^i, p_2^i, \ldots, p_B^i)^T, \qquad \mathbf{R}^i = (R_1^i, R_2^i, \ldots, R_B^i)^T$$

sowie

$$a_{jk} = \begin{cases} 1, & \text{wenn } \pi_j \wedge \pi_k = \pi_1, \\ 0, & \text{sonst} \end{cases} \tag{4.12}$$

eingeführt. Dann ist $\mathbf{A} = ((a_{jk}))$ die Koeffizientenmatrix des Gleichungssystems (4.11). Somit kann die Dekompositionsformel (4.10) in der Form

$$R(\tilde{G}) = \sum_{j=1}^{B} p_j^1 R_j^2 = (\mathbf{p}^1)^T \mathbf{R}^2 \tag{4.13}$$

geschrieben werden. Durch Austausch der Rollen von $\tilde{G}^1$ und $\tilde{G}^2$ ergibt sich analog

$$R(\tilde{G}) = \sum_{j=1}^{B} p_j^2 R_j^1 = (\mathbf{p}^2)^T \mathbf{R}^1. \tag{4.14}$$

Die $p_j^i$ erfüllen gemäß (4.11) jeweils für $i = 1, 2$ das Gleichungssystem

$$\sum_{\{j;\,\pi_j \wedge \pi_k = \pi_1\}} p_j^i = R_k^i$$

oder, damit gleichbedeutend,

$$A\ p^i = R^i\ ,\quad i = 1,2. \tag{4.15}$$

Durch Kopplung der Gleichungen (4.13) bzw. (4.14) und (4.15) bekommt man

$$R(\tilde{G}) = (p^1)^T\ A\ p^2,$$
$$R(\tilde{G}) = (p^2)^T\ A\ p^1. \tag{4.16}$$

Aus der Kombinatorik ist bekannt (*Aigner (1975)*), daß die Matrix $A$ regulär ist. Daher existiert die inverse Matrix $A^{-1}$ und aus (4.15) folgt

$$p^i = A^{-1}\ R^i,\quad i = 1,2. \tag{4.17}$$

Damit erhalten die Dekompositionsformeln (4.16) ihre Endgestalt:

$$R(\tilde{G}) = (R^1)^T\ A^{-1}\ R^2\ ,$$
$$R(\tilde{G}) = (R^2)^T\ A^{-1}\ R^1\ . \tag{4.18}$$

Man beachte, daß die "Kopplungsmatrix" $A$ analog zur Koeffizientenmatrix $C$ des Gleichungssystems (4.8) von den stochastischen Netzstrukturen $\tilde{G}^1$ und $\tilde{G}^2$ nicht abhängt, sondern nur von der Mächtigkeit $|U|$ der trennenden Knotenmenge. Die Zusammenhangswahrscheinlichkeit von $\tilde{G}$ ist daher vollständig durch Kenngrößen bestimmt, die sich lediglich auf $\tilde{G}^1$ und $\tilde{G}^2$ beziehen. Im folgenden werden noch drei Spezialfälle betrachtet.

1) $|U| = 1$ In diesem Fall besteht die trennende Knotenmenge aus einem einzigen Knoten, der eine Artikulation von $G$ ist. Daher ist $\tilde{G}$ genau dann zusammenhängend, wenn sowohl $\tilde{G}^1$ als auch $\tilde{G}^2$ zusammenhängend sind. Also gilt

$$R(\tilde{G}) = R(\tilde{G}^1)R(\tilde{G}^2)\quad \text{bzw.}\quad R(\tilde{G}) = R_1^1\ R_1^2.$$

2) $|U| = 2$ Es seien $U = \{1,2\}$ sowie $\pi_1 = \{12\}$ und $\pi_2 = \{1,2\} = U$. Dann gilt

$$A = \begin{pmatrix} 1 & 1 \\ 1 & 0 \end{pmatrix}\ ,\qquad A^{-1} = \begin{pmatrix} 0 & 1 \\ 1 & -1 \end{pmatrix}\ .$$

Es folgt

$$p_1^1 = R_2^1,\quad p_2^2 = R_1^1 - R_2^1\ ,\qquad R(\tilde{G}) = R_2^1 R_1^2 + (R_1^1 - R_2^1)R_2^2 \qquad .$$

3) $|U| = 3$ Es seien $U = \{1,2,3\}$ und wie früher $\pi_1 = \{123\}$, $\pi_2 = \{12,3\}$, $\pi_3 = \{13,2\}$, $\pi_4 = \{1,23\}$ und $\pi_5 = \{1,2,3\} = U$. Dann gelten

$$A = \begin{pmatrix} 1 & 1 & 1 & 1 & 1 \\ 1 & 0 & 1 & 1 & 0 \\ 1 & 1 & 0 & 1 & 0 \\ 1 & 1 & 1 & 0 & 0 \\ 1 & 0 & 0 & 0 & 0 \end{pmatrix} \qquad A^{-1} = \begin{pmatrix} 0 & 0 & 0 & 0 & 1 \\ 0 & -\frac{1}{2} & \frac{1}{2} & \frac{1}{2} & -\frac{1}{2} \\ 0 & \frac{1}{2} & -\frac{1}{2} & \frac{1}{2} & -\frac{1}{2} \\ 0 & \frac{1}{2} & \frac{1}{2} & -\frac{1}{2} & -\frac{1}{2} \\ 1 & -\frac{1}{2} & -\frac{1}{2} & -\frac{1}{2} & \frac{1}{2} \end{pmatrix} .$$

Damit erhält man aus (4.17) für $i = 1,2$:

$$p_1^i = R_5^i$$

$$p_2^i = \frac{1}{2} \left[ -R_2^i + R_3^i + R_4^i - R_5^i \right]$$

$$p_3^i = \frac{1}{2} \left[ R_2^i - R_3^i + R_4^i - R_5^i \right]$$

$$p_4^i = \frac{1}{2} \left[ R_2^i + R_3^i - R_4^i - R_5^i \right]$$

$$p_5^i = \frac{1}{2} \left[ 2R_1^i - R_2^i - R_3^i - R_4^i + R_5^i \right] .$$

**Beispiel 4.13** (*Beichelt/Tittmann (1992)*)   Es wird wieder die in Bild 4.17 dargestellte Netzstruktur G und ihre Aufspaltung in  die Teilstrukturen $G^1$ und $G^2$ durch die trennende Knotenmenge  $U = \{1,2,3\}$  betrachtet. Die gemeinsame Kantenverfügbarkeit sei $p = 0,8$. Tafel 4.6 zeigt die Ergebnisse einer Zuverlässigkeitsanalyse für $\tilde{G}^1$ und $\tilde{G}^2$. Das Skalarprodukt der 4. und 5. Spalte von Tafel 4.6 ergibt die gesuchte Zusammenhangswahrscheinlichkeit

$$R(\tilde{G}) = 0,963096.$$

Dieses Ergebnis wurde auf einem PC in wenigen Sekunden erzielt. Andererseits hat die betrachtete Netzstruktur von Bild 4.17 genau 163160 Gerüste. Die Anwendung eines Orthogonalisierungsverfahrens auf die zugehörige Strukturfunktion (3.26) zur exakten Berechnung der Zusammenhangswahrscheinlichkeit ist also praktisch nicht möglich. Zum Vergleich sei bemerkt, daß $G^1$ und $G^2$ jeweils 104 bzw. 377 Gerüste haben. Die zur Anwendung der Dekompositionsformeln (4.18) erforderlichen Wahrscheinlichkeiten $R_j^i$ können daher durchaus mit Orthogonalisierungsverfahren berechnet werden.					□

Tafel 4.6    Numerische Ergebnisse für Beispiel 4.6

| $i$ | $\pi_i$ | $R_i^1$ | $p_i^1$ | $R_i^2$ |
|---|---|---|---|---|
| 1 | {123} | 0,983567 | 0,892682 | 0,980261 |
| 2 | {12,3} | 0,938471 | 0,042480 | 0,968360 |
| 3 | {13,2} | 0,943555 | 0,037396 | 0,978309 |
| 4 | {23,1} | 0,972559 | 0,008393 | 0,939692 |
| 5 | {1,2,3} | 0,892682 | 0,002616 | 0,927445 |

Die Anwendung des Dekompositionsprinzips ist vom rechentechnischen Standpunkt aus dann am effektivsten, wenn trennende Knotenmengen möglichst kleiner Mächtigkeit so gewählt werden können, daß $G^1$ und $G^2$ etwa "gleich groß"
sind. Dieser Sachverhalt folgt unmittelbar aus der mit wachsender Komplexität der Netzstruktur exponentiell wachsenden Rechenzeit. Für eine sukzessive
Anwendung des Dekompositionsprinzips, das heißt, die bei einem Schritt entstehenden Teilstrukturen $G^1$ und $G^2$ werden wieder mit dem Dekompositionsprinzip behandelt usw., ist eine rechnergestützte Bestimmung "günstiger" trennender Knotenmengen vorteilhaft bzw. notwendig. Hierzu bietet sich das Verfahren von *Lee et al.(1979)* an.

## 4.6    REDUKTION

### 4.6.1    Einführung

Die Reduktion stochastischer Netzstrukturen $\tilde{G}=(G,p)$ gehört zu den effektivsten Verfahren ihrer Zuverlässigkeitsanalyse. Verfahren dieser Art überführen die Ausgangsstruktur $\tilde{G}$ ohne Informationsverlust über die jeweils interessierende Zuverlässigkeitskenngröße in stochastische Netzstrukturen, die
vom Standpunkt der Zuverlässigkeitsanalyse eine geringere Komplexität aufweisen als die Ausgangsstruktur. Genauer umfaßt die *zuverlässigkeitserhal-
tende Reduktion* stochastischer Netzstrukturen 2 Schritte:

1) Dekomposition von G durch eine trennende Knotenmenge gemäß (4.6):

$$G = G^1 \cup G^2, \quad G^1 \cap G^2 = (U,\varnothing).\tag{4.19}$$

2) Austausch von $G^2$ gegen einen *Ersatzgraphen (Ersatzstruktur)* $H^2$, so daß

$$G^1 \cap H^2 = (U,\varnothing)\tag{4.20}$$

gilt und $\tilde{H} = \tilde{G}^1 \cup \tilde{H}^2$ die *Reduktionsbedingung*

$$R(\tilde{G}) = h\, R(\tilde{H}) \tag{4.21}$$

erfüllt.

Der Faktor h heißt *Reduktionskonstante*. Die Konstruktion der zu H gehörenden stochastischen Netzstruktur $\tilde{H}$ erfolgt, wenn nicht ausdrücklich gegenteilige Annahmen getroffen werden, unter den Voraussetzungen des Abschn. 4.3.3.

Die Anwendung des Reduktionsprinzips ist natürlich nur dann sinnvoll, wenn der rechentechnische Aufwand zur Ermittlung von $\tilde{H}$, h und $R(\tilde{H})$ geringer ist als der zur direkten Berechnung von $R(\tilde{G})$.

## 4.6.2 Elementare Reduktionen

Um das Reduktionsprinzip zu veranschaulichen, werden zunächst drei einfache, aber nichtsdestoweniger wichtige Spezialfälle berachtet. Ihnen liegt stets eine zweielementige trennende Kotenmenge U zugrunde, und der zu ersetzende Graph $G^2$ besteht in jedem dieser Fälle aus zwei Kanten $e_1$ und $e_2$ mit den Verfügbarkeiten $p_1$ und $p_2$.

**Parallelreduktion** Sind $e_1$ und $e_2$ zwei parallele Kanten mit den gemeinsamen Endknoten i und j, so werden diese bei einer *Parallelreduktion* durch eine Kante $\varepsilon$ mit den Endknoten i und j und der Verfügbarkeit $\alpha = 1 - (1-p_1)(1-p_2)$ ersetzt (Bild 4.18).

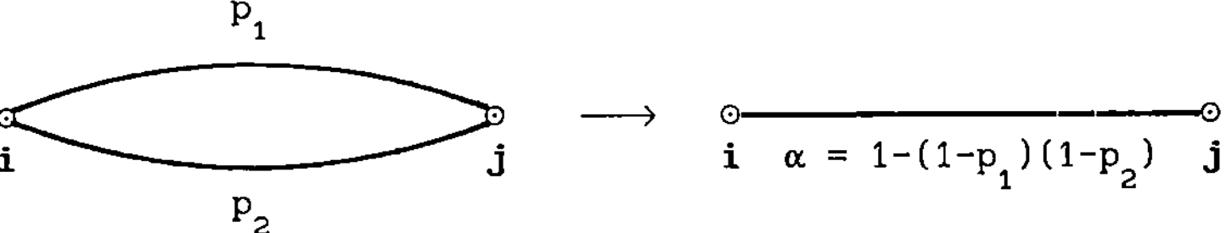


Bild 4.18   Veranschaulichung der Parallelreduktion

Die Ausgangsstruktur G enthält im allgemeinen keine parallelen Kanten. Diese können aber zum Beispiel nach Anwendung der Pivotzerlegungsformel (4.4) auftreten (siehe dazu Beispiel 4.4 aus Abschnitt 4.4.2). Parallelreduktionen sind unabhängig von den jeweils zu berechnenden Zuverlässigkeitskenngrößen stets anwendbar.

**Serienreduktion** Es seien $e_1 = (i,j)$ und $e_2 = (j,k)$ zwei Kanten in Serie, wobei der gemeinsame Knoten j den Grad 2 hat und nicht in einer vorgegebenen Menge von Terminalknoten K (in Bezug auf die Berechnung der K-Zusammenhangswahrscheinlichkeit) liegt. Dann werden bei einer *Serienreduktion* die Kanten $e_1$ und $e_2$ durch die Kante $\varepsilon = (i,k)$ mit der Verfügbarkeit $\alpha = p_1 p_2$ ersetzt (Bild 4.19).

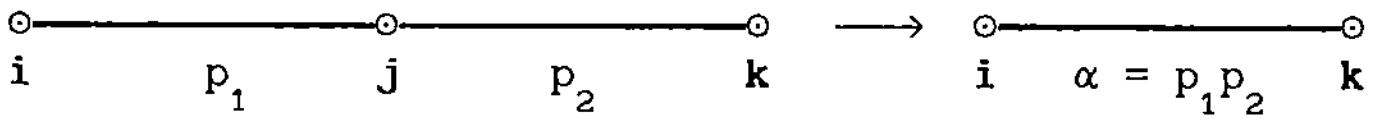

i        $p_1$        j        $p_2$        k        $\longrightarrow$        i        $\alpha = p_1 p_2$        k

Bild 4.19    Veranschaulichung der Serienreduktion

Die Serienreduktion ist bei der Berechnung der paarweisen Zusammenhangswahrscheinlichkeit $R_{uv}(\tilde{G})$ anwendbar, wenn $u,v \neq j$ sind. Dagegen ist sie bei der Berechnung der Zusammenhangswahrscheinlichkeit $R_v(\tilde{G})$ nicht anwendbar, da in diesem Fall $j$ stets Element von $K = V$ ist. Sowohl im Fall der Parallelreduktion als auch im Fall der Serienreduktion ist die Reduktionskonstante h gleich 1 zu setzen.

**Grad 2-Reduktion**   Es seien $e_1 = (i,j)$ und $e_2 = (j,k)$ zwei Kanten in Serie, wobei der gemeinsame Knoten $j$ den Grad 2 hat und $\{i,j,k\} \subseteq K$ ist. Bei einer *Grad 2-Reduktion* werden $e_1$ und $e_2$ durch die Kante $\varepsilon = (i,k)$ mit der Verfügbarkeit

$$\alpha = p_1 p_2 / h \tag{4.22}$$

ersetzt, wobei die Reduktionskonstante h durch

$$h = 1 - (1-p_1)(1-p_2) \tag{4.23}$$

gegeben ist.

Obwohl im Abschnitt 4.6.4 ein allgemeiner Zugang zur Berechnung der Kantenverfügbarkeiten der Ersatzstruktur sowie zur Berechnung der Reduktionskonstanten gegeben wird, sollen die angegeben Werte für $\alpha$ und h zur Förderung des inhaltlichen Verständnisses hier separat begründet werden. Sind $z_1$, $z_2$ und $z_\varepsilon$ die Indikatorvariablen für die Zustände der Kanten $e_1, e_2$ und $\varepsilon$, muß gelten

$$R(\tilde{G} \mid z_1 = z_2 = 0) = 0$$
$$R(\tilde{G} \mid z_1 = 0, z_2 = 1) = R(\tilde{G} \mid z_1 = 1, z_2 = 0) = R(\tilde{H} \mid z_\varepsilon = 0),$$
$$R(\tilde{G} \mid z_1 = z_2 = 1) = R(\tilde{H} \mid z_\varepsilon = 1).$$

Die Formel der totalen Wahrscheinlichkeit liefert nun

$$R(\tilde{G}) = R(\tilde{H}|z_\varepsilon = 0)\,[p_1(1-p_2)+(1-p_2)p_1] + R(\tilde{H}|z_\varepsilon=1)p_1p_2 \ .$$

Daher ist die Reduktionsgleichung (4.21) genau dann erfüllt, wenn $\alpha$ und h die angegebenen Werte haben. ∎

Die Grad 2-Reduktion ist nicht zur Berechnung der paarweisen Zusammenhangswahrscheinlichkeit anwendbar,wohl aber zur Berechnung der Zusammenhangswahrscheinlichkeit, da in diesem Fall die Voraussetzung $\{i,j,k\} \subseteq K$ wegen **K = V** stets erfüllt ist. Parallel-, Serien- und Grad 2-Reduktionen werden im folgenden unter dem Oberbegriff *elementare Reduktionen* zusammengefaßt. Eine stochastische Netzstruktur $\tilde{G}=(G,p)$ heißt *sp-reduzierbar,* wenn durch fortlaufende Anwendung von elementaren Reduktionen die jeweils unterliegenden (deterministischen) Netzstrukturen zu einer einzigen Kante reduziert werden können. Anderenfalls heißt sie *sp-komplex.* Im Fall einer sp-reduzierbaren – stochastischen Netzstruktur $\tilde{G}$ ist die Verfügbarkeit der letztlich entstandenen Kante gleich der gesuchten K-Zusammenhangswahrscheinlichkeit von $\tilde{G}$. Bild 4.20 zeigt eine Netzstruktur, die bezüglich des paarweisen Zusammenhangs für $K = \{2,3\}$ sp-reduzierbar und für $K = \{1,6\}$ sp-komplex ist.

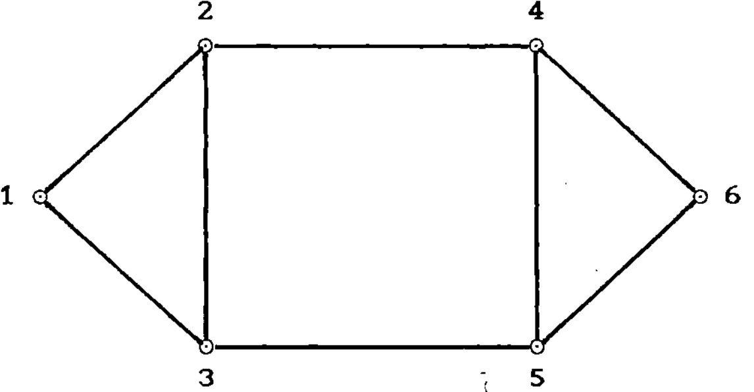


Bild 4.20    Netzstruktur, sp-reduzierbar bezüglich $R_{2,3}$ und sp-komplex bezüglich $R_{1,6}$

Der Vorteil sp-reduzierbarer Netzstrukturen liegt darin begründet, daß die Berechnung von Zuverlässigkeitskenngrößen in polynomialer Zeit möglich ist. Diese Eigenschaft haben generell alle diejenigen Netzstrukturen, deren Zuverlässigkeitsanalyse vollständig durch eine Folge von Reduktionen beliebiger Art erfolgen kann. Dazu gehören große Klassen planarer Graphen, insbesondere die *k-Bäume (Colbourn (1987))* und die *rekurrenten Netzstrukturen (Beichelt/Franken (1983))*.

**Polygon zu Kette-Reduktion**   Im engen Zusammenhang zu den elementaren Reduktionen stehen die *Polygon zu Kette-Reduktionen*. Voraussetzung für ihre Anwendbarkeit ist, daß der zu ersetzende Graph $G^2$ ein Kreis ist, der aus mindestens 3 Knoten besteht, von denen wenigstens einer zu K gehört, und der wie bisher mit G durch eine zweielementige trennende Knotenmenge verbunden ist. In diesem Fall kann man den Kreis durch weitestgehende Anwendung von Serien- und Grad 2-Reduktionen zu einer von insgesamt 7 möglichen Grundstrukturen transformieren (reduzieren). Diese Grundstrukturen wurden von *Wood (1982)* gefunden und als *Polygone* bezeichnet. Wie Wood zeigte, lassen sich diese 7 Polygone ihrerseits durch spezielle Reduktionen zu 4 Typen von Ketten (chains) transformieren. Eine *Kette* ist in diesem Zusammenhang ein Weg zwischen den beiden Knoten der trennenden Knotenmenge, wobei sich diese Wege untereinander durch ihre Länge und die Anordnung der Knoten aus K unterscheiden. Bild 4.21 zeigt zwei der 7 Polygone und die zugehörigen Ketten, zu der sie jeweils reduziert werden können. (Die K-Knoten sind ausgefüllt gezeichnet.) Einen vollständigen Überblick über die Polygon zu Kette-Reduktion gibt auch *Kohlas (1987)*, so das hier darauf nicht näher eingegangen werden soll.

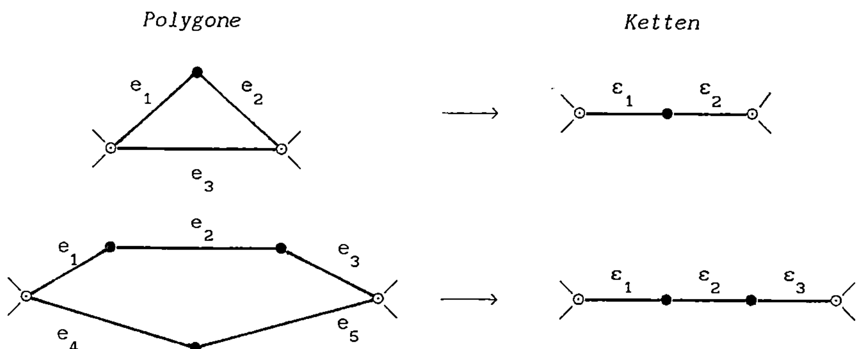



Bild 4.21   Zwei Polygone und zugehörige Ketten

### 4.6.3   Reduktion und Pivotzerlegung

Eine einfache, aber recht effektive  Methode zur Zuverlässigkeitsanalyse beliebiger stochastischer Netzstrukturen besteht in der abwechselnden Anwendung von Pivotzerlegung (Faktorisierung) und elementaren Reduktionen. Der Grund dafür wurde bereits bei der Anwendung der Zerlegungsformel (4.4) auf die Brückenstruktur (Beispiel 4.4) deutlich: Auch wenn $\tilde{G}$ nicht durch elementare Reduktionen vereinfacht werden kann, die nach Anwendung der Pivotzerlegung zu analysierenden stochastischen Netzstrukturen $G_e$ und $G_{-e}$ erlauben bei geeigneter Wahl der Pivotkante e eine weitere Vereinfachung durch elementare Reduktionen. Sind die elementaren Reduktionen voll ausgeschöpft, wird auf die so vereinfachten Strukturen wiederum Pivotzerlegung angewendet usw. Dieses Verfahren wurde von *Wood (1986)* vorgeschlagen und rechentechnisch umgesetzt. Vorteilhaft ist auch die Kopplung des Dekompositionsprinzips mit der Methode von Wood. Dies soll an einem Beispiel demonstriert werden

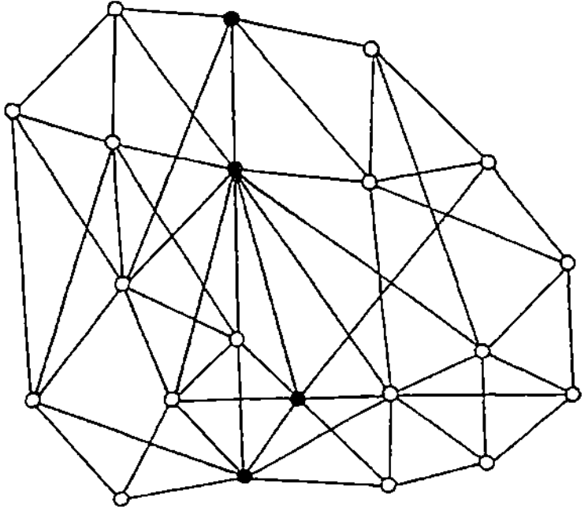

Bild 4.22   Netzstruktur mit 21 Knoten und 57 Kanten

**Beispiel 4.14**  Bild 4.22 zeigt eine Netzstruktur G mit 21 Knoten und 57 Kanten. Die Verfügbarkeit aller Kanten sei p = 0,8. Gesucht ist die Zusammenhangswahrscheinlichkeit $R(\tilde{G})$. G hat etwa $3,5 \circ 10^{12}$ Gerüste und 220000 Schnitte (bezüglich des Zusammenhangs). Die Berechnung von $R(\tilde{G})$ ist demnach ein außerordentlich komplexes Problem. Bei direkter Anwendung des Verfahrens von Wood liefern auch die gegenwärtig schnellstens Rechner $R(\tilde{G})$ nicht in akzeptabler Zeit. (Sie würden Monate benötigen.) Dagegen erhält man bei Anwendung der Dekompositionsformeln (4.13) bzw. (4.18) auf $\tilde{G}$ unter Verwendung der im Bild 4.22 markierten vierelementigen trennenden Knotenmenge U (die Knoten aus U sind ausgefüllt) die Zusammenhangswahrscheinlichkeit $R(\tilde{G})$ auf einem PC in kaum einer Minute, wenn die $R^i_j$, i = 1,2; j = 1,2,...,15, vermittels des Verfahrens von Wood berechnet werden. Tafel 4.7 zeigt numerische Ergebnisse der Rechnung. Gemäß den Formeln (4.13) bzw. (4.16) ergibt sich die Zusammenhangswahrscheinlichkeit von $\tilde{G}$ aus dem Skalarprodukt der Spalten 4 und 5 bzw. 3 und 6. Man erhält

$$R(\tilde{G}) = 0,97804. \qquad \square$$

Tafel 4.7   Numerische Ergebnisse für Beispiel 4.14

| $j$ | $\pi_j$ | $R^1_j$ | $p^1_j$ | $R^2_j$ | $p^2_j$ |
|---|---|---|---|---|---|
| 1 | {1234} | 0,988203 | 0.971698 | 0.990075 | 0.907168 |
| 2 | {123,4} | 0,980279 | 0,007842 | 0,949216 | 0,039042 |
| 3 | {124,3} | 0,980086 | 0,008044 | 0,988481 | 0,001445 |
| 4 | {134,2} | 0,988136 | 0,000061 | 0,988402 | 0,001506 |
| 5 | {234,1} | 0,987830 | 0,000354 | 0,949414 | 0,038834 |
| 6 | {12,34} | 0,988138 | 0,000000 | 0,989866 | 0,000054 |
| 7 | {13,24} | 0,988199 | 0,000000 | 0,989934 | 0,000005 |
| 8 | {14,23} | 0,988068 | 0,000115 | 0,988330 | 0,000049 |
| 9 | {12,3,4} | 0,972228 | 0,000065 | 0,947562 | 0,000067 |
| 10 | {13,2,4} | 0,980211 | 0,000000 | 0,947549 | 0,000066 |
| 11 | {14,2,3} | 0,979893 | 0,000004 | 0,985103 | 0,000012 |
| 12 | {13,1,4} | 0,979804 | 0,000016 | 0,910178 | 0,001676 |
| 13 | {24,1,3} | 0,979716 | 0,000003 | 0,947819 | 0,000062 |
| 14 | {34,1,2} | 0,987699 | 0,000000 | 0,947709 | 0,000081 |
| 15 | {1,2,3,4} | 0,971698 | 0,000000 | 0,907168 | 0,000008 |

### 4.6.4  Reduktionsgleichungen

Zur Bestimmung der Reduktionskonstanten h und der unbekannten Verfügbarkeiten $\alpha_k$ der Kanten der stochastischen Ersatzstruktur $\tilde{H}$ für $\tilde{G}$ entsprechend der Reduktionsbedingung (4.21) dient ein System von Reduktionsgleichungen. Seine Ableitung soll im folgenden anhand der Zusammenhangswahrscheinlichkeit $R(\tilde{G})$ demonstriert werden. Dazu wird zunächst die Dekompositionsformel (4.13) auf die stochastische Ersatzstruktur $\tilde{H} = \tilde{G}^1 \cup \tilde{H}^2$ angewendet:

$$R(\tilde{H}) = \sum_{j=1}^{B} p^1_j \, R(\tilde{H}^2_j).$$
(4.24)

Durch Einsetzen von (4.24) in (4.21) ergibt sich

$$R(\tilde{G}) = \sum_{j=1}^{B} p^1_j \left[ h \, R(\tilde{H}^2_j) \right].$$
(4.25)

Durch Vergleich der Koeffizienten der $p^1_j$ in (4.13) und (4.25) folgt

$$R_j^2 = h\ R(\tilde{H}_j^2), \qquad j = 1,2,\ldots,B. \tag{4.26}$$

In diesem Gleichungssystem werden die $R_j^2$ als bekannt vorausgesetzt. Sie sind durch geeignete Verfahren zu bestimmen. Die $R(\tilde{H}_j^2)$ werden durch die unbekannten Verfügbarkeiten $\alpha_k$ der Kanten von $\tilde{H}_j^2$ ausgedrückt, wobei die Unabhängigkeit der Kantenzustände auch in der Ersatzstruktur vorausgesetzt wird. Für die eindeutige Lösbarkeit des im allgemeinen nichtlinearen Gleichungssystems (4.26) sind folgende Bedingungen notwendig:

1) Das Gleichungssystem (4.26) enthält genau B unbekannte Parameter, nämlich

$\alpha_1$, $\alpha_2, \ldots, \alpha_{B-1}$, h.

2) Die durch $\tilde{G}^2$ bzw. $\tilde{H}^2$ induzierten Partitionsmengen von $U$ sind identisch.

Sind die $\alpha_k$ und h ermittelt, ist $\tilde{H}$ vollständig bestimmt und $R(\tilde{H})$ kann durch ein geeignetes Verfahren berechnet werden, zum Beispiel durch nochmalige Anwendung der Reduktion auf die bereits reduzierte Struktur usw. bis zu ihrem weitestmöglichen Abbau.

Ein weiterer, numerisch häufig günstigerer Weg zur Bestimmung der $\alpha_k$ und h resultiert aus der Anwendung der Beziehung (4.14) auf $\tilde{H}$:

$$R(\tilde{H}) = \sum_{j=1}^{B} P(\tilde{H}_j^2)\ R_j^1 \tag{4.27}$$

Wird (4.27) in die Reduktionsbedingung (4.21) eingesetzt, ergibt sich

$$R(\tilde{G}) = \sum_{j=1}^{B} \left[ h\ P(\tilde{H}_j^2) \right] R_j^1 . \tag{4.28}$$

Durch Vergleich der Koeffizienten von $R_j^1$ in (4.14) und (4.28) ergibt sich das Gleichungssystem

$$p_j^2 = h\ P(\tilde{H}_j^2), \qquad j = 1,2,\ldots,B. \tag{4.29}$$

Hierbei ist nach Definition $P(\tilde{H}_j^2)$ die Wahrscheinlichkeit dafür, daß $\tilde{H}_j^2$ die Partition $\pi_j$ induziert und jede Komponente von $\tilde{H}^2$ einen Knoten aus $U$ enthält. Die $p_j^2$ sind Lösungen des Gleichungssystems (4.15) mit i=2, während die $P(\tilde{H}_j^2)$ in Abhängigkeit von den Kantenverfügbarkeiten $\alpha_k$ auszudrücken sind.

### 4.6.5  Spezialfälle

**1)** $|U| = 1$   In diesem Fall gilt

$$R(\tilde{G}) = R(\tilde{G}^1)\, R(\tilde{G}^2),$$

so daß eine Reduktion von $\tilde{G}$ überflüssig ist. (Natürlich kann sich die Reduktion von $\tilde{G}^1$ bzw. $\tilde{G}^2$ als sinnvoll erweisen.)

**2)** $|U| = 2$   In diesem Fall genügt es, $G^2$ durch eine einzige Kante zu ersetzen, nämlich durch eine solche, die die beiden Knoten aus $U$ direkt miteinander verbindet. Ist also $U = \{1,2\}$, so wird $\tilde{H}^2 = \varepsilon = (1,2)$ gesetzt. Diese Vorschrift ist unabhängig von der Komplexität von $G^2$! Ist $\alpha$ die gesuchte Verfügbarkeit von $\varepsilon$ sowie $\pi_1 = \{12\}$ und $\pi_2 = \{1,2\}$, so lauten die Gleichungen (4.26) wegen $R(\tilde{H}^2_1) = 1$ und $R(\tilde{H}^2_2) = \alpha$

$$R^2_1 = h, \qquad R^2_2 = h\alpha. \tag{4.30}$$

Die Anwendung der Gleichungen (4.30) soll noch anhand der Grad 2-Reduktion illustriert werden. In diesem Fall besteht $G^2$ aus den beiden in Reihe geschalteten Kanten $e_1 = (1,3)$ und $e_2 = (3,2)$, wobei ihr gemeinsamer Knoten den Grad 2 hat. Daher gilt $R^2_1 = 1-(1-p_1)(1-p_2)$ und $R^2_2 = p_1 p_2$, wenn $p_1$ und $p_2$ die Verfügbarkeiten von $e_1$ bzw. $e_2$ sind. Damit ergeben sich für h und $\alpha$ die bereits im Abschnitt 4.6.2 ermittelten Werte (4.22) und (4.23).

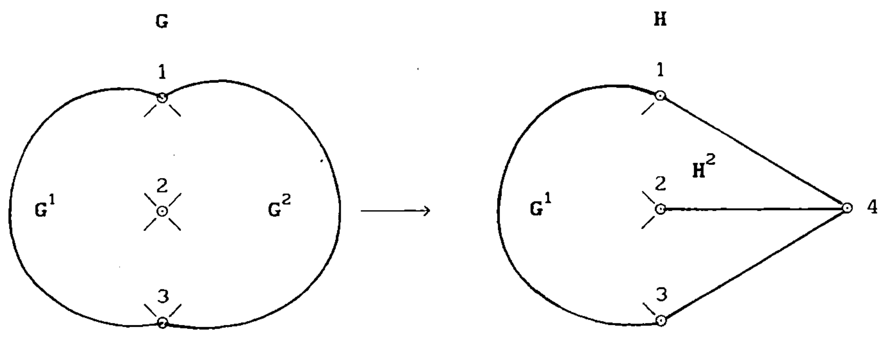



Bild 4.23   Reduktion im Fall $|U| = 3$

**3)** $|U| = 3$. In diesem Fall wird $G^2$ durch einen "Stern" ersetzt (Bild 4.23), dessen Knoten- und Kantenmengen durch $\{1,2,3,4\}$ bzw. $\{\varepsilon_1, \varepsilon_2, \varepsilon_3\}$ mit

$$\varepsilon_1 = (1,4), \quad \varepsilon_2 = (2,4) \text{ und } \varepsilon_3 = (3,4)$$

gegeben sind. Die Partitionen von U seien wieder

$$\pi_1 = \{123\}, \quad \pi_2 = \{12,3\}, \quad \pi_3 = \{13,2\}, \quad \pi_4 = \{1,23\} \text{ und } \pi_5 = \{1,2,3\}$$

Um in der Ersatzstruktur $\tilde{H}^2$ genau 4 frei wählbare Parameter zu haben, wird entgegen der bisherigen Annahme absolut zuverlässiger Knoten neben den Kantenverfügbarkeiten $\alpha_1$, $\alpha_2$ und $\alpha_3$ auch eine Verfügbarkeit $\beta$ des Knoten 4 eingeführt. Damit hat auch der Knoten 4 Einfluß auf die Induzierung von Partitionen von U durch $\tilde{H}^2$, und das Gleichungssystem (4.29) erhält die folgende Gestalt:

$$
\begin{aligned}
p_1^2 &= h\,\beta\,\alpha_1\alpha_2\alpha_3 \\
p_2^2 &= h\,\beta\,\alpha_1\alpha_2(1 - \alpha_3) \\
p_3^2 &= h\,\beta\,\alpha_1\alpha_3(1 - \alpha_2) \\
p_4^2 &= h\,\beta\,\alpha_2\alpha_3(1 - \alpha_1) \\
p_5^2 &= h\,[1 - \beta + \beta(1 - \alpha_1\alpha_2 - \alpha_1\alpha_3 - \alpha_2\alpha_3 + 2\alpha_1\alpha_2\alpha_3)] \;.
\end{aligned}
\tag{4.31}
$$

Die Lösung dieses Systems ist

$$
\begin{aligned}
\alpha_1 &= p_1^2 \big/ (p_1^2 + p_4^2) \\
\alpha_2 &= p_1^2 \big/ (p_1^2 + p_3^2) \\
\alpha_3 &= p_1^2 \big/ (p_1^2 + p_2^2) \\
\beta &= (p^2 + p_2^2)(p_1^2 + p_3^2)(p_1^2 + p_4^2) \big/ [(p_1^2)^2 h] \\
h &= p_1^2 + p_2^2 + p_3^2 + p_4^2 + p_5^2 \;.
\end{aligned}
\tag{4.32}
$$

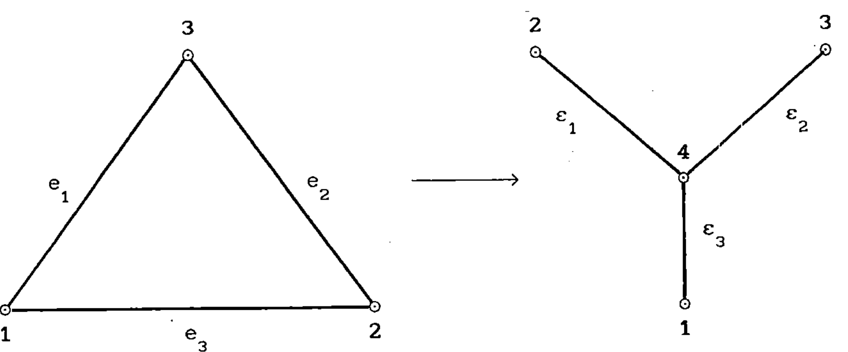


Bild 4.24   Dreieck-Stern-Transformation

**Dreieck-Stern-Reduktion**  Ist der zu ersetzende Graph $G^2$ ein "Dreieck", dessen Eckpunkte gerade die Knoten 1, 2 und 3 der trennenden Knotenmenge sind (Bild 4.24), so erhält man als Spezialfall der bisherigen Ausführungen für 3-elementige trennende Knotenmengen die bekannte *Dreieck-Stern-Reduktion* bzw. *Dreieck-Stern-Transformation*, die erstmals in *Gadani/Misra (1981)* diskutiert wurde. In diesem Fall kann keine Komponente von $\tilde{G}^2$ existieren, die keinen Knoten mit $U$ gemeinsam hat, so daß nach Definition der $p_j^2$ ihre Summe gleich 1 sein muß. Damit ist eine der Gleichungen in (4.31) überflüssig. Wird etwa die letzte gestrichen und werden die $p_j^2$ in Abhängigkeit von den Verfügbarkeiten $p_i$ der Kanten $e_i$ des Dreiecks ausgedrückt, $i = 1,2,3$, so erhält man für die $\alpha_k$ und h (der in den ersten 4 Gleichungen von (4.31) auftretende Faktor $(h\beta)$ wird mit h identifiziert) das Gleichungssystem

$$
\begin{aligned}
p_1 p_2 + p_1 p_3 + p_2 p_3 - 2 p_1 p_2 p_3 &= h\,\alpha_1 \alpha_2 \alpha_3 \\
p_1 (1 - p_2)(1 - p_3) &= h\,\alpha_1 \alpha_2 (1 - \alpha_3) \\
p_3 (1 - p_1)(1 - p_2) &= h\,\alpha_1 \alpha_3 (1 - \alpha_2) \\
p_2 (1 - p_1)(1 - p_3) &= h\,\alpha_2 \alpha_3 (1 - \alpha_1) \ .
\end{aligned}
\tag{4.33}
$$

Wird etwa h aus der ersten Gleichung von (4.33) eliminiert und in die anderen Gleichungen eingesetzt, erhält man die Lösung in der Form

$$
\alpha_1 = \frac{Z}{N_1}, \quad \alpha_2 = \frac{Z}{N_2}, \quad \alpha_3 = \frac{Z}{N_3}, \quad h = \frac{N_1 N_2 N_3}{Z^2}
\tag{4.34}
$$

mit

$$
\begin{aligned}
Z &= p_1 p_2 + p_1 p_3 + p_2 p_3 - 2 p_1 p_2 p_3, \\
N_1 &= p_2 + p_1 p_3 (1 - p_2), \\
N_2 &= p_3 + p_1 p_2 (1 - p_3), \\
N_3 &= p_1 + p_2 p_3 (1 - p_1).
\end{aligned}
$$

Speziell gilt im Fall $p_i = p$, $i = 1,2,3$:

$$
\alpha_1 = \alpha_2 = \alpha_3 = \frac{(3 - 2p)p}{1 + p - p^2} \ .
\tag{4.35}
$$

Im folgenden Beispiel kann die Zusammenhangswahrscheinlichkeit einer stochastischen Netzstruktur durch wiederholte Anwendung von elementaren Reduktionen sowie der Dreieck-Stern-Reduktion vollständig berechnet werden.

**Beispiel 4.15**  Die Zusammenhangswahrscheinlichkeit $R(\tilde{G})$ der stochastischen Netzstruktur $\tilde{G} = (G,p)$ ist zu berechnen, wobei $G$ durch Bild 4.25 gegeben ist und $p$ dadurch charakterisiert ist, daß alle Kantenverfügbarkeiten gleich 0,8

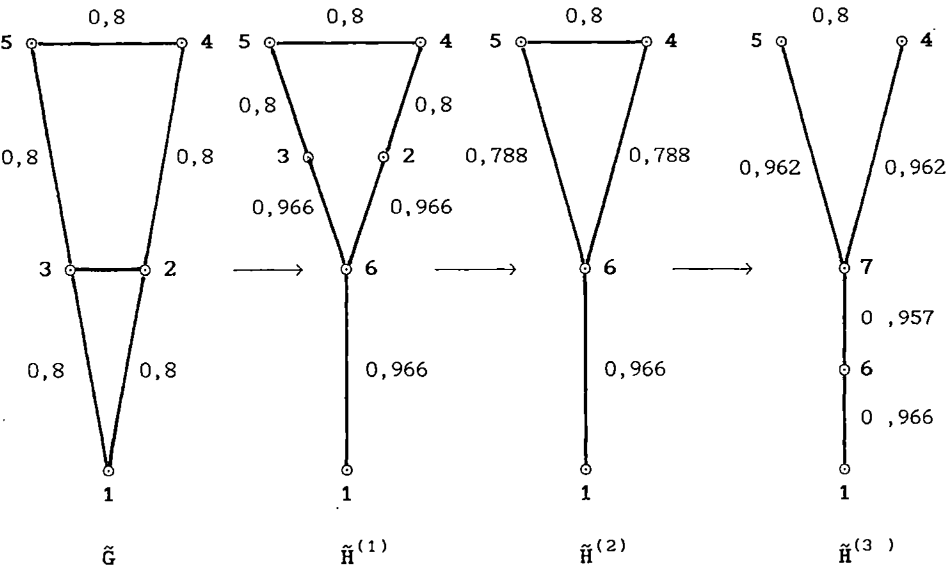



Bild 4.25   Anwendung der Dreieck-Stern-Reduktion

sind. Dies geschieht durch zweimalige Anwendung der Dreieck-Stern-Reduktion und zwischengeschalteten Grad 2 - Reduktionen. Dabei wird $\tilde{G}$ sukzessiv durch die Strukturen $\tilde{H}^{(1)}$, $\tilde{H}^{(2)}$ und $\tilde{H}^{(3)}$ ersetzt (Bild 4.25). Die Kanten dieser Strukturen sind jeweils mit ihren Verfügbarkeiten bewertet. $\tilde{H}^{(1)}$ entsteht aus $\tilde{G}$ durch durch Anwendung der Dreieck-Stern-Reduktion auf das durch die Knoten 1, 2 und 3 gebildete Dreieck. Die Kanten $e_{16}$, $e_{26}$ und $e_{36}$ von $\tilde{H}^{(1)}$ haben gemäß (4.35) die Verfügbarkeit $\alpha_{16} = \alpha_{26} = \alpha_{36} = 28/29 = 0,996$. Der zugehörige h - Wert ist $h_1 = 0,995$. $\tilde{H}^{(2)}$ entsteht aus $\tilde{H}^{(1)}$ durch Grad 2 - Reduktion der Kanten $e_{53}$ und $e_{36}$ sowie $e_{42}$ und $e_{26}$. Die so entstehenden zwei neuen Kanten von $\tilde{H}^{(2)}$ haben gemäß (4.22) die Verfügbarkeiten $\alpha_{46} = \alpha_{56} = 0,778$. Die zugehörigen Reduktionskonstanten sind $h_{2,1} = h_{2,2} = 0,993$. Schließlich entsteht der Baum $\tilde{H}^{(3)}$ aus $\tilde{H}^{(2)}$ nach Anwendung der Dreieck-Stern - Reduktion auf das durch die Knoten 4, 5 und 6 gebildete Dreieck. Die Verfügbarkeiten der dabei entstehenden Kanten $e_{57}$, $e_{47}$ und $e_{67}$ betragen gemäß (4.34) $\alpha_{57} = \alpha_{47} = 0,962$ und $\alpha_{67} = 0,994$. Der zugehörige h - Wert ist $h_3 = 0,994$. Da die Zusammenhangswahrscheinlichkeit eines Baumes mit unabhängigen Kanten gleich dem Produkt seiner Kantenverfügbarkeiten ist, gilt

$$R(\tilde{H}^{(3)}) = (0,962)^2 \circ 0,966 = 0,856.$$

$R(\tilde{G})$ und $R(\tilde{H}^{(3)})$ unterscheiden sich um den Faktor $h_1 h_{2,1} h_{2,2} h_3 = 0,976$. Daher beträgt die gesuchte Zusammenhangswahrscheinlichkeit

$$R(\tilde{G}) = 0,976 \circ 0,856 = 0,835. \qquad \Box$$

**Beispiel 4.16** Wie im Beispiel 4.12 wird die im Bild 4.17 dargestellte Netzstruktur G und ihre Aufspaltung in die Graphen $G^1$ und $G^2$ sowie die gemeinsame Kantenverfügbarkeit $p = 0,8$ zugrunde gelegt. Zwecks Berechnung der Zusammenhangswahrscheinlichkeit $R(\tilde{G})$ wird $G^1$ durch einen "Stern" ersetzt. Mit den in Tafel 4.6 angegebenen Werten für die $p_j^1$ erhält man aus (4.32) (dort sind die $p_j^2$ durch $p_j^1$ zu ersetzen):

$$\alpha_1 = 0,9907 \qquad h = 0,9836$$
$$\alpha_2 = 0,9598 \qquad w = 1,0024 \ .$$
$$\alpha_3 = 0,9522$$

Dieses Beispiel liefert ein unerwartetes numerisches Ergebnis:

*Die "Verfügbarkeit" des Knoten 4 ist größer als 1 !!*

Andere numerische Beispiele zeigen, daß auch die $\alpha_k$ sowie die Reduktionskonstante h die Eigenschaft $\alpha_k \notin [0,1]$, $h \notin [0,1]$ haben können. (Auf diesen Umstand haben bereits *Rosenthal/Frisque (1977)* hingewiesen.) Somit war die bisherige wahrscheinlichkeitstheoretische Interpretation bei der Konstruktion der Ersatzstruktur $\tilde{H}$ nicht korrekt, insbesondere kann man die $\alpha_k$ im allgemeinen nicht als Wahrscheinlichkeiten deuten, man sollte besser nur von "Kantengewichten" reden. Damit sind die Ersatzstrukturen keine stochastischen Netzstrukturen, sondern spezielle bewertete Graphen, mit denen man aber bei der Berechnung von $R(\tilde{G})$ wie mit stochastische Netzstrukturen unter den Voraussetzungen des Abschnitts 4.3.3 arbeiten kann, wobei aber gegebenenfalls auch bewertete ("störanfällige") Knoten zugelassen werden.

**Verallgemeinerung** Ersatzstrukturen, die eine eindeutige Lösung der Gleichungssysteme (4.26) bzw. (4.29) erlauben, sind bislang nur für den Fall $|U| \leq 3$ bekannt. Daher hat *Tittmann (1988)* vorgeschlagen, in einem Reduktionsschritt eine Teilstruktur von G durch $r \geq 1$ Ersatzstrukturen $H^{(1)}$, $H^{(2)},\ldots,H^{(r)}$ zu ersetzen. Diese Strukturen und die zugehörigen Reduktionskonstanten $h_1,h_2,\ldots,\ h_r$ sind so zu wählen, daß gilt

$$R(\tilde{G}) = \sum_{k=1}^{r} h_k\, R(\hat{\tilde{H}}^{(k)}).$$

(4.36)

Im Fall $|U| = 4$ wurden $r = 6$ Ersatzstrukturen vorgeschlagen sowie Bestimmungsgleichungen für die Reduktionskonstanten $h_k$ und die zugehörigen Kantengewichte $\alpha_k$ angegeben (siehe auch *Beichelt/Tittmann (1990)*). Es sei bemerkt, daß sich auch die Pivotzerlegungsformel (4.4) als Spezialfall des Ansatzes (4.36) deuten läßt.

# 5 MARKOVSCHE SYSTEME

## 5.1 EINFÜHRUNG

Die Modellierung des Zuverlässigkeitsverhaltens technischer Systeme durch binäre Modelle ist in zahlreichen praktischen Situationen völlig ausreichend und adäquat. Eine Berücksichtigung von "Fein- bzw. Zwischenzuständen" außer den beiden "Grobzuständen" funktionstüchtig und funktionsuntüchtig kann aber durchaus notwendig bzw. zweckmäßig sein. Beispiele dafür sind:

1) Der Zustand eines Systems, das aus n Elementen besteht, wird durch die Anzahl seiner funktionstüchtigen Elemente bestimmt. (Man denke etwa an die Definition von k-aus-n-Systemen. Natürlich ist es ein Unterschied zu wissen, ob alle n Elemente funktionstüchtig sind oder nur noch k.) Eine noch feinere Zustandsklassifikation liegt vor, wenn neben der Anzahl auch interessiert, welche Elemente ausgefallen sind. (Das ist zum Beispiel von Bedeutung, wenn es große Unterschiede  in den Zuverlässigkeiten bzw. Importanzen der Elemente gibt.)
2) Bei einfachen Systemen, die Verschleiß- bzw. Abnutzungsvorgängen unterliegen, ist es sinnvoll, ihren Zustand durch den Grad ihrer Alterung zu charakterisieren.
3) Sind mehrere Ausfallarten möglich, so führt auch das zu unterschiedlichen Systemzuständen (Ausfallzuständen).

Die in den Beispielen vorgeschlagenen Zustandsklassifikationen erlauben es, Zuverlässigkeits- und Instandhaltungsaspekte gleichermaßen zu berücksichtigen und sind damit insbesondere für die Kapitel 6 und 7 von Bedeutung.

## 5.2 STOCHASTISCHE PROZESSE – GRUNDBEGRIFFE

Es bezeichne $Z(t)$ den zufälligen Zustand des Systems zum Zeitpunkt t, $t \geq 0$. Die Familie der zufälligen Systemzustände $\{Z(t), t \geq 0\}$ bildet einen *stochastischen Prozeß*. Da das Studium dieses Prozesses das Hauptanliegen dieses Kapitels ist, macht sich zunächst eine Darstellung wichtiger Grundbegriffe aus der Theorie stochastischer Prozesse erforderlich.

Wenn $Z(t)$ für alle $t \geq 0$ Werte aus einer Menge $Z$ annehmen kann, dann heißt $Z$ der *Zustandsraum* des Prozesses und die Elemente von $Z$ sind dessen *Zustände*. Ist $Z$ eine endliche oder abzählbare Menge, so handelt es sich um einen *diskreten stochastischen Prozeß*, ist $Z$ die ganze reelle Achse oder ein zusammenhängender Teilbereich davon, spricht man von einem *stetigen stochastischen Prozeß*. Ein spezieller Verlauf von $Z(t)$ in Abhängigkeit von t heißt *Realisierung* oder *Trajektorie* des Prozesses.

Es sei $F^{(t)}(x)$ die Verteilungsfunktion von $Z(t)$:

$$F^{(t)}(x) = P(Z(t) < x). \qquad (5.1)$$

Durch die Familie der Verteilungsfunktionen $\{F^{(t)}(x),\ t \geq 0\}$ ist ein stochastischer Prozeß $\{Z(t),\ t \geq 0\}$ wegen der im allgemeinen vorhandenen statistischen Abhängigkeit der $Z(t)$ für unterschiedliche t nicht vollständig charakterisiert. Dazu ist für alle $n = 0,1,2,\ldots$ und für alle $(t_1,\ t_2,\ldots,\ t_n)$ mit $0 \leq t_1 < t_2 < \ldots < t_n < \infty$ die Kenntnis der n-dimensionalen Verteilungsfunktionen

$$F^{(t_1,t_2,\ldots,t_n)}(x_1,x_2,\ldots,x_n) = P(Z(t_1) < x_1,\ Z(t_2) < x_2,\ldots,Z(t_n) < x_n)$$

erforderlich. Gilt insbesondere

$$F^{(t_1,t_2,\ldots,t_n)}(x_1,x_2,\ldots,x_n) = F^{(t_1+h,t_2+h,\ldots,t_n+h)}(x_1,x_2,\ldots,x_n)$$

für alle $h \geq 0$, dann heißt der stochastische Prozeß *stationär*. In diesem Fall gilt für alle $t \geq 0$:

$$F^{(t)}(x) \equiv F(x).$$

Ist der Zustandsraum $Z$ endlich oder abzählbar unendlich, dann ist es im allgemeinen einfacher, anstelle der n-dimensionalen Verteilungsfunktion für beliebige Teilmengen $A_1,\ A_2,\ldots,\ A_n$ von $Z$ die n-dimensionale Verteilung des Prozesses durch Angabe der Wahrscheinlichkeiten

$$P(Z(t_1) \in A_1,\ Z(t_2) \in A_2,\ldots,\ Z(t_n) \in A_n)$$

zu charakterisieren. Die Stationarität des Prozesses ist dann damit äquivalent, daß die Wahrscheinlichkeiten

$$P(Z(t_1+h) \in A_1,\ Z(t_2+h) \in A_2,\ldots,\ Z(t_n+h) \in A_n)$$

nicht von h abhängen.

Ein stochastischer Prozeß $\{Z(t), t \geq 0\}$ ist ein *Prozeß mit unabhängigen Zuwächsen*, wenn für alle $0 \leq t_1 < t_2 < \ldots < t_n < \infty$ die "Zuwächse" $Z(t_2)-Z(t_1)$, $Z(t_3)-Z(t_2), \ldots, Z(t_n)-Z(t_{n-1})$ voneinander unabhängige Zufallsgrößen sind. Hängt die Verteilung der Zuwächse $Z(t + h) - Z(h)$ nicht von h ab, so spricht man von einem *Prozeß mit homogenen* bzw. *stationären Zuwächsen*.

Die mittlere zeitliche Entwicklung eines stochastischen Prozesses $\{Z(t),t\geq 0\}$ ist durch $\{M(t), t \geq 0\}$ mit

$$M(t) = E(Z(t)) = \int_{-\infty}^{\infty} x \, dF^{(t)}(x) \tag{5.2}$$

gegeben. $M(t)$ heißt *Trend* oder *Trendfunktion* des stochastische Prozesses. Die Trendfunktion eines stationären Prozesses ist identisch konstant.

Anwendungsorientierte Darstellungen der Theorie stochastischer Prozesse, insbesondere auch der im folgenden Abschnitt behandelten Markovschen Ketten, geben etwa *Amossowa/ Gillert/ Küchler/ Maximow (1986)* , *Kohlas (1977)*, *Tijms (1986)* und *Wolff (1989)*.

## 5.3  MARKOVSCHE KETTEN

**Definition 5.1**  Ein stochastischer Prozeß $\{Z(t), t \geq 0\}$ mit einem Zustandsraum $Z \subseteq \{0,1,\ldots\}$ heißt *Markovsche Kette*, falls für jede natürliche Zahl $n \geq 2$, jede Folge von Zuständen $\{i_1,i_2,\ldots,i_n\}$ und für alle n-Tupel $\{t_1,t_2,\ldots,t_n\}$ mit $0 \leq t_1 < t_2 < \ldots < t_n < \infty$ gilt

$$P(Z(t_n)=i_n | Z(t_{n-1})=i_{n-1}, Z(t_{n-2})=i_{n-2}, \ldots, Z(t)=i_1)$$
$$= P(Z(t)=i_n | Z(t_{n-1})=i_{n-1}). \tag{5.3}$$

Deutet man $t_{n-1}$ als Gegenwart und demzufolge $t_n$ als einen Zeitpunkt in der Zukunft und $t_1,t_2,\ldots,t_{n-2}$ als Zeitpunkte, die in der Vergangenheit liegen, so besagt die Bedingung (5.3) inhaltlich, daß die künftige Entwicklung eines Markovschen Prozesses nur von der Gegenwart abhängt, also von seinem Zustand zum Betrachtungszeitpunkt, aber nicht vom vorangegangenen Verlauf des Prozesses.

Die bedingten Wahrscheinlichkeiten

$$p_{ij}(s,t) = P(Z(t)=j | Z(s) = i), \qquad s < t; \ i,j \in Z,$$

heißen *Übergangswahrscheinlichkeiten* der Markovschen Kette $\{Z(t), t \geq 0\}$. Sie haben folgende Eigenschaften:

$$p_{ij}(s,t) \geq 0, \quad \sum_{j \in Z} p_{ij}(s,t) \leq 1; \quad 0 \leq s \leq t, \quad i,j \in Z; \tag{5.4}$$

$$p_{ij}(s,t) = \sum_{k \in Z} p_{ik}(s,u)\, p_{kj}(u,t), \quad s \leq u \leq t; \quad i,j \in Z. \tag{5.5}$$

Die Beziehung (5.5) heißt *Gleichung von Chapman-Kolmogorov*. Durch Ausnutzung von (5.3) läßt sie sich folgendermaßen beweisen:

$$p_{ij}(s,t) = P(Z(t)=j \mid Z(s)=i) = \frac{P(Z(t)=j,\ Z(s)=i)}{P(Z(s)=i)}$$

$$= \sum_{k \in Z} \frac{P(Z(t)=j,\ Z(u)=k,\ Z(s)=i)}{P(Z(s)=i)}$$

$$= \sum_{k \in Z} P(Z(t)=j \mid Z(u)=k, Z(s)=i)\, P(Z(u)=k \mid Z(s)=i)$$

$$= \sum_{k \in Z} P(Z(t)=j \mid Z(u)=k)\, P(Z(u)=k \mid Z(s)=i)$$

$$= \sum_{k \in Z} p_{ik}(s,u)\, p_{kj}(u,t). \qquad\blacksquare$$

Es sei $p_i(t) = P(Z(t)=i)$ die Wahrscheinlichkeit dafür, daß sich die Markovsche Kette zum Zeitpunkt t im Zustand i befindet. Dann ist $\{p_i(t), i \in Z\}$ die *absolute Verteilung* der Markovschen Kette $\{Z(t), t \geq 0\}$. Sinngemäß heißt dann $\{a_i, i \in Z\}$ mit $a_i = p_i(0)$ *Anfangsverteilung* von $\{Z(t), t \geq 0\}$. Bei Vorgabe einer Anfangsverteilung läßt sich die absolute Verteilung zum Zeitpunkt t auf folgende Weise berechnen:

$$p_j(t) = \sum_{i \in Z} a_i\, p_{ij}(0,t). \tag{5.6}$$

Diese Beziehung folgt unmittelbar aus der Formel der totalen Wahrscheinlichkeit. Ferner erhält man durch wiederholte Anwendung der Beziehung

$$P(A \cap B) = P(A \mid B)\, P(B)$$

die n-dimensionale Verteilung einer Markovschen Kette in der Form

$$P(Z(t_1)=i_1, \ldots, Z(t_n)=i_n) = p_{i_1}(t_1)\, p_{i_1 i_2}(t_1,t_2) \ldots P_{i_{n-1} i_n}(t_{n-1},t_n). \tag{5.7}$$

## 5.4   HOMOGENE MARKOVSCHE KETTEN

### 5.4.1  Grundbegriffe

Von besonderem prakischen Interesse sind diejenigen Markovschen Ketten, bei denen die Übergangswahrscheinlichkeiten $p_{ij}(s,t)$ nicht von der Lage des Intervalls $[s,\ t]$ auf der reellen Achse abhängen, sondern nur von dessen Länge $t-s$. Das führt zu der folgenden Definition.

**Definition 5.2**  Eine Markovsche Kette  mit den Übergangswahrscheinlichkeiten $p_{ij}(s,t)$ heißt *homogen,* wenn für alle $s,t$ mit $0 \le s \le t$ gilt

$$p_{ij}(s,t) = p_{ij}(0,t-s). \qquad \blacksquare$$

Daher kann man bei homogenen Markovschen Ketten ohne Beschränkung der Allgemeinheit $s = 0$ setzen und die Übergangswahrscheinlichkeiten in Abhängigkeit von einer Zeitvariablen schreiben:

$$p_{ij}(t) = p_{ij}(0,t). \qquad (5.8)$$

Die Eigenschaften (5.4) und (5.5) lauten nun:

$$\sum_{j \in Z} p_{ij}(t) \le 1, \quad p_{ij}(t) \ge 0, \quad 0 \le t;\ i,j \in Z, \qquad (5.9)$$

$$p_{ij}(t + h) = \sum_{i \in Z} p_{ik}(h)\, p_{kj}(t). \qquad (5.10)$$

Die n-dimensionale Verteilung einer homogenen Markovschen Kette ist gemäß (5.7) durch

$$P(Z(t_1)=i_1,\ldots,Z(t_n)=i_n) = p_{i_1}(t_1)\, p_{i_1 i_2}(t_2-t_1)\ldots P_{i_{n-1} i_n}(t_n-t_{n-1}) \qquad (5.11)$$

gegeben.

**Definition 5.3**  Eine Anfangsverteilung $\{a_j,\ j \in Z\}$ heißt *stationär*, wenn für alle $t \ge 0$

$$a_j = p_j(t) = \sum_{i \in Z} a_i\, p_{ij}(t), \quad j \in Z, \qquad (5.12)$$

gilt. $\qquad \blacksquare$

Wird also zum Zeitpunkt $t = 0$ der Anfangszustand entsprechend einer stationären Anfangsverteilung "ausgewürfelt", so hängt die absolute Verteilung der Markovschen Kette nicht von der Zeit ab. Aus (5.11) folgt, daß in diesem Fall sogar die n-dimensionalen Zustandswahrscheinlichkeiten

$$P(Z(t_1 + h) = i_1, \ldots, Z(t_n + h) = i_n)$$

nicht von h abhängen; das heißt, die Markovsche Kette ist beim Vorliegen einer stationären Anfangsverteilung stationär. Anstelle von "stationärer Anfangsverteilung" spricht man sinngemäß auch von "stationären Zustandswahrscheinlichkeiten".

## 5.4.2 Kolmogorovsche Gleichungen

In diesem Abschnitt werden einige wichtige strukturelle Eigenschaften homogener Markovscher Prozesse aufgezeigt. Sie sind für den Aufbau und die zuverlässigkeitstheoretische Analyse Markovscher Systeme von entscheidender Bedeutung. Dabei wird naheliegender Weise vorausgesetzt, daß die Übergangswahrscheinlichkeiten die Bedingung

$$\lim_{t \to 0} p_{ii}(t) = 1 \tag{5.13}$$

erfüllen. Aus (5.9) folgt für jedes j mit j≠i

$$0 \le p_{ij}(t) \le 1 - \sum_{\substack{k \in Z \\ k \ne j}} p_{ik} \le 1 - p_{ii}(t).$$

Damit ergibt sich aus (5.13)

$$\lim_{t \to 0} p_{ij}(t) = 0, \quad i \ne j. \tag{5.14}$$

Die Bedingungen (5.13) bzw. (5.14) besagen, daß sich bei hinreichend kleinem t die Markovsche Kette zur Zeit t mit großer Wahrscheinlichkeit immer noch im Zustand i befindet, wenn sie zur Zeit t=0 bereits im Zustand i war. Wird (5.13) vorausgesetzt, so läßt sich die Existenz der Grenzwerte

$$q_i = \lim_{h \to 0} \frac{1 - p_{ii}(h)}{h} \tag{5.15}$$

und

$$q_{ij} = \lim_{h \to 0} \frac{p_{ij}(h)}{h} \tag{5.16}$$

zeigen. Während $q_i = \infty$ sein kann, sind die $q_{ij}$ stets beschränkt. Wegen (5.13) und (5.14) gelten

$$p'_{ii}(0) = \frac{dp_{ii}(t)}{dt} \bigg|_{t=0} = -q_i, \tag{5.17}$$

$$p'_{ij}(0) = \left. \frac{dp_{ij}(t)}{dt} \right|_{t=0} = q_{ij} \, . \qquad (5.18)$$

Die Beziehungen (5.15) und (5.16) lassen sich für $h \rightarrow 0$ auch in der Form

$$p_{ii}(h) = 1 - q_i h + o(h) \qquad (5.19)$$

bzw.

$$p_{ij}(h) = q_{ij} h + o(h), \quad i \neq j, \qquad (5.20)$$

schreiben. Somit sind die Beziehungen (5.19) und (5.20) Verschärfungen von (5.13) und (5.14). Die Parameter $q_i$ und $q_{ij}$ sind die *Übergangsraten* oder *Übergangsintensitäten* der Markovschen Kette. Genauer ist $q_i$ die unbedingte Übergangsrate, ausgehend vom Zustand i in einen beliebigen anderen überzugehen, also die Intensität einer Zustandsänderung schlechthin, während $q_{ij}$ die bedingte Übergangsrate ist, ausgehend vom Zustand i in den Zustand j überzugehen. Nach Definition der Übergangsraten gilt

$$\sum_{j \neq i} q_{ij} = q_i \, . \qquad (5.21)$$

In vielen praktischen Anwendungen lassen sich die Übergangsraten im allgemeinen leicht bestimmen. Es ist daher von großer praktischer Bedeutung, daß bei Kenntnis dieser Raten die Übergangswahrscheinlichkeiten sowie die Zustandswahrscheinlichkeiten als Lösungen von Differentialgleichungssystemen berechnet werden können. Zur Ableitung dieser Differentialgleichungssysteme wird von der Chapman-Kolmogorovschen Gleichung in der Form (5.10) ausgegangen:

$$p_{ij}(t+h) = \sum_{k \in Z} p_{ik}(h) \, p_{kj}(t).$$

Es folgt

$$\frac{p_{ij}(t+h) - p_{ij}(t)}{h} = \sum_{k \neq i} \frac{p_{ik}(h)}{h} p_{kj}(t) + \frac{p_{ii}(h) - 1}{h} p_{ij}(t).$$

Nach Ausführung des Grenzüberganges $h \rightarrow 0$ ergeben sich wegen (5.17) und (5.18) die *Kolmogorovschen Rückwärtsgleichungen*:

$$p'_{ij}(t) = \sum_{k \neq i} q_{ik} p_{kj}(t) - q_i p_{ij}(t), \quad t \geq 0.$$

Analog ergeben sich aus

$$p_{ij}(t+h) = \sum_{k \in Z} p_{ik}(t) \, p_{kj}(h)$$

die *Kolmogorovschen Vorwärtsgleichungen*:

$$p'_{ij}(t) = \sum_{k \neq j} p_{ik}(t)\, q_{kj} - q_j\, p_{ij}(t), \quad t \geq 0. \qquad (5.22)$$

Es sei $\{a_i,\ i\in Z\}$ eine Anfangsverteilung der Markovschen Kette. Multipliziert man (5.23) mit $a_i$ und summiert über alle $i \in Z$, dann ergibt sich gemäß (5.6) ein Differentialgleichungssystem für die absoluten Zustandswahrscheinlichkeiten $p_j(t)$:

$$p'_j(t) = \sum_{k \neq j} q_{kj}\, p_k(t) - q_j\, p_j(t), \quad t \geq 0. \qquad (5.23)$$

Bei der Lösung praktischer Probleme ist gewöhnlich eine Anfangsbedingung der Art

$$p_i(0) = 1; \quad p_j(0) = 0, \quad j \neq i,$$

vorgegeben. In diesem Fall ist die Lösung $\{p_i(t), i\in Z\}$ des Differentialgleichungssystems (5.23) mit den Übergangswahrscheinlichkeiten $\{p_{ij}(t),\ i\in Z\}$ identisch. In den Anwendungen interessieren im allgemeinen nur solche Lösungen von (5.23), die der Normierungsbedingung

$$\sum_{i\in Z} p_j(t) = 1 \qquad (5.24)$$

genügen.

*Bemerkung* Die Kolmogorovschen Differentialgleichungssysteme behalten ihre Gültigkeit auch für inhomogene Markovsche Ketten, wenn die konstanten Übergangsraten durch zeitabhängige ersetzt werden:

$$q_{ij}(t) = \lim_{h \to 0} \frac{p_{ij}(t,t+h)}{h}, \quad q_i(t) = \sum_{j\in Z} q_{ij}(t). \qquad (5.25)$$

**Übergangsgraphen** Die Erstellung der Kolmogogorovschen Differentialgleichungssysteme erfolgt in konkreten Modellen am einfachsten auf der Basis des *Übergangsgraphen* der Markovschen Kette. Die Zustände $j\in Z$ werden in der Ebene markiert, etwa als Kreise oder Kästchen. Gibt es eine positive Übergangsrate $q_{jk}$, so wird ein Pfeil vom Zustand j zum Zustand k gezogen. Somit existieren zu jedem Zustand j zwei Mengen von Pfeilen, die jeweils zu diesem Zustand hinführen bzw. von ihm wegführen. Die Übergangsrate $q_j$ ergibt sich gemäß (5.21) als Summe aller derjenigen Ubergangsraten $q_{jk}$, die zu Pfeilen gehören, die vom Zustand j wegführen. Führt zwar ein Pfeil in den Zustand j hinein, aber keiner heraus, so ist der Zustand j *absorbierend*, kann also nicht mehr verlassen werden. Beispielsweise ist der Systemausfallzustand absorbierend, wenn keine Instandsetzung erfolgt.

**Beispiel 5.1**   Die Lebensdauer X eines einfachen Systems genüge einer Exponentialverteilung mit dem Parameter $\lambda$. Nach jedem Ausfall wird das System vollständig erneuert, das heißt, nach jeder Instandsetzung (Erneuerung) hat das System die gleiche Lebensdauerverteilung wie zu Betriebsbeginn. Die Erneuerungszeiten Y seien exponential mit dem Parameter $\mu$ verteilte Zufallsgrößen. Alle Lebens- und Erneuerungszeiten seien voneinander unabhängig. Der Zustandsraum $Z = \{0, 1\}$ ist wie folgt definiert:

$$Z(t) = \begin{cases} 1, & \text{wenn das System arbeitet,} \\ 0, & \text{wenn das System erneuert wird.} \end{cases}$$

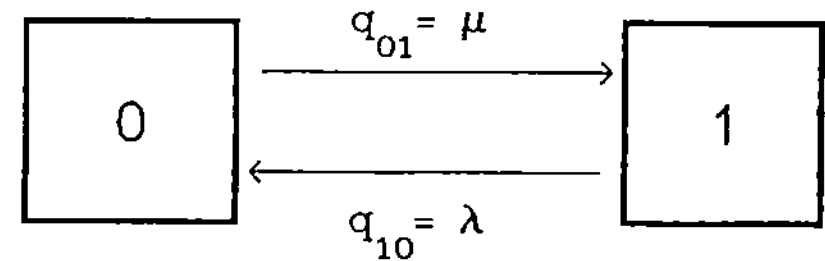


Bild 5.1   Übergangsgraph für Beispiel 5.1

Gesucht sind die Momentanverfügbarkeit $p_1(t) = P(Z(t)=1)$ und die stationäre Verfügbarkeit $p_1 = \lim_{t \to 0} p_1(t)$ des Systems. Für $h \to 0$ gilt

$$\frac{p_{10}(h)}{h} = \frac{1}{h}\left(1 - e^{-\lambda h}\right) + o(h) = \frac{1}{h}(\lambda h) + o(h) = \lambda + o(h),$$

weil die Wahrscheinlichkeit $p_{\geq 2}(h)$ von mehr als zwei Zustandsänderungen im Intervall $[0,h]$ die Ordnung $o(h)$ hat. Denn diese Wahrscheinlichkeit ist gleich $p_{\geq 2}(h) = P(X+Y \leq h)$ und gemäß der Faltungsformel für die Verteilungsfunktion der Summe zweier unabhängiger Zufallsgrößen gilt für $\lambda \neq \mu$ und $h \to 0$

$$p_{\geq 2}(h) = \int_0^h \left(1 - e^{-\mu(h-x)}\right)\lambda e^{-\lambda x}dx$$

$$= 1 - e^{-\lambda h} - \lambda e^{-\mu h} \int_0^h e^{-(\lambda-\mu)x}dx = 1 - e^{-\lambda h} - \frac{\lambda}{\lambda+\mu}\left(e^{-\lambda h} - e^{-\lambda h}\right)$$

$$= \lambda h - \frac{\lambda}{\lambda-\mu}(1 - \mu h - 1 + \lambda h) + o(h) = o(h).$$

Für $\lambda = \mu$ und $h \longrightarrow 0$ hat man (siehe auch Abschn. 2.2.1, Erlangverteilung)

$$p_{\geq 2}(h) = \int_0^h \left(1 - e^{-\lambda(h-x)}\right)\lambda e^{-\lambda x}dx$$

$$= 1 - e^{-\lambda h} - \lambda h e^{-\lambda h} = \lambda h - \lambda h(1-\lambda h) + o(h) = o(h).$$

Somit gilt

$$q_{10} = \lim_{h \to 0} \frac{p_{10}(h)}{h} = \lambda. \tag{5.26}$$

Analog gilt

$$q_{01} = \lim_{h \to 0} \frac{p_{01}(h)}{h} = \mu.$$

Das Ergebnis (5.26) ist fundamental für die weiteren Ausführungen; denn es ist relevant für alle Übergangsintensitäten, die bei exponential verteilten Verweildauern in den Zuständen auftreten.

Da es in diesem einfachen Beispiel bei Zustandsänderungen keine Alternative gibt, gilt $q_0 = \mu$ und $q_1 = \lambda$. Das Differentialgleichungssystem (5.23) lautet daher

$$p_0'(t) = \lambda p_1(t) - \mu p_0(t),$$

$$p_1'(t) = \mu p_0(t) - \lambda p_1(t).$$

Beide Gleichungen sind voneinander linear abhängig. (Die Summen der rechten und linken Seiten ergeben jeweils 0.) Ersetzt man etwa in der 2. Gleichung $p_0(t)$ durch $1-p_1(t)$, ergibt sich für $p_1(t)$ eine inhomogene lineare Differentialgleichung erster Ordnung mit konstanten Koeffizienten:

$$p_1'(t) + (\lambda+\mu)p_1(t) = \mu.$$

Unter der Anfangsbedingung $p(0) = 1$ (zum Zeitpunkt $t = 0$ wird ein funktionstüchtiges System in Betrieb genommen), ergibt sich die Momentanverfügbarkeit zu

$$p_1(t) = \frac{\mu}{\lambda+\mu} + \frac{\lambda}{\lambda+\mu} e^{-(\lambda+\mu)t} .$$

Die stationäre Verfügbarkeit ist

$$p_1 = \lim_{t \to 0} p_1(t) = \frac{\mu}{\lambda+\mu} .$$

Wegen $E(X) = 1/\lambda$ und $E(Y) = 1/\mu$ läßt sich die stationäre Verfügbarkeit auch in der intuitiven Form

$$p_1 = \frac{E(X)}{E(X) + E(Y)} \qquad (5.27)$$

schreiben (siehe auch Formel (2.22)). Bild 5.2 veranschaulicht die Konvergenz der Momentanverfügbarkeit gegen die stationäre Verfügbarkeit.     □

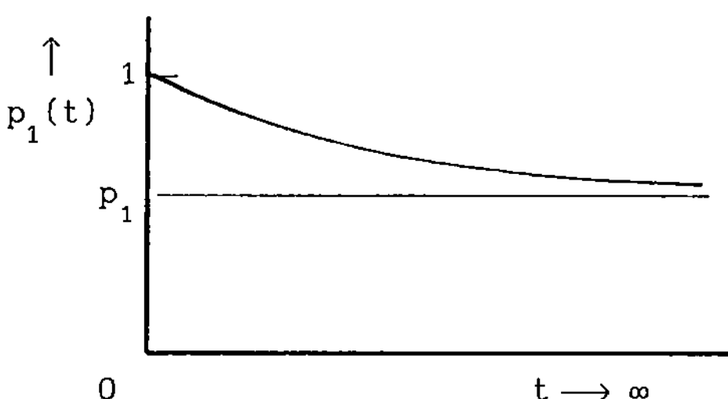



Bild 5.2   Konvergenz der Momentanverfügbarkeit (Beispiel 5.1)

**Beispiel 5.2** (doubliertes System, kalte Reserve). Ein System, bestehend aus einem Arbeits- und einem Reserveelement in kalter Reserve, wird zum Zeitpunkt $t = 0$ in Betrieb genommen. Nach dem Ausfall des Arbeitselements wird sofort das Reserveelement in Betrieb genommen (es wird zum Arbeitselement) und mit der vollständigen Erneuerung des ausgefallenen Elements begonnen. Die zufälligen Lebensdauern der Elemente $X_1$ und $X_2$ sind beide exponential mit dem Parameter $\lambda$ verteilt, während die Erneuerungszeiten beide exponential mit dem Parameter $\mu$ verteilt sind. Alle Lebens- und Erneuerungszeiten sind voneinander unabhängig. Der Zustandraum $Z = \{0,1,2\}$ wird auf folgende Weise eingeführt: Zum Zeitpunkt $t$ liegt der Zustand $Z(t)=j$ vor, wenn $j$ Elemente im Ausfallzustand sind und demzufolge $2-j$ Elemente arbeiten, $j=0,1,2$. (Man beachte den Unterschied zum vorangegangenen Beispiel, das sich in der Bezeichnung der Zustände an den binären Systemen orientierte.) Es bezeichne $T_i$ die absolute Verweildauer des Systems im Zustand $i$ und $X_{ij}$ die bedingte Verweildauer des Systems im Zustand $i$, wenn es vom Zustand $i$ in den Zustand $j$ übergeht. Im Beispiel geht das System vom Zustand 0 zwangsläufig in den Zustand 1 über, so daß die absolute Verweildauer $T_0$ im Zustand 0 mit der bedingten Verweildauer $X_{01}$ übereinstimmt: $T_0 = X_{01} = X_1$. Demzufolge beträgt gemäß (5.26) die zugehörige Übergangsrate $q_{01} = \lambda$. Geht das System vom Zustand 1 in den Zustand 2 über, so ist seine Verweilzeit im Zustand 1 durch $X_{12} = X_2$ gegeben, so daß die zugehörige Übergangsrate $q_{12} = \lambda$ beträgt. Beim Übergang vom Zustand 1 in den Zustand 0 ist $X_{10} = Y_1$ und die zugehörige Übergangsrate ist $q_{10} = \mu$. Die unbedingte Verweildauer des Systems im Zustand 1 beträgt $T_1 = \min (X_2, Y_1)$. (Man beachte, daß laut Voraussetzung $X_1$ und $X_2$ ebenso wie $Y_1$ und $Y_2$ identisch verteilte Zufallsgrößen sind.) $T_1$ ist exponential mit dem Parameter $\lambda + \mu$ verteilt; denn es gilt

$$P(T_1 > t) = P(X_2 > t, \ Y_1 > t) = P(X_2 > t) \ P(Y_1 > t)$$
$$= e^{-\lambda t} \ e^{-\mu t} = e^{-(\lambda+\mu)t}.$$

(5.28)

a) *Überlebenswahrscheinlichkeit.* Das System fällt genau dann aus, wenn während der Erneuerung eines Elements das andere ausfällt. Da die Überlebenswahrscheinlichkeit $\overline{F}(t)$ des Systems interessiert, kann mit dem Erreichen des Ausfallzustands die Betrachtung abgeschlossen werden, so daß der Zustand 2 absorbierend ist. Es ist also $q_{21} = q_{20} = 0$ zu setzen (Bild 5.3).

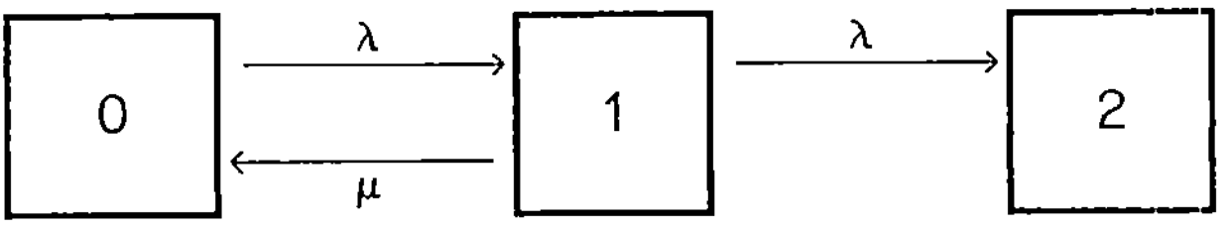


Bild 5.3   Übergangsgraph für Beispiel 5.2 a)

Das Differentialgleichungssystem (5.23) für die absoluten Zustandswahrscheinlichkeiten $p_j(t)$ lautet:

$$p_0'(t) = -\lambda p_0(t) + \mu p_1(t),$$
$$p_1'(t) = \lambda p_0(t) - (\lambda+\mu)p_1(t),$$
$$p_2'(t) = \lambda p_1(t).$$

(5.29)

Die Anfangsbedingung ist nach Vereinbarung $p_0(0) = 1$, $p_1(0) = p_2(0) = 0$. Indem man $p_0(t)$ aus der 2.Gleichung von (5.29) in die erste einsetzt, erhält man eine homogene Differentialgleichung 2. Ordnung mit konstanten Koeffizienten für $p_1(t)$:

$$p_1''(t) + (2\lambda + \mu)p_1'(t) + \lambda^2 p_1(t) = 0.$$

Die charakteristische Gleichnung

$$x^2 + (2\lambda + \mu)x + \lambda^2 = 0$$

hat die Eigenwerte

$$x_{1/2} = -\left(\lambda + \frac{\mu}{2}\right) \overset{+}{\underset{-}{}} \sqrt{\lambda\mu + \frac{\mu^2}{4}} \ .$$

In Verbindung mit $p_1(0) = 0$ erhält man mit einer noch zu bestimmenden Konstanten C

$$p_1(t) = C\left(e^{x_1 t} - e^{x_2 t}\right).$$

Nunmehr liefert die erste Gleichung von (5.29) in Verbindung mit $p_0(0) = 1$

$$p_0(t) = \frac{1}{C} \exp\left(-\left(\lambda + \frac{\mu}{2}\right)t\right)\left[\left(C + \frac{\mu}{2}\right)e^{Ct} + \left(C - \frac{\mu}{2}\right)e^{-Ct}\right]$$

mit

$$C = \sqrt{4\lambda\mu + \mu^2}\ .$$

Die Überlebenswahrscheinlichkeit des Systems

$$\overline{F}(t) = p_0(t) + p_1(t)$$

beträgt daher

$$\overline{F}(t) = \exp\left(-\left(\lambda + \frac{\mu}{2}\right)t\right)\left[\cosh \frac{C}{2} t + \frac{2\lambda + \mu}{C} \sinh \frac{C}{2} t\right].$$

Den Erwartungswert der Lebensdauer $X_s$ des Systems erhält man durch Anwendung der Formel (2.5) zu

$$E(X_s) = \frac{2}{\lambda} + \frac{\mu}{\lambda^2}\ . \tag{5.30}$$

Im Fall ohne Erneuerung ($\mu = 0$) beträgt die Überlebenswahrscheinlichkeit des Systems

$$\overline{F}(t) = (1 + \lambda t)e^{-\lambda t}.$$

Das ist eine Erlangverteilung mit den Parametern n = 2 und $\lambda$. Die zugehörige mittlere Lebensdauer des Systems ist $2/\lambda$. Der zweite Summand in (5.30) berücksichtigt demnach den Einfluß der Erneuerung auf die mittlere Lebensdauer des Systems.

*b) Verfügbarkeit*  Interessiert die Verfügbarkeit des Systems, dann kann man nach einem Systemausfall die Betrachtung nicht abbrechen, sondern die Erneuerung ist fortzusetzen, das erneuerte System wieder in Betrieb zu nehmen usw. Die Übergangsrate vom Zustand 2 in den Zustand 1 ist also jetzt positiv. Bei ihrer Festsetzung ist zu berücksichtigen, ob $r = 1$ oder $r = 2$ Instandhaltungsmechaniker zur Verfügung stehen. Dabei wird stets vorausgesetzt, daß ein Instandhaltungsmechaniker nicht gleichzeitig zwei ausgefallene Elemente erneuern kann. Unter dieser Voraussetzung gilt $q_2 = q_{21} = r\mu$, $r = 1,2$. Alle anderen Übergangsraten bleiben erhalten (Bild 5.4).

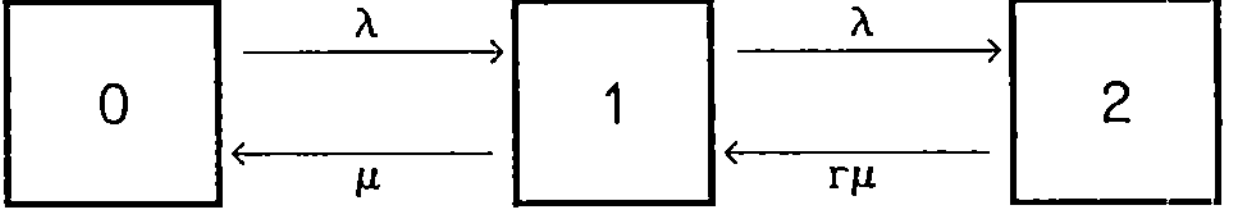


Bild 5.4  Übergangsgraph für Beispiel 5.2 b)

Das zugehörige Differentialgleichungssystem (5.23) lautet, wenn die dritte Differentialgleichung durch die Normierungsbedingung (5.24) wird:

$$p_0'(t) = -\lambda p_0(t) + \mu p_1(t),$$
$$p_1'(t) = \lambda p_0(t) - (\lambda+\mu)p_1(t) + r\mu p_2(t), \qquad (5.31)$$
$$1 = p_0(t) + p_1(t) + p_2(t).$$

Die Lösung bleibe dem Leser überlassen (siehe auch Abschn. 5.4.3, Beispiel 5.4).                                                                    □

**Beispiel 5.3** (doubliertes System, heiße Reserve). Im Unterschied zu Beispiel 5.2 arbeiten jetzt beide Elemente gleichzeitig, falls sie funktionstüchtig sind. Alle anderen Voraussetzungen ebenso wie die Bezeichnungen aus Beispiel 5.2 bleiben erhalten. Das System verbleibt also eine zufällige Zeit

$$T_0 = \min (X_1, X_2)$$

im Zustand 0. $T_0$ ist exponential mit dem Parameter $2\lambda$ verteilt, so daß gemäß (5.26) die Übergangsrate vom Zustand 0 in den Zustand 1 gleich $q_{01} = 2\lambda$ ist. Im Zustand 1 verbleibt das System die zufällige Zeit

$$T_1 = \min (X_2, Y_1).$$

Im Zustand 1 liegt die gleiche Situation wie im Beispiel 5.2 vor, so daß gilt $q_{10} = \mu$, $q_{12} = \lambda$ und $q_1 = \lambda + \mu$.

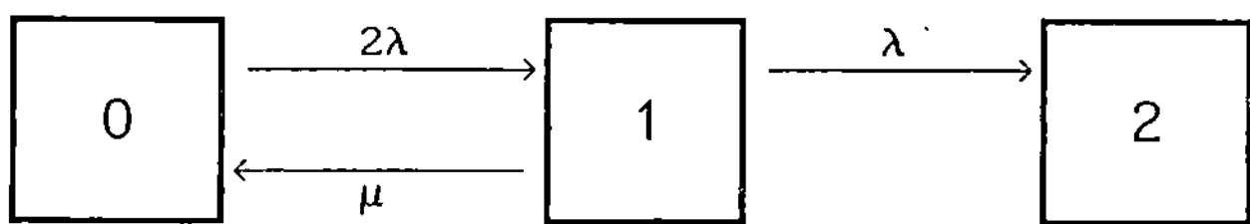

Bild 5.5 Übergangsgraph für Beispiel 5.3 a)

a) *Überlebenswahrscheinlichkeit*  Mit $q_{20} = q_{21} = 0$ (Bild 5.5) erhält man aus (5.23) das Differentialgleichungssystem

$$p_0'(t) = -2\lambda p_0(t) + \mu p_1(t),$$

$$p_1'(t) = 2\lambda p_0(t) - (\lambda+\mu)p_1(t), \tag{5.32}$$

$$p_2'(t) = \lambda p_1(t) .$$

Aus den ersten beiden Gleichungen dieses Systems (die dritte ist ohnehin überflüssig und durch die Normierungsbedingung (5.24) zu ersetzen) ergibt sich für $p_0(t)$ eine homogene Differentialgleichung 2. Ordnung mit konstanten Koeffizienten:

$$p_0''(t) + (3\lambda + \mu)p_0'(t) + 2\lambda^2 p_0(t) = 0.$$

Die Lösung ist

$$p_0(t) = \exp\left(-\left(\frac{3\lambda + \mu}{2} t\right)\right)\left[\cosh \frac{C}{2} t + \frac{\mu - \lambda\mu}{C} \sin \frac{C}{2} t\right]$$

mit

$$C = \sqrt{\lambda^2 + 6\lambda\mu + \mu^2} .$$

Ferner erhält man

$$p_1(t) = \frac{4\lambda}{C} \exp\left(-\left(\frac{3\lambda + \mu}{2}\right)\right) \sinh \frac{C}{2} t .$$

Die Überlebenswahrscheinlichkeit des Systems ist $\overline{F}(t) = p_0(t) + p_1(t)$ bzw.

$$\overline{F}(t) = \exp\left(-\left(\frac{3\lambda + \mu}{2}\right)\right)\left[\cosh \frac{C}{2} t + \frac{3\lambda + \mu}{C} \sinh \frac{C}{2} t\right].$$

Der Erwartungswert der Lebensdauer $X_s$ des Systems beträgt

$$E(X_s) = \frac{3}{2\lambda} + \frac{\mu}{2\lambda^2} .$$

Im Fall ohne Erneuerung gelten

$$\overline{F}(t) = 2e^{-\lambda t} - e^{-2\lambda t}, \quad E(X) = 3/2\lambda .$$

*b) Verfügbarkeit* Wenn r Instandhaltungsmechaniker zur Verfügung stehen, gilt $q_2 = q_{21} = r\mu$; r = 1, 2. Alle anderen Übergangsraten bleiben erhalten (Bild 5.6).

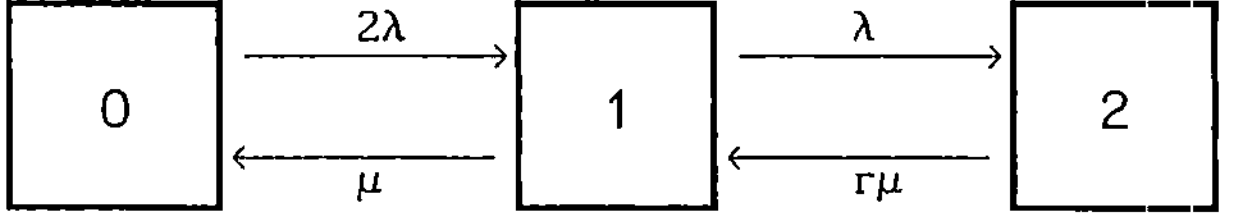


Bild 5.6  Übergangsgraph für Beispiel 5.3 b)

Die absoluten Zustandswahrscheinlichkeiten befriedigen jeweils für r = 1, 2 das Gleichungssystem

$$p_0'(t) = -2\lambda p_0(t) + \mu p_1(t),$$
$$p_1'(t) = 2\lambda p_0(t) - (\lambda+\mu)p_1(t) + r\mu p_2(t), \qquad (5.33)$$
$$1 = p_0(t) + p_1(t) + p_2(t).$$

Die Lösung bleibe wiederum dem Leser überlassen (siehe auch  Abschn. 5.4.3, Beispiel 5.5). □

### 5.4.3  Stationäre Zustandswahrscheinlichkeiten

Von besonderem praktischen Interesse ist das Konvergenzverhalten der absoluten Zustandswahrscheinlichkeiten $p_j(t)$ für $t \to \infty$. Angenommen, es existieren die Grenzwerte

$$p_j = \lim_{t \to \infty} p_j(t), \quad j \in Z. \qquad (5.34)$$

Dann muß

$$\lim_{t \to \infty} p_j'(t) = 0$$

gelten, da anderenfalls die $p_j(t)$ für $t \to \infty$ unbeschränkt wachsen würden. Das aber stünde im Widerspruch zu $p_j(t) \le 1$, $t \ge 0$. Daher erfüllen die $p_j$ gemäß (5.23) das lineare Gleichungssystem

$$\sum_{k \ne j} q_{kj}p_k - q_jp_j = 0 \quad \text{bzw.} \quad q_jp_j = \sum_{k \ne j} q_{kj}p_k . \qquad (5.35)$$

Entsprechend (5.24) interessieren im folgenden nur Lösungen mit der Eigenschaft

$$\sum_{j\in Z} p_j = 1. \qquad (5.36)$$

Laut Definition einer stationären Anfangsverteilung $\{a_j, j \in Z\}$ gilt für alle $j \in Z$ die Identität $a_j \equiv p_j(t)$. Wenn also (5.35) in Verbindung mit (5.36) eine eindeutig bestimmte Lösung hat, dann existiert genau eine stationäre Anfangsverteilung und diese ist durch die Grenzwerte (5.34) gegeben. Hinreichend für die Existenz einer stationären Anfangsverteilung ist folgende Bedingung:

a) Z ist endlich, und

b) jeder Zustand ist aus jedem anderen erreichbar, das heißt, für alle

   $i,j \in Z$, $i \neq j$, existiert ein t, so daß $p_{ij}(t) > 0$ ist.

Im Fall eines abzählbar unendlichen Zustandsraums ist neben der Bedingung b) noch die *positive Rekurrenz* der Markovschen Kette zu fordern: der Erwartungswert der zufälligen Zeit, ausgehend vom Zustand i in diesen zurückzukehren, ist beschränkt. Eine genaue Diskussion der Lösbarkeit von (5.35) im Zusammenhang mit der Existenz stationärer Anfangsverteilungen Markovscher Ketten findet sich bei *Feller (1966)*. Inhaltlich bedeutet die Existenz von stationären Zustandswahrscheinlichkeiten $\{p_j, j \in Z\}$, daß sich die Markovsche Kette mit wachsendem t "in ein zeitunabhängiges Regime einschwingt". Im Beispiel 5.1 ergab sich die stationäre Verfügbarkeit des Systems aus der Momentanverfügbarkeit nach dem Grenzübergang $t \to \infty$. Die direkte Berechnung der stationären Zustandswahrscheinlichkeiten als Lösung des Gleichungssystems (5.35) ist jedoch erheblich einfacher, als nach Berechnung der zeitabhängigen Zustandswahrscheinlichkeiten den Grenzübergang zu vollziehen.

**Beispiel 5.4** (doubliertes System, kalte Reserve) Das Gleichungssystem (5.35) für die stationären Zustandswahrscheinlichkeiten kann man unmittelbar aus (5.31) ablesen (natürlich ist jetzt bezüglich Beispiel 5.2 nur die Verfügbarkeit interessant, da im Fall ohne Erneuerung die stationäre Zustandswahrscheinlichkeit $p_2 = 1$ ist):

$$-\lambda p_0 \quad\quad + \mu p_1 \quad\quad\quad = 0$$
$$\lambda p_0 \;-(\lambda + \mu)p_1 \;+ r\mu p_2 = 0$$
$$p_0 \quad + \quad p_1 \;+ \quad p_2 = 1 \;.$$

Für $r = 1$ erhält man die Lösung

$$p_0 = \frac{\mu^2}{(\lambda + \mu)^2 - \lambda\mu} \; , \quad p_1 = \frac{\lambda\mu}{(\lambda + \mu)^2 - \lambda\mu} \; , \quad p_2 = \frac{\lambda^2}{(\lambda + \mu)^2 - \lambda\mu} \; .$$

Somit beträgt die stationäre Verfügbarkeit $V_{1,kalt} = p_0 + p_1$ des Systems

$$V_{1,kalt} = \frac{\mu^2 + \lambda\mu}{(\lambda + \mu)^2 - \lambda\mu} \; .$$

Für $r = 2$ ergeben sich die stationären Zustandswahrscheinlichkeiten

$$p_0 = \frac{2\mu^2}{(\lambda + \mu)^2 + \mu^2} \; , \quad p_1 = \frac{2\lambda\mu}{(\lambda + \mu)^2 + \mu^2} \; , \quad p_2 = \frac{\lambda^2}{(\lambda + \mu)^2 + \mu^2}$$

sowie die stationäre Verfügbarkeit $V_{2,kalt} = p_0 + p_1$

$$V_{2,kalt} = \frac{2\mu^2 + 2\lambda\mu}{(\lambda + \mu)^2 + \mu^2} \; .$$

**Beispiel 5.5** (doubliertes System, heiße Reserve) Die stationären Zustandswahrscheinlichkeiten erfüllen gemäß (5.33) das Gleichungssystem

$$-2\lambda p_0 + \mu p_1 = 0$$
$$2\lambda p_0 - (\lambda + \mu)p_1 + r\mu p_2 = 0 \tag{5.37}$$
$$p_0 + p_1 + p_2 = 1 .$$

Für $r = 1$ erhält man die Lösung

$$p_0 = \frac{\mu^2}{(\lambda + \mu)^2 + \lambda^2} \; , \quad p_1 = \frac{2\lambda\mu}{(\lambda + \mu)^2 + \lambda^2} \; , \quad p_2 = \frac{2\lambda^2}{(\lambda + \mu)^2 + \lambda^2} \; .$$

Die stationäre Verfügbarkeit $V_{1,heiß} = p_0 + p_1$ des Systems beträgt

$$V_{1,heiß} = \frac{\mu^2 + 2\lambda\mu}{(\lambda + \mu)^2 + \lambda^2} \; .$$

Für $r = 2$ ergeben sich die stationären Zustandswahrscheinlichkeiten

$$p_0 = \frac{\mu^2}{(\lambda + \mu)^2} \; , \quad p_1 = \frac{2\lambda\mu}{(\lambda + \mu)^2} \; , \quad p_2 = \frac{\lambda^2}{(\lambda + \mu)^2} \; .$$

Die stationäre Verfügbarkeit $V_{2,\text{heiß}} = p_0' + p_1$ beträgt

$$V_{2,\text{heiß}} = 1 - \left(\frac{\lambda}{\lambda + \mu}\right)^2.$$

Bild 5.7 zeigt a) die mittleren Lebensdauern und b) die Verfügbarkeiten des doublierten Systems, jeweils für die kalte und die heiße Reserve, in Abhängigkeit vom Quotienten $\rho = \lambda/\mu$. Erwartungsgemäß schneidet die kalte Reserve besser ab, jedoch nur deshalb uneingeschränkt, weil die Umschaltung der Elemente vom (kalten) Reservezustand in den Arbeitszustand als absolut zuverlässig vorausgesetzt wurde. □

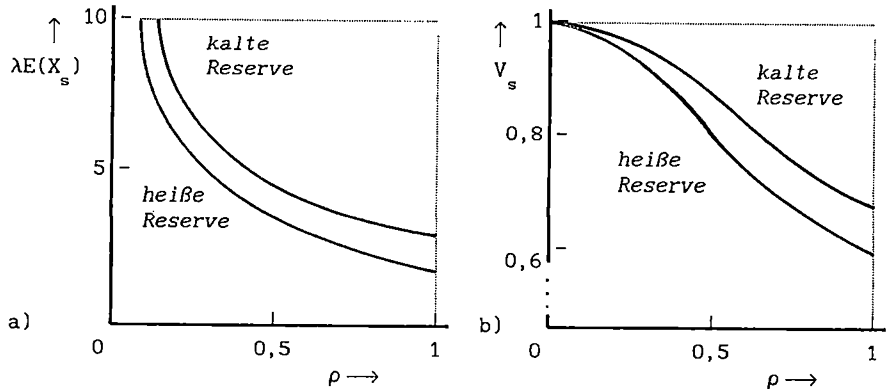


Bild 5.7   a) Mittlere Lebensdauer und b) Verfügbarkeit
bei kalter und heißer Reserve

**Beispiel 5.6**   Ein einfaches System kann auf zwei verschiedene Arten ausfallen (Typ 1 und Typ 2). Die zufällige Zeit $X_j$ bis zum Typ j-Ausfall sei exponential mit dem Parameter $\lambda_j$ verteilt, j=1,2. Daher ist $X = \min(X_1, X_2)$ die Zeit bis zum ersten Systemausfall. Nach einem Typ 1-Ausfall wird das System in den Typ 2 – Ausfallzustand überführt. Die erforderliche Zeitdauer $Y_1$ sei exponential mit dem Parameter $\mu_1$ verteilt. Unmittelbar nach dem Erreichen des Typ 2-Ausfallzustands wird mit der vollständigen Erneuerung des Systems begonnen. Die Erneuerungszeit $Y_2$ sei exponential mit dem Parameter $\mu_2$ verteilt.

Dieses Modell ist etwa in der Verkehrssicherungstechnik von Interesse. Wenn in einer Lichtsignalanlage des Straßenverkehrs ein Rotlicht ausfällt (Typ 1-

gefährlicher Ausfall), wird die gesamte Lichtsignalanlage ausgeschaltet (Typ 2 -hemmender Ausfall). Oder wenn ein Gleisrelais der Bundesbahn trotz Gleisbesetzung nicht abfällt (Typ 1 - gefährlicher Ausfall), wird die darauffolgende Fahrstraßenauflösung verhindert, wodurch ein hemmender Ausfallzustand (Typ 2) herbeigeführt wird (Fischer (1984)). Folgende Zustände werden eingeführt:

0   System funktionstüchtig

1   Ausfalltyp 1 liegt vor

2   Ausfalltyp 2 liegt vor.

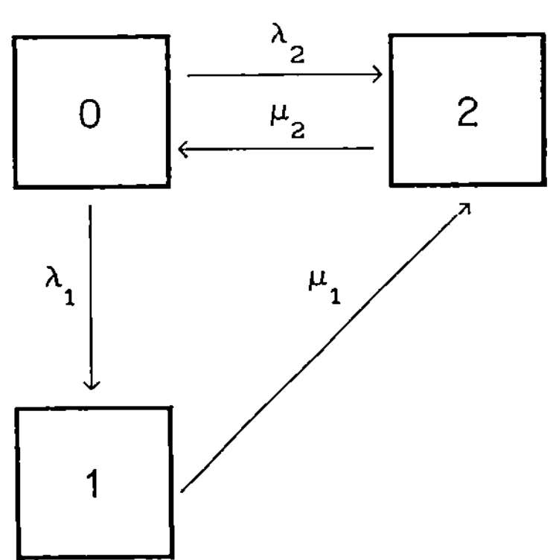


Bild 5.8  Übergangsgraph für Beispiel 5.6

Die Übergangsintensitäten betragen $q_{01} = \lambda_1$, $q_{02} = \lambda_2$, $q_{12} = \mu_1$ und $q_{20} = \mu_2$ (Bild 5.8). Daher erhält man aus (5.35) für die stationären Zustandswahrscheinlichkeiten das Gleichungssystem

$$-(\lambda_1 + \lambda_2)p_0 + \mu_2 p_2 = 0$$

$$\lambda_1 p_0 - \mu_1 p_1 + \ = 0$$

$$p_0 + p_1 + p_2 = 1.$$

Die Lösung ist

$$p_0 = \frac{\mu_1 \mu_2}{(\lambda_1 + \lambda_2)\mu_1 + (\lambda_1 + \mu_1)\mu_2}, \quad p_1 = \frac{\lambda_1 \mu_2}{(\lambda_1 + \lambda_2)\mu_1 + (\lambda_1 + \mu_1)\mu_2},$$

$$p_2 = \frac{(\lambda_1 + \lambda_2)\mu_1}{(\lambda_1 + \lambda_2)\mu_1 + (\lambda_1 + \mu_1)\mu_2}.$$

□

### 5.4.4 Verweildauern

In den Beispielen 5.1 bis 5.6 wurde davon Gebrauch gemacht, daß unabhängige, exponential verteilte Verweildauern in den Zuständen zu homogenen Markovschen Ketten führen. Es läßt sich aber unter Nutzung von (5.10) und (5.12) auch leicht zeigen, daß die Verweildauern $T_i$ einer beliebigen homogenen Markovschen Kette in den Zuständen $i \in Z$ exponential mit dem Parameter $q_i$ verteilt sind:

$$P(T_i > t \mid Z(0) = i) = P(Z(s) = i, \ 0 < s \le t \mid Z(0) = i)$$

$$= \lim_{n \to \infty} P\left(Z\left(\frac{k}{n}\, t\right) = i, \ k = 1,2,\ldots,n \mid Z(0) = i\right)$$

$$= \lim_{n \to \infty} \left[p_{ii}\left(\frac{1}{n}\, t\right)\right]^n = \lim_{n \to \infty} \left[1 - q_i\, \frac{t}{n} + o(\tfrac{1}{n})\right]^n = e^{-q_i t}; \quad t \ge 0, \ i \in Z.$$

In der letzten Zeile wurde davon Gebrauch gemacht, daß sich die Zahl e durch den Grenzwert

$$e = \lim_{x \to \infty} \left(1 + \frac{1}{x}\right)^x \tag{5.38}$$

darstellen läßt. Offenbar ist $Z(T_i)$ der Zustand, in den die Markovsche Kette nach Verlassen des Zustands i übergeht. Bezeichnet $m(nt)$ die größte ganze Zahl m, die der Bedingung $m/n \le t$ genügt, die also durch $nt-1 < m(nt) \le nt$ definiert ist, so erhält man für die gemeinsame Verteilung von $T_i$ und $Z(t_i)$

$$P(Z(T_i) = j, \ T_i > t \mid Z(0) = i)$$

$$= P(Z(T_i) = j, \ Z(s) = i \ \text{für} \ 0 \le s \le t \mid Z(0) = i)$$

$$= \lim_{n \to \infty} \sum_{m=m(nt)}^{\infty} P\left(Z\!\left(\tfrac{m+1}{n}\right)=j, \ T_i \in \left[\tfrac{m}{n}, \tfrac{m+1}{n}\right) \,\Big|\, Z(0) = i\right)$$

$$= \lim_{n \to \infty} \sum_{m=m(nt)}^{\infty} P\left(Z\!\left(\tfrac{m+1}{n}\right)=j, \ Z\!\left(\tfrac{k}{n}\right) = i \ \text{für} \ k \le m \,\Big|\, Z(0) = i\right)$$

$$= \lim_{n \to \infty} \sum_{m=m(nt)}^{\infty} \frac{[1 - q_i\, \frac{1}{n} + o(\tfrac{1}{n})]^m}{q_i\, \frac{1}{n} + o(\tfrac{1}{n})} \left[q_{ij}\, \frac{1}{n} + o(\tfrac{1}{n})\right]$$

$$= \lim_{n \to \infty} \frac{[1 - q_i\, \frac{1}{n} + o(\tfrac{1}{n})]^{nt}}{q_i\, \frac{1}{n} + o(\tfrac{1}{n})} \left[q_{ij}\, \frac{1}{n} + o(\tfrac{1}{n})\right] = \frac{q_{ij}}{q_i}\, e^{-q_i t}, \quad i,j \in Z,$$

wobei wiederum von (5.38) Gebrauch gemacht wurde. Für $t = 0$ erhält man die Wahrscheinlichkeit des Übergangs vom Zustand i in den Zustand j:

$$p_{ij} = P(Z(T_i) = j | Z(0) = i) = \frac{q_{ij}}{q_i} \,. \tag{5.39}$$

Insgesamt ergeben sich aus der gemeinsamen Verteilung von $T_i$ und $Z(T_i)$ zwei Folgerungen:

1) Die Wahrscheinlichkeitsverteilung des auf i folgenden Zustands ist durch

$$\left\{ \frac{q_{ij}}{q_i} \,, \ j \in Z \right\}$$

gegeben.

2) Der auf i folgende Zustand $Z(T_i)$ ist unabhängig von $T_i$ (und natürlich unabhängig von der "Vorgeschichte" der Markovschen Kette bis zum Erreichen des Zustands i).

Die Kenntnis der Übergangswahrscheinlichkeiten $p_{ij}$ legt es nahe, die Markovsche Kette $\{Z(t), \ t \geq 0\}$ nur an ihren "Sprungzeitpunkten" zu beobachten, an denen also Zustandswechsel stattfinden. Es sei $\{Z_k, \ k = 0,1,\dots\}$ die Folge der Zustände nach den Sprüngen. Man nennt $\{Z_k, \ k = 0,1,\dots\}$ eine in die Markovsche Kette mit stetigem Parameter $\{Z(t), \ t \geq 0\}$ *eingebettete Markovsche Kette* mit diskretem Parameter. Da die Übergangswahrscheinlichkeiten (5.39), die nun auch in der Form

$$p_{ij} = P(Z_k = j | Z_{k-1} = i)$$

geschrieben werden können, nicht von k abhängen, ist die eingebettete Markovsche Kette mit diskretem Parameter homogen. Eingebette Markovsche Ketten sind ein wichtiges Hilfsmittel für die Zuverlässigkeitsanalyse von Systemen mit nichtmarkovschem Zustandsprozeß.

Umgekehrt kann man aber auch Zuverlässigkeitsmodelle auf die Weise aufbauen, daß eine Markovsche Kette mit diskreter Zeit durch Vorgabe der Übergangswahrscheinlichkeiten $p_{ij}$ als gegeben vorausgesetzt wird und für die Verweildauern in den Zuständen unabhängige, aber beliebig verteilte Zufallsgrößen zugelassen werden. Man gelangt auf diese Weise zu den *Semi-Markovschen Prozessen (Gaede (1977).* Jedoch kann auch auf die Unabhängigkeit der Verweildauern in den Zuständen verzichtet werden (*Beichelt/ Franken (1983)*).

### 5.4.5 Konstruktion Markovscher Systeme

Es ist naheliegend, unter einem *Markovschen System* ein solches zu verstehen, dessen zeitliche Veränderung der Zustände durch einen Markovschen Prozeß beschrieben werden kann. Die in der Zuverlässigkeitstheorie betrachteten Markovschen Systeme lassen sich in ihrer Mehrzahl auf folgendes Grundmodell zurückführen, in das auch alle in den bisherigen Beispielen betrachteten Systeme passen: Unmittelbar nach dem Erreichen des Zustands i beginnen genau $n_i$ unabhängige, exponential mit den Parametern $\lambda_{i1}$, $\lambda_{i2}, \ldots, \lambda_{in_i}$ verteilte Zufallsgrößen $X_{ij}$ abzulaufen und die nächste Zustandsänderung findet zum Zeitpunkt (bezogen auf den der vorangegangenen Änderung)

$$T_i = \min (X_{i1}, X_{i2}, \ldots, X_{in_i})$$

statt. Dabei erfolge der Übergang in den Zustand j, wenn $T_i = X_{ij}$ gilt, $i \in Z$. Somit sind die $T_i$ die unbedingten (absoluten) Verweilzeiten und die $X_{ij}$ die bedingten Verweilzeiten im Zustand i. Es ist anschaulich klar und wegen der im Abschnitt 5.4.4 gezeigten Eigenschaften 1) und 2) Markovscher Ketten leicht zu verifizieren, daß der so definierte stochastische Prozeß $\{Z(t), t \geq 0\}$ eine homogene Markovsche Kette ist (siehe auch *Gaede (1977)*). Seine Übergangsraten sind

$$q_{ij} = \lim_{h \to 0} \frac{p_{ij}(h)}{h} = \lambda_{ij} , \qquad q_i = \sum_{j=1}^{n_i} \lambda_{ij}. \qquad (5.40)$$

Die erste Gleichung von (5.40) folgt aus (5.26), die zweite aus der Definition der $q_i$, aber auch aus der bekannten Tatsache, daß $T_i$ als Minimum unabhängiger, exponential mit den Parametern $\lambda_{ij}$ verteilter Zufallsgrößen ebenfalls exponential verteilt ist und zwar mit dem durch (5.40) gegebenen Parameter $q_i$ (siehe auch (5.29), wo dieser Sachverhalt für $n_j = 2$ bewiesen wurde).

**Beispiel 5.7** (Mehrmaschinenbedienung). Zum Zeitpunkt t = 0 werden n Maschinen mit den zufälligen Lebensdauern $X_1, X_2, \ldots, X_n$ in Betrieb genommen. Die $X_i$ seien identisch exponential mit dem Parameter $\lambda$ verteilte Zufallsgrößen. Für die vollständige Erneuerung der Maschinen nach einem Ausfall steht ein Instandhaltungsmechaniker zur Verfügung, der jeweils nur eine Maschine erneuern kann. Jede Erneuerungsdauer ist eine exponential mit dem Parameter $\mu$ verteilte Zufallsgröße Y. Nach erfolgter Erneuerung wird die Maschine sofort wieder in Betrieb genommen. Alle Lebens- und Reparaturdauern sind voneinander unabhängig.Damit liegt offenbar ein Markovsches System im Sinne der obigen Erklärung vor.

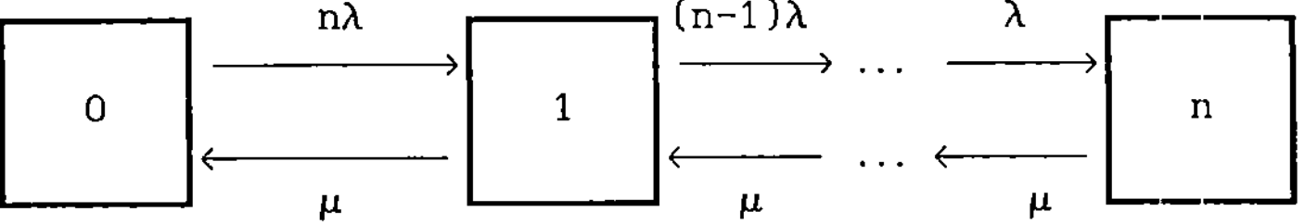



Bild 5.9  Übergangsgraph für Beispiel 5.6

Es sei $Z(t)$ die Anzahl der zur Zeit $t$ ausgefallenen Maschinen. Zu berechnen sind die stationären Zustandswahrscheinlichkeiten der homogenen Markovschen Kette $\{Z(t), t \geq 0\}$:

$$p_j = \lim_{t \to \infty} P(Z(t) = j), \quad j = 0,1,\ldots,n.$$

Im Zustand 0 verbleibt das System die zufällige Zeit $T_0 = \min\ (X_1,X_2,\ldots,X_n)$ und geht dann in den Zustand 1 über. Die zugehörige Übergangsrate ist gemäß (5.40) $q_{01} = n\lambda$. Im Zustand 1 verbleibt das System die zufällige Zeit $T_1 = \min\ (X_1,X_2,\ldots,X_{n-1},Y)$. Daher ist $q_1 = (n-1)\lambda + \mu$. Das System geht in den Zustand 2 über, wenn $T_1 = X_k$ für irgendein $k \in \{1,2,\ldots,n-1\}$ ist und in den Zustand 0, wenn $T_1 = Y$ ist. Daher gelten $q_{10} = \mu$ und $q_{12} = (n-1)\lambda$. Allgemein gilt (Bild 5.9):

$$
\begin{aligned}
q_{j-1,j} &= (n-j+1)\lambda, & j &= 1,2,\ldots,n \\
q_{j+1,j} &= \mu, & j &= 0,1,\ldots,n-1 \\
q_{ij} &= 0, & |i - j| &\geq 2 \\
q_j &= (n-j)\lambda + \mu, & j &= 1,2,\ldots,n \\
q_0 &= n\lambda
\end{aligned}
\tag{5.41}
$$

Das zugehörige Gleichungssystem (5.35) lautet:

$$
\begin{aligned}
n\lambda p_0 &= \mu p_1 \\
((n-j)\lambda + \mu)p_j &= (n-j+1)\lambda p_{j-1} + \mu p_{j+1}, \quad j = 1,2,\ldots,n \\
\mu p_n &= \lambda p_{n-1} .
\end{aligned}
$$

Durch sukzessive Auflösung nach den $p_j$, beginnend mit der ersten Gleichung, erhält man mit der Bezeichnung $\rho = \lambda/\mu$

$$p_j = \frac{n!}{(n-j)!}\rho^j\, p_0 \, , \qquad j = 0,1,\ldots,n. \tag{5.42}$$

Aus der Bedingung $p_0 + p_1 + \ldots + p_n = 1$ ergibt sich

$$p_0 = \left[ \sum_{i=0}^{n} \frac{n!}{(n-i)!}\rho^i \right]^{-1} .$$

Es folgt

$$p_j = \frac{\dfrac{1}{(n-i)!}\rho^i}{\displaystyle\sum_{i=0}^{n} \frac{1}{(n-i)!}\rho^i} \, , \qquad j = 0,1,\ldots,n. \tag{5.43}$$

Das sind die bekannten *Erlangschen Formeln*, die vor allem in der Nachrich-
tenverkehrstheorie von Bedeutung sind. Dort treten sie aber in der Form

$$p_j = \frac{\dfrac{1}{j!}\rho^j}{\displaystyle\sum_{i=0}^{n} \frac{1}{i!}\rho^i} \, , \qquad j = 0,1,\ldots,n \tag{5.44}$$

auf, wobei $p_j$ die Wahrscheinlichkeit dafür ist, daß von den n vorhandenen
Leitungen einer Telefonvermittlungszentrale genau j Leitungen besetzt sind,
Voraussetzung ist, daß die Abstände zwischen zwei benachbarten Anrufen
("Pausenzeiten") exponential mit dem Parameter $\lambda$ und die Gesprächsdauern
(Besetztzeiten der Leitungen) exponential mit dem Parameter $\mu$ verteilt sind
sowie alle Pausen- und Besetztzeiten voneinander unabhängig sind. Sind beim
Eintreffen eines Anrufs alle Leitungen besetzt, geht dieser Anruf verloren
(*Erlangsches Verlustsystem*).                                           □

In den beiden folgenden Beispielen werden Modifikationen des Modells der
Mehrmaschinenbedienung mit einem Instandhaltungsmechaniker betrachtet. Beispiel 5.8 setzt Prioritäten bei der Erneuerung ausgefallener Maschinen, während Beispiel 5.9 die vorhandene Instandhaltungskapazität gleichmäßig auf
die ausgefallenen Maschinen aufteilt.

**Beispiel 5.8** Zum Zeitpunkt $t = 0$ werden n Maschinen $1,2,\ldots,n$ mit exponen-
tial mit den Parametern $\lambda_i$ verteilten Lebensdauern und exponential mit den
Parametern $\mu_i$ verteilten Erneuerungszeiten in Betrieb genommen, $i=1,2,\ldots,n$.
Alle Lebens- und Erneuerungszeiten sind voneinander unabängig. Es wird stets

die Maschine erneuert, die zuletzt ausgefallen ist. Das hat zur Folge, daß eine laufende Erneuerung abgebrochen wird, sobald eine weitere Maschine ausfällt; mit deren Erneuerung wird dann begonnen. Der jeweilige Zustand der zugehörigen Markovschen Kette ist dann bei insgesamt k ausgefallenen Maschinen durch die Angabe der Reihenfolge ihre Ausfalls zu charakterisieren: $(i_1, i_2, \ldots, i_k)$. Hierbei sei $i_1$ die zuletzt ausgefallene Maschine, deren Erneuerung also gerade läuft. Da es insgesamt $\binom{n}{k}$ Mengen von je k ausgefallenen Maschinen gibt und je k! Möglichkeiten der Reihenfolge ihres Ausfalls, gibt es genau

$$\sum_{k=0}^{n} \binom{n}{k} k! = n! \sum_{k=0}^{n} \frac{1}{k!}$$

mögliche Zustände der Markovschen Kette. Ausgehend vom Zustand $(i_2, i_3, \ldots, i_k)$ erfolgt mit der Rate $\lambda_{i_1}$ ein Übergang in den Zustand $(i_1, i_2 \ldots, i_k)$ und vom Zustand $(i, i_1, i_2, \ldots, i_k)$ erfolgt mit der Rate $\mu_i$ ein Übergang in den Zustand $(i_1, i_2, \ldots, i_k)$, $i \neq i$. Die stationären Zustandswahrscheinlichkeiten

$$p(i_1, i_2, \ldots, i_k)$$

befriedigen daher das Gleichungssystem

$$\left( \mu_{i_1} + \sum_{i \in \overline{\{i_1, i_2, \ldots, i_k\}}} \lambda_i \right) p(i_1, i_2, \ldots, i_k)$$

$$= \sum_{i \in \overline{\{i_1, i_2, \ldots, i_k\}}} p(i, i_1, i_2, \ldots, i_k)\, \mu_i + p(i_2, i_3, \ldots, i_k)\lambda_{i_1}, \tag{5.45}$$

$$k = 1, 2, \ldots, n,$$

$$\sum_{i=1}^{n} \lambda_i\, p(0) = \sum_{i=1}^{n} p(i)\, \mu_i \; ,$$

$$\mu_1\, p(1, 2, \ldots, n) = p(2, 3, \ldots, n)\lambda_1 \; .$$

Hierbei bezeichnet p(0) die stationäre Wahrscheinlichkeit dafür, daß keine Maschine ausgefallen ist und $\overline{\{i_1, i_2, \ldots, i_k\}}$ die bezüglich $\{1, 2, \ldots, n\}$ komplementäre Menge von $\{i_1, i_2, \ldots, i_k\}$. Die Lösung von (5.45) ist

$$p(i_1, i_2, \ldots, i_k) = \frac{\lambda_{i_1} \lambda_{i_2} \ldots \lambda_{i_k}}{\mu_{i_1} \mu_{i_2} \ldots \mu_{i_k}} \, p(0) \ , \qquad (5.46)$$

$$p(0) = \left[ 1 + \sum_{(i_1, i_2, \ldots, i_k)} \frac{\lambda_{i_1} \lambda_{i_2} \ldots \lambda_{i_k}}{\mu_{i_1} \mu_{i_2} \ldots \mu_{i_k}} \right]^{-1} \ .$$

Beispielsweise hat im Fall von n = 2 Maschinen 1 und 2 die Markovsche Kette den Zustandsraum $Z = \{0,\ 1,\ 2,\ (1,2),\ (2,1)\}$. Die zugehörigen stationären Zustandswahrscheinlichkeiten sind

$$p(0) = \left[ 1 + \frac{\lambda_1}{\mu_1} + \frac{\lambda_2}{\mu_2} + \frac{2\lambda_1 \lambda_2}{\mu_1 \mu_2} \right]^{-1} \ ,$$

$$(5.47)$$

$$p(1) = \frac{\lambda_1}{\mu_1} p(0), \quad p(2) = \frac{\lambda_2}{\mu_2} p(0), \quad p(1,2) = p(2,1) = \frac{\lambda_1 \lambda_2}{\mu_1 \mu_2} p(0).$$

Man erkennt an diesem Spezialfall den allgemein aus (5.46) resultierenden Sachverhalt, daß bei gegebener Anzahl von ausgefallenen Maschinen jede Anordnung die gleiche stationäre Wahrscheinlichkeit hat.                                    □

**Beispiel 5.9**  Es wird die gleiche Situation wie im Beispiel 5.8 betrachtet, jedoch ist die Erneuerungspolitik eine andere: Falls $(i_1, i_2, \ldots, i_k)$ die Menge der ausgefallenen Maschinen bezeichnet (ohne Berücksichtigung der Reihenfolge des Ausfalls), dann wird die zur Verfügung stehende Instandhaltungskapazität gleichmäßig auf die ausgefallenen Maschinen aufgeteilt, so daß die Erneuerungsrate der Maschine i gleich $(1/k)\mu_{i_j}$ ist; $j = 1,2,\ldots,k$.

Die stationären Wahrscheinlichkeiten $p(i_1, i_2, \ldots i_k)$ erfüllen daher das Gleichungssystem

$$\left[ \sum_{j=1}^{k} \frac{1}{k} \mu_{i_j} + \sum_{i_j \in \overline{\{i_1, i_2, \ldots i\}}} \lambda_{i_j} \right] p(i_1, i_2, \ldots, i_k)$$

$$= \sum_{i \in \overline{\{i_1, i_2, \ldots i_k\}}} p(i, i_1, i_2, \ldots, i_k) \, \mu_i /(k{+}1) + p(i_2, i_3, \ldots, i_k) \lambda_{i_1}$$

$$+ \, p(i_1, i_3, \ldots, i_k) \lambda_{i_2} + \ldots + p(i_1, i_2, \ldots, i_{k-1}) \lambda_{i_k} ,$$

$$k = 1, 2, \ldots, n{-}1,$$

$$\sum_{i=1}^{n} \lambda_i p(0) = \sum_{i=1}^{n} p(i)\, \mu_i \ ,$$

$$\left[ \sum_{i=1}^{n} \frac{1}{n} \mu_i \right] p(1,2,\ldots,n) = p(2,3,\ldots,n)\lambda_1 + p(1,3,\ldots,n)\lambda_2$$
$$+ \ p(1,2,\ldots,n-1)\lambda_n .$$

Man rechnet leicht nach, daß die Lösung durch

$$p(i_1,i_2,\ldots i_k) = k!\, \prod_{j=1}^{k} \left( \lambda_{i_j} \Big/ \mu_{i_j} \right) p(0) \ ,$$

$$p(0) = \left[ 1 + \sum_{\substack{(i_1,i_2,\ldots,i_k) \\ k=1,2,\ldots,n}} k!\, \prod_{j=1}^{k} \left( \lambda_{i_j} \Big/ \mu_{i_j} \right) \right]$$

gegeben ist, wobei zu jedem $k$ in der Summe $\binom{n}{k}$ Summanden gehören. Gilt $\lambda_i = \lambda$ und $\mu_i = \mu$, $i = 1,2,\ldots,n$, dann haben für festes $k$ die möglichen Zustände $(i_1,i_2,\ldots,i_k)$ alle die gleiche stationäre Wahrscheinlichkeit, so daß

$$P_k = \binom{n}{k} p(i_1,i_2,\ldots,i_k)$$

die Wahrscheinlichkeit dafür ist, daß genau $k$ Maschinen ausgefallen sind. Diese Wahrscheinlichkeiten stimmen aber mit (5.43) überein. Es ist also in diesem Fall gleichgültig, ob die vorhandene Instandhaltungskapazität voll auf eine ausgefallene Maschine konzentriert wird oder gleichmäßig auf alle ausgefallenen Maschinen verteilt wird.

Speziell ergibt sich für n=2

$$p(0) = \left[ 1 + \frac{\lambda_1}{\mu_1} + \frac{\lambda_2}{\mu_2} + \frac{2\lambda_1\lambda_2}{\mu_1\mu_2} \right]^{-1} ,$$

$$p(1) = \frac{\lambda_1}{\mu_1} p(0), \quad p(2) = \frac{\lambda_2}{\mu_2} p(0), \quad p(1,2) = \frac{2\lambda_1\lambda_2}{\mu_1\mu_2} p(0). \qquad \square$$

### 5.4.6 Erlangsche Phasenmethode

Markovsche Systeme auf der Basis des im vorangegangenen Abschnitts eingeführten Grundmodells mit den Übergangsraten (5.40) sind unter anderem durch exponential verteilte Pausenzeiten charakterisiert. Auf dieses Grundmodell lassen sich aber unter sonst gleichen Voraussetzungen auch Systeme zurückführen, deren Pausenzeiten nach Erlang verteilt sind. Wenn etwa die Pausenzeit X einer Erlangverteilung der Ordnung n mit dem Parameter $\lambda$ genügt, so läßt sich X als Summe von n unabhängigen, exponential mit dem Parameter $\mu$ verteilten Zufallsgrößen darstellen. Also liegt es nahe, eine so verteilte Pausenzeit in n Phasen zu unterteilen, deren Längen exponential mit dem Parameter $\lambda$ verteilt sind. Werden gleichzeitig neue, fiktive Systemzustände eingeführt, die angeben, welche Phase gerade läuft, so liegt wieder ein Markovsches System vor. Das Vorgehen soll an einem Beispiel illustriert werden

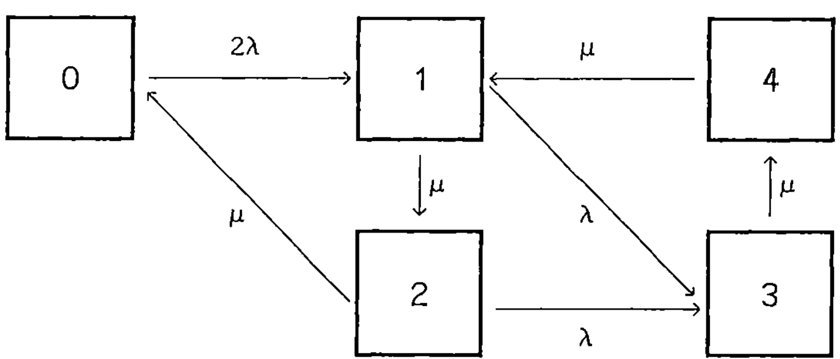


Bild 5.10   Übergangsgraph für Beispiel 5.10

**Beispiel 5.10** Es ist die stationäre Verfügbarkeit des in den Beispielen 5.3 bzw. 5.5 eingeführten doublierten Systems mit heißer Reserve zu bestimmen, wenn r=1 Reserveelement zur Verfügung steht. Die Lebensdauern $X_i$ der Elemente seien exponential mit dem Parameter $\lambda$ verteilt, während die Erneuerungszeiten $Y_i$ einer Erlangverteilung der Ordnung n = 2 mit dem Parameter $\mu$ genügen, i = 1,2. Folgende Systemzustände werden eingeführt:

0     beide Elemente arbeiten

1     ein Element arbeitet,  Erneuerung in Phase 1

2     ein Element arbeitet,  Erneuerung in Phase 2

3     kein Element arbeitet, Erneuerung in Phase 1

4     kein Element arbeitet, Erneuerung in Phase 2

Die Übergangsraten sind (Bild 5.10)

$$q_{01} = 2\lambda, \quad q_{12} = \mu, \quad q_{13} = \lambda, \quad q_{20} = \mu, \quad q_{23} = \lambda, \quad q_{34} = \mu, \quad q_{41} = \mu.$$

Somit betragen die unbedingten Übergangsraten

$$q_0 = 2\lambda, \quad q_1 = q_2 = \lambda + \mu, \quad q_3 = q_4 = \mu.$$

Die stationären Zustandswahrscheinlichkeiten erfüllen das Gleichungssystem

$$2\lambda\, p_0 = \mu\, p_2$$
$$(\lambda + \mu)\, p_1 = \mu\, p_4$$
$$(\lambda + \mu)\, p_2 = \mu\, p_1$$
$$\mu\, p_3 = \lambda\, p_1 + \lambda\, p_2$$
$$\mu\, p_4 = \mu\, p_3$$
$$1 = p_0 + p_1 + p_2 + p_3 + p_4.$$

· Bezeichnet man mit $p_i^*$ die stationäre Wahrscheinlichkeit dafür, daß genau i Elemente ausgefallen sind, so gilt $p_0^* = p_0$, $p_1^* = p_1 + p_2$, $p_2^* = p_3 + p_4$. Diese Wahrscheinlichkeiten sind die eigentlich interessierenden. Wird die Bezeichnung

$$\rho = E(Y_i)/E(X_i) = 2\lambda/\mu; \quad i = 1,2,$$

eingeführt, so ergibt sich

$$p_0^* = \left[1 + 2\,\rho + \frac{3}{2}\,\rho^2 + \frac{1}{4}\,\rho^3\right]^{-1},$$

$$p_1^* = \left[2\,\rho + \frac{1}{2}\,\rho^2\right]^{-1} p_0^*,$$

$$p_2^* = \left[\rho^2 + \frac{1}{4}\,\rho^3\right]^{-1} p_0^*.$$

## 5.5 GEBURTS- UND TODESPROZESSE

Den in den Beispielen 5.1 bis 5.5 und 5.7 betrachteten Markovschen Systemen war gemeinsam, daß bei einer Zustandsänderung der Übergang nur in einen jeweils "benachbarten" Zustand erfolgen konnte. Diese Situation soll nun aufgrund ihres häufigen Auftretens in praktischen Problemen allgemein untersucht werden.

**Definition 5.4** Eine Markovsche Kette mit dem Zustandsraum $Z = \{0,1,\ldots,n\}$ bzw. $Z = \{0,1,\ldots\}$ heißt *Geburts- und Todesprozeß* (*birth- and death process*), wenn bei einer Zustandsänderung ausgehend vom Zustand i nur ein Übergang in die Zustände i-1 bzw. i+1 erfolgen kann. ■

Die Übergangsraten eines Geburts- und Todesprozesses erfüllen die Bedingungen

$$q_{i,i+1} > 0 \quad \text{für } i = 0,1,\ldots$$

$$q_{i,i-1} > 0 \quad \text{für } i = 1,2,\ldots$$

$$q_{ij} = 0 \quad \text{für } |i-j| > 1.$$

Hierbei sind die $\lambda_i = q_{i,i+1}$ die *Geburtsraten* und $\mu_i = q_{i,i-1}$ die *Todesraten*. Entsprechend dem vereinbarten Zustandsraum ist stets $\mu_0 = 0$ sowie $\lambda_n = 0$ für $n < \infty$ zu setzen. Die unbedingten Übergangsraten sind $q_i = \lambda_i + \mu_i$ für $i \geq 0$ (Bild 5.11).

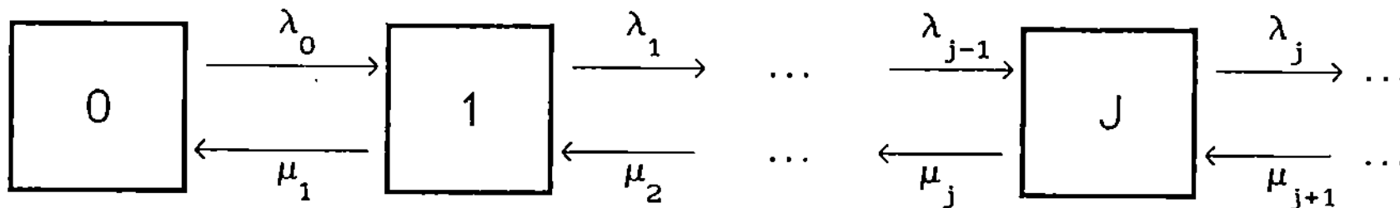

Bild 5.11   Übergangsgraph für den Geburts- und Todesprozeß

Der Geburts- und Todesprozeß ist eine homogene Markovsche Kette, wenn die Geburts- und Todesraten nicht von der Zeit abhängen. Gemäß (5.23) erfüllen die absoluten Zustandswahrscheinlichkeiten das Differentialgleichungssystem

$$p_0'(t) = -\lambda_0 p_0(t) + \mu_1 p_1(t),$$

$$p_j'(t) = \lambda_{j-1} p_{j-1}(t) - (\lambda_j + \mu_j)p_j(t) + \mu_{j+1} p_{j+1}(t), \quad j = 1,2,\ldots, \quad (5.48)$$

$$p_n'(t) = \lambda_{n-1} p_{n-1}(t) - \mu_n p_n(t), \quad n < \infty.$$

Die stationären Zustandswahrscheinlichkeiten

$$p_j = \lim_{t \to \infty} p_j(t)$$

befriedigen demnach das Gleichungssystem

$$0 = -\lambda_0 p_0 + \mu_1 p_1$$

$$0 = \lambda_{j-1} p_{j-1} - (\lambda_j + \mu_j)p_j + \mu_{j+1} p_{j+1}, \quad j = 1,2,\ldots \quad (5.49)$$

$$0 = \lambda_{n-1} p_{n-1} - \mu_n p_n, \quad n < \infty.$$

Durch Einführung der Bezeichnung

$$h_j = - \lambda_j p_j + \mu_{j+1} p_{j+1}, \quad j = 0,1,\ldots$$

erhält (5.49) eine einfache Gestalt:

$$h_0 = 0$$
$$h_j - h_{j-1} = 0, \quad j = 1,2,\ldots$$
$$h_{n-1} = 0, \quad n < \infty.$$

Es folgt

$$h_j = 0, \quad j = 0,1,\ldots,n-1 \text{ für } n < \infty,$$
$$h_j = 0, \quad j = 0,1,\ldots \quad \text{für } n = \infty.$$

Beginnend mit $j = 0$ ergibt sich durch schrittweise Lösung:

$$p_1 = \frac{\lambda_0}{\mu_1} p_0 \ , \quad p_2 = \frac{\lambda_1}{\mu_2} p_1 = \frac{\lambda_0 \lambda_1}{\mu_1 \mu_2} p_0 \ ,$$

$$p_j = \frac{\lambda_{j-1}}{\mu_j} p_{j-1} = \frac{\lambda_0 \lambda_1 \ldots \lambda_{j-1}}{\mu_0 \mu_1 \ldots \mu_j} p_0 = \prod_{i=1}^{j} \frac{\lambda_{i-1}}{\mu_i} p_0 \ , \quad j=1,2,\ldots \tag{5.50}$$

Im Fall $n < \infty$ ergibt sich aus der Bedingung

$$\sum_{j=0}^{n} p_j = 1$$

die stationäre Zustandswahrscheinlichkeit $p_0$ zu

$$p_0 = \left[ 1 + \sum_{j=1}^{n} \prod_{i=1}^{j} \frac{\lambda_{i-1}}{\mu_i} \right]^{-1} . \tag{5.51}$$

Aus (5.51) wird deutlich, daß im Fall $n = \infty$ die Konvergenz der Reihe

$$\sum_{j=1}^{\infty} \prod_{i=1}^{j} \frac{\lambda_{i-1}}{\mu_i} \tag{5.52}$$

für die Existenz einer stationären Anfangsverteilung $\{p_j, \ j = 0,1,\ldots\}$ notwendig ist. Die Konvergenz dieser Reihe ist sicher dann gegeben, wenn eine natürliche Zahl N existiert, so daß

$$\frac{\lambda_{i-1}}{\mu_i} \leq \alpha < 1$$

für alle $i \geq N$ erfüllt ist. Anschaulich ist diese Bedingung klar; denn wenn die Todesraten größer sind als die Geburtsraten, kann der Prozeß $\{Z(t), t \geq 0\}$ mit Wahrscheinlichkeit 1 nicht gegen $\infty$ "abdriften". Ohne Beweis sei schließlich noch folgender Satz angegeben (*Karlin/Gregor (1957)*):

**Satz 5.1** Die Konvergenz der Reihe (5.52) und die Divergenz der Reihe

$$\sum_{j=1}^{\infty} \prod_{i=1}^{j} \frac{\mu_i}{\lambda_i} \tag{5.53}$$

ist hinreichend für die Existenz einer stationären Anfangsverteilung. Die Divergenz der Reihe (5.53) ist darüberhinaus hinreichend für die Existenz einer solchen zeitabhängigen Lösung $\{p_j(t), j = 0,1,\ldots\}$ des Differentialgleichungssystems (5.48) mit $n = \infty$, die der Bedingung

$$\sum_{j=1}^{\infty} p_j(t) = 1$$

für alle $t \geq 0$ genügt. ∎

Bei einem im Vergleich zu $\mu_i$ großem $\lambda_i$ kann also durchaus der Fall eintreten, daß für ein endliches $t > 0$

$$\sum_{j=0}^{\infty} p_j(t) = \alpha < 1$$

gilt. Praktisch bedeutet dies, daß mit positiver Wahrscheinlichkeit $1-\alpha$ bereits nach einer endlichen Zeit eine unbeschränkte "Population" vorliegt, also ein explosionsartiges Wachstum erfolgte (Teilchenspaltung bei Kernexplosionen, massenhafte Vermehrung von Insektenpopulationen ). In der Zuverlässigkeitstheorie ist der Fall $n = \infty$ im allgemeinen nur für die Konstruktion von Schranken für Zuverlässigkeitskenngrößen oder für asymptotische Abschätzungen von Zuverlässigkeitskenngrößen von Interesse.

**Beispiel 5.11** Es wird wieder das Modell der Mehrmaschinenbedienung von Beispiel 5.7 betrachtet, jedoch mit dem Unterschied, daß jetzt r Instandhaltungsmechaniker zur Verfügung stehen, $1 \leq r \leq n$. Alle anderen Voraussetzungen sowie die Bezeichnungen werden übernommen. Ist also $Z(t)$ die Anzahl der zur Zeit t ausgefallenen Maschinen, so ist $\{Z(t), t \geq 0\}$ ein Geburts- und Todesprozeß mit dem Zustandsraum $Z = \{0,1,\ldots,n\}$, den Geburtsraten

$$\lambda_j = \begin{cases} (n-j)\lambda, & 0 \leq j \leq n, \\ 0, & j > n, \end{cases}$$

und den Todesraten

$$\mu_j = \begin{cases} j\mu, & 0 \le j \le r, \\ r\mu, & r < j \le n. \end{cases}$$

Damit erhält man aus (5.50) und (5.51) mit $\rho = \lambda/\mu$ die stationären Zustands-wahrscheinlichkeiten

$$p_j = \begin{cases} \binom{n}{j} \rho^j\, p_0, & 1 \le j \le r, \\[2ex] \dfrac{n!}{r^{j-r}r!\,(n-j)!}\rho^j\, p_0, & r \le j \le n. \end{cases} \tag{5.54}$$

mit

$$p_0 = \left[ \sum_{i=0}^{r} \binom{n}{i} \rho^i + \sum_{i=r+1}^{n} \frac{n!}{r^{i-r}r!\,(n-i)!}\rho^i \right]^{-1}.$$

Die konkrete Anwendung der Formeln (5.54) soll an einem numerischen Beispiel illustriert werden: Es seien $n = 10$ , $\rho = 0,3$ und $r = 2$. Zwecks effektiver Organisation der Instandhaltung der Maschinen sind 2 Varianten zu verglei-chen:

1) Beide Mechaniker sind zusammen für die Instandhaltung der 10 Maschinen zuständig.

2) Den Mechanikern werden je 5 Maschinen zugeordnet, für deren Instandhal-tung sie allein zuständig sind.

Es seien im stationären Regime $Z_{n,r}$ die zufällige Anzahl der ausgefallenen Maschinen und $W_{n,r}$ die zufällige Anzahl der mit Erneuerung ausgefallener Ma-schinen beschäftigten Mechaniker, jeweils in Abhängigkeit von der Anzahl $n$ der Maschinen und der Anzahl $r$ der Mechaniker. Dann erhält man aus Tafel 5.1 für

*Variante* 1:

$$E(Z_{10,2}) = \sum_{j=1}^{10} j\, p_j = 3,902,$$

$$E(W_{10,2}) = 1{\circ}p_1 + 2\sum_{j=2}^{10} p_j = 1,8296, \quad \text{und für}$$

*Variante* 2:

$$E(Z_{5,1}) = \sum_{j=0}^{5} j\, p_j = 2,0107,$$

$$E(W_{5,1}) = \sum_{j=1}^{5} p_j = 0,855.$$

Es befinden sich also bei Anwendung von Variante 2 von den 10 Maschinen im Mittel $2E(Z_{5,1}) = 4,0214$ im Ausfallzustand und $2E(W_{5,1}) = 1,77$ Mechaniker sind im Durchschnitt mit der Erneuerung beschäftigt. Somit ist einerseits bei Anwendung von Variante 1 die mittlere Anzahl ausgefallener Maschinen kleiner als bei Variante 2, während andererseits bei Variante 2 die Mechaniker weniger ausgelastet sind als bei Variante 1. Daher ist der Variante 1 unter alleiniger Berücksichtigung dieser Kriterien der Vorzug zu geben.

Tafel 5.1   Numerische Ergebnisse  für Beispiel 5.11
($j$ = Anzahl der ausgefallenen Maschinen)

| Variante 1: $n = 10$, $r = 2$ | | Variante 2: $n = 5$, $r = 1$ | |
|:---:|:---:|:---:|:---:|
| $j$ | $p_j$ | $j$ | $p_j$ |
| 0 | 0,0341 | 0 | 0,1450 |
| 1 | 0,1022 | 1 | 0,2175 |
| 2 | 0,1379 | 2 | 0,2611 |
| 3 | 0,1655 | 3 | 0,2350 |
| 4 | 0,1737 | 4 | 0,1410 |
| 5 | 0,1564 | 5 | 0,0004 |
| 6 | 0,1173 | | |
| 7 | 0,0704 | | |
| 8 | 0,0316 | | |
| 9 | 0,0095 | | |
| 10 | 0,0014 | | |

**Reine Geburtsprozesse**  Es sei $Z(t)$ die Anzahl der Ausfälle eines technischen Systems im Intervall $[0,t)$. Dann hat der stochastische Prozeß $\{Z(t),\ t \geq 0\}$ die Eigenschaft, daß seine Trajektorien nichtfallende Treppenfunktionen sind. Mit anderen Worten, der Prozeß kann nur in den jeweils höheren Zustand übergehen. Derartige Prozesse nennt man *reine Geburtsprozesse*. Formal handelt es sich um Geburts- und Todesprozesse mit Todesraten, die alle gleich 0 sind: $\mu_j = 0$ für $j \geq 0$. Unter der Anfangsbedingung $p_i(0) = 1$ sind seine absoluten Zustandwahrscheinlichkeiten $p_j(t)$ gleich den Übergangswahrscheinlichkeiten $p_{ij}(t)$. Diese sind identisch 0 für $i > j$ und befriedigen für $i \leq j$ gemäß (5.48) das Differentialgleichungssystem

$$p_i'(t) = -\lambda_i p_i(t)$$

$$p_j'(t) = \lambda_{j-1} p_{j-1}(t) - \lambda_j p_j(t), \qquad j = i+1,\ i+2,\ldots \qquad (5.55)$$

$$p_n'(t) = \lambda_{n-1} p_{n-1}(t), \qquad n < \infty.$$

Aus der ersten Gleichung von (5.55) folgt

$$p_i(t) = e^{-\lambda_i t}. \qquad (5.56)$$

Die Verweilzeit des Prozesses im Anfangszustand i ist also exponentialverteilt mit dem Parameter $\lambda_i$, $i = 0,1,\ldots$ Ferner ist die mittlere Gleichung von (5.55) äquivalent zu

$$e^{\lambda_j t}\left[p_j'(t) + \lambda_j p_j(t)\right] = \lambda_{j-1} e^{\lambda_j t} p_{j-1}(t)$$

bzw.

$$\frac{d}{dt}\left(e^{\lambda_j t} p_j(t)\right) = \lambda_{j-1} e^{\lambda_j t} p_{j-1}(t).$$

Durch beiderseitige Integration erhält man

$$p_j(t) = \lambda_{j-1} e^{-\lambda_j t} \int_0^t e^{\lambda_j x} p_{j-1}(x)\,dx. \qquad (5.57)$$

Die Gleichungen (5.56) und (5.57) erlauben nun die rekursive Bestimmung der $p_j(t)$ für $j = i+1,\ i+2,\ldots$

**Beispiel 5.12** Ein System bestehe aus n unabhängigen Elementen in heißer Reserve, deren Lebensdauern exponential mit dem Parameter $\lambda$ verteilt sind. Erneuerungen ausgefallener Elemente finden nicht statt (Verallgemeinerung von Beispiel 5.3.a)). Es sei Z(t) die Anzahl der zur Zeit t ausgefallenen Elemente. Unter der Voraussetzung $Z(0) = 0$ ist $\{Z(t),\ t{\geq}0\}$ ein reiner Geburtsprozeß mit den Geburtsraten $\lambda_j = (n-j)\lambda$, $j = 0,1,\ldots,n$. Gemäß (5.56) gilt

$$p_0(t) = e^{-n\lambda t}.$$

Aus (5.57) folgt mit $j = 1$

$$p_1(t) = n\lambda e^{-(n+1)\lambda t} \int_0^t e^{(n-1)\lambda x} e^{-n\lambda x}\,dx = n e^{-(n-1)\lambda}(1 - e^{-\lambda t}).$$

Induktiv erhält man schließlich aus (5.57)

$$p_j(t) = \binom{n}{j} e^{-(n-j)\lambda t} (1 - e^{-\lambda t})^j , \quad j = 0,1,\ldots,n.$$

Insbesondere ergibt sich für $j=n$ die Ausfallwahrscheinlichkeit des Systems:

$$p_n(t) = (1 - e^{-\lambda t})^n.$$

Somit genügt $Z(t)$ unter der Bedingung $Z(0) = 0$ einer Binomialverteilung mit den Parametern $n$ und $p = 1 - e^{-\lambda t}$. Daher ist die Trendfunktion des Prozesses durch

$$E(Z(t)) = n (1 - e^{-\lambda t})$$

gegeben.                                                                      □

Im Fall $n < \infty$ erfüllt eine Lösung von (5.55) stets die Bedingung

$$\sum_{j=i}^{n} p_j(t) = 1.$$

Im Fall $n = \infty$ gilt der folgende Satz, der hier ohne Beschränkung der Allgemeinheit unter der Bedingung $p_0(0) = 0$ formuliert und bewiesen wird.

**Satz 5.2** Die Lösung $\{p_j(t), \ j = 0, \ 1,\ldots\}$ von (5.55) erfüllt genau dann für alle $t \geq 0$ die Bedingung

$$\sum_{j=0}^{\infty} p_j(t) = 1, \tag{5.58}$$

wenn die Reihe

$$\sum_{j=0}^{\infty} \frac{1}{\lambda_j} \tag{5.59}$$

divergiert.

**Beweis** Es sei

$$s_k(t) = p_0(t) + p_1(t) + \ldots + p_k(t).$$

Aus (5.55) folgt nach Summation der mittleren Gleichung von $j = 1$ bis $k$

$$s_k'(t) = -\lambda_k p_k(t).$$

Integration liefert wegen $s_k(0) = 1$

$$1 - s_k(t) = \lambda_k \int_0^t p_k(x)\,dx. \tag{5.60}$$

Da $s_k(t)$ monoton wächst für $k \to \infty$, existiert der Grenzwert

$$\lim_{k \to \infty} (1 - s_k(t)) = r(t).$$

Aus (5.60) folgt

$$\lambda_k \int_0^t p_k(x)dx \geq r(t).$$

Daher gilt

$$\int_0^t s_k(x)\, dx \geq r(t) \left( \frac{1}{\lambda_0} + \frac{1}{\lambda_1} + \dots + \frac{1}{\lambda_k} \right).$$

Da stets $s_k(t) \leq 1$ ist, folgt

$$t \geq r(t) \left( \frac{1}{\lambda_0} + \frac{1}{\lambda_1} + \dots + \frac{1}{\lambda_k} \right).$$

Divergiert die Reihe (5.59), so folgt aus dieser Ungleichung, daß $r(t) \equiv 0$ sein muß. Dann ist aber (5.58) erfüllt.

Umgekehrt folgt aus (5.60)

$$\lambda_k \int_0^t p_k(x)dx \leq 1,$$

so daß gilt

$$\int_0^t s_k(x)dx \leq \frac{1}{\lambda_0} + \frac{1}{\lambda_1} + \dots + \frac{1}{\lambda_k}.$$

Der Grenzübergang $k \longrightarrow \infty$ liefert

$$\int_0^t (1 - r(x))dx \leq \sum_{j=0}^{\infty} \frac{1}{\lambda_j}.$$

Gilt $r(t) \equiv 0$, ist der linke Teil dieser Ungleichung gleich t. Da t beliebig groß sein kann, muß in diesem Fall die Reihe (5.59) divergieren. Damit ist der Beweis vollständig.

## 5.6    POISSONSCHE PROZESSE

### 5.6.1  Homogener Poissonscher Prozeß

Der bekannteste und wichtigste reine Geburtsprozeß ist der Poissonsche Prozeß. Er tritt in zahlreichen Anwendungen in Naturwissenschaft und Technik auf.

**Definition 5.5**  Ein reiner Geburtsprozeß $\{Z(t), \; t \geq 0\}$ mit dem Zustandsraum $Z = \{0,1,2,\dots\}$ und $Z(0)=0$ heißt (*homogener*) *Poissonscher Prozeß* mit dem Parameter $\lambda$, wenn seine Verweildauern in den Zuständen unabhängige, identisch exponential mit dem Parameter $\lambda$ verteilte Zufallsgrößen sind.    ∎

Die Geburtsraten des Poissonschen Prozesses sind also alle gleich, nämlich $\lambda_j = \lambda$, $j = 0,1,\dots$ Wegen der Anfangsbedingung $p_0(0) = 0$ gilt

$$p_0(t) = e^{-\lambda t}.$$

Die Gleichung (5.57) lautet

$$p_j(t) = \lambda e^{-\lambda t}\int_0^t e^{\lambda x}\, p_{j-1}(x)dx, \quad j = 1,2,\dots \tag{5.61}$$

Insbesondere ergibt sich für $j = 1$:

$$p_1(t) = \lambda e^{-\lambda t}\int_0^t e^{\lambda x}\, e^{-\lambda x}\, dx = \lambda t e^{-\lambda t}.$$

Nunmehr beweist man vermittels (5.61) durch vollständige Induktion, daß die absoluten Zustandswahrscheinlichkeiten des Poissonschen Prozesses folgende Gestalt haben:

$$p_j(t) = \frac{(\lambda t)^j}{j!} e^{-\lambda t}, \quad j = 0,1,\dots \tag{5.62}$$

Somit genügt $Z(t)$ einer Poissonverteilung mit dem Parameter $\lambda t$. Wegen der "Gedächtnislosigkeit" der Exponentialverteilung läßt sich auch leicht zeigen, daß der Poissonsche Prozeß stationäre Zuwächse hat, daß also in Verallgemeinerung von (5.62) für alle s und t mit $0 \leq s,t < \infty$ und $j = 0,1,\dots$ gilt

$$P(Z(t+s)-Z(s))=j) = \frac{(\lambda t)^j}{j!} e^{-\lambda t}. \tag{5.63}$$

Die Stationarität der Zuwächse spielt auch bei der im folgenden Satz gegebenen Charakterisierung Poissonscher Prozesse eine wichtige Rolle.

**Satz 5.3** Ein reiner Geburtsprozeß $\{Z(t), t \geq 0\}$, $Z(0) = 0$, mit dem Zustandsraum $Z = \{0,1,\ldots\}$ ist genau dann ein Poissonscher Prozeß mit dem Parameter $\lambda$, wenn er folgende Eigenschaften hat:

a) $\{Z(t),\ t \geq 0\}$ hat homogene und unabhängige Zuwächse.

b) $p_1(h) = P(Z(t) = 1) = \lambda h + o(h)$.

c) Der Prozeß ist *ordinär*, das heißt, es gilt $p_{\geq 2}(h) = P(Z(h) \geq 2) = o(h)$.

**Beweis** Zunächst wird gezeigt, daß aus den Eigenschaften a) bis c) die Definition 5.5 folgt. Wegen a) gilt

$$
\begin{aligned}
p_0(t+h) &= P(Z(t+h) = 0) \\
&= P(Z(t) = 0,\ Z(t+h)-Z(t) = 0) \\
&= P(Z(t) = 0)\, P(Z(t+h)-Z(t) = 0) \\
&= p_0(t)\, p_0(h),
\end{aligned}
$$

woraus wegen b) und c)

$$p_0(t+h) = p_0(t)(1 - \lambda h + o(h))$$

folgt. Somit gilt $p_0'(t) = -\lambda p_0(t)$ bzw.

$$p_0(t) = e^{-\lambda t}.$$

Analog ergibt sich für $j \geq 1$

$$
\begin{aligned}
p_j(t+h) &= P(Z(t+h) = j) \\
&= P(Z(t) = j,\ Z(t+h)-Z(t) = 0) \\
&\quad + P(Z(t) = j-1,\ Z(t+h)-Z(t) = 1) \\
&\quad + \sum_{i=2}^{j} P(Z(t) = j-i,\ Z(t+h)-Z(t) = i).
\end{aligned}
$$

Die letzte Zeile ist wegen c) gleich $o(h)$, so daß wegen a) und b) gilt

$$
\begin{aligned}
p_j(t+h) &= p_j(t)p_0(h) + p_{j-1}(t)p_1(h) + o(h) \\
&= p_j(t)(1-\lambda h) + p_{j-1}(t)\lambda h + o(h).
\end{aligned}
$$

Hieraus ergibt sich aber das Differentialgleichungssystem (5.55), dessen Lösung durch (5.62) gegeben ist. Damit ist die eine Richtung des Satzes bewiesen. Der Beweis der anderen wird dem Leser überlassen. ∎

Die praktische Bedeutung des Satzes liegt darin, daß über die Gültigkeit der Eigenschaften a) bis c) im allgemeinen ohne quantitatve Untersuchungen allein aus der Natur des Prozesses befunden werden kann. Insbesondere besagt die *Ordinarität* des Prozesses (Eigenschaft c)), daß in hinreichend kleinen Zeitintervallen mehr als eine Zustandsänderung nur mit vernachlässigbar kleiner Wahrscheinlichkeit stattfinden kann.

Poissonsche Prozesse haben in den meisten praktischen Anwendungen den Charakter von *Zählprozessen*, das heißt, $Z(t)$ bezeichnet die zufällige Anzahl der im Intervall $[0,t]$ eintretenden Ereignisse einer jeweils interessierenden Art. Beispiele dafür sind (jeweils bezogen auf das Intervall $[0,t]$): Anzahl der Ausfälle einer Maschine, Anzahl der Anforderungen an einen Dienstleistungsbetrieb (etwa Reparaturwerkstatt, Tankstelle), Anzahl der Verkehrsunfälle in einem fixierten Territorium u.s.w. (Bild 5.12). Formal ist ein Zählprozeß wie folgt definiert:

**Definition 5.6**  Ein stochastischer Prozeß $\{Z(t),\ t\geq 0\}$ heißt *Zählprozeß*, wenn er folgende Bedingungen erfüllt:

a) $Z(t) \geq 0$,

b) $Z(t)$ ist ganzzahlig.

c) $Z(t_1) \leq Z(t_2)$ für $t_1 \leq t_2$.

d) Für $t_1 < t_2$ ist $Z(t_2)-Z(t_1)$ gleich der Anzahl wohldefinierter Ereignisse, die in $[t_1,t_2]$ eintreten. ∎

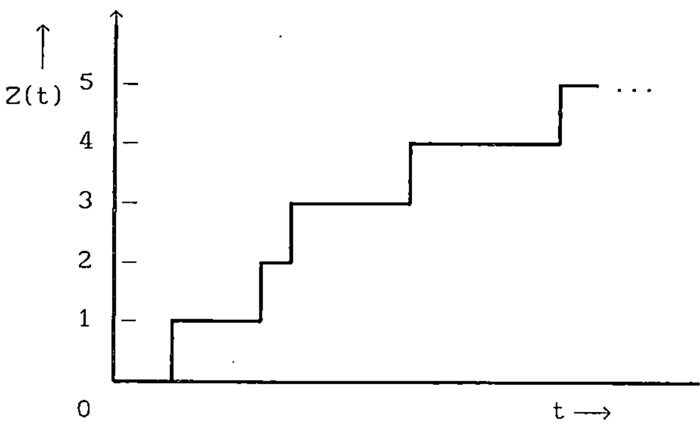



Bild 5.12   Realisierung eines Zählprozesses

**Unterschiedliche Ereignistypen** Häufig ist es bei praktischen Auswertungen notwendig bzw. zweckmäßig, zwischen den eintretenden Ereignissen zu differenzieren (Teil- oder Totalausfall einer Maschine, dringende oder weniger dringende Anforderung an einen Dienstleistungsbetrieb, Verkehrsunfall mit oder ohne Personenschaden). Im folgenden werden zwei Typen von Ereignissen unterschieden. Ein Ereignis gehört zum Typ 1 mit Wahrscheinlichkeit 1-p und zum Typ 2 mit Wahrscheinlichkeit p. Die Typen der eintreten Ereignisse seien voneinander unabhängig.

**Satz 5.4** Es sei $\{Z(t),\ t \geq 0\}$ ein Poissonscher Prozeß mit dem Parameter $\lambda$ und $\{Z_k(t),\ t \geq 0\}$ sei der zugehörige Prozeß, der die Forderungen vom Typ k zählt, $k = 1,2$. Dann genügt $Z_1(t)$ einer Poissonverteilung mit dem Parameter $\lambda(1-p)$ und $Z_2(t)$ einer Poissonverteilung mit dem Parameter $\lambda p$ und beide Zufallsgrößen sind für alle $t > 0$ voneinander unabhängig.

**Beweis** Die Behauptungen des Satzes folgen aus der Struktur der gemeinsamen Verteilung von $(Z_1(t),Z_2(t))$, die es infolgedessen zu bestimmen gilt:

$$P(Z_1(t)=i,Z_2(t)=j) = \sum_{k=0}^{\infty} P(Z_1(t)=i,Z_2(t)=j \mid Z(t)=k)\ P(Z(t)=k)$$

$$= P(Z_1(t)=i,Z_2(t)=j \mid Z(t)=i+j)\ P(Z(t)=i+j);$$

denn in der Summe kann nur der Summand mit $k=i+j$ verschieden von 0 sein, da die bedingten Wahrscheinlichkeiten für $k \neq i+j$ verschwinden. $Z_1(t)$ und $Z_2(t)$ sind bei gegebenem $Z(t) = i+j$ binomialverteilt mit den Parametern $i+j$ (für beide) und 1-p bzw. p. Da jedoch offensichtlich

$$P(Z_1(t)=i,Z_2(t)=j)\mid Z(t)=i+j) = P(Z_1(t)=i)$$

gilt, folgt

$$P(Z_1(t)=i,Z_2(t)=j) = \binom{i+j}{i}(1-p)^i p^j\ \frac{(\lambda t)^{i+j}}{(i+j)!}\ e^{-\lambda t}$$

$$= \left[\frac{[\lambda(1-p)t]^i}{i!}e^{-\lambda(1-p)t}\right]\left[\frac{(\lambda p t)^j}{j!}e^{-\lambda p t}\right].$$

(5.64)

Daher gilt

$$P(Z_1(t)=i) = \sum_{j=0}^{\infty} P(Z_1(t)=i,Z_2(t)=j)$$

$$= \frac{[\lambda(1-p)t]^i}{i!}\ e^{-\lambda(1-p)t}\ \sum_{j=0}^{\infty}\frac{(\lambda p t)^j}{j!}\ e^{-\lambda p t}$$

$$= \frac{[\lambda(1-p)t]^i}{i!} \, e^{-\lambda(1-p)t}, \quad i = 0,1,\dots$$

$Z_1(t)$ und $Z_2(t)$ genügen also Poissonverteilungen, und zwar mit den Parametern $\lambda(1-p)$ bzw. $\lambda p$. Aus (5.64) folgt, daß $Z_1(t)$ und $Z_2(t)$ voneinander unabhängig sind. Damit ist der Satz bewiesen.  ∎

### 5.6.3  Inhomogener Poissonscher Prozeß

Es interessiert jetzt die Struktur desjenigen Prozesses, der außer der Homogenität der Zuwächse alle im Satz 5.3 aufgeführten Eigenschaften hat. Dies führt zu der

**Definition 5.6**  Ein Zählprozeß $\{Z(t),\ t{\geq}0\}$ mit $Z(0) = 0$ ist ein *inhomogener Poissonscher Prozeß* mit der *Intensitätsfunktion* $\lambda(t)$, wenn gilt

a) $\{Z(t),\ t{\geq}0\}$ hat unabhängige Zuwächse.

b) $P(Z(t+h)-Z(t)=1) = \lambda(t)h + o(h)$.

c) $P(Z(t+h)-Z(t){\geq}2) = o(h)$.  ∎

Der inhomogene Poissonsche Prozeß ist somit ein reiner Geburtsprozeß, dessen Geburtsraten vom Zustand unabhängig sind, aber von der Zeit abhängen:

$$\lambda_j(t) = \lambda(t), \quad j = 0,1,\dots$$

Es sei

$$p_j(s,t) = P(Z(s+t)-Z(s)=j), \quad j = 0,1,\dots$$

Zur Bestimmung dieser Wahrscheinlichkeiten wird zunächst das Verhalten von $p_j(s,t+h)$ für $h \longrightarrow 0$ untersucht:

$$\begin{aligned}
p_0(s,t+h) &= P(Z(s+t+h)-Z(s)=0)\\
&= P(Z(s+t)-Z(s)=0, Z(s+t+h)-Z(s+t)=0)\\
&= P(Z(s+t)-Z(s)=0)\ P(Z(s+t+h)-Z(s+t)=0)\\
&= p_0(s,t)[1 - \lambda(s+t)h] + o(h).
\end{aligned}$$

Es folgt

$$\frac{p_0(s,t+h)-p_0(s,t)}{h} = -\lambda(s+t)p_0(s,t) + \frac{o(h)}{h}.$$

Für $h \to 0$ ergibt sich

$$\frac{\partial}{\partial t}\, p_0(s,t) = -\,\lambda(s+t)p_0(s,t). \tag{5.65}$$

Die Lösung dieser Differentialgleichung ist

$$p_0(s,t) = e^{-(\Lambda(s+t)-\Lambda(s))} \quad \text{mit} \quad \Lambda(x) = \int_o^x \lambda(u)\,du. \qquad (5.66)$$

Analog zu (5.65) zeigt man die Gültigkeit von (man vergleiche mit (5.55))

$$\frac{\partial}{\partial t}\, p_j(s,t) = \lambda(s+t)[p_{j-1}(s,t) - p_j(s,t)], \quad j = 1,2,\ldots \qquad (5.67)$$

Hieraus ergibt sich nun induktiv, ausgehend von (5.66), für $j = 1,2,\ldots$

$$p_j(s,t) = \frac{(\Lambda(s+t)-\Lambda(s))^j}{j!}\, e^{-(\Lambda(s+t)-\Lambda(s))}. \qquad (5.68)$$

Speziell erhält man für $s = 0$ die absoluten Zustandswahrscheinlichkeiten zum Zeitpunkt t (bzw. die Übergangswahrscheinlichkeiten $p_{oj}(t)$), $j = 0,1,\ldots$:

$$p_j(t) = \frac{(\Lambda(t))^j}{j!}\, e^{-\Lambda(t)} \qquad (5.69)$$

Da der inhomogene Poissonprozeß das geeignete mathematische Modell für zahlreiche Erscheinungen in Naturwissenschaft und Technik darstellt und insbesondere die analytische Grundlage für die Behandlung einer wichtigen Klasse von Instandhaltungsmodellen bildet (Abschnitt 6.6), soll er hier noch etwas detaillierter behandelt werden.

Es sei $X_j$, $j = 1,2,\ldots$ die zufällige Zeit bis zum Eintreten des j-ten Ereignisses. Ist F(t) die Verteilungsfunktion von $X_1$ und f(t) die zugehörige Dichte, so folgt aus (5.69)

$$\overline{F}(t) = 1 - F(t) = e^{-\Lambda(t)}, \qquad (5.70)$$

$$f(t) = \lambda(t)e^{-\Lambda(t)}, \quad t \geq 0.$$

Daher läßt sich $\lambda(t)$ als die zu $X_1$ gehörige Ausfallrate interpretieren und $\Lambda(t)$ ist die zugehörige Hazardfunktion (s. (2.16)).

Es interessiert nun die gemeinsame Verteilung von $(X_1,X_2)$: Wegen (5.66) und (5.70) gilt für $x_1 < x_2$

$$F(x_1,x_2) = P(X_1 < x_1,\ X_2 < x_2) = \int_o^{x_1} (1-p_0(t,x_2))\,dF(t)$$

$$= \int_o^{x_1} \left(1 - e^{-(\Lambda(x_2)-\Lambda(t))}\right) e^{-\Lambda(t)}\, d\Lambda(t)$$

$$= F(x_1) - \int_0^{x_1} e^{-\Lambda(x_2)} d\Lambda(t) = F(x_1) - \Lambda(x_1)\overline{F}(x_2).$$

Durch Differentiation erhält man die gemeinsame Verteilungsdichte des zufäl-
gen Vektors $(X_1, X_2)$ zu

$$f(x_1, x_2) = \frac{\partial^2 F(x_1, x_2)}{\partial x_1 \partial x_2} = \begin{cases} \lambda(x_1) f(x_2), & x_1 < x_2, \\ 0, & \text{sonst.} \end{cases}$$

Davon ausgehend ergibt sich induktiv die gemeinsame Verteilungsdichte des
Vektors $(X_1, X_2, \ldots, X_j)$ zu

$$f(x_1, x_2, \ldots, x_j) = \begin{cases} \lambda(x_1)\lambda(x_2)\ldots\lambda(x_{j-1}) \, f(x_j), & x_1 < x_2 < \ldots < x_j, \\ 0, & \text{sonst.} \end{cases} \tag{5.71}$$

Durch Übergang zur Randverteilung gelangt man zur Verteilungsdichte $f_j(t)$
von $X_j$ $(t = x_j)$:

$$f_j(t) = \int_0^t \int_0^{x_{j-1}} \ldots \int_0^{x_2} \lambda(x_1)\lambda(x_2)\ldots\lambda(x_{j-1}) f(t) \, dx_1 dx_2 \ldots dx_{j-1}.$$

Da für eine beliebige integrierbare Funktion $g(x)$, $x \geq 0$, für alle $n \geq 2$

$$\int_0^t \int_0^x \ldots \int_0^{x_3} \int_0^{x_2} \prod_{i=1}^{n} g(x_i) \, dx_1 dx_2 \ldots dx_n = \frac{1}{n!} \left( \int_0^t g(x) dx \right)^n \tag{5.72}$$

gilt, folgt

$$f_j(t) = \frac{(\Lambda(t))^{j-1}}{(j-1)!} f(t), \quad j = 1, 2, \ldots \tag{5.73}$$

Durch partielle Integration ergeben sich bei Nutzung von (5.70) Rekursions-
gleichungen für die $E(X_j)$:

$$E(X_j) = \frac{1}{(j-1)!} \int_0^\infty t \, (\Lambda(t))^{j-1} \, f(t) \, dt$$

$$= \frac{1}{j!} \int_0^\infty t \, (\Lambda(t))^j \, f(t) \, dt - \frac{1}{j!} \int_0^\infty t \, (\Lambda(t))^j \, \overline{F}(t) \, dt$$

$$= E(X_{j+1}) - \frac{1}{j!} \int_0^\infty t \, (\Lambda(t))^j \, \overline{F}(t) \, dt \; .$$

Der Erwartungswert der zufälligen Zeitdauer $Y_j$ zwischen dem Eintreten des $(j-1)$-ten und dem $j$-ten Ereignis beträgt somit

$$E(Y_j) = \frac{1}{(j-1)!} \int_0^\infty t \, (\Lambda(t))^{j-1} \, \overline{F}(t) \, dt \qquad (5.74)$$

Es folgt

$$E(X_j) = \int_0^\infty \sum_{i=0}^{j-1} \frac{1}{i!} (\Lambda(t))^i \, \overline{F}(t) \, dt \qquad (5.75)$$

**Beispiel 5.13** Es sei ein inhomogener Poissonscher Prozeß mit der Intensitätsfunktion

$$\lambda(t) = \frac{\beta}{\vartheta} \left( \frac{t}{\vartheta} \right)^{\beta-1}, \quad \beta > 1, \quad \vartheta > 0.$$

gegeben. Dann ist

$$\Lambda(t) = \left( \frac{t}{\vartheta} \right)^{\beta} .$$

Gemäß (5.70) genügt also die zufällige Zeit $X_1$ bis zum Eintreten des ersten Ereignisses einer Weibullverteilung mit dem Skalenparameter $\vartheta$ und dem Formparameter $\beta$, wobei $\lambda(t)$ $(\Lambda(t))$ die zugehörige Ausfallrate (Hazardfunktion) ist. Die gemeinsame Verteilungsdichte des zufälligen Vektors $(X_1, X_2, \ldots, X_j)$ hat für alle $x_1 < x_2 \ldots < x_j$ die Gestalt

$$f(x_1, x_2, \ldots, x_j) = \left( \frac{\beta}{\vartheta^\beta} \right)^j (x_1 x_2 \ldots x_j)^{\beta-1} \exp\left[ -\left( \frac{x_j}{\vartheta} \right)^\beta \right] .$$

und ist sonst identisch gleich 0. Die Verteilungsdichte von $X_j$ ist

$$f_j(t) = \frac{\beta}{\vartheta} \left( \frac{t}{\vartheta} \right)^{\beta j-1} e^{-(t/\vartheta)^\beta} .$$

Damit ergibt sich für $j = 1,2,\ldots$

$$E(X_j) = \int_0^\infty t \, f_j(t) \, dt = \vartheta \frac{\Gamma\left( j + \frac{1}{\beta} \right)}{(j-1)!} , \qquad (5.76)$$

wobei die Gammafunktion $\Gamma(t)$ durch (2.8) gegeben ist. Wegen $\Gamma(t+1) = t\Gamma(t)$ errechnet man die mittleren "Pausenlängen" $E(Y_j) = E(X_j)-E(X_{j-1})$, $j=1,2,\ldots$, $X_0 = 0$, zu

$$E(Y_1) = E(X_1), \quad E(Y_j) = \frac{1}{\beta(j-1)} E(X_{j-1}), \quad j = 2,3,\ldots \qquad (5.77)$$

Somit besteht der Zusammenhang

$$E(X_j) = \beta\ j\ E(Y_{j+1}),\quad j = 1,2,\dots \tag{5.78}$$

Tafel 5.2 enthält für $\vartheta = 100$ und $\beta = 2$ bzw. $\beta = 3$ die Mittelwerte $E(X_j)$ und $E(Y_j)$ für $j = 1,2,\dots,6$. Erwartungsgemäß fallen wegen der wachsenden Intensitätsfunktion $\lambda(t)$ des Prozesses die $E(Y_j)$ mit steigendem $j$, das heißt, die durchschnittliche Ereignisdichte wird im Laufe der Zeit immer größer.

Tafel 5.2  Numerische Ergebnisse für $E(X_j)$ und $E(Y_j)$ im Beispiel 5.13

| | $\beta=2$ | | $\beta=4$ | |
|---|---|---|---|---|
| $j$ | $E(X_j)$ | $E(Y_j)$ | $E(X_j)$ | $E(Y_j)$ |
| 1 | 88,6 | 88,6 | 90,6 | 22,7 |
| 2 | 132,9 | 44,6 | 113,3 | 18,2 |
| 3 | 166,2 | 33,3 | 127,5 | 14,2 |
| 4 | 193,9 | 27,7 | 138,1 | 10,6 |
| 5 | 218,1 | 24,2 | 146,7 | 8,6 |
| 6 | 239,9 | 21,8 | 154,0 | 7,3 |

**Unterschiedliche Ereignistypen**  Analog zu den homogenen Poissonprozessen nun der Fall betrachtet, daß ein zum Zeitpunkt t eintretendes Ereignis mit Wahrscheinlichkeit $\bar{p}(t) = 1-p(t)$ zum Typ 1 und mit Wahrscheinlichkeit $p(t)$ zum Typ 2 gehört. Ist Y die zufällige Zeit bis zum Auftreten des ersten Ereignisses vom Typ 2, so gilt

$$P(t < Y \le t+h \,|\, Y > t) = p(t)\lambda(t)h + o(h).$$

Bezeichnet $G(t) = P(Y < t)$ die Verteilungsfunktion von Y, so kann man diese Beziehung in der äquivalenten Form

$$\frac{G(t+h)-G(t)}{h} \Big/ \bar{G}(t) = p(t)\lambda(t) + \frac{o(h)}{h}.$$

schreiben. Der Grenzübergang $h \to 0$ liefert

$$\frac{G'(t)}{\bar{G}(t)} = p(t)\lambda(t).$$

Daher ist $p(t)\lambda(t)$ die zu Y bzw. $G(t)$ gehörige Ausfallrate, so daß gilt

$$\overline{G}(t) = \exp\left(-\int_0^t p(x)\lambda(x)dx\right).$$  (5.79)

Insbesondere erhält man im Fall $p(t) \equiv p$

$$\overline{G}(t) = \exp(-p\Lambda(t)) = [\overline{F}(t)]^p$$  (5.80)

Es seien $Z_1(t)$ und $Z_2(t)$ die zufälligen Anzahlen von Typ 1- bzw. Typ 2- Ereignissen in $[0,t]$. Dann zeigt man analog zur Ableitung der Formeln (5.65) bis (5.68), wenn dort $\lambda(t)$ jeweils durch $\overline{p}(t)\lambda(t)$ bzw. $p(t)\lambda(t)$ ersetzt wird, daß $Z_1(t)$ und $Z_2(t)$ Poissonverteilungen mit den Parametern

$$\int_0^t \overline{p}(x)\lambda(x)dx \quad \text{bzw.} \quad \int_0^t p(x)\lambda(x)dx$$

genügen:

$$P(Z_1(t)=j) = \frac{\left(\int_0^t \overline{p}(x)\lambda(x)dx\right)^j}{j!} \exp\left(-\int_0^t \overline{p}(x)\lambda(x)dx\right),$$

$$P(Z_2(t)=j) = \frac{\left(\int_0^t p(x)\lambda(x)dx\right)^j}{j!} \exp\left(-\int_0^t p(x)\lambda(x)dx\right).$$

(5.81)

Aus (5.81) erhält man für $j=0$ die Formel (5.79). Interessieren die Anzahlen von Typ 1- bzw. Typ 2- Ereignissen in einem Intervall $[s,t]$, dann ist in den in (5.81) auftretenden Integralen von $s$ bis $t$ zu integrieren. Im Fall $p(t)\equiv p$ vereinfachen sich die Formeln (5.81) mit $\overline{F}(t) = \exp(-\Lambda(t))$ zu

$$P(Z_1(t)=j) = \frac{(\overline{p}\Lambda(t))^j}{j!} (\overline{F}(t))^{\overline{p}}, \qquad P(Z_2(t)=j) = \frac{(p\Lambda(t))^j}{j!} (\overline{F}(t))^p.$$

Es sei $N$ die zufällige Anzahl von Typ 1-Ereignissen von $t=0$ bis zum Auftreten des ersten Typ 2-Ereignisses. Dann gilt

$$P(N=0) = \int_0^\infty p(t) \, dF(t),$$

da $F(t)$ die Verteilungsfunktion der Zeit $X_1$ bis zum Eintreten des ersten

Ereignisses ist. Für $j \geq 1$ folgt aus (5.71) un (5.72)

$$P(N = j) = \int_0^\infty \int_0^{x_{j+1}} \cdots \int_0^{x_3} \int_0^{x_2} \prod_{i=1}^{j} \overline{p}(x_i)\lambda(x_i)dx_i \, p(x_{j+1}) \, dF(x_{j+1})$$

$$= \frac{1}{j!} \int_0^\infty \left( \int_0^t \overline{p}(x)\lambda(x)dx \right)^j p(t) \, dF(t).$$

Ungeachtet dieser komplizierten Verteilungsstruktur erhält man einen einfachen Ausdruck für den Erwartungswert von N:

$$E(N) = \sum_{j=0}^\infty j \, P(N = j)$$

$$= \int_0^\infty \left[ \sum_{j=0}^\infty j \frac{1}{j!} \int_0^\infty \left( \int_0^t \overline{p}(x)\lambda(x)dx \right)^j \right] p(t) \, dF(t)$$

$$= \int_0^\infty \left[ \int_0^t \overline{p}(x)\lambda(x)dx \, \exp\left( \int_0^t \overline{p}(x)\lambda(x)dx \right) \right] p(t)\lambda(t) \, e^{-\Lambda(t)} \, dt$$

$$= \int_0^\infty \Lambda(t) \, dG(t) - \int_0^\infty \int_0^t p(x)\lambda(x)dx \, dG(t).$$

Da das letzte Integral gleich 1 ist, folgt

$$E(N) = \int_0^\infty \Lambda(t) \, dG(t) - 1. \tag{5.82}$$

Im Spezialfall $p(t) \equiv p$ ist

$$E(N) = \int_0^\infty \Lambda(t)pe^{-p\Lambda(t)}d\Lambda(t) = \int_0^\infty xpe^{-px} \, dx = \frac{1-p}{p}, \quad 0 < p \leq 1, \tag{5.83}$$

Interessante und praktisch relevante Anwendungen inhomogener Poissonscher Prozesse mit und ohne Differenzierung der Ereignisse werden in den Abschnitten 6.6 und 6.7 gegeben.

## 6.1    EINFÜHRUNG

Dieses Kapitel beschäftigt sich mit der Instandsetzung von einfachen binären Systemen. Das Hauptaugenmerk liegt dabei auf der optimalen zeitlichen Planung prophylaktischer Instandsetzungsmaßnahmen im Rahmen vorgegebener Instandsetzungsstrategien. Als Optimalitätskriterien dienen die mittleren Instandsetzungskosten je Zeiteinheit (Instandsetzungskostenrate) und die Verfügbarkeit. In die Instandsetzungskosten können gegebenenfalls die durch Folgeschäden (etwa Gewinnverluste) verursachten Kosten mit eingehen. In diesem Kapitel wird daher, um allen begrifflichen Spitzfindigkeiten aus dem Wege zu gehen, anstelle von "Instandsetzungskostenrate" schlechthin von "Kostenrate" gesprochen. Ferner werden einige wichtige Voraussetzungen getroffen, auf die später im allgemeinen nicht mehr ausdrücklich hingewiesen wird:

1) Der Übergang vom Arbeits- in den Ausfallzustand erfolgt durch einen Sprungausfall.

2) Der Betriebs- und Instandhaltungsprozeß wird unbeschränkt (hinreichend lange) fortgesetzt.

3) Wenn nicht ausdrücklich gegenteilige Annahmen gemacht werden, erfolgen alle Instandsetzungsmaßnahmen in vernachlässigbar kleiner Zeit. Bei positiven Instandsetzungszeiten bezieht sich das in die Definition der Strategien eingehende Instandsetzungsintervall (Erneuerungsintervall) $\tau$ auf die Betriebsdauer, das heißt, auf die Zeit, in der die geforderte Funktion erfüllt wird abzüglich eventueller Betriebspausen (DIN 40041).

4) Nach Abschluß von Instandsetzungsmaßnahmen wird das System sofort wieder in Betrieb genommen.

5) Ab Abschnitt 6.3 wird generell vorausgesetzt, daß die Lebensdauern der unterliegenden Systeme einer IFR-Verteilung genügen.

Allen in diesem und im folgenden Kapitel behandelten Instandsetzungsstrategien ist gemeinsam, daß nach gewissen zufälligen oder determinierten Zeitspannen vollständige Erneuerungen des Systems durchgeführt werden. Obwohl dieser Begriff bereits früher eingeführt worden ist, soll er wegen seiner zentralen Bedeutung für die folgenden Ausführungen hier noch einmal besonders herausgestellt werden.

**Definition 6.1** Eine *vollständige Erneuerung* versetzt das System bezüglich seines Ausfallverhaltens in den Neuzustand zurück, das heißt, ein (vollständig) erneuertes System hat die gleiche Lebensdauerverteilung wie  zu Beginn seiner Inbetriebnahme.          ∎

Somit ist ein vollständig erneuertes System "so gut wie neu" ("as good as new"). Durch vollständige Erneuerungen ist eine Zerlegung der Betriebsdauer (Anwendungsdauer) des Systems in *Zyklen*, das heißt, in bezug auf Länge und Kosten statistisch äquivalente Zeitabschnitte, gegeben. Genauer gesagt beinhaltet die Definition des Zyklusses das Folgende: Sind $C_i$ die im i-ten Zyklus auftretenden Kosten und ist $Y_i$ dessen Länge, so sind die $(C_i, Y_i)$, i=1,2, ..., unabhängige und identisch wie $(C, Y)$ verteilte zufällige Vektoren. Mit diesen Bezeichnungen ist die Kostenrate durch

$$K = \lim_{n \to \infty} \frac{\sum_{i=1}^{n} C_i}{\sum_{i=1}^{n} Y_i} = \lim_{n \to \infty} \frac{\frac{1}{n} \sum_{i=1}^{n} C_i}{\frac{1}{n} \sum_{i=1}^{n} Y_i}$$

gegeben. Unter der Voraussetzung $E(C) < \infty$, $E(Y) < \infty$ hat die Kostenrate daher wegen

$$E(C) = \lim_{n \to \infty} \frac{1}{n} \sum_{i=1}^{n} C_i \ , \qquad E(Y) = \lim_{n \to \infty} \frac{1}{n} \sum_{i=1}^{n} Y_i$$

die einfache Struktur

$$K = \frac{E(C)}{E(Y)} \ . \tag{6.1}$$

(Wegen einer genauen Begründung dieses Sachverhalts und Abschwächung der Unabhängigkeitsvoraussetzung siehe *Beichelt/Franken (1983)*). Auf der Basis von (6.1) werden im folgenden, ohne immer explizit darauf hinzuweisen, alle Kostenraten ermittelt.

Analog zu (6.1) gilt unter entsprechenden Voraussetzungen  bei nichtvernachlässigbaren Instandsetzungszeiten für die stationäre Verfügbarkeit (siehe auch 2.22)

$$V = \frac{E(B)}{E(Y)} \ , \tag{6.2}$$

wobei B die zufällige Betriebszeit (nicht immer Lebensdauer!) des Systems in einem Zyklus der Länge Y ist.

## 6.2 ERNEUERUNGSTHEORETISCHE GRUNDLAGEN

### 6.2.1 Grundbegriffe

Die Erneuerungstheorie bildet das mathematische Fundament der einfachsten Instandsetzungsstrategie:

**Strategie 0** Das System wird nach jedem Ausfall in vernachlässigbar kleiner Zeit vollständig erneuert.

Die zugehörige Kostenrate beträgt

$$K = \frac{c_v}{\mu} . \qquad (6.3)$$

wobei $\mu$ die mittlere Lebensdauer des Systems ist und $c_v$ die durchschnittlichen Kosten einer vollständigen Erneuerung bezeichnet.

Strategie 0 ist auch als *Ausfallstrategie* bekannt. Sie widerspiegelt etwa dann die reale Situation, wenn Reservesysteme eines Typs (Teilsysteme, Baugruppen, Bauelemente) vorhanden sind und Instandsetzung einen kompletten Austausch des ausgefallenen Systems beinhaltet. In einer solchen Situation liefert die Erneuerungstheorie nützliche Berechnungsgrundlagen zur Organisation eines stabilen Produktionsprozesses, insbesondere zur Planung des Ersatzteilbedarfs. Obwohl sich die Erneuerungstheorie mit einfachen Systemen beschäftigt, ist sie gleichzeitig ein wichtiges mathematisches Hilfsmittel bei der Behandlung komplizierterer Modelle der Instandhaltungstheorie und darüberhinaus des Operations Research.

Das formale mathematische Modell der Ausfallstrategie ist der Erneuerungsprozeß. Dieser ist Ausgangspunkt und Untersuchungsgegenstand der Erneuerungstheorie.

**Definition 6.2** Unter einem *Erneuerungsprozeß* versteht man eine Folge nichtnegativer , vollständig unabhängiger Zufallsgrößen $\{ X_n ; n = 1,2,...\}$, wobei die $X_n$ für $n \geq 2$ identisch wie X verteilt sind. ∎

Die "Pausenzeiten" $X_n$ bezeichnen für $n \geq 2$ die zufällige Lebensdauer des Systems nach der $(n-1)$-ten Erneuerung. Wenn der Vorgang der Erneuerung ausgefallener Systeme bereits in der Vergangenheit eingesetzt hat und zum Zeitpunkt $t = 0$ des Beginns der Beobachtung dieses Vorgangs kein (erneuertes) System in Betrieb genommen wird, handelt es sich bei $X_1$ um eine "restliche Lebensdauer" im Sinne von Abschnitt 2.1.3. (Allerdings muß das Alter des ersten beobachteten Systems zum Zeitpunkt $t = 0$ nicht bekannt sein.) Um derartige Fälle berücksichtigen zu können, wird entsprechend der Definition des Erneuerungsprozesses die Möglichkeit zugelassen, daß die Verteilungen von $X_1$ und $X_n$; $n \geq 2$, nicht übereinstimmen. Es sei also

$$F_1(t) = P(X_1 < t) \text{ und } F(t) = P(X_n < t), \ n \geq 2.$$

$F_1(t)$ charakterisiert die *Anfangsverteilung* eins Erneuerungsprozesses. Offensichtlich ist ein Erneuerungsprozeß durch Vorgabe der Verteilungsfunktionen $F_1(t)$ und $F(t)$ vollständig charakterisiert. Man spricht daher auch von dem *durch $F_1(t)$ und $F(t)$ bestimmten Erneuerungsprozeß.*

**Definition 6.3** Ein Erneuerungsprozeß heißt *verzögert* oder *modifiziert*, wenn $F_1(t) \not\equiv F(t)$ gilt bzw. *einfach* oder *gewöhnlich*, wenn $F_1(t) \equiv F(t)$ ist.   ∎

Da die Erneuerungen nach Voraussetzung in vernachlässigbar kleinen Zeiten erfolgen, ist

$$T_k = \sum_{n=1}^{k} X_n, \quad k \geq 1,$$

der Zeitpunkt, an dem der k-te Ausfall bzw. die k-te Erneuerung stattfindet. Die $T_k$, $k \geq 1$, heißen *Erneuerungspunkte*. Oft wird auch die Folge $\{T_k, k \geq 1\}$ Erneuerungsprozeß genannt. Die Zeitintervalle *zwischen zwei* benachbarten Erneuerungen heißen *(Erneuerungs-) Zyklen.* Von besonderem Interesse ist der mit Hilfe der Erneuerungspunkte $T_k$ definierte *Erneuerungszählprozeß*.

$$N(t) = \max \{k; \ T_k < t\}; \quad N(t) = 0 \text{ für } t < T_1.$$

Es ist also $N(t)$ die zufällige Anzahl der in $(0,t)$ stattfindenden Erneuerungen. In einigen Darstellungen wird $t = 0$ stets zum Erneuerungspunkt erklärt. Dieser Umstand ist beim Vergleich entsprechender Aussagen zu beachten. Man erkennt sofort, daß $T_k < t$ genau dann gilt, wenn $N(t) \geq k$ ist. Daher gilt

$$F_k(t) = P(T_k < t) = P(N(t) \geq k), \tag{6.4}$$

wobei die Verteilungsfunktion $F_k(t)$ von $T_k$ aufgrund der Unabhängigkeit der $X_n$ durch

$$F_k(t) = F_1 * F^{*(k-1)}(t), \quad k \geq 1, \tag{6.5}$$

mit $F^{*(0)}(t) \equiv 1$ gegeben ist. (Die Faltungsoperation " $*$ " ist für Verteilungsfunktionen und Verteilungsdichten im Anhang 2 erklärt.) Existieren die Dichten $f_1(t) = F_1'(t)$ und $f(t) = F'(t)$, so lauten die zugehörigen Verteilungsdichten

$$f_k(t) = f_1 * f^{*(k-1)}(t). \tag{6.6}$$

Unter Berücksichtigung von $P(N(t) \geq k) = P(N(t) = k) + P(N(t) \geq k+1)$ ergibt sich aus (6.4) die Beziehung

$$P(N(t) = k) = F_k(t) - F_{k+1}(t). \tag{6.7}$$

Die Beziehung (6.4) ist Ausgangspunkt zur Lösung des folgenden praktischen Problems ("Ersatzteilproblem"): Wieviel Reservesysteme (Ersatzteile) werden benötigt, damit im Intervall $(0,t)$ mit einer vorgegebenen Sicherheitswahrscheinlichkeit $1 - \alpha$ der Erneuerungsprozeß nicht wegen fehlender Reservesysteme zum Erliegen kommt? Gesucht ist also das kleinste $k = k_{min}$, das der Ungleichung

$$1 - F_k(t) \geq 1 - \alpha \tag{6.8}$$

genügt.

**Beispiel 6.1** Es sei $F_1(t) \equiv F(t) = 1 - e^{-\lambda t}$. In diesem Fall genügt $T_k$ einer Erlangverteilung der Ordnung k mit dem Parameter $\lambda$ (Abschnitt 2.2.1). Daher gilt

$$F_k(t) = 1 - e^{-\lambda t} \sum_{i=0}^{k-1} \frac{(\lambda t)^i}{i!}$$

und $\{N(t),\ t \geq 0\}$ ist ein homogener Poissonprozeß (Abschnitt 5.6.1):

$$P(N(t) = k) = \frac{(\lambda t)^k}{k!} e^{-\lambda t}, \quad k = 0,1,\ldots$$

Speziell ist für $\lambda = 0,05$, $t = 200$ und $1 - \alpha = 0,99$ die gesuchte Anzahl

$$k_{min} = 18.$$

Es sind daher mindestens 18 Reservesysteme notwendig, um mit 99%iger Sicherheit im Intervall $(0,200)$ den Erneuerungsprozeß aufrecht erhalten zu können. (Wegen $E(X) = 1/\lambda = 20$ sind im Mittel allerdings nur 10 Reservesysteme erforderlich.) $\square$

Faltungspotenzen lassen sich nur für wenige Verteilungstypen explizit angeben. Die wichtigsten davon sind die Normalverteilung und die Erlangverteilung. Die folgenden Formeln beziehen sich auf einfache Erneuerungsprozesse.

a) *Normalverteilung* Da die Summe von unabhängigen, normalverteilten Zufallsgrößen wieder normalverteilt ist, wobei sich Erwartungswerte und Streuungen addieren, gelten für $F(t) = \Phi((t-\mu)/\sigma)$, $\mu \geq 3\sigma$,

$$F^{*(k)}(t) = P(N(t) \geq k) = \Phi\left(\frac{t - k\mu}{\sqrt{k}\ \sigma}\right), \qquad (6.9)$$

$$P(N(t) = k) = \Phi\left(\frac{t - k\mu}{\sqrt{k}\ \sigma}\right) - \Phi\left(\frac{t - (k+1)\mu}{\sqrt{k+1}\ \sigma}\right) \qquad (6.10)$$

b) *Erlangverteilung* Ist $F(t)$ die Verteilungsfunktion einer nach Erlang verteilten Zufallsgröße (Ordnung n, Parameter $\lambda$), gelten

$$F^{*(k)}(t) = P(N(t) \geq k) = e^{-\lambda t} \sum_{i=nk}^{k-1} \frac{(\lambda t)^i}{i!} ,$$

$$P(N(t) = k) = e^{-\lambda t} \sum_{i=0}^{n-1} \frac{(\lambda t)^{nk+i}}{(nk+i)!} .$$

### 6.2.2  Erneuerungsfunktion und Erneuerungsgleichung

Besondere Bedeutung hat in der Instandhaltungstheorie die mittlere Anzahl aller Erneuerungen im Intervall $(0,t]$.

**Definition 6.4**  Der Erwartungswert von $N(t)$

$$H_1(t) = E(N(t))$$

heißt *Erneuerungsfunktion.*                                        ∎

Nach Definition des Erwartungswertes einer diskreten Zufalsgröße gilt

$$H_1(t) = \sum_{k=1}^{\infty} k\, P(N(t) = k) = \sum_{k=1}^{\infty} P(N(t) \geq k).$$

Daher folgt aus (6.4) und (6.5)

$$H_1(t) = \sum_{k=1}^{\infty} F_1 * F^{*(k-1)}(t). \qquad (6.11)$$

Setzt man in (6.11)

$$F_1 * F^{*(k)}(t) = \int_0^t F_1 * F^{*(k-1)}(t-x)\ dF(x)$$

ein, so ergibt sich

$$H_1(t) = F_1(t) + \sum_{k=1}^{\infty} \int_0^t F_1 * F^{*(k-1)}(t-x)\, dF(x)\ .$$

Durch Vertauschung von Summation und Integration ergibt sich eine Integralgleichung für die Erneuerungsfunktion:

$$H_1(t) = F_1(t) + \int_0^t H_1(t-x)\, dF(x). \qquad (6.12)$$

Ersetzt man in (6.11) $F_1 * F^{*(k)}(t)$ durch $\int_0^t F^{*(k)}(t-x)\, dF_1(x)$, so folgt analog

$$H_1(t) = F_1(t) + \int_0^t H(t-x)\, dF_1(x), \qquad (6.13)$$

wobei hier wie auch später H(t) die Erneuerungsfunktion eines einfachen (zu F(t) gehörigen) Erneuerungsprozesses ist. Gemäß (6.12) genügt H(t) der Integralgleichung

$$H(t) = F(t) + \int_0^t H(t-x)\, dF(x). \qquad (6.14)$$

Die Gleichungen (6.12) bis (6.12) heißen *Erneuerungsgleichungen.*

Falls $f_1(t)$ und $f(t)$ existieren, ergibt sich durch Differentiation auf beiden Seiten von (6.11) eine Summendarstellung für die *Erneuerungsdichte* $h_1(t) = dH_1(t)/dt$:

$$h_1(t) = \sum_{k=1}^{\infty} f_1 * f^{*(k-1)}(t). \qquad (6.15)$$

Hieraus folgt eine für viele Anwendungen nützliche wahrscheinlichkeitstheoretische Interpretation von $h_1(t)$: Bei hinreichend kleinem $\Delta t$ ist $h_1(t)\Delta t$ in guter Näherung gleich der Wahrscheinlichkeit für das Auftreten einer Erneuerung im Intervall $[t,t+\Delta t]$.

Die Erneuerungsdichten $h_1(t)$ bzw. $h(t) = dH(t)/dt$ genügen analog zu (6.12) bis (6.14) den Integralgleichungen

$$h_1(t) = f_1(t) + \int_0^t h(t-x)\, df(x) \qquad (6.16)$$

$$h_1(t) = f_1(t) + \int_0^t h(t-x)\, df_1(x) \qquad (6.17)$$

$$h(t) = f(t) + \int_0^t h(t-x)\, df(x) \ . \qquad (6.18)$$

Die Lösung der Integralgleichungen (6.12) bis (6.14) und (6.16) bis (6.18) kann im allgemeinen nur mit numerischen Methoden erfolgen. Jedoch ist es sofort möglich, die Laplace-Stieltjes-Transformierte $H_1^*(s)$ bzw. $H^*(s)$ der Erneuerungsfunktion sowie die Laplace-Transformierte $\hat{h}_1(s)$ bzw. $\hat{h}(s)$ der Erneuerungsdichte anzugeben. In Abhängigkeit von den zugehörigen Laplace-(Stieltjes-) Transformierten $F_1^*(s)$, $F^*(s)$, $\hat{f}_1(s)$ und $\hat{f}(s)$ von $F_1(t)$, $F(t)$, $f_1(t)$ und $f(t)$ erhält mam wegen des Faltungssatzes (Anhang 2)

$$H_1^*(s) = \frac{F_1^*(s)}{1 - F^*(s)}\ , \qquad \hat{h}_1(s) = \frac{\hat{f}_1(s)}{1 - \hat{f}(s)}\ . \qquad (6.19)$$

$$H^*(s) = \frac{F^*(s)}{1 - F^*(s)}\ , \qquad \hat{h}(s) = \frac{\hat{f}(s)}{1 - \hat{f}(s)}\ . \qquad (6.20)$$

Aus (6.20) folgt, daß für einfache Erneuerungsprozesse die Verteilungsfunktion $F(t)$ durch die Erneuerungsfunktion $H(t)$ eindeutig bestimmt ist, das heißt, alle Charakteristiken eines gewöhnlichen Erneuerungsprozesses können durch seine Erneuerungsfunktion berechnet werden.

**Beispiel 6.2** Es sei

$$F(t) = (1 - e^{-\lambda t})^2 .$$

Das ist die Ausfallwahrscheinlichkeit eines Parallelsystems aus zwei Elementen, deren Lebensdauern unabhängige, identisch exponential mit dem Parameter $\lambda$ verteilte Zufallsgrößen sind. Die Laplace-Transformierte $\hat{f}(s)$ der zugehörigen Verteilungsdichte $f(t) = 2\lambda(1-e^{-\lambda t})e^{-\lambda t}$ errechnet sich zu

$$\hat{f}(s) = \frac{2\lambda^2}{(s+\lambda)(s+2\lambda)}\ .$$

Damit erhält man die Laplace-Transformierte der zugehörigen Erneuerungsdichte nach Anwendung von (6.20) in der Form

$$\hat{h}(s) = \frac{2\lambda^2}{s(s + 3\lambda)}\ .$$

Die Rücktransformation liefert (Partialbruchzerlegung!)

$$h(t) = \frac{2}{3}\lambda\left(1 - e^{-3\lambda t}\right).$$

Integration ergibt die Erneuerungsfunktion:

$$H(t) = \frac{2}{3}\lambda\left[t + \frac{1}{3\lambda}\left(e^{-3\lambda t} - 1\right)\right]. \tag{6.21}$$

□

Für einige Lebensdauerverteilungen existieren explizite Lösungen der Erneuerungsgleichung (6.14) (einfache Erneuerungsprozesse):

a) *Erlangverteilung* Für eine Erlangverteilung der Ordnung n mit dem Parameter $\lambda$ gilt

$$H(t) = \lambda t \quad \text{für } n = 1 \text{ (homogener Poissonsche Prozeß)}$$

$$H(t) = \frac{1}{2}\left(\lambda t - \frac{1}{2} + \frac{1}{2}e^{-2\lambda t}\right) \quad \text{für } n = 2$$

$$H(t) = \frac{1}{3}\left(\lambda t - 1 + \frac{2}{\sqrt{3}}\,e^{-1,5\lambda t}\,\sin\left(\frac{\sqrt{3}}{2}\lambda t + \frac{\pi}{3}\right)\right) \quad \text{für } n = 3$$

$$H(t) = \frac{1}{4}\left(\lambda t - \frac{3}{2} + \frac{1}{2}e^{-2\lambda t} + \sqrt{2}\,e^{-\lambda t}\,\sin\left(\lambda t + \frac{\pi}{4}\right)\right) \quad \text{für } n = 4.$$

b) *Gleichverteilung* Für in [0,1] gleichverteilte Lebensdauern gilt

$$H(t) = -1 + e^{t-k+1}\sum_{i=0}^{k-1} c_i(-1)^{k-1-i}\,\frac{(t-k+1)^{k-1-i}}{(k-1-i)!}\,, \quad k-1 \le t < k, \quad k = 1,2\ldots,$$

mit

$$c_i = \sum_{j=0}^{i} e^{i-j}(-1)^j\,\frac{(i-j)^j}{j!}\,, \quad i = 0,1,\ldots$$

c) *Normalverteilung* Wegen (6.9) und (6.11) gilt

$$H(t) = \sum_{k=1}^{\infty} \Phi\left(\frac{t - k\mu}{\sqrt{k}\ \sigma}\right)$$

Im Fall eines einfachen Erneuerungsprozesses mit exponential mit dem Parameter $\lambda$ verteilten Pausenzeiten $X$ gilt also $H(t) = \lambda t = t/E(X)$. Umgekehrt folgt aber aus $H(t) = \lambda t$ auch die Exponentialverteilung der Pausenzeiten. Dies läßt sich ohne Nutzung der Laplace-Stieltjes-Transformierten (6.20) (siehe Kommentar nach (6.20)) folgendermaßen zeigen: Gemäß der Erneuerungsgleichung (6.14) gilt für $H(t) = \lambda t$:

$$\lambda t = F(t) + \lambda \int_0^t (t-x)dF(x) = F(t) + \lambda t F(t) - \lambda \int_0^t x dF(x).$$

Differentiation nach t auf beiden Seiten dieser Gleichung liefert

$$\lambda = f(t) + \lambda F(t) = f(t) + \lambda - \lambda \overline{F}(t)$$

bzw.

$$\lambda \equiv \frac{f(t)}{\overline{F}(t)}.$$

Die Konstanz der Ausfallrate ist aber eine charakteristische Eigenschaft der Exponentialverteilung.                                                           ∎

Es liegt nunmehr die Frage nahe, ob bei gegebener Verteilungsfunktion $F(t)$ der identisch wie X verteilten Pausenzeiten $X_n$, $n \geq 2$, ein modifizierter Erneuerungsprozeß mit der Erneuerungsfunktion $H_1(t) = t/\mu$ existiert, wobei hier wie im gesamten Abschnitt die Bezeichnung

$$\mu = E(X) = \int_0^\infty \overline{F}(t)dt$$

verwendet wird.

**Satz 6.1** Unter der Voraussetzung $\mu < \infty$ gilt genau dann $H_1(t) = t/\mu$, wenn $F_1(t) \equiv F_s(t)$ mit

$$F_s(t) = \frac{1}{\mu} \int_0^t \overline{F}(x)dx. \tag{6.22}$$

gilt.

**Beweis** Die Laplace-Stieltjes-Transformierte von $F_s(t)$ ist

$$F_s^*(s) = \frac{1}{\mu s}(1 - F^*(s)).$$

Wird $F_s^*(s)$ für $F_1^*(s)$ in die erste Gleichung von (6.19) eingesetzt, ergibt sich die Laplace-Stieltjes-Transformierte der durch $F_1(t)$ und $F(t)$ bestimmten Erneuerungsfunktion zu $H_1^*(s) = 1/\mu s$. Diese Beziehung ist aber äquivalent zu $H_1(t) = t/\mu$.                                                           ∎

Da eine explizite Bestimmung der Erneuerungsfunktion für die Mehrzahl der praktisch bedeutsamen Lebensdauerverteilungen nicht möglich ist, haben Abschätzungen der Erneuerungsfunktion große Bedeutung. Einige wichtige sollen hier angegeben werden.

a) *Elementare Abschätzung* Aus der Ungleichung $\max\limits_{1\leq n\leq k} X_n \leq \sum\limits_{n=1}^{k} X_n$ folgt

$$F^{*(k)}(t) = P(T_k < t) \leq P\left(\max_{1\leq n\leq k} X_n < t\right) = [F(t)]^k.$$

Hieraus ergibt sich nach Summation von $k = 1$ bis $\infty$ unter Beachtung von (6.11) für $H(t)$ die Abschätzung

$$F(t) \leq H(t) \leq \frac{F(t)}{1 - F(t)}.$$

Diese Beziehung liefert jedoch nur für $F(t) \ll 1$, also für hinreichend kleine $t$, brauchbare Abschätzungen für $H(t)$.

b) *Lineare Abschätzung (Marshall (1973))* Es seien

$$b_0 = \inf_{t \in M} \frac{F(t) - F_s(t)}{\overline{F}(t)} \quad \text{und} \quad b_1 = \sup_{t \in M} \frac{F(t) - F_s(t)}{\overline{F}(t)},$$

wobei $M$ die Menge aller $t \geq 0$ mit $F(t) < 1$ ist. Dann gilt

$$\frac{t}{\mu} + b_0 \leq H(t) \leq \frac{t}{\mu} + b_1. \tag{6.23}$$

Da der Beweis dieser Abschätzung mit den bisher eingeführten Hilfsmitteln erbracht werden kann und überdies sehr instruktiv ist, soll er hier gegeben werden: Nach Definition der $b_i$ gilt

$$b_0 \overline{F}(t) \leq F(t) - F_s(t) \leq b_1 \overline{F}_1(t).$$

Die Faltung mit $F^{*(k)}(t)$ führt zu

$$b_0 \left[ F^{*(k)}(t) - F^{*(k+1)}(t) \right] \leq F^{*(k+1)}(t) - F_s * F^{*(k)}(t) \leq b_1 \left[ F^{*(k)}(t) - F^{*(k+1)}(t) \right].$$

Summation über $k$ liefert aufgrund von (6.11) und Satz 6.1 die Abschätzung (6.23). ∎

*Folgerungen*  Da stets

$$\frac{F(t) - F_s(t)}{\overline{F}(t)} \geq - F_s(t) \geq -1$$

gilt, erhält man aus der linken Seite von (6.23) wegen der Definition von $b_o$ eine einfache untere Schranke für $H(t)$:

$$H(t) \geq \frac{t}{\mu} - 1. \tag{6.24}$$

Bezeichnet ferner $\lambda_s(t)$ die zu $F_s(t)$ gehörige Ausfallrate, so gilt wegen der Beziehung (2.5)

$$\lambda_s(t) = \frac{\overline{F}(t)}{\displaystyle\int_t^\infty \overline{F}(t)dt} . \tag{6.25}$$

Damit erhalten $b_0$ und $b_1$ eine Form, mit der sich im allgemeinen einfacher rechnen läßt als mit der ursprünglichen Variante:

$$b_0 = \frac{1}{\mu} \inf_{t \in M} \frac{1}{\lambda_s(t)} - 1, \qquad b_1 = \frac{1}{\mu} \sup_{t \in M} \frac{1}{\lambda_s(t)} - 1.$$

Aufgrund der leicht zu zeigenden Ungleichungen

$$\inf_{t \in M} \lambda(t) \leq \inf_{t \in M} \lambda_s(t), \qquad \sup_{t \in M} \lambda(t) \geq \sup_{t \in M} \lambda_s(t)$$

folgt aus (6.23) die schwächere Abschätzung

$$\frac{t}{\mu} + \frac{1}{\mu} \inf_{t \in M} \frac{1}{\lambda(t)} - 1 \leq H(t) \leq \frac{t}{\mu} + \frac{1}{\mu} \sup_{t \in M} \frac{1}{\lambda(t)} - 1 . \tag{6.26}$$

**Beispiel 6.3**  Es sei

$$F(t) = (1 - e^{-t})^2.$$

Wegen der schon im Beispiel 6.2 gegebenen Deutung dieser Ausfallwahrscheinlichkeit beträgt der zugehörige Erwartungswert gemäß (2.34)

$$\mu = E(X) = \int_0^\infty \overline{F}(t)dt = \frac{3}{2} .$$

Ferner erhält man unter Nutzung von (2.5)

$$\overline{F}_s(t) = 1 - \frac{1}{\mu} \int_0^t \overline{F}(t)dt = \frac{1}{\mu} \int_t^\infty \overline{F}(t)dt = \frac{2}{3} \left(2 - \frac{1}{2} e^{-t}\right) e^{-t}.$$

Daher betragen die zu $F(t)$ und $F_s(t)$ gehörigen Ausfallraten

$$\lambda(t) = \frac{2(1 - e^{-t})}{2 - e^{-t}}, \qquad \lambda_s(t) = 2\frac{2 - e^{-t}}{4 - e^{-t}}.$$

Beide Ausfallraten sind streng monoton wachsend in $t$, und es gelten

$$\lambda(0) = 0, \ \lambda(\infty) = 1 \quad \text{sowie} \quad \lambda_s(0) = 2/3, \ \lambda_s(\infty) = 1. \ .$$

Daher lauten die Schranken (6.23)

$$\frac{2}{3}t - \frac{1}{3} \le H(t) \le \frac{2}{3}t.$$

Bild 6.1 vergleicht diese Schranken mit dem durch (6.22) gegebenen exakten Verlauf der Erneuerungsfunktion ($\lambda = 1$). Für $t \ge 4$ ist die Abweichung der unteren Schranke von $H(t)$ vernachlässigbar. Die Schranken (6.25) lauten

$$\frac{2}{3}t - \frac{1}{3} \le H(t) \le \infty,$$

wobei die uninteressante rechte Seite auf $\lambda(0) = 0$ zurückzuführen ist. Die untere Schranke der beiden Abschätzungen für $H(t)$ ist jedoch schärfer als die generell gültige Schranke (6.24).                                    ☐

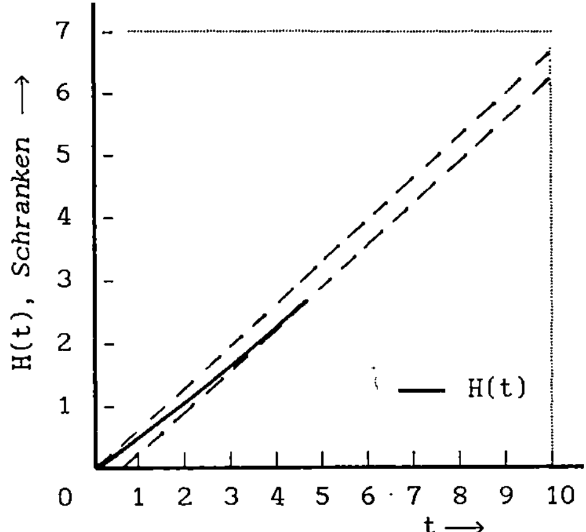


Bild 6.1   Abschätzung der Erneuerungsfunktion für $\lambda$ = 1(Beispiel 6.3)

c) *Obere Schranke von Lorden (1970)*

$$H(t) \le \frac{t}{\mu} + \frac{\mu_2}{\mu^2} - 1,$$

wobei $\mu_2 = E(X^2)$ das 2.Moment von X ist.

d) *Obere Schranke von Brown (1980)*  Für IFR-verteilte Lebensdauern gilt

$$H(t) \le \frac{t}{\mu} + \frac{\mu_2}{2\mu^2} - 1.$$

e) *Schranken von Barlow und Proschan (1975)*  Für IFR-verteilte Lebensdauern gilt

$$\frac{t}{\int_0^t \overline{F}(x)dx} - 1 \le H(t) \le \frac{tF(t)}{\int_0^t \overline{F}(x)dx} \; .$$

### 6.2.3 Rekurrenzzeiten

Mit einem Erneuerungsprozeß $\{X_n,\ n = 1,2,\ldots\}$ sind neben dem Erneuerungszählprozeß $\{N(t),\ t \ge 0\}$ und dem Prozeß der Erneuerungszeitpunkte $\{T_k, k \ge 1\}$ die Prozesse $\{R_t;\ t \ge 0\}$ und $\{V_t,\ t \ge 0\}$ der *Rückwärtsrekurrenzzeit*

$$R_t = t - T_{N(t)} \tag{6.27}$$

bzw. der *Vorwärtsrekurrenzzeit*

$$V_t = T_{N(t)+1} - t \tag{6.28}$$

verbunden. $R_t$ ist das Alter und $V_t$ die restliche Lebensdauer des zum Zeitpunkt t arbeitenden Systems (Bild 6.2).

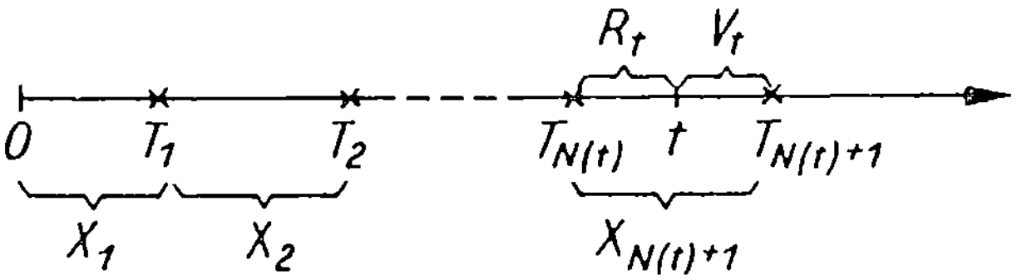


Bild 6.2  Rückwärts- und Vorwärtsrekurrenzzeit

$\{R_t\}$ und $\{V_t\}$ sind homogene Markovsche Prozesse mit dem Zustandsraum $[0,\infty)$. Sie sind den Prozessen $\{X_n\}$, $\{T_k\}$ bzw. $\{N(t)\}$ statistisch äquivalent: aus der Realisierung eines dieser Prozesse lassen sich die Realisierungen der anderen umkehrbar eindeutig bestimmen. Zunächst werden die Verteilungsfunktionen

$$R_t(x) = P(R_t < x) \text{ und } V_t(x) = P(V_t < x)$$

der Rückwärts- und Vorwärtsrekurrenzzeiten berechnet. Aufgrund der Formel der totalen Wahrscheinlichkeit ergibt sich für $x < t$

$$R_t(x) = P(T_{N(t)} > t-x) = \sum_{k=1}^{\infty} P(t-x < T_k, \; N(t) = k)$$

$$= \sum_{k=1}^{\infty} P(t-x < T_k < t < T_{k+1}) = \sum_{k=1}^{\infty} \int_{t-x}^{t} \overline{F}(t-u) \, dF_k(u)$$

$$= \int_{t-x}^{t} \overline{F}(t-u) \, dH_1(u).$$

Daher ist

$$R_t(x) = \int_{t}^{t+x} \overline{F}(t+x-u) \, dH_1(u) \quad \text{für } x < t \quad \text{und } R_t(x) = 1 \text{ für } x \geq t. \tag{6.29}$$

Existiert die Erneuerungsdichte $h_1(t) = dH_1(t)/dt$, erhält man für die zugehörige Verteilungsdichte $r_t(x) = dR_t(x)/dx$

$$r_t(x) = \begin{cases} \overline{F}(x) \, h_1(t-x); & x < t, \\ 0; & x \geq t. \end{cases} \tag{6.30}$$

Die Verteilungsfunktion $V_t(x)$ der Vorwärtsrekurrenzzeit ist, wenn $T_o = 0$ gesetzt wird, durch

$$V_t(x) = \sum_{k=0}^{\infty} P(T_k < t < T_{k+1} < t+x)$$

$$= F_1(t+x) - F_1(t) + \sum_{k=1}^{\infty} \int_{0}^{t} [F(t+x-u) - F(t-u)] \, dF_k(u)$$

gegeben. Wegen (6.11) folgt

$$V_t(x) = F_1(t+x) - F_1(t) + \int_{0}^{t} [F(t+x-u) - F(t-u)] \, dH_1(u).$$

Unter Berücksichtigung der aus (6.13) folgenden Beziehung

$$F_1(t) = H_1(t) - \int_{0}^{t} F(t-u) \, dH_1(u)$$

kann $V_t(x)$ auch in der Form

$$V_t(x) = F_1(t+x) - \int_0^t \overline{F}(t+x-u)\, dH_1(u) \qquad (6.31)$$

geschrieben werden. Die zugehörige Verteilungsdichte $v_t(x) = dV_t(x)/dx$ hat die Gestalt

$$v_t(x) = f_1(t+x) - \int_0^t f(t+x-u)h_1(u)\, du. \qquad (6.32)$$

Der Erwartungswert der Vorwärtsrekurrenzzeit beträgt

$$E(V_t) = E(X_1) + \mu H_1(t) - t.$$

Dieses Resultat erhält man aus der Definitionsgleichung (6.27) durch Übergang zu den Erwartungswerten.

Die Wahrscheinlichkeit

$$\overline{V}_t(x) = 1 - V_t(x) \qquad (6.33)$$

heißt *Intervallzuverlässigkeit*. Sie ist die Wahrscheinlichkeit dafür, daß ein zum Zeitpunkt t arbeitendes System im Intervall (t,t+x] nicht ausfällt. Diese Zuverlässigkeitskenngröße ist vor allem dann von Interesse, wenn die Funktionstüchtigkeit eines Systems mit Erneuerung nur in bestimmten Zeitabschnitten erforderlich ist.

### 6.2.4  Asymptotisches Verhalten von Erneuerungsprozessen

In diesem Abschnitt wird das asymptotische Verhalten eines durch die Lebensdauerverteilungen $F_1(t)$ und $F(t)$ bestimmten Erneuerungsprozesses für $t \longrightarrow \infty$ untersucht. Die dabei erzielten Resultate erlauben es, weitere Näherungen für H(t) bzw. für die Verteilung von N(t) anzugeben. Ein anschauliches Ergebnis enthält der folgende Satz.

**Satz 6.2 (Elementares Erneuerungstheorem)**  Für jede Anfangsverteilung $F_1(t)$ gelten

$$P\left( \lim_{t \to \infty} \frac{N(t)}{t} = \frac{1}{\mu} \right) = 1 \quad \text{und} \quad \lim_{t \to \infty} \frac{H_1(t)}{t} = \frac{1}{\mu}\, ,$$

wobei für $\mu = \infty$ beide Grenzwerte gleich 0 zu setzen sind.                ∎

Die Gültigkeit dieses Satzes beruht wesentlich auf dem starken Gesetz der großen Zahlen (*Feller (1966)*).

**Definition 6.5** Eine zufällige Größe $\xi$ heißt *arithmetisch*, falls ein $\alpha > 0$ existiert, so daß gilt

$$\sum_{n=1}^{\infty} P(\xi = \alpha n) = 1.$$

Die Verteilungsfunktion von $\xi$ wird dann ebenfalls arithmetisch genannt.　∎

Gemäß dieser Definition kann eine stetige Zufallsgröße nicht arithmetisch sein.

**Satz 6.3 (Fundamentales Erneuerungstheorem)** Ist $F(t)$ nicht arithmetisch und ist $g(t)$ eine auf $[0,\infty)$ integrierbare, nichtwachsende Funktion, so gilt für jede Anfangsverteilung $F_1(t)$

$$\lim_{t \to \infty} \int_0^t g(t-x)\, dH_1(x) = \frac{1}{\mu} \int_0^{\infty} g(x)\, dx. \qquad (6.34)$$

∎

Das fundamentale Erneuerungstheorem, auch *Hauptsatz der Erneuerungstheorie* genannt, wurde zuerst von *Smith (1954)* bewiesen. Es hat sich bei der Lösung zahlreicher Probleme der Zuverlässigkeitstheorie als nützliches Hilfsmittel erwiesen. Insbesondere erhält man durch die spezielle Wahl

$$g(t) = \begin{cases} 1, & t \in [0,h], \\ 0, & \text{sonst} \end{cases}$$

als unmittelbare Folgerung aus dem fundamentalen Erneuerungstheorem das dazu äquivalente Erneuerungstheorem von Blackwell.

**Satz 6.4 (Blackwell'sches Erneuerungstheorem)** Ist $F(t)$ nicht arithmetisch und $\mu < \infty$, so gilt für jede Anfangsverteilung $F_1(t)$ und beliebige reelle h

$$\lim_{t \to \infty} [H_1(t+h) - H_1(t)] = \frac{h}{\mu}. \qquad (6.35)$$

∎

Einen direkten Beweis dieses Satzes gibt *Feller (1966)*. Während das elementare Erneuerungstheorem ein "globales" Einschwingen des Erneuerungsprozesses in die zeitunabhängige (stationäre) Phase ausdrückt, beinhaltet das Erneuerungstheorem von Blackwell das entsprechende "lokale" Verhalten.

**Satz 6.5**  Es seien $\sigma^2 = E(X - \mu)^2 < \infty$ und $\mu_1 = E(X_1)$. Dann gilt

$$\lim_{t \to \infty} \left( H_1(t) - \frac{t}{\mu} \right) = \frac{\sigma^2}{2\mu^2} - \frac{\mu_1}{\mu}. \tag{6.36}$$

**Beweis**  Es sei $w(t) = F_1(t) - F_s(t)$. Aufgrund von (6.13) und Satz 6.1 gilt

$$H_1(t) - \frac{t}{\mu} = w(t) + \int_0^t w(t-x) \, dH(x).$$

Satz 6.4 liefert nun wegen $\lim\limits_{t \to \infty} w(t) = 0$ und $\int_0^\infty \overline{F}_s(t) \, dt = \frac{\sigma^2 + \mu^2}{2\mu}$

$$\lim_{t \to \infty} \left( H_1(t) - \frac{t}{\mu} \right) = \frac{1}{\mu} \int_0^\infty [F_1(t) - F_s(t)] \, dt$$

$$= \frac{1}{\mu} \int_0^\infty [\overline{F}_s(t) - \overline{F}_1(t)] \, dt = \frac{1}{\mu} \frac{\sigma^2 + \mu^2}{2\mu} - \frac{\mu_1}{\mu}. \quad\blacksquare$$

Insbesondere folgt für einfache Erneuerungsprozesse ($\mu = \mu_1$)

$$\lim_{t \to \infty} \left( H(t) - \frac{t}{\mu} \right) = \frac{1}{2} \left( \frac{\sigma^2}{\mu^2} - 1 \right). \tag{6.37}$$

Die den Sätzen 6.2 und 6.5 entsprechende Aussage für die Erneuerungsdichte ist

$$\lim_{t \to \infty} h(t) = \frac{1}{\mu}. \tag{6.38}$$

Der folgende Satz besagt, daß $N(t)$ für große $t$ näherungsweise normalverteilt ist mit dem Erwartungswet $t/\mu$ und der Varianz $\sigma^2 t \mu^{-3}$.

**Satz 6.6**  Die Varianzen $\sigma_1^2 = E(X_1 - \mu_1)^2$ und $\sigma^2 = E(X - \mu)^2$ seien endlich. Dann gilt

$$\lim_{t \to \infty} P\left( \frac{N(t) - t/\mu}{\sigma \sqrt{t \mu^{-3}}} < x \right) = \Phi(x). \tag{6.39}$$

**Beweis** Wegen $\sigma_1 < \infty$ hat $X_1$ offenbar keinen Einfluß auf die asymptotische Verteilung von $N(t)$. Es genügt daher, (6.39) für einfache Erneuerungsprozesse herzuleiten. Dazu wird von der Beziehung

$$P(T_k < t) = P\left( \sum_{n=1}^{k} X_n < t \right) = P(N(t) \geq k) \qquad (6.40)$$

ausgegangen. Aufgrund des zentralen Grenzwertsatzes der Wahrscheinlichkeitstheorie gilt

$$\lim_{k \to \infty} \left( Z_k = \frac{\sum_{n=1}^{k} X_n - k\mu}{\sigma \sqrt{k}} < t \right) = \Phi(t). \qquad (6.41)$$

Für jedes fixierte, aber beliebige $t>0$ existiert eine Zahlenfolge $\{z_k, k \geq 1\}$, mit $z_k = z_k(t)$, die

$$\lim_{k \to \infty} z_k = z \quad \text{und} \quad k = t/\mu + z_k \sqrt{k}$$

erfüllt. Damit ergibt sich unter Berücksichtigung von (6.40)

$$P\left( \frac{N(t) - t/\mu}{\sqrt{t}} > z_k \right) = P\left( Z_k < -\frac{z_k \, \mu\sqrt{t}}{\sigma \sqrt{t/\mu + z_k\sqrt{t}}} \right)$$

Für $t \to \infty$ ergibt sich nun wegen (6.41)

$$\lim_{t \to \infty} P\left( \frac{N(t) - t/\mu}{\sqrt{t}} > z \right) = 1 - \Phi\left( \frac{z}{\sigma}\sqrt{\mu^3} \right).$$

Die Substitution $x = \frac{z}{\sigma}\sqrt{\mu^3}$ liefert

$$\lim_{t \to \infty} P\left( \frac{N(t) - t/\mu}{\sigma \sqrt{t\mu^{-3}}} > x \right) = 1 - \Phi(x). \qquad \blacksquare$$

Dieser Satz erlaubt nun als praktisch bedeutsames Ergebnis die Konstruktion eines Konfidenzintervalls für die Anzahl $N(t)$ der Erneuerungen im Intervall $(0,t]$, wenn $t$ hinreichend groß ist: $N(t)$ erfüllt mit Wahrscheinlichkeit $1-\alpha$ die Ungleichung

$$\frac{t}{\mu} - u_{1-\alpha/2}\, \sigma\, \sqrt{t\mu^{-3}} \;\le\; N(t) \;\le\; \frac{t}{\mu} + u_{1-\alpha/2}\, \sigma\, \sqrt{t\mu^{-3}}$$

wobei $u_{1-\alpha/2}$ das $1-\alpha/2$ - Quantil der standardisierten Normalverteilung ist.
Mit anderen Worten, das Intervall

$$\left[\, \frac{t}{\mu} - u_{1-\alpha/2}\, \sigma\, \sqrt{t\mu^{-3}} \;,\; \frac{t}{\mu} + u_{1-\alpha/2}\, \sigma\, \sqrt{t\mu^{-3}} \,\right] \tag{6.42}$$

überdeckt $N(t)$ mit Wahrscheinlichkeit $1-\alpha$.

**Beispiel 6.3** Es seien $t = 1000$, $\mu = 10$, $\sigma = 2$ und $\alpha = 0,05$. Wegen $u_{0,975} \approx 2$
folgt aus (6.42), daß $N(1000)$ vom Intervall $[96, 104]$ mit Wahrscheinlichkeit
$0,95$ überdeckt wird.                                                                □

Die Kenntnis der asymptotischen Verteilung von $N(t)$ ermöglicht darüber hi-
naus, die im Abschnitt 6.2.1 gestellte Frage nach der minimalen Anzahl von
Reservesystemen, die notwendig ist, damit der Erneuerungsvorgang mit  vorgegebener Wahrscheinlichkeit $1-\alpha$ im Intervall $(0,t]$ nicht aus einem Mangel an
Reservesystemen abgebrochen werden muß, für große $t$ näherungsweise zu beantworten. Mit Wahrscheinlichkeit $1-\alpha$ gilt nämlich

$$\frac{N(t) - t/\mu}{\sigma\, \sqrt{t\mu^{-3}}} < u_{1-\alpha}.$$

Daher ist die gesuchte Anzahl $k_{min}$ Reservesysteme durch

$$k_{min} = \frac{t}{\mu} + u_{1-\alpha}\, \sigma\, \sqrt{t\mu^{-3}} \tag{6.43}$$

gegeben, wobei $u_{1-\alpha}$ das $1-\alpha$-Quantil der standardisierten Normalverteilung
ist.

**Beispiel 6.4** Es seien $T = 2000$, $\mu = 20$, $\sigma = 5$ und $\alpha = 0,01$. Wegen $u_{0,99} = 2,32$ ist

$$k_{min} = \frac{2000}{20} + \frac{2,32\cdot 5}{20}\, \sqrt{\frac{2000}{20}} = 105,8 \approx 106.$$

Man benötigt also mindestens 106 Reservesysteme,um mit einer Wahrscheinlichkeit von $0,99$ einen ununterbrochenen Fortgang des Erneuerungsvorgangs im Intervall $(0,2000]$ zu gewährleisten.

Für $t = 200$, $\mu = 1/\lambda = \sigma = 20$, $\alpha = 0,01$ ergibt sich $k_{min} = 17$. Im Beispiel
6.1 lieferten die gleichen Ausgangswerte, allerdings unter der Voraussetzung

exponential verteilter Lebensdauern, $k_{min}$ = 18. Die Differenz von einem Reservesystem ist dadurch zu erklären, daß t = 200 im Vergleich zu $\mu$ = 20 nicht als groß genug anzusehen ist, damit die Abweichung der durch (6.43) berechneten Anzahl vom exakten Wert vernachlässigbar klein wird.  □

Als weitere unmittelbare Folgerung aus dem fundamentalen Erneuerungstheorem erhält man aus (6.29) und (6.31)

$$\lim_{t \to \infty} R_t(x) = \lim_{t \to \infty} V_t(x) = F_s(x). \tag{6.44}$$

### 6.2.5 Stationäre Erneuerungsprozesse

Der zugrunde liegende Erneuerungsvorgang möge zum Zeitpunkt t=0 des Beginns seiner Beobachtung bereits unbeschränkt lange laufen. In diesem Fall erwartet man intuitiv, daß für beliebiges t der zeitliche Ablauf des Vorgangs im Intervall [t,∞) den gleichen stochastischen Gesetzmäßigkeiten genügt wie sein Ablauf im Intervall [0,∞). Man erwartet also eine *Verschiebungsinvarianz* der charakteristischen Eigenschaften bzw. Kenngrößen des betrachteten Erneuerungsvorgangs, also ihre Unabhängigkeit vom gewählten Beobachtungszeitpunkt. Der entsprechende Erneuerungsprozeß wird als *stationär* bezeichnet. Genauer wird die Stationarität von Erneuerungsprozessen folgendermaßen definiert (siehe auch Abschnitt 5.2):

**Definition 6.6**  Ein durch $F_1(t)$ und $F(t)$ bestimmter Erneuerungsprozeß heißt *stationär*, wenn der zugehörige stochastische Prozeß $\{V_t, t \geq 0\}$ der Vorwärtsrekurrenzzeit stationär ist.  ∎

Der Prozeß $\{V_t, t \geq 0\}$ ist Markovsch. Daher ist seine Stationarität damit äquivalent, daß die Verteilungsfunktionen $V_t(x)$ nicht von t abhängen:

$$V_t(x) = V(x) \quad \text{für alle } x \geq 0 \text{ und } t \geq 0.$$

Ein einfaches Stationaritätskriterium und gleichzeitig die Gestalt der Verteilungsfunktion V(x) liefert der folgende Satz.

**Satz 6.7**  Gilt $\mu < \infty$, so ist der durch $F_1(t)$ und $F(t)$ bestimmte Erneuerungsprozeß genau dann stationär, wenn

$$H_1(t) = t/\mu \tag{6.45}$$

ist.

*Folgerung* Wegen Satz 6.1 ist der Erneuerungsprozeß genau dann stationär, wenn gilt

$$F_1(t) = F_s(t) = \frac{1}{\mu} \int_0^t \overline{F}(x)\,dx. \qquad (6.46)$$

**Beweis** Gelten (6.45) und (6.46), so folgt aus (6.31)

$$V_t(x) = \frac{1}{\mu} \int_0^{t+x} \overline{F}(u)\,du - \int_0^t \overline{F}(t+x-u)\,\frac{1}{\mu}\,du$$

$$= \frac{1}{\mu} \int_0^{t+x} \overline{F}(u)\,du - \frac{1}{\mu} \int_0^t \overline{F}(t+x-u)\,du = \frac{1}{\mu} \int_0^x \overline{F}(u)\,du\ ,$$

so daß $V_t(x)$ nicht von t abhängt. Hängt umgekehrt $V_t(x)$ nicht von t ab, so gilt wegen (6.44)

$$V_t(x) = \lim_{t \to \infty} V_t(x) = F_s(t).$$

Damit ist aufgrund der Folgerung der Satz bewiesen.

Bei einem Vergleich der Sätze 6.1 bzw. 6.2 mit Satz 6.7 wird deutlich, daß sich nach einer hinreichend großen Zeitspanne ("Einschwingphase") jeder Erneuerungsprozeß mit nichtarithmetisch verteilten Pausenzeiten wie ein stationärer verhält.

Eine umfassende Darstellung des modernen Stands der Erneuerungstheorie gibt *Alsmeyer (1991)*. Über praktische Anwendungen der Erneuerungstheorie in der Stichproben-,Lagerhaltungs- und Bedienungstheorie informiert *Teugels (1990)*.

## 6.3  ALTERSABHÄNGIGE ERNEUERUNG

Die altersabhängige Erneuerung (age replacement policy) ist in der Literatur auch unter der Bezeichnung "streng periodische Erneuerung" bekannt. Entsprechend den Voraussetzungen des Abschnitts 6.1. wird stets gefordert, daß die Verteilungsfunktion F(t) der Lebensdauer X des Systems zum Typ IFR gehört. Die zugehörige Dichte, Überlebenswahrscheinlchkeit und Ausfallrate des Systems wird hier wie auch in den folgenden Abschnitten dieses Kapitels wieder mit $f(t)$, $\overline{F}(t)$ und $\lambda(t)$ bezeichnet.

**Strategie 1**  Das System wird nach Ausfällen erneuert. Wenn es ohne auszufallen eine vorgegebene Zeitspanne $\tau$ gearbeitet hat, wird eine *prophylaktische Erneuerung* durcgeführt (Bild 6.3).

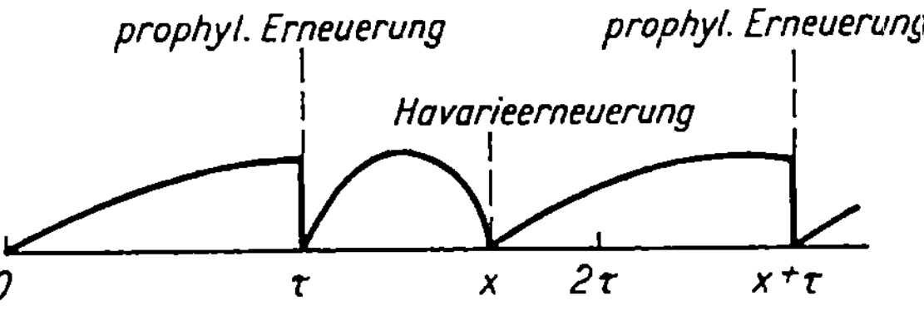


Bild 6.3   Veranschaulichung der altersabhängigen Erneuerung

Erneuerungen, die nach Ausfällen stattfinden, werden als *Havarieerneuerungen* bezeichnet. Sowohl Havarie- als auch prophylaktische Erneuerungen seien vollständig.

Es seien $X_h$ und Y die zufälligen Zeiten zwischen zwei benachbarten Havarieerneuerungen bzw. zwischen zwei benachbarten Erneuerungen beliebigen Typs. Dann gelten

$$P(X_h < t) = 1 - [\overline{F}(\tau)]^n \, \overline{F}(t-n\tau); \qquad n\tau \le t < (n+1)\tau, \quad n = 0,1,\dots$$

und wegen $Y = \min (X,\tau)$

$$P(Y < t) = \begin{cases} F(t), & 0 < t \le \tau, \\ 1 & , \ \tau < \ \ t. \end{cases} \qquad (6.47)$$

Damit erhält man

$$E(X_h) = \int\limits_0^\infty P(X_h \ge t)\,dt = \sum_{n=0}^\infty [\overline{F}(\tau)]^n \int\limits_{n\tau}^{(n+1)\tau} \overline{F}(t-n\tau)\,dt$$

$$= \left[ \sum_{n=0}^\infty [\overline{F}(\tau)]^n \right] \int\limits_0^\tau \overline{F}(t)\,dt.$$

Somit gelten

$$E(X_h) = \frac{1}{F(\tau)} \int\limits_0^\tau \overline{F}(t)\,dt \quad \text{und} \quad E(Y) = \int\limits_0^\tau \overline{F}(t)\,dt. \qquad (6.48)$$

Durch die Zeitpunkte, an denen Havarieerneuerungen, prophylaktische Erneuerungen bzw. Erneuerungen beliebigen Typs durchgeführt werden, sind jeweils einfache Erneuerungsprozesse gegeben. Bezeichnet $X_p$ die zufällige Zeit zwischen zwei benachbarten prophylaktischen Erneuerungen, sind $I_h(\tau) = 1/E(X_h)$, $I_p(\tau) = 1/E(X_p)$ und $I(\tau) = 1/E(Y)$ die mittleren Anzahlen von Havarieerneuerungen, prophylaktischen Erneuerungen und Erneuerungen beliebigen Typs je Zeiteinheit, und es gilt

$$I(\tau) = I_h(\tau) + I_p(\tau).$$

Unter Beachtung von (6.48) folgt

$$E(X_p) = \frac{1}{\overline{F}(\tau)} \int_0^\tau \overline{F}(t)\, dt.$$

Über das Monotonieverhalten der Erneuerungsintensitäten $I_h(\tau)$ und $I_p(\tau)$ läßt sich wegen der Voraussetzung IFR – verteilter Lebensdauern folgende Aussage treffen:

**Satz 6.8** (*Beichelt/Franken (1983)*) Für stetige $F(t)$ ist mit wachsendem $\tau$

a) $I_h(\tau)$ monoton steigend,

b) $I_p(\tau)$ monoton fallend. ■

Es seien $c_h$ und $c_p$ die durchschnittlichen Kosten einer Havarie- bzw. prophylaktischen Erneuerung; $0 < c_p < c_h < \infty$. Dann beträgt die Kostenrate bei Anwendung des Erneuerungsintervalls

$$K(\tau) = c_h I_h(\tau) + c_p I_p(\tau) \tag{6.49}$$

bzw.

$$K(\tau) = \frac{c_h F(\tau) + c_p \overline{F}(\tau)}{\int_0^\tau \overline{F}(t)\, dt}. \tag{6.50}$$

Bei einer Zerlegung des Betriebszeitraums in Zyklen und Anwendung der Formel (6.1) gelangt man ebenfalls zu der Darstellung (6.50) der Kostenrate. Die zufällige Länge der Zyklen ist dabei Y, die gemäß (6.47) verteilt ist und deren Erwartungswert durch (6.48) gegeben ist, während die zufälligen Kosten C je Zyklus durch

$$C = \begin{cases} c_h & \text{mit Wahrscheinlichkeit } F(\tau) = P(X < \tau) \\ c_p & \text{mit Wahrscheinlichkeit } \overline{F}(\tau) = P(X \geq \tau) \end{cases}$$

gegeben sind.

Satz 6.8 beinhaltet in Verbindung mit der Kostenrate (6.49) den anschaulich klaren Sachverhalt, daß bei zunehmendem $\tau$ die Kosten, die durch Ausfälle (Havarieerneuerungen) verursacht werden, ansteigen, wärend gleichzeitig der durch prophylaktische Erneuerungen verursachte Kostenaufwand zurückgeht. Das Problem besteht darin, durch Anwendung eines geeigneten Erneuerungsintervalls $\tau$ diese in bezug auf die Gesamtkosten einander gegenläufigen Tendenzen optimal auszugleichen. Gesucht ist also ein Erneuerungsintervall $\tau^*$ mit der Eigenschaft

$$K(\tau^*) = \min_{\tau \in (o,\infty)} K(\tau).$$

$\tau^*$ ist Lösung der Gleichung $dK(\tau)/d\tau = 0$ bzw.

$$\lambda(\tau) \int_o^\tau \overline{F}(t)\, dt - F(\tau) = \frac{c}{1-c} \tag{6.51}$$

mit $c = c_p/c_h$. Bei Anwendung des optimalen Erneuerungsintervalls beträgt die zugehörige minimale Kostenrate

$$K(\tau^*) = (c_h - c_p)\lambda(\tau^*). \tag{6.52}$$

Wegen des folgenden Satzes existiert stets eine eindeutige Lösung $\tau^*$ von (6.51), wenn nur

$$\lambda(\infty) > 1\,/1-c) \tag{6.53}$$

ausfällt. Diese Bedingung ist sicher dann erfüllt, wenn $\lambda(t)$ unbeschränkt wächst.

**Satz 6.9** Die Funktion $\lambda(\tau)\int_o^\tau \overline{F}(t)\, dt - F(\tau)$ ist streng monoton wachsend in t.

**Beweis** Da nach Voraussetzung $\lambda(t)$ monoton wächst, gilt für $0 \leq x \leq t_1 < t_2$

$$\lambda(t_1)\overline{F}(x) - f(x) \leq \lambda(t_2)\overline{F}(x) - f(x).$$

Die linke (rechte) Seite dieser Ungleichung ist nichtnegativ für $0 \leq x \leq t_1$ $(0 \leq x \leq t_2)$. Daher folgt

$$\lambda(t_1) \int_o^{t_1} \overline{F}(t)\, dt - F(t_1) = \int_o^{t_1} [\lambda(t_1)\overline{F}(x) - f(x)]dx$$

$$\leq \int_o^{t_1} [\lambda(t_2)\overline{F}(x) - f(x)]dx$$

$$< \int_0^{t_2} [\lambda(t_2)\overline{F}(x) - f(x)]dx$$

$$= \lambda(t_2)\int_0^{t_2} \overline{F}(x)dx - F(t_2).$$

**Beispiel 6.5**  X sei im Intervall [0,T] gleichverteilt:

$$F(t) = \begin{cases} t/T, & 0 \le t \le T \\ 1, & t > T. \end{cases}$$

Dann beträgt die Kostenrate für ein $\tau$ mit $0 < \tau < T$

$$K(\tau) = 2\frac{c_p T + (c_h - c_p)\tau}{(2T - \tau)\tau},$$

während sich als Lösung der zugehörigen Gleichung (6.51)

$$\tau^* = \frac{T}{1 - c}\left[\sqrt{c(2-c)} - c\right].$$

ergibt. Die durch diese Gleichung gegebene Abhängigkeit zwischen dem optimalen Erneuerungsintervall $\tau^*$ (bezogen auf T) und dem Quotienten $c = c_p/c_h$ ist in Bild 6.4 dargestellt.                                             □

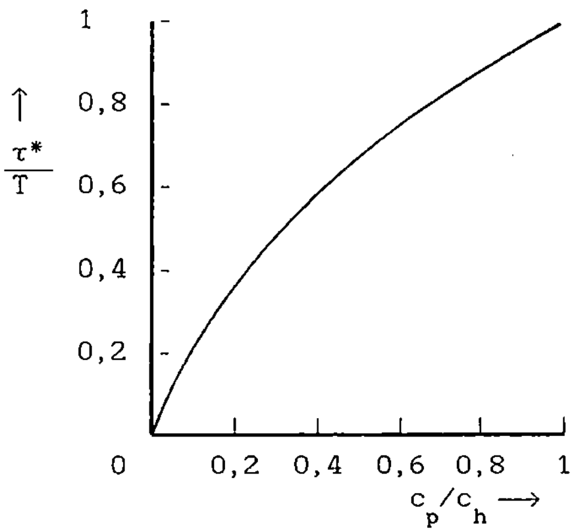


Bild 6.4   Optimale Erneuerungsintervalle bei Gleichverteilung

**Beispiel 6.6**  Es sei $F(t) = (1 - e^{-\lambda t})^2$. Die zugehörige Ausfallrate

$$\lambda(t) = \frac{2\lambda(1 - e^{-\lambda t})}{2 - e^{-\lambda t}}$$

ist streng monoton wachsend in $(0,\infty)$. Wegen $\lambda(0) = 0$ und $\lambda(\infty) = \lambda$ gilt die Abschätzung $0 \leq \lambda(t) \leq \lambda$. Die Bestimmungsgleichung für das optimale $\tau = \tau^*$ ist

$$\frac{1}{2 - e^{-\lambda\tau}} - e^{-\lambda\tau} = \frac{c}{1 - c} \; .$$

Gemäß der Bedingung (6.53) existiert eine Lösung dieser in $x = e^{-\lambda\tau}$ quadratischen Gleichung genau dann, wenn $c < 1/3$ ausfällt:

$$\tau^* = \frac{1}{\lambda} \ln\left( \frac{2 - 3c - \sqrt{(4-3c)c}}{2(1 - c)} \right) \; .$$

Bild 6.5 zeigt die optimalen Ernerungsintervalle und den Verlauf der zugehörigen minimalen Kostenrate in Abhängigkeit von c. Für $c = 1/3$ ergibt sich $K(\tau^*) = K(\infty) = 2\lambda c_h/3$. Das ist die Kostenrate, die bei Anwendung der Ausfallstrategie entsteht. □

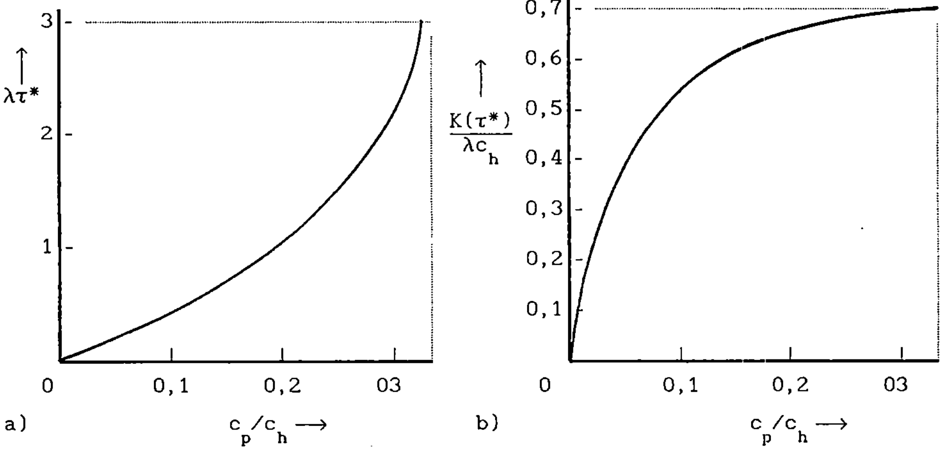


Bild 6.5   Optimale Erneuerungsintervalle a) und minimale Kostenrate b)

**Sensitivitätsbetrachtungen**   Für die Parameter von Lebensdauerverteilungen liegen im allgemeinen nur Schätzwerte vor, die mehr oder weniger von den "wahren" Werten abweichen. Daher sind folgende Fragen interessant:

1) Welchen Einfluß haben die Abweichungen der Schätzwerte von den wahren Werten der Parameter auf das optimale Erneuerungsintervall und auf die Kostenrate?

2) Wie wirken sich Abweichungen vom optimalen Erneuerungsintervall auf die Kostenrate aus?

Tafel 6.1   Einfluß fehlerbehafteter Formparameter der Weibullverteilung
auf die optimalen Erneuerungsintervalle und die minimalen Kostenraten

| $c$ | $\beta$ | $\Delta\beta\%$ | $\tau^*(\hat{\beta})$ | $\Delta\tau\%$ | $\dfrac{K(\tau^*(\hat{\beta}))}{c_h}$ | $\Delta K\%$ |
|---|---|---|---|---|---|---|
| 0,25 | 1,5 | 0 | 0,8387 | 0 | 1,0303 | 0 |
| | | 5 | 0,7624 | -9,10 | 1,0107 | -1,90 |
| | | 10 | 0,7090 | -15,46 | 0,9896 | -3,95 |
| | | -5 | 0,9533 | 13,66 | 1,0472 | 1,64 |
| | | -10 | 1,1393 | 35,84 | 1,0598 | 2,56 |
| | 3,0 | 0 | 0,5541 | 0 | 0,6909 | 0 |
| | | 5 | 0,5566 | 4,51 | 0,6704 | -2,97 |
| | | 10 | 0,5597 | 11,01 | 0,6516 | -5,69 |
| | | -5 | 0,5526 | -0,26 | 0,7134 | 3,25 |
| | | -10 | 0,5523 | -0,32 | 0,7382 | 6,84 |
| 0,75 | 1,5 | 0 | 8,7259 | 0 | 1,1077 | 0 |
| | | 5 | 6,0995 | -30,09 | 1,1136 | 0,53 |
| | | 10 | 4,6400 | -46,82 | 1,1185 | 0,97 |
| | | -5 | 14,1982 | 62,71 | 1,1001 | -0,68 |
| | | -10 | 23,5321 | 169,68 | 1,0905 | -1,55 |
| | 3,0 | 0 | 1,2165 | 0 | 1,1099 | 0 |
| | | 5 | 1,1705 | -3,78 | 1,1048 | -4,59 |
| | | 10 | 1,1330 | -6,68 | 1,0995 | -9,37 |
| | | -5 | 1,2737 | -4,70 | 1,1147 | 4,32 |
| | | -10 | 1,3463 | 10,67 | 1,1191 | 8,29 |

Diese Problematik soll hier am Beispiel einer weibullverteilten Lebensdauer illustriert werden, wobei der Formparameter $\vartheta$ ohne Beschränkung der Allgemeinheit gleich 1 gesetzt wird:

$$F(t) = 1 - e^{-t^{\beta}}.$$

Für den Parameter $\beta$ liege nur der Schätzwert $\hat{\beta}$ vor. Um eine Vorstellung von den Größenordungen bezüglich Frage 1 zu bekommen, wenn in (6.50) bzw. (6.51) mit $\hat{\beta}$ anstelle von $\beta$ gerechnet wird, sind in Tafel 6.1 neben den optimalen Erneuerungsintervallen $\tau^*$ und den zugehörigen , auf $c_h$ bezogenen Kostenraten $K(\tau^*)$ die entsprechenden informativen Kenngrößen angegeben:

$$\Delta\beta = \frac{\hat{\beta} - \beta}{\beta}\,100\%, \qquad\qquad \Delta\tau = \frac{\tau^*(\hat{\beta}) - \tau^*(\beta)}{\tau^*(\beta)}\,100\%,$$

$$\Delta K = \frac{K(\tau^*(\hat{\beta})) - K(\tau^*(\beta))}{K(\tau^*(\beta))}\,100\% \; .$$

Es zeigt sich, daß bei positiven $\Delta\beta$ die zugehörigen $\Delta K$ negativ sind und umgekehrt. Für festes c steigt $\Delta K$, wenn $\beta$ wächst.

Die Verhältnisse bezüglich Frage 2 sind in Bild 6.6 veranschaulicht (*Tadikamalla (1980)*). Für einige $\beta$ sind bei festem c = 0,2 die zugehörigen Kostenraten (bezogen auf $c_h$) in Abhängigkeit von $\tau$ dargestellt. Je kleiner $\beta$ wird, desto flacher werden die Funktionen $K(\tau)$ in der Umgebung der optimalen Erneuerungsintervalle $\tau^* = \tau^*(\beta)$. Für kleine $\beta$ kann also ein merkliches Abweichen vom optimalen Erneuerungsintervall (etwa wegen technologischer Erfordernisse) vom Kostenstandpunkt aus eher vertreten werden als für große $\beta$.

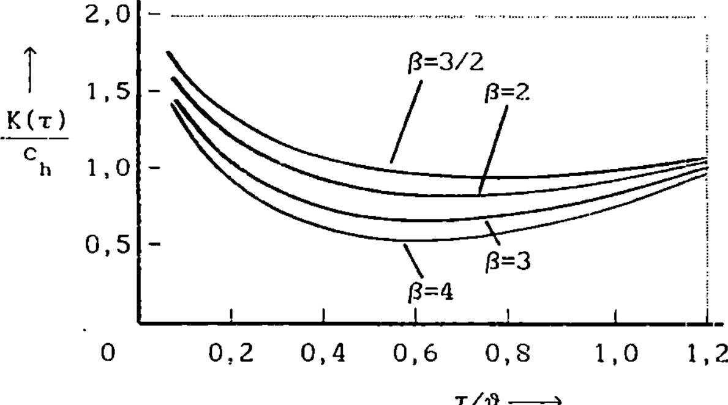


Bild 6.6   Kostenrate in Abhängigkeit vom Erneuerungsintervall

**Verfügbarkeit**   Es wird jetzt vorausgesetzt, daß Havarie- bzw. prophylaktische Erneuerungen die Zeiten $d_h$ bzw. $d_p$ erfordern, $0 < d_p < d_h < \infty$. In diesem Fall kann die stationäre Verfügbarkeit des Systems von primärem Interesse sein. Bei Anwendung von Strategie 1 beträgt die Betriebszeit des Systems in einem Zyklus wie im "Kostenfall" $Y = \min (X,\tau)$ mit dem durch (6.48) gegebenem Erwartungswert. Y ist jetzt jedoch nicht die Zykluslänge; denn diese ist gegeben durch

$$L = \begin{cases} Y + d_h & \text{mit Wahrscheinlichkeit } F(\tau), \\ Y + d_p & \text{mit Wahrscheinlichkeit } \bar{F}(\tau). \end{cases}$$

Somit beträgt die mittlere Zykluslänge

$$E(L) = E(L|Y<\tau)\ F(\tau) + E(L|Y\geq\tau)\ \bar{F}(\tau)$$

$$= E(Y|Y<\tau)\ F(\tau) + E(Y|Y\geq\tau)\ \bar{F}(\tau) + d_h F(\tau) + d_p \bar{F}(\tau)$$

$$= \left[\frac{1}{F(\tau)} \int_0^\tau x\ dF(x)\right] F(\tau) + \tau\ \bar{F}(\tau) + d_h F(\tau) + d_p \bar{F}(\tau)$$

$$= \int_0^\tau \bar{F}(x)\ dx + d_h F(\tau) + d_p \bar{F}(\tau)\ .$$

Damit ergibt sich die stationäre Verfügbarkeit des Systems gemäß (6.2) zu

$$V(\tau) = \frac{\displaystyle\int_0^\tau \bar{F}(x)\ dx}{\displaystyle\int_0^\tau \bar{F}(x)\ dx + d_h F(\tau) + d_p \bar{F}(\tau)}\ .$$

Das Problem besteht nunmehr in der Maximierung von $V(\tau)$ durch geeignete Wahl von $\tau$. Da jedoch $1/V(\tau) - 1$ und $K(\tau)$ die gleiche funktionelle Struktur haben, sind die Optimierungsprobleme "Minimierung von $K(\tau)$" und "Maximierung von $V(\tau)$" einander äquivalent. Infolgedessen ist ein bezüglich $V(\tau)$ optimales $\tau = \tau^*$ wiederum Lösung von (6.51), wenn dort $c = d_p/d_h$ gesetzt wird. Unter der Voraussetzung (6.53) ist die Existenz eines endlichen $\tau^*$ gesichert. Die zugehörige maximale Verfügbarkeit beträgt

$$V(\tau^*) = \frac{1}{1 + (d_h - d_p)\lambda(\tau^*)}\ .$$

**Verallgemeinerte Kostenstruktur**   Instandsetzungskosten steigen im allgemeinen mit wachsender Betriebsdauer. Es liegt daher nahe, die jeweiligen Erneuerungskosten $c_h$ und $c_p$ noch um $v(t)$ Kosteneinheiten zu vergrößern, wenn die Erneuerung $t$ Zeiteinheiten nach der vorangegangenen erfolgt. Ein prophylaktische Erneuerung erfordert daher stets die Kosten $c_p + v(\tau)$. Die Kostenrate beträgt

$$K(\tau) = \frac{[c_p + v(\tau)]\,\overline{F}(\tau) + \int_0^\tau [c_h + v(t)]\,dF(t)}{\int_0^\tau \overline{F}(x)\,dx}\ .$$

Es ist interessant, daß in diesem Fall auch bei konstanter Ausfallrate des Systems ($\lambda(t) \equiv \lambda$) bei hinreichend schnell wachsendem $v(t)$ ein optimales Erneuerungsintervall $\tau^* < \infty$ existiert. Zum Beispiel genügt für

$$v(t) = (c_h - c_p)t^\alpha$$

ein optimales Erneuerungsintervall der Gleichung

$$\tau^{\alpha-1} - (\alpha-1) \int_0^\tau t^{\alpha-2}\, e^{-\lambda t}\, dt = \frac{c}{\alpha(1 - c)}\ .$$

Für $\alpha > 1$ existiert eine eindeutige Lösung $\tau^*$, und die minimale Kostenrate beträgt

$$K(\tau^*) = (c_h - c_p)\left[\lambda + \alpha\ (\tau^*)^{\alpha-1}\right]\ .$$

## 6.4 BLOCKERNEUERUNG

Bei Anwendung von Strategie 1 sind die Zeitpunkte, an denen prophylaktische Maßnahmen stattfinden, bei Arbeitsbeginn des Systems nicht bekannt; denn eine nach $\tau$ Zeiteinheiten geplante prophylaktische Erneuerung findet nur mit Wahrscheinlichkeit $\overline{F}(\tau)$ statt. Diese Tatsache erschwert die Organisation des Produktionsablaufs. Bei der in diesem Abschnitt behandelten *Blockerneuerung* (block replacement policy) werden die Zeitpunkte, an denen prophylaktische Maßnahmen stattfinden sollen, von vornherein festgesetzt. Instandsetzungsstrategien mit dieser Eigenschaft sind insbesondere dann angebracht, wenn prophylaktische Erneuerungen gründliche Vorbereitungen erfordern bzw. mit erheblichem Aufwand verbunden sind, wie etwa bei der Generalüberholung ganzer Produktionsanlagen oder komplizierter elektronischer Einrichtungen.

**Strategie 2**  Das System wird nach Ausfällen durch eine Havarieerneuerung instandgsetzt. Unabhängig vom Systemalter werden zu fixierten Zeiten $\tau$, $2\tau,\ldots$ planmäßig prophylaktische Erneuerungen durchgeführt (Bild 6.7).

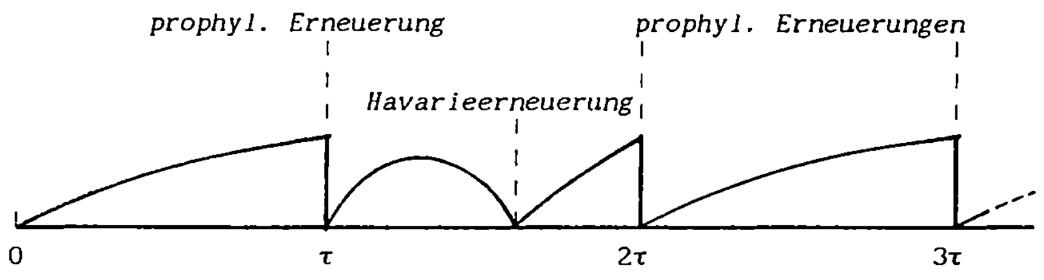



Bild 6.7   Veranschaulichung der Blockerneuerung

Havarie-und prophylaktische (planmäßige) Erneuerungen seien wieder vollständig und erfordern durchschnittlich die Kosten $b_h$ bzw. $b_p$, $0 < b_p < b_h < \infty$. Der Betriebsprozeß des Systems zerfällt somit in die statistisch äquivalenten Zyklen $[n\tau,(n+1)\tau]$ konstanter Länge $\tau$, $n = 0,1,\ldots$Die mittleren Kosten je Zyklus betragen $E(C) = b_p + b_h H(\tau)$, wobei $H(\tau)$ den Erwartungwert der im Intervall $(0,\tau]$ Havarieerneuerungen bezeichnet. ($H(t)$ ist also weiter nichts als die zu $F(t)$ gehörende Erneuerungsfunktion, befriedigt also die Erneuerungsgleichung (6.14)). Daher beträgt die Kostenrate

$$K(\tau) = \frac{b_p + b_h H(\tau)}{\tau} . \tag{6.54}$$

Ein optimales Erneuerungsintervall $\tau = \tau^*$ befriedigt die Gleichung

$$\tau h(\tau) - H(\tau) = b \tag{6.55}$$

mit $b = b_p/b_h$ und $h(t) = H'(t)$ als Erneuerungsdichte. Im Fall der Existenz von $\tau^*$ beträgt die minimale Kostenrate

$$K(\tau^*) = b_h h(\tau^*). \tag{6.56}$$

Bei konstanter Ausfallrate $\lambda(t) \equiv \lambda$ gelten $H(t) = \lambda t$ und $h(t) \equiv \lambda$, so daß in diesem Fall (6.55) keine endliche Lösung haben kann.

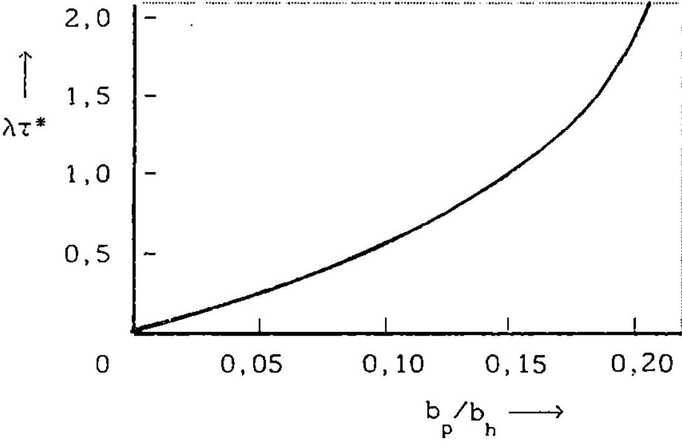



Bild 6.8   Optimale Erneuerungsintervelle (Beispiel 6.7)

**Beispiel 6.7** Wiederum sei $F(t) = (1 - e^{-\lambda t})^2$. Die zugehörige Erneuerungsdichte und die Erneuerungsfunktion wurden bereits im Beispiel 6.2 berechnet (Gleichung (6.21)):

$$h(t) = \frac{2}{3}\lambda\left(1 - e^{-3\lambda t}\right), \qquad H(t) = \frac{2}{3}\lambda\left[t + \frac{1}{3\lambda}\left(e^{-3\lambda t} - 1\right)\right].$$

Die Bestimmungsgleichung (6.55) für das optimale Erneuerungsintervall lautet daher

$$(1 + 3\lambda\tau)e^{-3\lambda\tau} = 1 - \frac{9}{2}b \ .$$

Eine eindeutige Lösung existiert, wenn $b < 2/9$ ist. Für $b \geq 2/9$ ist die Ausfallstrategie (Strategie 0) kostengünstiger. Bild 6.8 zeigt den Verlauf von $\lambda\tau^*$ in Abhängigkeit von $b \in (0, 2/9)$. $\qquad\qquad\square$

Der entscheidende Nachteil von Strategie 2 besteht darin, daß unter Umständen auch recht "frische" Systeme prophylaktisch erneuert werden können (obwohl im Fall $b_p \ll b_h$ die Anwendung des optimalen Erneuerungsintervalls $\tau^*$ Havarieerneuerungen weitestgehend ausschließt). Daher wird noch auf einige Varianten der Blockerneuerung hingewiesen.

**Strategie 2'** Zwischen zwei prophylaktischen Erneuerungen werden keinerlei Instandhaltungsmaßnahmen durchgeführt, sondern Ausfälle werden erst bei der folgenden, planmäßig durchzuführenden prophylaktischen Erneuerung behoben (Bild 6.9).

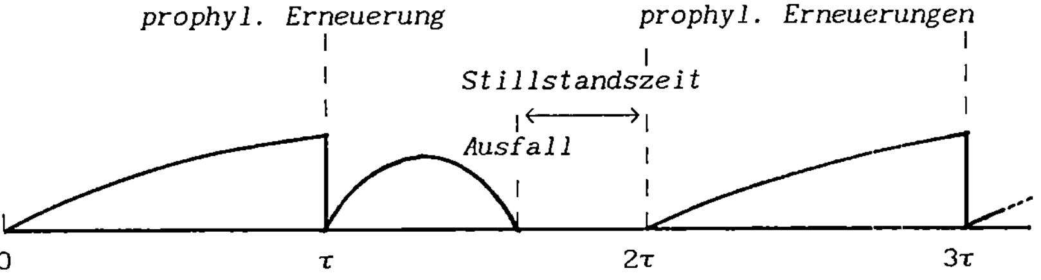


Bild 6.9 Blockerneuerung mit Stillstandszeit

Bei einem Ausfall des Systems zum Zeitpunkt x mit $n\tau < x \leq (n{+}1)\tau$, $n = 0,1,\ldots$ bleibt das System $t = (n{+}1)\tau - x$ Zeiteinheiten funktionsuntüchtig. Mit dieser Stillstandszeit sei ein finanzieller Verlust von $v(t)$ Kosteneinheiten verbunden, wobei $v(0) = 0$ und $v(t)$ als monoton wachsende, differenzierbare Funktion vorausgesetzt werden. Die zugehörige Kostenrate beträgt

$$K(\tau) = \frac{b_p + \int_0^\tau v(\tau - t)\, dF(t)}{\tau} .$$

Ein optimales Erneuerungsintervall $\tau = \tau^*$ befriedigt die Gleichung

$$\int_0^\tau [\tau\, v'(\tau - t) - v(\tau - t)]\, dF(t) = b_p .$$

Eine positive, endliche Lösung $\tau^*$ existiert, wenn $\lim_{t \to \infty} v(t)/t = \infty$ gilt. In diesem Fall beträgt die minimale Kostenrate

$$K(\tau^*) = \int_0^{\tau^*} v'(\tau^* - t)\, dF(t).$$

Weitere Modifikationen von Strategie 2 sind:

a) Für gegebenes $\tau$ mit $0 \le \tau \le \tau$ werden Havarieerneuerungen, die bei Anwendung von Strategie 2 im Intervall $[n\tau - \tau, n\tau]$, $n = 1,2,\ldots$, anfallen würden, nicht durchgeführt, sondern das System wird erst bei der nächsten prophylaktischen Erneuerung zum Zeitpunkt $n\tau$ instandgesetzt.. Analog zu Strategie 2' entstehen in möglichen Stillstandszeiten Verlustkosten (*Cox (1962), Blanning (1965), Tabata (1979)*).

b) Ausgefallene Systeme werden nicht durch neue, sondern durch bereits gebrauchte Systeme ersetzt (used item replacement policies). Dabei kann es sich um Systeme handeln, die bei früheren prophylaktischen Erneuerungen ausgetauscht wurden und nicht oder teilweise regeneriert wurden (*Bhat (1969), Tango (1978), Nakagawa (1979)*).

c) Bei genereller Anwendung von Strategie 2 wird die Erneuerung eines Systems, das zum Zeitpunkt $n\tau$ einer prophylaktische Erneuerung ein vorgegebens Alter $\tau$, $0 \le \tau < \tau$, noch nicht überschritten hat, auf den Zeitpunkt $(n+1)\tau$ der nächsten prophylaktischen Erneuerung verschoben (*Berg/Epstein (1976)*).

d) *Tilquin/Cleroux (1975)* und *Berg/Epstein (1979)* analysieren Strategie 2 unter der Voraussetzung zeitabhängiger Erneuerungskosten.

e) Neuere Arbeiten behandeln das Modell der Blockerneuerung in Verbindung mit minimalen Reparaturen. Daher werden diese Arbeiten erst im Abschnitt 6.6 berücksichtigt.

## 6.5 Vergleich von altersabhängiger Erneuerung und Blockerneuerung

In diesem Abschnitt wird die Effektivität der Strategien 1 und 2 in bezug auf die Kostenrate verglichen. Dabei kann ohne Beschränkung der Allgemeinheit $c_h = b_h = 1$ und somit $c = c_p$ und $b = b_p$ gesetzt werden, $0 \le b,c \le 1$. Der Vergleich beruht auf den Kriterien (6.50) und (6.54), die im folgenden zur genauen Charakterisierung mit $K_1(\tau,c)$ bzw. $K_2(\tau,b)$ bezeichnet werden:

$$K_1(\tau,c) = \frac{F(\tau) + c\bar{F}(\tau)}{\int_0^\tau \bar{F}(t)\,dt}\,, \qquad K_2(\tau,b) = \frac{H(\tau) + b}{\tau}\,.$$

Die zugehörigen optimalen Erneuerungsintervalle seien $\tau_1^*(c)$ bzw. $\tau_2^*(b)$. Es läßt sich zeigen, daß im Fall $b \ge c$ die optimale Strategie 1 stets kostengünstiger ist als die optimale Strategie 2 (*Berg (1976)*).Aufgrund der determinierten Planbarkeit von prophylaktischen Erneuerungen bei Anwendung der Blockerneuerung wird jedoch in der Praxis im allgemeinen $b < c$ sein. In diesen Fällen ist die Frage nach der kostengünstigsten Strategie nicht ohne weiteres zu beantworten. Das Ziel wird daher sein, in dem durch $(b,c)$ aufgespannten Einheitsquadrat diejenigen Bereiche anzugeben, in denen jeweils Strategie 1 oder Strategie 2 der Vorzug gegeben werden sollte. Dabei wird sich zeigen, daß in diesem Quadrat auch ein Bereich existieren kann, in dem die Anwendung von Strategie 0 (Ausfallstrategie: Erneuerung nur nach Ausfällen) stets kostengünstiger ist als jede der Strategien 1 oder 2. Wegen $d_h = 1$ beträgt die Kostenrate bei Anwendung von Strategie 0

$$K_0 = 1/\mu. \tag{6.57}$$

Es seien

$$K_1^*(c) = \inf_\tau K_1(\tau,c), \qquad K_2^*(b) = \inf_\tau K_2(\tau,b);$$

$$c_0 = \sup\,\{c;\ K_1^*(c) < K_0\}, \qquad b_0 = \sup\,\{b;\ K_2^*(b) < K_0\}.$$

Für $c \ge c_0$ bzw. $b \ge b_0$ gilt somit $K_0 = K_1^*(c) = K_2^*(b)$. Aus (6.51) bzw. (6.55) folgt: Ist das Erneuerungsintervall $\tau_1^*(c)$ $(\tau_2^*(b))$ endlich,dann sind auch alle $\tau_1^*(c')$ $(\tau_2^*(b'))$ mit $c' < c$ $(b' < b)$ endlich. Daher gilt $K_1^*(c) < K_0$ für $0 \le c < c_0$ und $K_2^*(b) < K_0$ für $0 \le b < b_0$, so daß ein Effektivitätsvergleich der Strategien 1 und 2 nur im Rechteck $\{0 \le c \le c_0,\ 0 \le b \le b_0\}$ notwendig ist.

Für ein beliebiges, aber fixiertes c aus dem Intervall $[0, c_o]$ bezeichne $b^*(c)$ denjenigen eindeutig bestimmten Wert von b, der

$$K_2^*(b) = K_1^*(c) \qquad (6.58)$$

erfüllt.

**Satz 6.10** Für gegebenes $c \in [0, c_o]$ ist die optimale Strategie 1 kostengünstiger als die optimale Strategie 2, wenn $b \geq b^*(c)$ ausfällt, während die optimale Strategie 2 kostengünstiger als die optimale Strategie 1 ist, wenn $b < b^*(c)$ ausfällt. Im Fall $c > c_o$ ist die optimale Strategie 2 am kostengünstigsten, wenn $b < b_o$ ausfällt, während die Strategie 0 für $b \geq b_o$ am kostengünstigsten ist.

**Beweis** Zunächst ist zu zeigen, daß $K_1^*(c)$ und $K_2^*(b)$ streng monoton wachsende Funktionen in c bzw. b sind, $0 \leq c < c_o$, $0 \leq b < b_o$. Hier wird allerdings nur das monotone Wachstum der Funktion $K_1^*(c)$ gezeigt, da der Beweis des gleichen Sachverhalts für die Funktion $K_2^*(b)$ analog verläuft.

Für $0 \leq c_1 < c_2 \leq c_o$ gilt

$$K_1^*(c_1) = K_1(\tau_1^*(c_1), c_1) < K_1(\tau_1^*(c_2), c_2). \qquad (6.59)$$

Andererseits gilt, da $K_1(\tau, c)$ für beliebiges, aber festes $\tau < \infty$ streng monoton wachsend in c ist,

$$K_1(\tau_1^*(c_2), c_1) < K_1(\tau_1^*(c_2), c_2) = K_1^*(c_2).$$

Zusammen mit (6.59) folgt insgesamt das monotone Wachstum von $K_1^*(c_1)$:

$$K_1^*(c_1) < K_1^*(c_2) \quad \text{für} \quad 0 \leq c_1 < c_2 \leq c_o. \qquad (6.60)$$

Wegen (6.60) und $K_o = K_1^*(c_o) = K_2^*(b_o)$ hat $b^*(c)$ folgende Eigenschaften:

1) $b^*(c)$ ist streng monoton wachsend in c.

2) $b^*(c) \leq b_o$ für $c \leq c_o$.

3) $K_2^*(b) < K_1^*(c)$ für $b < b^*(c)$.

4) $K_2^*(b) > K_1^*(c)$ für $b > b^*(c)$.

Aus diesen Eigenschaften resultiert die Behauptung des Satzes.          ∎

Der Satz gibt die Vorschrift zur Wahl der kostengünstigsten Strategie an.

Die dazu notwendige Berechnung von $b^*(c)$ kann grundsätzlich nach folgendem Prinzip erfolgen: Für gegebenes $c \in [0, c_0]$ ist $K_1^*(c)$ gemäß (6.52) zu berechnen. Nach (6.56) ist die Definitionsgleichung für $b^*(c)$ äquivalent zu

$$h(\tau_2^*(b)) = K_1^*(c). \tag{6.61}$$

Wenn $h(t)$ streng monoton wachsend in $t$ ist, existiert eine eindeutige Lösung $\tau_2^*(b)$. Wird sie in (6.55) eingesetzt, erhält man unmittelbar $b^*(c)$.

Die Berechnung von $b^*(c)$ hat für gegebenes $c$ im allgemeinen mit numerischen Methoden zu erfolgen. Explizite Ergebnisse können in den folgenden Beispielen angegeben werden.

**Beispiel 6.8**  Die Lebensdauer $X$ des Systems sei im Intervall $[0, T]$ gleichverteilt. Dann gilt für $0 < t < T$ (siehe Abschnitt 6 2)

$$\lambda(t) = \frac{1}{T - t}, \quad h(t) = \frac{1}{T} e^{t/T}, \quad H(t) = e^{t/T} - 1.$$

Wegen (6.52) und Beispiel 6.5 ist für $0 \leq c < 1$

$$K_1^*(c) = \frac{1}{T}\left[1 + \sqrt{c(2-c)}\right] < K_0 = \frac{2}{T}. \tag{6.62}$$

Daher gilt $c_0 = 1$. Nach (6.56) ist ferner

$$K_2^*(b) = K_2(\tau_2^*, b) = \frac{1}{T} e^{\tau_2^*/T}.$$

Somit ist $K_2^*(b) < K_0$ äquivalent zu $\tau_2^*(b) < T \ln 2$. Die linke Seite von (6.55) (6.55) wächst monoton in $\tau$. Infolgedessen gilt $K_2^*(b) < K_0$ genau dann, wenn $b < 2 \ln 2 - 1$ ausfällt. Daher ist

$$b_0 = 2 \ln 2 - 1 = 0{,}386.$$

Aus (6.55) ergibt sich schließlich unter Berücksichtigung von (6.61)

$$b^*(c) = 1 - T\, K_1^*(c)\left[1 - \ln(T K_1^*(c))\right],$$

wobei $K_1^*(c)$, $0 \leq c < c_0$, durch (6.62) gegeben ist.

Die im Satz 6.10 formulierte Entscheidungsvorschrift zur Wahl der günstigsten Instandsetzungsstrategie ist für dieses Beispiel auf der Grundlage der berechneten $b_0$, $c_0$ und $b^*(c)$ im Bild 6.10 veranschaulicht. Die fette Linie im Einheitsquadrat ist die Funktion $b^* = b^*(c)$. In diesem Beispiel ist stets eine der Strategien 1 oder 2 besser als Strategie 0.                ■

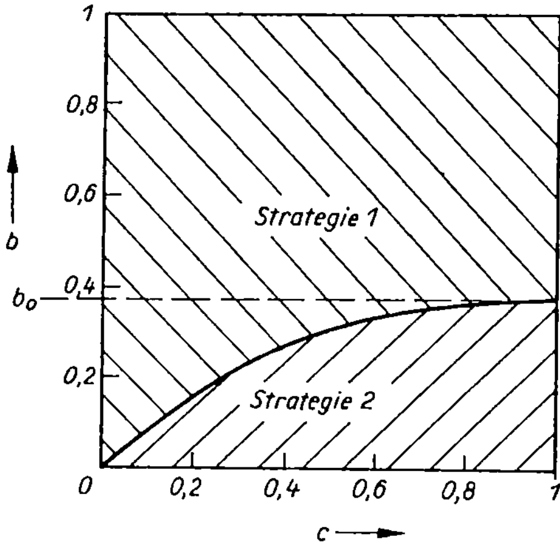



Bild 6.10   Effektivitätsvergleich der Strategien 0,1 und 2 (Beispiel 6.8)


**Beispiel 6.9**   Es sei $F(t) = (1 - e^{-\lambda t})^2$. In diesem Fall gelten $K_o = 2\lambda/3$, $c_o = 1/3$, $b_o = 2/9$, und $K_1^*(c)$ ist für $0 \le c \le 1/3$ durch

$$K_1^*(c) = \frac{2\lambda(1-c)\left[c + \sqrt{(4-3c)c}\right]}{2 - c + \sqrt{(4-3c)c}} \tag{6.63}$$

gegeben (siehe die Beispiele 6.6 und 6.7). Für $0 \le c < c_o$ ergibt sich als eindeutige Lösung $\tau_2^*(b)$ von (6.61)

$$\tau_2^*(b) = -\frac{1}{3\lambda} \ln\left(1 - \frac{3K_1^*(c)}{2\lambda}\right).$$

Durch Einsetzen von $\tau_2^*(b)$ in (6.55) erhält man schließlich für $0 \le c < c_o$

$$b^*(c) = \frac{K_1^*(c)}{3\lambda} - \frac{2\lambda - 3K_1^*(c)}{9\lambda} \ln\left(\frac{2\lambda}{2\lambda - 3K_1^*(c)}\right),$$

wobei $K_1^*(c)$ durch (6.63) gegeben ist. Bild 6.11 veranschaulicht die Situation. Im Unterschied zum vorangegangenen Beispiel ist jetzt auf etwa 50% der Fläche des Einheitsquadrates Strategie 0 am kostengünstigsten.   □

Der in diesem Abschnitt dargestellte Kostenvergleich der Strategien 0,1 und 2 lehnt sich wesentlich an die Arbeit *Berg/Epstein (1978)* an. Kostenvergleiche für verallgemeinerte altersabhängige und Blockerneuerungsstrategien hat *Savits (1988)* angestellt. Vergleiche von Erneuerungsanzahlen bei altersabhängigen und Blockerneuerungsstrategien haben *Barlow/Proschan (1975)* und *Langberg (1988)* durchgeführt.

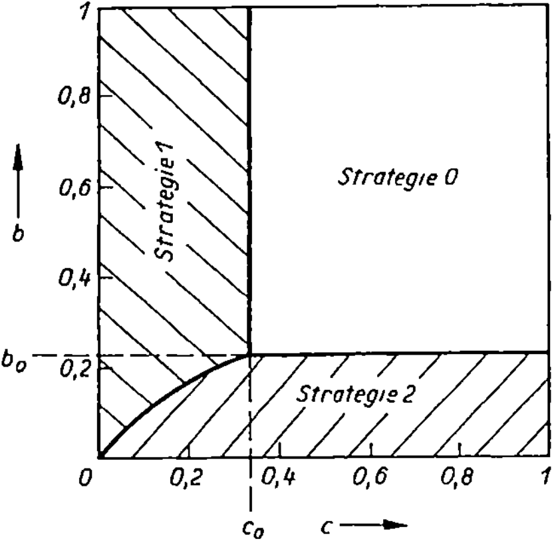


Bild 6.11   Effektivitätsvergleich der Strategien 0,1 und 2 (Beispiel 6.9)

## 6.6   INSTANDSETZUNG DURCH ERNEUERUNG UND MINIMALE REPARATUR

### 6.6.1   Undifferenzierte Systemausfälle

Bislang wurde stets vorausgesetzt, daß das System sowohl durch prophylaktische als auch durch Havarieerneuerungen vollständig erneuert wird. Derartige Instandsetzungsstrategien sind jedoch in der Praxis häufig technisch nicht zu realisieren , oder sie sind vom wirtschaftlichen Standpunkt aus von vornherein abzulehnen. Daher wird in diesem Abschnitt der Fall betrachtet, daß vollständige Erneuerungen nur zu bestimmten Zeitpunkten vorgenommem werden. Versagt aber das System zwischen zwei vollständigen Erneuerungen, so wird nur eine "unvollständige Erneuerung" oder "minimale Reparatur" vorgenommen.

**Definition 6.7**   Die Instandsetzung eines Systems, dessen Ausfall zum Zeitpunkt t geschieht, erfolgt durch eine *minimale Reparatur,* wenn die (restliche) Lebensdauer des instand gesetzten Systems die Verteilungsfunktion

$$F_t(x) = \frac{F(t+x) - F(t)}{\bar{F}(t)}$$

hat.   ■

Nach (2.9) ist $F_t(x)$ die Verteilungsfunktion der "restlichen Lebensdauer" eines Systems, das bereits t Zeiteinheiten gearbeitet hat. Somit macht eine minimale Reparatur das System zwar wieder arbeitsfähig, aber nach Abschluß einer minimalen Reparatur hat die Ausfallrate des Systems den gleichen Wert wie unmittelbar vor dem Ausfall. Der Einfluß einer minimalen Reparatur auf den Abnutzungsgrad des Systems ist also vernachlässigbar klein. Das Konzept der minimalen Reparatur entspricht dem häufig praktizierten Vorgehen, zwischen zwei Generalüberholungen (vollständigen Erneuerungen) einer technischen Anlage nur den unbedingt notwendigen Instandhaltungsaufwand zu betreiben. Im folgenden werden einige mögliche Instandsetzungsstrategien unter Einbeziehung minimaler Reparaturen analysiert, die sich voneinander nur durch unterschiedliche Vorschriften zur zeitlichen Planung vollständiger Erneuerungen unterscheiden. Die folgende Strategie entspricht der Ausfallstrategie (Strategie 0 im Abschnitt 6.2.1). Wie bei dieser dient ihre Diskussion neben Vergleichszwecken vor allem dazu, die theoretischen Grundlagen für die Behandlung komplizierterer Strategien bereitzustellen.

**Strategie 0'**  Jeder Ausfall wird durch eine minimale Reparatur behoben.

Es seien $X_k$ der Zeitpunkt, an dem die k-te minimale Reparatur stattfindet, $Z(t)$ die zufällige Anzahl der in $[0,t)$ stattfindenden minimalen Reparaturen und $\{p_k(t),\ k \geq 0\}$ die Wahrscheinlichkeitsverteilung von $Z(t)$. Dann gilt

$$p_k(t) = P(Z(t) = k) = P(X_k < t \leq X_{k+1}),\ k = 0,1,\ldots$$

Unabhängig davon, ob zum Zeitpunkt t eine minimale Reparatur stattfindet oder nicht, fällt das System im Intervall $[t,t+\Delta t]$ nach Definition einer minimalen Reparatur mit Wahrscheinlichkeit $\lambda(t)\Delta t + o(\Delta t)$ aus. Daher gilt

$$p_{k+1}(t+\Delta t) = p_k(t)\lambda(t)\Delta t + p_{k+1}(t)(1 - \lambda(t)\Delta t) + o(\Delta t).$$

Nach Umstellung und Durchführung des Grenzübergangs $\Delta t \rightarrow 0$ erhält man für die $p_k(t)$ das Differentialgleichungssystem

$$p'_{k+1}(t) = \lambda(t)(p_k(t) - P_{k+1}(t)),\quad k = 0,1,2,\ldots$$

Diese System ist aber identisch mit dem Differentialgleichungssystem (5.65), wenn dort s = 0 gesetzt wird. Daher erhält man als Lösung

$$p_k(t) = \frac{(\Lambda(t))^k}{k!}\ e^{-\Lambda(t)}\quad \text{mit}\quad \Lambda(t) = \int_0^t \lambda(x)\ dx,$$

wobei $\Lambda(t)$ die mittlere Anzahl minimaler Reparaturen im Intervall $[0,t]$ ist. Da ferner die Abstände $Y_k = X_k - X_{k-1}$ , $k = 1,2,\ldots,$ $X_0 = 0$, zwischen zwei benachbarten minimalen Reparaturen voneinander unabhängige Zufallsgrößen sind, ist $\{Z(t),\ t \geq 0\}$ ein stochastischer Prozeß mit unabhängigen Zuwächsen und somit gemäß Definition 5.6 ein inhomogener Poissonscher Prozeß mit der Intensitätsfunktion $\lambda(t)$.

Es seien hier und im folgenden c die durchschnittlichen Kosten einer minimalen Reparatur. Dann fallen im Intervall $[0,t]$ im Mittel die Kosten $c\Lambda(t)$ an. Daher beträgt die Kostenrate bei Anwendung von Strategie 0'

$$K = c_m \lim_{t \to \infty} \frac{\Lambda(t)}{t} .$$

Für unbeschränkt wachsende $\lambda(t)$ ist somit $K = \infty$, während für beschränkte $\lambda(t)$ mit $\lim_{t \to \infty} \lambda(t) = \lambda$ die Beziehung $K = c_m \lambda$ gilt.

**Strategie 3** (Blockerneuerung mit minimaler Reparatur) Zu fixierten Zeitpunkten $\tau$, $2\tau$, ...werden prophylaktisch vollständige Erneuerungen durchgeführt. Zwischenzeitliche Ausfälle werden durch minimale Reparaturen behoben (*Barlow/Proschan (1965)*).

Die vollständigen Erneuerungen des Systems zerlegen seine Betriebszeit in Zyklen konstanter Länge $\tau$. Je Zyklus fallen im Mittel die Kosten $c_v + c_m \Lambda(t)$ an, wobei $c_v$ die durchschnittlichen Kosten einer vollständigen Erneuerung bezeichnet. Daher beträgt die Kostenrate bei Anwendung von Strategie 3

$$K(\tau) = \frac{c_v + c_m \Lambda(\tau)}{\tau} . \tag{6.64}$$

Ein optimales Erneuerungsintervall $\tau^*$ ist Lösung der Gleichung $dK(\tau)/d\tau = 0$ bzw.

$$\tau\lambda(\tau) - \Lambda(\tau) = c_v/c_m . \tag{6.65}$$

Wenn $\lambda(t)$ unbeschränkt wächst, existiert stets eine eindeutige Lösung $\tau^*$. In diesem Fall ergibt ergibt sich durch Kopplung der Gleichungen (6.64) und (6.65) die minimale Kostenrate in der Form

$$K(\tau^*) = c_m \lambda(\tau^*) .$$

**Beispiel 6.10**   Die Lebensdauer X des Systems sei weibullverteilt mit der Verteilungsfunktion $F(t)/ = 1 - e^{-(t/\vartheta)^\beta}$ , $\beta > 1$. Dann hat Gleichung (6.65) die eindeutige Lösung

$$\tau^* = \vartheta \left( \frac{c_v}{(\beta-1)c_m} \right)^{1/\beta} .$$

Die minimale Kostenrate beträgt

$$K(\tau^*) = \frac{\beta}{\vartheta} c_m \left( \frac{c_v}{(\beta-1)c_m} \right)^{\frac{\beta-1}{\beta}} .$$

Unter den Annahmen $\beta = 2$ bzw. $\beta = 3$ zeigt Bild 6.12 a) die optimalen Erneuerungsintervalle und b) die minimalen Kostenraten (jeweils bezogen auf $\vartheta$ bzw.
$c_m/\vartheta$ ) in Abhängigkeit von $c_v/c_m$ .

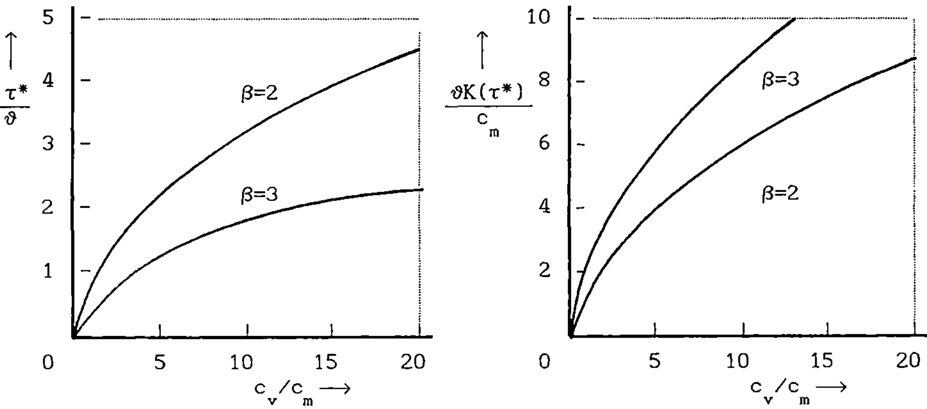


Bild 6.12   Optimale Erneuerungsintervalle a) und minimale Kostenraten b)

**Verfügbarkeit**  Bei nicht vernachlässigbar kleinen Zeiten $d_m$ und $d_v$ für minimale Reparaturen bzw. vollständige Erneuerungen hat das System bei Anwendung
von Strategie 3 die Verfügbarkeit

$$V(\tau) = \frac{\tau}{\tau + d_m \Lambda(\tau) + d_v} .$$

Ein bezüglich $V(\tau)$ otimales Erneuerungsintervall $\tau^*$ ist Lösung von (6.65),
wenn dort $c_v/c_m$ durch $d_v/d_m$ ersetzt wird. Die maximale Verfügbarkeit beträgt

$$V(\tau^*) = \frac{1}{1 + d_m \lambda(\tau^*)} .$$

**Strategie 4**  Das System wird nach dem ersten Ausfall, der nach $\tau$ Zeiteinheiten eintritt, vollständig erneuert. Zwischenzeitliche Ausfälle werden durch
minimale Reparaturen behoben (*Morimura (1970)*).

Bei gleichen Erneuerungskosten ist diese Strategie effektiver als Strategie 3, da durch die spezielle zeitliche Planung von vollständigen Erneuerungen die Lebensdauer des Systems voll ausgeschöpft wird. Ohne im Vergleich zu Strategie 3 zusätzlichen Instandsetzungsaufwand vergrößern sich die Zyklen um die restliche Lebensdauer $X_\tau$ eines Systems, das bereits $\tau$ Zeiteinheiten gearbeitet hat. Damit ist ein Anwachsen des Erwartungswertes der Zykluslänge um

$$r(\tau) = E(X_\tau) = \int_0^\infty \frac{\overline{F}(\tau+x)}{\overline{F}(\tau)}\,dx = e^{\Lambda(\tau)}\int_\tau^\infty e^{-\Lambda(x)}\,dx$$

Zeiteinheiten (siehe Gleichung (2.17)) verbunden. Jedoch ist in der Praxis zu erwarten, daß bei Anwendung von Strategie 4 die Kosten einer vollständigen Erneuerung unter sonst gleichen Bedingungen größer sind als als bei Anwendung von Strategie 3, da die Zeitpunkte, an denen vollständige Erneuerungen stattfinden, jetzt zufällig sind. Dadurch kann sich der durch die Vergrößerung der Zykluslänge erzielte Vorteil wieder ausgleichen.
Die Kostenrate beträgt

$$K(\tau) = \frac{c_v + c_m \Lambda(\tau)}{\tau + r(\tau)} \ . \tag{6.66}$$

Ein optimales Erneuerungsinterval $\tau^*$ ist Lösung der Gleichnug

$$\left(\Lambda(\tau) + \frac{c_v}{c_m} - 1\right)r(\tau) = \tau.$$

Im Fall der Existenz von $\tau^*$ beträgt die zugehörige Kostenrate

$$K(\tau^*) = \frac{c_m}{r(\tau^*)} = \frac{c_v + c_m[\Lambda(\tau^*) - 1]}{\tau^*} \ .$$

Eine Verallgemeinerung dieser Strategie haben *Tahara/Tishida (1975)* vorgenommen:

**Strategie 4'**   Eine vollständige Erneuerung wird entsprechend Strategie 4, spätestens aber nach $\tau$ Zeiteinheiten (bezogen auf den Zeitpunkt der letzten Erneuerung) durchgeführt.

Als Spezialfälle dieser $(\tau,\tau)$-Strategie ergeben sich Strategie 1 für $\tau = 0$

und $T < \infty$, Strategie 3 für $\tau = T < \infty$ und Strategie 4 für $T = \infty$.

Da bei Anwendung von Strategie 4' die zufällige Länge eines Zyklus durch

$$Y_{\tau,T} = \tau + \min \{ X_\tau, T - \tau \} \text{ mit dem Erwartungswert}$$

$$E(Y_{\tau,T}) = \tau + r(\tau,T), \qquad r(\tau,T) = \int_0^{T-\tau} \bar{F}_\tau(t) \, dt,$$

gegeben ist, beträgt die zugehörige Kostenrate

$$K(\tau,T) = \frac{c_m \Lambda(\tau) + c_v F_\tau(T-\tau) + c_p \bar{F}_\tau(T-\tau)}{\tau + r(\tau,T)}. \tag{6.67}$$

Hierbei sind $c_p$ die Kosten einer prophylaktischen Erneuerung zum Zeipunkt $T$.
Ein kostenoptimales Tupel $(\tau^*,T^*)$ befriedigt das Gleichungssystem

$$\frac{\partial K(\tau,T)}{\partial \tau} = \frac{\partial K(\tau,T)}{\partial T} = 0 \qquad \text{bzw.}$$

$$\lambda(\tau) \, r(\tau,T) + \bar{F}_\tau(T-\tau) - c_m/(c_v - c_p) = 0$$

$$\lambda(T) - \frac{c_m \Lambda(\tau) + c_v - c_m}{(c_v - c_p)\tau} = 0. \tag{6.68}$$

*Tahara/Nishida (1979)* haben gezeigt,daß bei unbeschränkt wachsender Ausfallrate unter der Voraussetzung $c_v > c_m > c_v - c_p > 0$ stets eine eindeutige Lösung $(\tau^*,T^*)$ des Gleichungssystems (6.68) mit $0 \leq \tau^* < T^* < \infty$ existiert. In
diesem Fall gilt

$$K(\tau^*,T^*) = (c_v - c_p) \, \lambda(T^*).$$

**Beispiel 6.11** Es seien $\lambda(t) = t$, $c_m = 5$, $c_p = 6$ und $c_v = 10$. Das Gleichungssystem (6.68) hat die Gestalt

$$T\int_\tau^T e^{-(x^2-\tau^2)/2} \, dx + e^{-(T^2-\tau^2)/2} - 5/4 = 0,$$

$$8\tau T - 5\tau^2 - 10 = 0.$$

Die eindeutige Lösung ist $(\tau^*, T^*) = (1,032; \ 1,856)$. Die zugehörige minimale
Kostenrate ist $K(\tau^*,T^*) = 7,425$.       □

**Strategie 5** Das System wird nach den ersten n-1 Ausfällen durch minimale
Reparaturen instand gesetzt. Nach dem n-ten Ausfall wird es vollständig erneuert.

Ein Zyklus hat bei Anwendung dieser Strategie die zufällige Länge $X_n$, wobei $X_n$ den Zeitpunkt des n-ten Ausfalls bezeichnet. Daher beträgt die Kostenrate

$$K(n) = \frac{(n-1)c_m + c_v}{E(X_n)}. \tag{6.69}$$

Im Unterschied zu allen anderen bisher betrachteten Instandsetzungsstrategien hängt die Kostenrate jetzt nicht von einer stetigen Variablen ab, sondern von einer diskreten Variablen, nämlich der Anzahl der Ausfälle zwischen zwei benachbarten vollständigen Erneuerungen.

Um das bezüglich $K(n)$ optimale $n = n^*$ zu ermitteln, ist das Verhalten der Differenz $K(n+1)-K(n)$ in Abhängigkeit von n zu untersuchen: Die Ungleichung $K(n+1)-K(n) \geq 0$ ist äquivalent zu

$$(nc_m + c_v)E(X_n) - [(n-1)c_m + c_v]E(X_{n+1}) \geq 0.$$

Mit der Bezeichnung $Y_{n+1} = X_{n+1} - X_n$ läßt sich diese Ungleichung auch in der Form

$$E(X_n) - \left(n - 1 + \frac{c_v}{c_m}\right)E(Y_{n+1}) \geq 0 \tag{6.70}$$

schreiben. Für IFR-verteilte Lebensdauern ist die Folge $\{E(Y_k), \ k = 1,2,\ldots\}$ der mittleren Abstände zwischen zwei benachbarten minimalen Reparaturen monoton fallend. (Ein Beweis dieses anschaulich klaren Sachverhalts findet sich in *Beichelt/Franken (1983)*.) Aufgrund dieses Sachverhaltes rechnet man leicht nach, daß die Folge der linken Seiten von (6.70) für $n = 0,1,\ldots$ streng monoton wachsend ist. Daher ist das kleinste $n = n^*$, das der Bedingung (6.70) genügt, optimal bezüglich $K(n)$. Existiert kein endliches n mit dieser Eigenschaft, dann ist die Strategie $0'$ (nur minimale Reparaturen) kostenoptimal.

Im allgemeinen ist eine explizite Angabe von $n^*$ nicht möglich. Eine Ausnahme bildet der praktisch wichtige Spezialfall einer weibullverteilten Systemlebensdauer. Es seien also für $\beta > 1$

$$\lambda(t) = \frac{\beta}{\vartheta}\left(\frac{t}{\vartheta}\right)^{\beta-1}, \qquad \Lambda(t) = \left(\frac{t}{\vartheta}\right)^{\beta}.$$

Dann ist wegen (5.74) und (5.76) die Bedingung (6.70) äquivalent zu

$$\beta n - \left(n - 1 + \frac{c_v}{c_m}\right) \geq 0.$$

Also ist

$$n^* = \left[ \frac{1}{\beta - 1} \left( \frac{c_v}{c_m} - 1 \right) \right] + 1,$$

wobei wie üblich $[x]$, $x \geq 0$, die größte ganze Zahl bezeichnet, die kleiner oder gleich $x$ ist. (Im Fall $x < 0$ sei $[x] = 0$.) Man beachte, daß $n^*$ nicht vom Maßstabsparameter $\vartheta$ der Weibullverteilung abhängt.

**Verfügbarkeit** Wenn die mittleren Zeiten $d_m$ bzw. $d_v$ für die Durchführung minimaler Reparaturen bzw. vollständiger Erneuerungen nicht vernachlässigbar klein sind, beträgt die Verfügbarkeit des Systems bei Anwendung von Strategie 5

$$V(n) = \frac{E(X_n)}{E(X_n) + (n-1)d_m + d_v} .$$

Ein bezüglich $V(n)$ optimales $n = n^*$ ist wiederum die kleinste natürliche Zahl $n$, die der Bedingung (6.70) genügt, wenn dort $c_v/c_m$ durch $d_v/d_m$ ersetzt wird.

**Beispiel 6.12** Die Lebensdauer eines Systems sei weibullverteilt mit den Parametern $\vartheta = 1$ und $\beta = 3$. Tafel 6.2 zeigt die minimalen prozentualen Kostenraten $K_3$, $K_4$ und $K_5$ der Strategien 3, 4 und 5 bezogen auf die Kostenrate $K_0$ der Strategie 0 (vollständige Erneuerung nach Ausfällen) in Abhängigkeit von $c_v/c_m$:

$$K_0 = \frac{c_v}{E(X)} = \frac{c_v}{\Gamma(1 + \frac{1}{\beta})} = 1,12 \, c_v.$$

Tafel 6.2   Vergleich der Strategien 3,4 und 5

| $c_v/c_m$ | 2 | 3 | 4 | 5 | 6 |
|---|---|---|---|---|---|
| $K_3/K_0$ | 134 | 117 | 106 | 99 | 93 |
| $K_4/K_0$ | 99 | 95 | 91 | 87 | 83 |
| $K_5/K_0$ | 100 | 99 | 94 | 90 | 85 |

Tafel 6.2 zeigt, daß mit wachsendem Kostenquotienten die Effektivitäten aller 3 Strategien immer besser werden. Strategie 4 ist am günstigsten und

Strategie 3 am schlechtesten. (Unter den Voraussetzungen dieses Beispiels hat *Phelps (1981)* diesen Sachverhalt allgemein nachgewiesen.) Für $c_v/c_m \leq 4$ ist Strategie 0 sogar effektiver als Strategie 3. Allerdings sind diese Verhältnisse bei prakischen Anwendungen nicht unmittelbar übertragbar; denn wegen der determinierten Erneuerungszeitpunkte bei Anwendung von Strategie 3 werden dort die mittleren Erneuerungskosten kleiner sein als bei Anwendung der Strategien 4 und 5. Auch ist generell die Relation $c_m \ll c_v$ zu erwarten. □

Es gibt zahlreiche Verallgemeinerungen der Strategien 3 bis 5. Bereits *Makabe/Morimura (1963, 1965)* und *Morimura (1970)* betrachteten folgende allgemeine Instandsetzungsstrategie: Für eine gegebene Zahlenfolge $\{a_i, i = 1,2,\ldots\}$ werden minimale Reparaturen solange durchgeführt, wie $X_i < a_i$, $i = 1, 2, \ldots$, ausfällt. Gilt jedoch für eine natürliche Zahl n erstmals $X_n \geq a_n$, wird zum Zeitpunkt $X_n$ eine vollständige Erneuerung des Systems vorgenommen. Als Spezialfälle ergeben sich zum Beispiel Strategie 4, wenn $a_i = \tau$ für alle i gesetzt wird, sowie Strategie 5 für $a_1 = a_2 = \ldots = a_{n-1} = \infty$ und $a_n = a_{n+1} = \ldots = 0$. *Aven (1983)* unterstellt einen zufälligen Verlauf der Ausfallrate und plant Erneuerungen bei zwischenzeitlichen minimalen Reparaturen in Abhängigkeit vom aktuellen Wert der Ausfallrate. *Kadi/Cleroux (1991)* erlauben minimale Reparaturen, Havarie- und prophylaktische Erneuerungen sowie Stillstandszeiten, je nach dem, in welchem Teilbereich eines Zyklus Ausfälle stattfinden.

## 6.6.2 Differenzierte Systemausfälle

Die Anwendung der Instandsetzungsstrategien 3 bis 5 ist nur dann möglich, wenn jeder einzelne Ausfall prinzipiell durch eine minimale Reparatur behoben werden kann. In zahlreichen Situationen treten jedoch Ausfälle auf, zu deren Behebung Instandsetzungsmaßnahmen erforderlich sind, die nicht mehr durch das Modell der minimalen Reparatur beschrieben werden können. Zum Beispiel trägt die Instandsetzung eines Kraftfahrzeugs nach einem hinreichend schweren Verkehrsunfall nicht mehr den Charakter einer minimalen Reparatur. Um Situationen dieser Art analytisch beschreiben zu können, werden zwei Typen von Systemausfällen eingeführt:

Typ 1: Ausfälle dieses Typs werden durch minimale Reparaturen behoben.

Typ 2: Ausfälle dieses Typs werden durch Havarieerneuerungen behoben, die den Charakter von vollständigen Erneuerungen haben.

Ferner seien $p(t)$ und $\bar{p}(t) = 1-p(t)$ die Wahrscheinlichkeiten dafür, daß ein zum Zeitpunkt $t$ eintretender Ausfall vom Typ 2 bzw. vom Typ 1 ist. Es ist naheliegend, ein monotones Wachstum von $p(t)$ vorauszusetzen:

$$p(t_1) \leq p(t_2) \quad \text{für } t_1 \leq t_2.$$

Damit liegt formal die gleiche Situation wie im Abschnitt 5.6.2 vor, nämlich ein inhomogener Poissonscher Prozeß, dessen Ereignisse vom Typ 1 oder 2 sein können. Die dort erzielten Ergebnisse könne daher den Analysen der folgenden Instandsetzungsstrategien zugrunde gelegt weden.

**Strategie 6**  Das System wird entsprechend dem Typ des Ausfalls instand gesetzt.

Diese Strategie ist eine Verallgemeinerung der Strategien 0 und 0' für das jetzt vorliegende Ausfallmodell. Sie bietet sich daher als Bezugsbasis für eine Bewertung der Effektivität der folgenden Strategien 7 und 8 an.

Bei Anwendung von Strategie 6 bilden die Intervalle zwischen zwei benachbarten Typ 2-Ausfällen die Zyklen. Ist $Y$ die zufällige Länge eines Zyklus und $N$ die zufällige Anzahl von Typ 1-Ausfällen in einem Zyklus, so beträgt die zugehörige Kostenrate

$$K = \frac{c_m E(N) + c_h}{E(Y)}, \qquad (6.71)$$

wobei $c_h$ die durchschnittlichen Kosten einer Havarieerneuerung sind. (Wegen der Wiedereinführung der Bezeichnung $c_h$ anstelle von $c_v$ beachte man, daß in den Strategien 3 bis 5 die vollständigen Erneuerungen nicht oder nicht uneingeschränkt den Charakter von Havarieerneuerungen hatten.) Gemäß (5.79) hat $Y$ die Verteilungsfunktion

$$G(t) = P(Y < t) = \exp\left(-\int_0^t p(t)\lambda(t)dt\right), \qquad (6.72)$$

während entsprechend (5.82) die mittlere Anzahl von minimalen Reparaturen zwischen zwei benachbarten Havarieerneuerungen durch

$$E(N) = \int_0^\infty \Lambda(t)\, dG(t) - 1 \qquad (6.73)$$

gegeben ist. Insgesamt ergibt sich bei Anwendung von Strategie 6 aus (6.71) bis (6.73) die Kostenrate

$$K = \frac{c_m \left[ \int_0^\infty \Lambda(t)\, dG(t) - 1 \right] + c_h}{\int_0^\infty \overline{G}(t)\, dt} \ . \tag{6.74}$$

Für den Spezialfall $p(t) \equiv p$ gelten gemäß (5.80) und (5.83)

$$\overline{G}(t) = [\overline{F}(t)]^p \quad \text{und} \quad E(N) = \frac{1 - p}{p}, \ 0 < p \le 1. \tag{6.75}$$

Daher erhält man in diesem Spezialfall die Kostenrate

$$K = \frac{\frac{1-p}{p} c_m + c_h}{\int_0^\infty [\overline{F}(t)]^p dt} \ . \tag{6.76}$$

Bisher wurde der Standpunkt eingenommen, daß die Funktion $p(t)$ durch die technische Spezifik eines jeden Systems sowie durch seine Einsatzbedingungen prinzipiell gegeben ist. Jedoch läßt sich durch willkürliche Wahl von $p(t)$ auch der Umfang von Instandsetzungsmaßnahmen steuern. Beispielsweise ist für

$$p(t) = \begin{cases} 0, & 0 \le t \le \tau, \\ 1, & t > \tau \end{cases}$$

Strategie 6 formal mit Strategie 4 identisch. Das erkennt man auch bei einem Vergleich der durch (6.66) und (6.74) gegebenen Kostenraten.

**Strategie 7**  Das System wird entsprechend dem Typ des Ausfalls instand gesetzt. Wenn im Intervall $(0,\tau)$ kein Ausfall vom Typ 2 stattfindet, wird zum Zeitpunkt $\tau$ eine (vollständige) prophylaktische Erneuerung durchgeführt.

Es sei $N_x$ die zufällige Anzahl der im Intervall $(0, \min (x,Y))$ auftretenden Ausfälle, die vereinbarungsgemäß sofort durch eine minimale Reparatur behoben werden. Dann beträgt die Kostenrate, wenn $c_p$ wieder die durchschnittlichen Kosten einer prophylaktischen Erneuerung bezeichnet,

$$K(\tau) = \frac{[c_m E(N_\tau | Y < \tau) + c_h]G(\tau) + [c_m E(N_\tau | Y \ge \tau) + c_p]\overline{G}(\tau)}{\int_0^\infty \overline{G}(t)\, dt} \ . \tag{6.77}$$

Zur Berechnung der in (6.77) auftretenden bedingten Erwartungswerte ist die bedingte Verteilung

$$r_k(x) = P(N_x = k \mid Y = x), \quad k = 0,1,\dots$$

zu bestimmen. Wenn $X_k$ den Zeitpunkt des k-ten Typ 1-Ausfalls in einem Zyklus bezeichnet, gilt

$$r_k(x) = \lim_{\Delta x \to 0} \frac{P(N_x = k \cap x \le Y \le x + \Delta x)}{P(x \le Y \le x + \Delta x)}$$

$$= \lim_{\Delta x \to 0} \frac{P(x \le Y = X_{k+1} \le x + \Delta x)}{P(x \le Y \le x + \Delta x)} . \tag{6.78}$$

Der Zähler in (6.78) läßt sich wegen (5.71) und (5.72) folgendermaßen schreiben:

$$P(x \le Y = X_{k+1} \le x+\Delta x) = \int_x^{x+\Delta x} \int_0^{x_{k+1}} \dots \int_0^{x_3} \int_0^{x_2} \prod_{i=1}^{k} \bar{p}(x_i)\lambda(x_i)dx_i \, p(x_{k+1})f(x_{k+1})dx_{k+1}$$

$$= \int_x^{x+\Delta x} \frac{1}{k!} \left( \int_0^{x_{k+1}} \bar{p}(y)\lambda(y)dy \right)^k p(x_{k+1})f(x_{k+1})dx_{k+1} .$$

Damit ergibt sich aus (6.78), wenn dort Zähler und Nenner durch $\Delta x$ geteilt und der Grenzübergang $\Delta x \to 0$ ausgeführt werden,

$$r_k(x) = \frac{1}{k!} \left( \int_0^x \bar{p}(y)\lambda(y)dy \right)^k \exp\left( -\int_0^x \bar{p}(y)\lambda(y)dy \right) .$$

Somit ist durch $\{r_k(x),\ k = 0,1,\dots\}$ eine Poissonverteilung mit dem Parameter

$$E(N_x \mid Y = x) = \int_0^x \bar{p}(y)\lambda(y)dy$$

gegeben. Nunmehr erhält man die gewünschten bedingten Erwartungswerte nach einfachen Rechnungen zu

$$E(N_t \mid Y<t) = \frac{1}{G(t)}\int_0^t E(N_x \mid Y=x)dG(x) = \frac{1}{G(t)}\int_0^t \int_0^x \bar{p}(y)\lambda(y)dydG(x) \tag{6.79}$$

$$E(N_t|Y{\geq}t) = E(N_t|Y{=}t) = \int_0^t \overline{p}(x)\lambda(x)dx \qquad (6.80)$$

$$E(N_t) = E(N_t|Y{<}t)G(t)+E(N_t|Y{\geq}t)\overline{G}(t) = \int_0^t \overline{G}(x)d\Lambda(x)-G(t). \qquad (6.81)$$

Durch Einsetzen von (6.81) in (6.77) ergibt sich die bei Anwendung von Strategie 7 anfallende Kostenrate:

$$K(\tau) = \frac{c_m\left[\int_0^\tau \overline{G}(x)d\Lambda(x) - G(\tau)\right] + c_h G(\tau) + c_p \overline{G}(\tau)}{\int_0^\tau \overline{G}(t)dt}. \qquad (6.82)$$

Ein optimales Erneuerungsintervall $\tau = \tau^*$ ist Lösung der Gleichung

$$[p(\tau) + c]\lambda(\tau)\int_0^\tau \overline{G}(t)dt - c\int_0^\tau \overline{G}(t)d\Lambda(t) - G(\tau) = \frac{cc_p}{c_m} \qquad (6.83)$$

mit $c = c_m/(c_h-c_p-c_m)$. Wegen Satz 6.9 und aufgrund der Tatsache, daß die Funktion

$$\int_0^\tau (\lambda(\tau) - \lambda(t))\overline{G}(t)dt$$

streng monoton wachsend in $\tau$ ist, existiert stets eine eindeutig bestimmte endliche Lösung, wenn $c \geq o$ und $\lambda(\infty) = \infty$ gelten. Im Fall $\lambda(\infty) < \infty$ ergibt sich eine hinreichende Bedingung für die Existenz einer endlichen Lösung durch Abschätzung der linken Seite von (6.83):

$$\int_0^\infty (\lambda(\infty) - \lambda(t))\overline{G}(t)dt \geq \frac{c_h - c_m}{c_m}.$$

Bei Anwendung des optimalen Erneuerungsintervalls $\tau^*$ beträgt die Kostenrate

$$K(\tau^*) = [(c_h - c_p - c_m)p(\tau^*) + c_m]\lambda(\tau^*).$$

In den beiden Grenzfällen $p(t) \equiv 1$ bzw. $p(t) \equiv 0$ entfällt die Unterscheidung der Systemausfälle, und Strategie 7 fällt mit Strategie 1 bzw. Strategie 3 zusammen. Ebenso stimmen die funktionellen Strukturen der Kostenraten (6.50) und (6.82) im Fall $c_m$ = 0 überein. Die funktionellen Strukturen dieser Kostenraten stimmen aber auch im Fall $p(t) \equiv p$ überein; denn in diesem Fall gilt gemäß (6.75)

$$K(\tau) = \frac{\left[c_h + \dfrac{1-p}{p}\, c_m\right]G(\tau) + c_p \bar{G}(\tau)}{\displaystyle\int_0^\tau [\bar{F}(t)]^p dt}\ . \tag{6.84}$$

Weiterhin stimmen in diesem Spezialfall die funktionellen Strukturen der Kostenraten (6.50) und (6.84), die bei den Strategien 1 bzw. 7 anfallen, überein; es treten lediglich andere Kostenparameter und andere Verteilungsfunktionen auf. Demzufolge haben auch die zugehörigen Gleichungen zur Bestimmung der optimalen Erneuerungsintervalle die gleiche funktionelle Struktur: Ein bezüglich (6.84) optimales $\tau = \tau^*$ ist analog zu (6.51) Lösung der Gleichung

$$p\lambda(\tau)\int_0^\tau \bar{G}(t)dt - G(\tau) = \frac{pc_p}{p(c_h - c_p) + (1-p)c_m}\ . \tag{6.85}$$

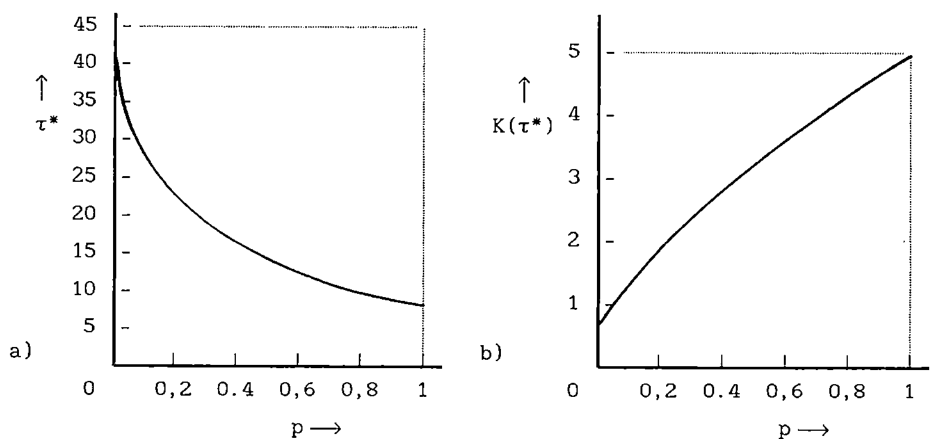

Bild 6.13   Optimale Erneuerungsintervalle a) und minimale Kostenraten b)

**Beispiel 6.13**   Die Lebensdauer des Systems genüge einer Weibullverteilung (Rayleighverteilung) mit der Verteilungsfunktion $F(t) = 1 - e^{-(t/\vartheta)^2}$. Ferner sei $p(t) \equiv p$. Unter diesen Voraussetzungen lautet die Gleichung (6.85)

$$\frac{2\tau\sqrt{p}}{\vartheta} \int_0^{\frac{\tau\sqrt{p}}{\vartheta}} e^{-x^2}\, dx + e^{-p(\tau/\vartheta)^2} = \frac{pc_h + (1-p)c_m}{p(c_h - c_p) + (1-p)c_m}.$$

Speziell seien $\vartheta = 10$ sowie $c = 1$, $c = 20$ und $c = 50$. Bild 6.13 zeigt a) die zughörigen optimalen Erneuerungsintervalle $\tau^*$ und b) die minimale Kostenrate $K(\tau^*)$, jeweils in Abhängigkeit von p.        □

**Verfügbarkeit**  Bei nichtvernachlässigbaren Instandsetzungszeiten $d_h$, $d_m$ und $d_p$ hat das System bei Anwendung von Strategie 7 die stationäre Verfügbarkeit

$$V(\tau) = \frac{\displaystyle\int_0^\tau \overline{G}(t)dt}{d_m\left[\displaystyle\int_0^\tau \overline{G}(x)d\Lambda(x) - G(\tau)\right] + d_h G(\tau) + d_p \overline{G}(\tau) + \displaystyle\int_0^\tau \overline{G}(t)dt}.$$

Ein bezüglich $V(\tau)$ optimales Erneuerungsintervall $\tau^*$ ist Lösung der Gleichung (6.83), wenn dort die Instandsetzungskosten durch die entsprechenden Zeiten ersetzt werden. Bei Anwendung von $\tau^*$ beträgt die Verfügbarkeit des Systems

$$V(\tau^*) = \frac{1}{1 + [(d_h - d_p - d_m)p(\tau^*) + d_m]\lambda(\tau^*)}.$$

**Strategie 8** (verallgemeinerte Blockerneuerung). Das System wird zu den Zeitpunkten $\tau$, $2\tau,\ldots$ prophylaktisch vollständig erneuert. In der Zwischenzeit wird entsprechend dem Ausfalltyp instand gesetzt.

In den beiden Grenzfällen $p(t) \equiv 1$ bzw. $p(t) \equiv 0$ fällt Strategie 8 mit Strategie 2 bzw. 3 zusammen. $H_m(t)$ bzw. $H_h(t)$ seien die mittleren Anzahlen der in $(0,t)$, $t \leq \tau$, eintretenden Ausfälle vom Typ 1 bzw. Typ 2. Dann ist die Kostenrate gegeben durch

$$K(\tau) = \frac{c_m H_m(\tau) + c_h H_h(\tau) + c_p}{\tau}.$$

$H_m(t)$ befriedigt für $t \leq \tau$ folgende Integralgleichung:

$$H_m(t) = E(N_t|Y \geq t)\overline{G}(t) + \int_0^t [E(N_x|Y = x) + H_m(t-x)]dG(x).$$

Wegen der Beziehungen (6.79) und (6.80) folgt

$$H_m(t) = T(t) + \int_0^t H_m(t-x)\,dG(x)$$

mit

$$T(t) = E(N_t) = \int_0^t \overline{G}(x)\,d\Lambda(x) - G(t).$$

Die Zeitpunkte des Auftretens von Ausfällen vom Typ 2 erzeugen einen einfachen Erneuerungsprozeß mit der Erneuerungsfunktion $H_h(t)$, $t \le \tau$. Daher befriedigt $H_h(t)$ die Erneuerungsgleichung

$$H_h(t) = G(t) + \int_0^t H_h(t-x)\,dG(x).$$

Die Laplace-Stieltjes-Transformierten von $H_m(t)$ und $H_h(t)$ lassen sich vermittels des Faltungssatzes (Anhang 2) sofort angeben. Ihre Rücktransformation muß jedoch, ebenso wie die direkte Lösung der Integralgleichungen, im allgemeinen mit numerischen Methoden erfolgen.

Mit den Bezeichnungen $h_m(t) = H'_m(t)$ und $h_h(t) = H'_h(t)$ erfüllt ein optimales Erneuerungsintervall $\tau^*$ die notwendige Bedingung

$$\int_0^\tau \left[ c_m[h_m(\tau) - h_m(t)] + c_h[h_h(\tau) - h_h(t)] \right] dt = c_p.$$

Im Fall der Existenz von $\tau^*$ gilt

$$K(\tau^*) = c_m h_m(\tau^*) + c_h h_h(\tau^*).$$

Eine einfache Struktur erhalten diese Formeln für den Spezialfall $p(t) \equiv p$; denn unter dieser Voraussetzung gelten

$$T(t) = \frac{1-p}{p} G(t) \qquad \text{und} \qquad H_m(t) = \frac{1-p}{p} H_h(t).$$

Es folgen

$$K(\tau) = \frac{1}{\tau} \left[ \frac{(1-p)c_m + pc_h}{p} H_h(\tau) + c_p \right] \tag{6.86}$$

und

$$K(\tau^*) = \frac{(1-p)c_m + pc_h}{p} h_h(\tau^*),$$ (6.87)

wobei das optimale Erneuerungsintervall $\tau^*$ der Gleichung

$$\tau h_h(\tau) - H_h(\tau) = \frac{pc_p}{(1-p)c_m + c_p}$$ (6.88)

genügt.

Gleichungen vom Typ (6.86) bis (6.88) sind bereits bei der Analyse von Strategie 2 aufgetreten (siehe (6.54) bis (6.56)). Da im Fall $p(t) \equiv p$ eine analoge Beobachtung auch beim Vergleich der Strategien 1 und 7 gemacht werden konnte, kann für $p(t) \equiv p$ ein Effektivitätsvergleich der Strategien 6, 7 und 8 mit dem im Abschnitt 6.5 vorgestellten Verfahren erfolgen, wenn an die Stelle des Kostenparameters $c_h$ aus Abschnitt 6.5 für alle drei Strategien 6, 7 und 8 der Parameter

$$\frac{1-p}{p} c_m + c_h.$$

tritt.

**Beispiel 6.14** Es seien $c_m = 1$, $c_p = 5$, $c_h = 10$ und $\lambda(t) = 0,003t^2$ (Weibullverteilung). Tafel 6.3 zeigt für einige p die entsprechenden Werte von $\tau^*(p)$ und $K(\tau^*(p))$. In diesem Beispiel erweist sich Strategie 3 (p = 0) erheblich effektiver als Strategie 2 (p = 1); denn $K(\tau^*)$ ist für p = 1 doppelt so groß wie im Fall p = 0. Überdies gilt für alle betrachteten p

$$K(\tau^*(p_1)) < K(\tau^*(p_2)) \text{ für } p_1 < p_2.$$

Es ist zu vermuten, daß diese Ungleichung immer gilt, wenn das optimale Erneuerungsintervall $\tau^*(p)$ für alle $0 \le p \le 1$ existiert. Die praktische Konsequenz ist, den Anteil von Typ 2-Ausfällen möglichst klein zu halten. □

Tafel 6.3   Einfluß des Anteils von Typ 2-Ausfällen auf das optimale
Erneuerungsintervall und die Kostenrate (Beispiel 6.14)

| p | 0 | 0,2 | 0,4 | 0,6 | 0,8 | 1 |
|---|---|-----|-----|-----|-----|---|
| $\tau^*(p)$ | 13,6 | 9,9 | 9,1 | 8,3 | 7,6 | 7,0 |
| $K(\tau^*(p))$ | 0,552 | 0,737 | 0,887 | 0,983 | 1,066 | 1,137 |

Das diesem Abschnitt zugrunde liegende Ausfallmodell und daraus abgeleitete Instandsetzungsstrategien sind bis in die Gegenwart Gegenstand der internationalen Forschung. Es wurde erstmals in den Arbeiten *Beichelt (1976, 1979, 1981)* sowie *Beichelt/Fischer (1980)* diskutiert. Weitere Arbeiten beschäftigten sich später vornehmlich mit dem Spezialfall $p(t) \equiv 1$ (*Brown/Proschan (1983), Fontenot/Proschan (1984), Block/Borges/Savits (1985, 1988), Abdel-Hameed (1987), Rangan/Grace (1989)*). *Fontenot/Proschan (1984)* führten den Begriff der *unvollständigen Instandsetzung* (*imperfect maintenance*) ein: nach einer Instandsetzung ist das System "so gut wie neu" mit Wahrscheinlichkeit p und "so gut wie unmittelbar vor dem Ausfall" mit Wahrscheinlichkeit 1-p. Im ersteren Fall ist die Instandsetzung eine vollständige Erneuerung, im zweiten Fall eine minimale Reparatur. Diese Formulierung ist insofern ungünstig, als der Eindruck erweckt wird, der Umfang einer Instandsetzung orientiert sich nicht am Ausmaß des zu behebenden Schadens, sondern wird durch den Zufall regiert (etwa durch Qualifikation und Stimmung des Instandhaltungspersonals bzw. durch die diesem zufällig zur Verfügung stehenden materiellen Ressourcen.) Mathematisch sind jedoch das "Ausfalltyp-Modell" und das Konzept der "unvollständigen Instandsetzung" einander äquivalent. Fontenot und Proschan betrachten auch nur den Spezialfall gleicher mittlere Kosten für minimale Reparaturen und vollständige Erneuerungen. Der analog zu interpretierende Begriff der "unvollständigen prophylaktischen Instandsetzung" wurde in *Nakagawa (1979)* eingeführt. Eine Verallgemeinerung von Strategie 8 hat *Sheu (1991, 1992)* durch Einführung zufälliger Instandsetzungskosten und Stillstandszeiten vorgenommen. *Savits/Chen (1989)* vergleichen die Effektivität der Strategien 7 und 8 bezüglich der Kostenraten.


## 6.7    INSTANDSETZUNG AUF DER BASIS VON REPARATURKOSTENLIMITS

### 6.7.1  Konstante Reparaturkostenlimits

Instandsetzungsstrategien bei Vorgabe von oberen Schranken für die jeweils anfallenden Reparaturkosten basieren auf folgendem Schema: Nach jedem Ausfall werden die notwendigen Reparaturkosten geschätzt. Wenn sie eine vorgegebene Schranke L, das *Reparaturkostenlimit*, überschreiten, wird eine vollständige Erneuerung des Systems vorgenommen. Anderenfalls wird eine minimale Reparatur durchgeführt. Dieses grundsätzliche Vorgehen kann mit Standardinstandsetzungsstrategien, etwa mit den Strategien 1 und 2, kombiniert werden. Durch die zufälligen Kosten C einer Reparatur nach einem Ausfall und das Reparaturkostenlimit L werden zwei Typen von Systemausfällen erzeugt:

Typ 1: Ein Typ 1-Ausfall tritt ein, wenn $C < L$ ausfällt.

Typ 2: Ein Typ 2-Ausfall tritt ein, wenn $C \geq L$ ist.

Bezeichnet

$$R(x) = P(C < x)$$

die Verteilungsfunktion von C, dann sind

$$\bar{p} = 1 - p = R(L), \quad p = \bar{R}(L) = 1 - R(L) \tag{6.89}$$

die Wahrscheinlichkeiten dafür, daß ein Ausfall vom Typ 1 bzw. vom Typ 2 ist. Zunächst wird vorausgesetzt, daß p zeitunabhängig ist, das heißt, weder C noch L sollen zeitabhängig sein. $R(x)$ erfülle aber die naheliegende Eigenschaft

$$R(x) = \begin{cases} 1 & \text{für } x \geq c_h, \\ 0 & \text{für } x \leq 0, \end{cases} \tag{6.90}$$

wobei $c_h$ die Kosten einer vollständigen Erneuerung bezeichnet. Es ist offensichtlich, daß grundsätzlich wiederum das im Abschnitt 6.6 eingeführte Ausfallmodell vorliegt. Insbesondere ist die folgende Instandsetzungsstrategie das Analogon zu Strategie 6.

**Strategie 9** Nach einem Ausfall wird das System durch eine minimale Reparatur instandgesetzt, wenn die zugehörigen Kosten unter dem vorgegebenen Limit L liegen. Anderenfalls wird eine vollständige Erneuerung durchgeführt.

Da p nicht von der Zeit t abhängt, ist die zu dieser Strategie gehörende Kostenrate prinzipiell wieder durch Gleichung (6.76) gegeben. Zu beachten ist allerdings, daß die mittleren Kosten $c_m$ einer minimalen Reparatur jetzt durch den bedingten Erwartungswert $c_m = E(C|C<L)$ definiert sind. Es gilt also

$$c_m = \frac{1}{R(L)} \int_0^L t \, dR(t) = \frac{1}{R(L)} \left[ \int_0^L \bar{R}(x) \, dx - L \, \bar{R}(L) \right]. \tag{6.91}$$

Damit wird der entscheidende Unterschied zu Strategie 6 deutlich: die durchschnittlichen Kosten $c_m$ zur Behebung eines Typ 1-Ausfalls hängen jetzt von L und damit von p ab.

Die sich aus (6.76), (6.89) und (6.91) ergebende Kostenrate hat eine einfache Struktur:

$$K(L) = \frac{\dfrac{1}{\bar{R}(L)} \displaystyle\int_0^L \bar{R}(x)\,dx + c_h - L}{\displaystyle\int_0^\infty [\bar{F}(t)]^{\bar{R}(L)}\,dt}. \qquad (6.92)$$

Das Problem besteht nunmehr in der Ermittlung eines bezüglich K(L) optimalen Reparaturkostenlimits $L = L^*$. Durch Anwendung numerischer Methoden ist es prinzipiell kein Problem, zumindest fast optimale Reparaturkostenlimits zu berechnen. Im Fall weibullverteilter Lebensdauern lassen sich jedoch explizite Lösungen angeben.

**Weibullverteilte Lebensdauer**  Es seien $\beta > 1$ und

$$F(t) = 1 - e^{-(t/\vartheta)^\beta}.$$

Dann beträgt die mittlere Zykluslänge, also der Erwartungswert des zufälligen Abstands Y zwischen zwei benachbarten vollständigen Erneuerungen (Typ 2-Ausfällen)

$$E(Y) = \vartheta\,\Gamma(1+\tfrac{1}{\beta})\,[\bar{R}(L)]^{-1/\beta}.$$

Die zugehörige Kostenrate läßt sich daher in der Form

$$K(L) = \vartheta\left[\Gamma(1+\tfrac{1}{\beta})\right]^{-1} \tilde{K}(L)$$

schreiben, wobei die modifizierte Kostenrate $\tilde{K}(L)$ durch

$$\tilde{K}(L) = \left[\bar{R}(L)\right]^{\frac{1}{\beta}-1}\left[\int_0^L \bar{R}(x)\,dx + (c_h - L)\,\bar{R}(L)\right] \qquad (6.93)$$

gegeben ist. Daher ist das Problem der Minimierung von K(L) dem der Minimierung von $\tilde{K}(L)$ äquivalent. Aus $dK(L)/dL = 0$ ergibt sich für das optimale $L = L^*$ die Bestimmungsgleichung

$$\frac{1}{\bar{R}(L)}\int_0^L \bar{R}(x)\,dx + \frac{1}{\beta-1}L = \frac{1}{\beta-1}c_h. \qquad (6.94)$$

Für $L = 0$ ist die linke Seite von (6.94) gleich 0. Für $L \longrightarrow c_h$ wächst sie wegen $\beta>1$ streng monoton. Daher existiert eine eindeutige Lösung $L = L^*$ von

(6.94) mit $0 < L^* \leq c_h$. Die zugehörige modifizierte Kostenrate beträgt

$$\tilde{K}(L^*) = \frac{\beta}{\beta-1}\,(c_h - L^*)\,[\bar{R}(L^*)]^{1/\beta}.$$

*Spezielle Reparaturkostenverteilungen*

a) Die Reparaturkosten mögen einer Potenzverteilung genügen:

$$R(x) = 1 - \left(\frac{c_h - x}{c_h}\right)^s, \qquad 0 \leq x \leq c_h, \quad s > 0.$$

Dann gilt

$$L^* = \left[1 - \left(\frac{\beta-1}{\beta+1}\right)^{1/(s+1)}\right] c_h .$$

b) Die Reparaturkosten mögen einer gestutzten Exponentialverteilung genügen:

$$R(x) = \frac{1 - e^{-\mu x}}{1 - e^{-\mu c_h}} \quad \text{für} \quad 0 \leq x \leq c_h, \quad R(x) = 1 \text{ für } x > c_h.$$

Das optimale Reparaturkostenlimit $L = L^*$ befriedigt die Gleichung

$$\frac{e^{\mu L} - 1 - \mu L\, e^{-\mu(c_h - L)}}{\mu\left(1 - e^{-\mu(c_h - L)}\right)} = \frac{1}{\beta-1}(c_h - L).$$

Für hinreichend große $\mu$, das heißt, die Stutzung fällt nicht ins Gewicht, ist $L^*$ näherungsweise Lösung von

$$e^{\mu L} + \frac{\mu}{\beta-1}L = \frac{\mu}{\beta-1}c_h + 1.$$

Diese Formel ist das Hauptergebnis der Arbeit *Park (1983)*.

Die unter a) und b) gewählten Verteilungen erfüllen die Voraussetzung (6.90). Im folgenden Beispiel wird als weitere Reparaturkostenverteilung, deren Dichte ebenfalls nur in einem endlichen Intervall positiv ist, die Betaverteilung verwendet.

**Beispiel 6.15** Die Lebensdauer X des Systems genüge einer Weibullverteilung mit dem Formparameter $\beta > 1$ und dem Skalenparameter $\vartheta = 1$. Die Kosteneinheit wird so festgelegt, daß $c_h = 1$ ist. Zu Vergleichszwecken werden unter sonst gleichen Voraussetzungen die Berechnungen für zwei unterschiedliche Reparaturkostenverteilungen vorgenommen:

a) Die Reparaturkosten $C_1$ unterliegen einer Potenzverteilung mit der Dichte

$$r_1(x) = \begin{cases} i(1-x)^{i-1}, & 0 \le x \le 1; \quad i = 2,3,4. \\ 0, \text{ sonst.} \end{cases} \tag{6.95}$$

b) Die Reparaturkosten $C_2$ genügen einer Betaverteilung mit der Dichte

$$r_2(x) = \begin{cases} (j+1)(j+2)x(1-x)^j, & 0 \le x \le 1; \quad j = 3,5,7. \\ 0, \text{ sonst.} \end{cases} \tag{6.96}$$

Die zugehörigen mittleren Reparaturkosten betragen

$$E(C_1) = \int_0^1 x\, r_1(x)\, dx = \frac{1}{i+1}, \quad E(C_2) = \int_0^1 x\, r_2(x)\, dx = \frac{2}{j+3}.$$

Es ist zu beachten, daß für $i = 2$ und $j = 3$, $i = 3$ und $j = 5$ sowie $i = 4$ und $j = 7$ jeweils $E(C_1) = E(C_2)$ gilt, so daß Vergleiche sinnvoll sind. In diesen Fällen gilt aber stets $D^2(C_1) > D^2(C_2)$. Tafel 6.4 enthält die optimalen Reparaturkostenlimits sowie die zugehörigen Kostenraten in Prozent, bezogen auf die Kostenrate $K_o$ der Ausfallstrategie (vollständiger Erneuerung nach Versagern). Die Tafel zeigt, daß bei größer werdender Streuung der Reparaturkosten die Anwendung von Strategie 9 immer effektiver wird. Dagegen sinkt ihre Effektivität mit zunehmendem $\beta$, also ist ihre Anwendung bei schnell alternden Systemen weniger günstig als bei langsam alternden. Diese Erscheinung ist plausibel, da bei schnell alternden Systemen auch die Intensität der Ausfälle und damit die der minimalen Reparaturen schnell wächst.          □

Tafel 6.4     Optimale Reparaturkostenlimits und minimale prozentuale
Kostenraten für Beispiel 6.15

| $r_1(x)$ $i$ | $\beta = 2$ L* | K(L*) | $\beta = 3$ L* | K(L*) | $\beta = 4$ L* | K(L*) |
|---|---|---|---|---|---|---|
| 2 | 0,370 | 79,37 | 0,263 | 90,16 | 0,206 | 94,28 |
| 3 | 0,331 | 73,14 | 0,240 | 86,60 | 0,191 | 92,03 |
| 4 | 0,301 | 68,26 | 0,222 | 83,60 | 0,178 | 90,06 |
| $r_2(x)$ $j$ | $\beta = 2$ L* | K(L*) | $\beta = 3$ L* | K(L*) | $\beta = 4$ L* | K(L*) |
| 3 | 0,355 | 83,42 | 0,263 | 93,47 | 0,211 | 96,78 |
| 5 | 0,309 | 76,87 | 0,235 | 90,02 | 0,192 | 94,79 |
| 7 | 0,275 | 71,60 | 0,213 | 86,92 | 0,176 | 92,88 |

*Bemerkung* Turbo-Pascal-Programme zur Berechnung der optimalen Strategien 9 bis 12 können über den Autor bezogen werden. Sie wurden von *Kröber (1992)* erstellt.

**Strategie 10** Das System wird entsprechend Strategie 9 instandgehalten. Findet dabei innerhalb von $\tau$ Zeiteinheiten keine vollständige Erneuerung statt, so wird zum Zeitpunkt $\tau$ eine prophylaktische Erneuerung durchgeführt.

Diese Strategie ist offenbar das Analogon zu Strategie 7. Die zugehörige Kostenrate $K = K(L,\tau)$ ist daher durch (6.84) gegeben, wenn dort p durch $\bar{R}(L)$ und $c_m$ durch (6.91) ersetzt wird. Die näherungsweise Berechnung eines bezüglich $K(L,\tau)$ optimalen Tupels $(L^*,\tau^*)$ kann in 2 Schritten erfolgen:

1) Für festes L ist $\tau^* = \tau^*(L)$ so zu bestimmen, daß $K(L,\tau^*(L))$ sein Minimum annimmt. Gemäß (6.83) ist $\tau^*(L)$ Lösung der Gleichung

$$\bar{R}(L)\lambda(\tau) \int_0^\tau \bar{G}(t)dt - G(\tau) = \frac{\bar{R}(L)c_p}{(c_h - c_p - L)\bar{R}(L) + \int_0^\tau \bar{R}(t)dt}$$

mit $\bar{G}(t) = [\bar{F}(t)]^{\bar{R}(L)}$. Eine eindeutige Lösung existiert sicher, wenn $\lambda(x)$ unbeschränkt wächst und $0 < L < c_h - c_p$ gilt.

2) Das optimale Tupel $(L^*,\tau^*)$ findet man durch Minimierung von $K(L,\tau^*(L))$ bezüglich L.

Tafel 6.5  Numerische Ergebnisse für Strategie 10 (Beispiel 6.16)

| $r_1(x)$ | $\beta = 2$ | | | $\beta = 3$ | | | $\beta = 4$ | | |
|---|---|---|---|---|---|---|---|---|---|
| i | $L^*$ | $\tau^*$ | $K(L^*,\tau^*)$ | $L^*$ | $\tau^*$ | $K(L^*,\tau^*)$ | $L^*$ | $\tau^*$ | $K(L^*,\tau^*)$ |
| 2 | 0,422 | 2,087 | 78,29 | 0,362 | 1,271 | 86,91 | 0,335 | 1,075 | 89,05 |
| 3 | 0,407 | 2,155 | 71,25 | 0,357 | 1,313 | 82,20 | 0,333 | 1,103 | 85,64 |
| 4 | 0,397 | 2,247 | 65,58 | 0,353 | 1,354 | 78,15 | 0,331 | 1,132 | 82,61 |

| $r_2(x)$ | $\beta = 2$ | | | $\beta = 3$ | | | $\beta = 4$ | | |
|---|---|---|---|---|---|---|---|---|---|
| j | $L^*$ | $\tau^*$ | $K(L^*,\tau^*)$ | $L^*$ | $\tau^*$ | $K(L^*,\tau^*)$ | $L^*$ | $\tau^*$ | $K(L^*,\tau^*)$ |
| 3 | 0,414 | 1,919 | 81,85 | 0,359 | 1,216 | 89,85 | 0,332 | 1,044 | 91,39 |
| 5 | 0,397 | 1,981 | 73,96 | 0,354 | 1,247 | 84,68 | 0,331 | 1,068 | 87,72 |
| 7 | 0,389 | 2,082 | 67,48 | 0,349 | 1,296 | 80,04 | 0,329 | 1,098 | 84,28 |

**Beispiel 6.16** Unter den gleichen Voraussetzungen wie im Beispiel 6.15, insbesondere also unter Verwendung der Reparaturkostenverteilungen (6.95) und (6.96), wurden die opimalen Tupel $(L^*, \tau^*)$ und die zugehörigen minimalen Kostenraten $K(L^*, \tau^*)$ ermittelt. Die Ergebnisse sind in Tafel 6.5 zusammengestellt. Wegen der Gleichheit der Rahmenbedingungen ist ein unmittelbarer Vergleich mit Tafel 6.4 möglich. Es zeigt sich, daß prophylaktische Erneuerungen bei Zunahme der mittleren Reparaturkosten zu einer immer größeren Reduzierung der Kostenrate im Vergleich zu Strategie 9 führen. Ebenso steigt der günstige Einfluß prophylaktischer Erneuerungen bei schnellerer Alterung der Systeme (zunehmende $\beta$).                                    □

### 6.7.2 Zeitabhängige Reparaturkostenlimits

Wegen der mit wachsender Betriebsdauer zunehmenden Abnutzungserscheinungen und damit verbundenen steigenden Instandhaltungsaufwendungen liegt die Vermutung nahe, daß durch Anwendung zeitabhängiger Reparaturkostenlimits $L=L(t)$ eine weitere beträchtliche Senkung der Kostenrate erreicht werden kann. Ein geschlossener analytischer Ausdruck für die Kostenrate kann dann aber im allgemeinen nicht mehr angegeben werden. Daher beschränken sich die folgenden Instandsetzungsstrategien auf die Nutzung stückweise konstanter Reparaturkostenlimits.

**Strategie 11** *(Beichelt/Kröber (1992))*  In den Intervallen $I_1 = [0,T)$ bzw. $I_2 = [T, \infty)$ wird das System nach einem Ausfall genau dann vollständig erneuert, wenn die jeweils anfallenden Reparaturkosten C die Ungleichungen $C \geq L_1$ bzw. $C \geq L_2$ erfüllen. Anderenfalls werden minimale Reparaturen durchgeführt

Eine äquivalente Formulierung von Strategie 11 ist: Strategie 10 wird angewendet, aber mit einem zeitabhängigen Reparaturkostenlimit $L = L(t)$ der Gestalt

$$L(t) = \begin{cases} L_1 & \text{für } 0 \leq t < T, \\ L_2 & \text{für } T \leq t. \end{cases}$$

Die Wahrscheinlichkeit dafür, bei einem Systemausfall zur Zeit t eine vollständige Erneuerung durchzuführen, beträgt daher

$$p(t) = \begin{cases} \bar{R}(L_1) & \text{für } 0 \leq t < T, \\ \bar{R}(L_2) & \text{für } T \leq t. \end{cases}$$

Die Gleichung (6.72) zur Charakterisierung der Verteilung der Zyklenlänge hat jetzt eine komplizierte, aber leicht zu verifizierende Gestalt:

$$\bar{G}(t) = \exp\left(-\int_0^t p(x)\lambda(x)dx\right) = \begin{cases} [\bar{F}(t)]^{\bar{R}(L_1)} & 0 \leq t < T, \\[2mm] \dfrac{[\bar{F}(T)]^{\bar{R}(L_1)}}{[\bar{F}(T)]^{\bar{R}(L_2)}}\,[\bar{F}(t)]^{\bar{R}(L_2)}, & T \leq t. \end{cases} \qquad (6.97)$$

Es seien $\xi_n$ die zufällige Anzahl von minimalen Reparaturen im Intervall $I_n$ und $c_{m,n}$ die zugehörigen mittleren Kosten einer minimalen Reparatur, $n = 1,2$. Man erhält $c_{m.n}$ aus (6.91) also dadurch, daß dort $L$ durch $L_n$ ersetzt wird. Damit hat der mittlere Anteil der je Zyklus auf minimale Reparaturen entfallenden Kosten die Struktur

$$M = c_{m,1}E(\xi_1|Y<T)G(T) + [c_{m,1}E(\xi_1|Y\geq T) + c_{m,2}E(\xi_2|Y\geq T)]\bar{G}(T). \qquad (6.98)$$

Die in (6.98) auftretenden bedingten Erwartungswerte berechnen sich unter Nutzung von (6.97) bzw. vermittels der geometrischen Verteilung zu

$$E(\xi_1|Y<T) = \frac{R(L_1)}{\bar{R}(L_1)} - \frac{R(L_1)\Lambda(T)\bar{G}(T)}{G(T)},$$

$$E(\xi_1|Y\geq T) = R(L_1)\Lambda(T), \quad E(\xi_2|Y\geq T) = \frac{R(L_2)}{\bar{R}(L_2)}.$$

Die Kostenrate bei Anwendung von Strategie 11 hat die Struktur

$$K(L_1,L_2,T) = \frac{M + c_h}{E(Y)}.$$

Nach einfachen Umformungen ergibt sich

$$K(L_1,L_2,T) = \frac{\left(\dfrac{1}{\bar{R}(L_1)}\displaystyle\int_0^{L_1}\bar{R}(x)dx - L_1\right)G(T) + \left(\dfrac{1}{\bar{R}(L_2)}\displaystyle\int_0^{L_2}\bar{R}(x)dx - L_2\right)\bar{G}(T) + c_h}{\displaystyle\int_0^\infty \bar{G}(x)dx}.$$

Die notwendigen Bedingungen für das Vorliegen eines bezüglich $K(L_1,L_2,T)$ optimalen Tripels $(L_1^*,L_2^*,T^*)$ sollen wegen ihrer Kompliziertheit hier nicht angegeben werden. Auch empfiehlt es sich, zur Reduzierung des Optimierungsaufwandes T von vornherein auf der Grundlage systemspezifischer Parameter festzusetzen, etwa T als den Zeitpunkt zu wählen, wo die Ausfallrate des Systems eine maximale positve Krümmung aufweist oder einen festgesetzten Schwellwert überschreitet.

Tafel 6.6 zeigt noch die Ergebnisse einiger Optimierungsrechnungen. Die Voraussetzungen sind wieder die gleichen wie die, die zu den Tafeln 6.4 und 6.5 führten, so daß Vergleiche mit den Strategien 9 und 10 möglich sind. Die Werte von T wurden von vornherein festgesetzt, und zwar so, daß jeweils die Bedingung $\lambda(T) = 3$ erfüllt ist. Daher wird für die minimale Kostenrate $K(L_1^*, L_2^*)$ anstelle von $K(L_1^*, L_2^*, T^*)$ geschrieben.

Tafel 6.6    Numerische Ergebnisse für Strategie 11

| $r_1(x)$ | $\beta = 2$ | | | $\beta = 3$ | | | $\beta = 4$ | | |
|---|---|---|---|---|---|---|---|---|---|
| $i$ | $L_1^*$ | $L_2^*$ | $K(L_1^*, L_2^*)$ | $L_1^*$ | $L_1^*$ | $K(L_1^*, L_2^*)$ | $L_1^*$ | $L_2^*$ | $K(L_1^*, L_2^*)$ |
| 2 | 0,484 | 0,251 | 77,73 | 0,411 | 0,182 | 88,63 | 0,350 | 0,142 | 93,11 |
| 3 | 0,483 | 0,237 | 70,85 | 0,413 | 0,174 | 84,50 | 0,355 | 0,139 | 90,42 |
| 4 | 0,487 | 0,225 | 65,56 | 0,420 | 0,167 | 81,10 | 0,361 | 0,134 | 88,11 |
| $r_2(x)$ | $\beta = 2$ | | | $\beta = 3$ | | | $\beta = 4$ | | |
| $j$ | $L_1^*$ | $L_2^*$ | $K(L_1^*, L_2^*)$ | $L_1^*$ | $L_2^*$ | $K(L_1^*, L_2^*)$ | $L_1^*$ | $L_2^*$ | $K(L_1^*, L_2^*)$ |
| 3 | 0,460 | 0,242 | 81,20 | 0,394 | 0,181 | 91,55 | 0,340 | 0,145 | 95,42 |
| 5 | 0,456 | 0,224 | 73,69 | 0,395 | 0,171 | 87,23 | 0,341 | 0,138 | 92,75 |
| 7 | 0,462 | 0,208 | 67,93 | 0,400 | 0,162 | 83,59 | 0,344 | 0,132 | 90,33 |

Entsprechend den Tafeln 6.4 bis 6.6 ist unter den gemachten Voraussetzungen die Effektivität von Strategie 11 deutlich höher als die von Strategie 9, aber kaum besser und zum Teil niedriger als die von Strategie 10. Jedoch können die Vorteile von Strategie 11 erst dann voll wirksam werden, wenn die in der Praxis ohne Zweifel vorhandenen Unterschiede in den Verteilungen der Reparaturkosten in den Intervallen $I_1 = [0,T)$ und $I_2 = [T,\infty)$ mit berücksichtigt werden. Dann sind jedoch direkte Vergleiche mit den Strategien 9 und 10 nicht mehr möglich.

Zwecks teilweiser Verallgemeinerung von Strategie 11 werden jetzt folgende Annahmen getroffen:

1) Die Nutzungsdauer des Systems wird in $n = 1,2,\ldots,N$ diskrete Zeitabschnitte zerlegt. Ohne Beschränkung der Allgemeinheit werden diese im folgenden Jahre sein. (Unter der *Nutzungsdauer* des Systems wird die Zeispanne von seiner Inbetriebnahme bis zur vollständigen Ausmusterung verstanden; laut DIN 40041 ist sie am ehesten mit *Anwendungsdauer* zu identifizieren.)

2) Im n-ten Jahr wird das Reparaturkostenlimit $L_n$ angewendet.

3) Im n-ten Jahr ist die (bedingte) Lebensdauer des Systems exponential mit dem Parameter $\lambda_n$ verteilt.

4) Im n-ten Jahr sind die Kosten einer anfallenden Reparatur $C_n$ gemäß

$$R_n(x) = P(C_n < x)$$

verteilt.

**Strategie 12**  Nach einem im Jahre n stattfindenden Ausfall wird das System durch eine minimale Reparatur instandgesetzt, wenn die anfallenden Instandsetzungskosten unter dem vorgegebenen Limit $L_n$ liegen. Anderenfalls, spätestens aber nach Ablauf von N Betriebsjahren, wird eine vollständige Erneuerung durchgeführt.

Bei Anwendung dieser Strategie sind die Systemausfallrate $\lambda(t)$, das Reparaturkostenlimit $L(t)$ und die Wahrscheinlichkeit $p(t)$ dafür, daß ein zum Zeitpunkt $t$ eingetretener Ausfall durch eine Erneuerung behoben wird, gegeben durch

$$\left.\begin{array}{l} \lambda(t) = \lambda_n, \\ L(t) = L_n, \\ p(t) = p_n = \bar{R}(L_n) \end{array}\right\} \quad \text{für } n-1 \leq t < n; \quad n = 1,2,\ldots,N. \qquad (6.99)$$

Da in jedem Betriebsjahr die Lebensdauer des Systems einer Exponentialverteilung mit dem konstanten Parameter $\lambda_n$ genügt, ist ohnehin jede Instandsetzung eine minimale Reparatur. Strategie 12 wird jedoch durch folgende weitere Voraussetzungen sinnvoll:

1) $\lambda_1 < \lambda_2 < \ldots < \lambda_N$,

2) $E(C_1) < E(C_2) < \ldots < E(C_N)$.

Beide Voraussetzungen entsprechen offenbar den praktischen Gegebenheiten und stellen deshalb keine Einschränkung dar. Man beachte auch, daß durch jede vollständige Erneuerung die Ausfallrate des Systems wieder auf den Wert $\lambda_1$ gebracht wird.

Gemäß (6.72) und (6.99) ist die Verteilungsfunktion der Länge eines Zyklus durch

$$\overline{G}(t) = \exp\left(-\sum_{k=1}^{n-1} p_k \lambda_k - (t-n+1)p_n \lambda_n\right); \quad n-1 \leq t < n, \quad n = 1,2,\ldots,N;$$

$$\overline{G}(t) = 0 \text{ für } t > N,$$

gegeben. Es sei $\pi_n$ die Wahrscheinlichkeit dafür, daß eine vollständige Erneuerung im Jahre n stattfindet. Dann erhält man durch Anwendung der Gleichung (6.72) mit $t = 1$ auf alle Betriebsjahre $n = 1,2,\ldots,N$

$$\pi_n = \left(1 - e^{-p_n \lambda_n}\right) \exp\left(-\sum_{k=1}^{n-1} p_k \lambda_k\right).$$

Damit läßt sich die mittlere Zykluslänge folgendermaßen schreiben:

$$E(Y) = \int_0^N \overline{G}(t)dt = \sum_{n=1}^{N} \pi_n /(p_n \lambda_n). \tag{6.100}$$

Je nach dem, ob im n-ten Betriebsjahr eine vollständige Erneuerung stattfindet oder nicht, beträgt dort die mittlere Anzahl von Reparaturen gemäß (6.79) und (6.80) (in diesen Formeln ist $t = 1$ zu setzen)

$$\overline{p}_n\left(\frac{1}{p_n} - \frac{\lambda_n}{e^{p_n \lambda_n} - 1}\right) \quad \text{bzw.} \quad \overline{p}_n \lambda_n.$$

Unter der Bedingung, daß im Jahre n eine Erneuerung stattfindet, betragen daher die mittleren totalen Kosten je Zyklus

$$r_n = \sum_{k=1}^{n-1} c_{m,k} \overline{p}_k \lambda_k + c_{m,n} \overline{p}_n\left(\frac{1}{p_n} - \frac{\lambda_n}{e^{p_n \lambda_n} - 1}\right) + c_h,$$

wobei die mittleren Kosten einer minimalen Reparatur im Jahre k mit $c_{m,k}$ bezeichnet werden:

$$c_{m,k} = \frac{1}{R_k(L_k)} \int_0^{L_k} x \, dR_k(x); \quad k = 1,2,\ldots,N.$$

Damit ergibt sich bei Anwendung von Strategie 12 die Kostenrate $K = K(L)$, $L = (L_1, L_2, \ldots, L_N)$, zu

$$K(L) = \frac{\sum_{n=1}^{N} \pi_n r_n + \left(1 - \sum_{n=1}^{N} \pi_n\right) \sum_{n=1}^{N} c_{m,n}\, p_n \lambda_n + c_h}{\sum_{n=1}^{N} \pi_n /(p_n \lambda_n)}.$$

Die Bestimmung eines bezüglich $K(L)$ optimalen Vektors $L^* = (L_1^*, L_2^*, \ldots, L_N^*)$ erfordert die Anwendung von Methoden der nichtlinearen Optimierung. Als numerisch günstig hat sich allerdings im folgenden Beispiel auch die Anwendung eine stochastischen Suchverfahrens erwiesen.

Tafel 6.7   Numerische Ergebnisse für Strategie 12 (Beispiel 6.17)

| $n$ | $\lambda_n$ | $1/\rho_n$ | $p_n$ | $c_{m,n}$ | $r_n$ | $\pi_n$ | $L_n^*$ |
|---|---|---|---|---|---|---|---|
| 1 | 2,0 | 250 | <0,001 | 248,4 | 497,5 | <0,001 | 6120 |
| 2 | 3,0 | 300 | <0,001 | 298,1 | 1390,1 | <0,001 | 4750 |
| 3 | 3,5 | 320 | <0,001 | 317,9 | 2502,6 | <0,001 | 3720 |
| 4 | 4,0 | 340 | <0,001 | 337,8 | 3850,5 | 0,001 | 2930 |
| 5 | 4,3 | 350 | 0,001 | 347,6 | 5345,1 | 0,004 | 2420 |
| 6 | 4,5 | 370 | 0,005 | 359,9 | 6141,1 | 0,022 | 1950 |
| 7 | 4,7 | 380 | 0,015 | 355,4 | 7769,0 | 0,066 | 1590 |
| 8 | 5,0 | 390 | 0,030 | 347,9 | 9423,6 | 0,124 | 1370 |
| 9 | 5,0 | 400 | 0,051 | 336,0 | 11051,4 | 0,174 | 1190 |
| 10 | 5,0 | 440 | 0,110 | 319,7 | 12528,7 | 0,253 | 970 |
| 11 | 5,0 | 450 | 0,145 | 302,9 | 13875,1 | 0,177 | 870 |
| 12 | 5,0 | 480 | 0,269 | 248,0 | 14954,6 | 0,124 | 630 |
| 13 | 5,0 | 490 | 0,783 | 57,5 | 15521,1 | 0,043 | 120 |
| 14 | 5,0 | 520 | 0,841 | 43,7 | 15576,6 | 0,001 | 90 |
| 15 | 5,0 | 520 | 0,891 | 29,5 | 15607,0 | <0,001 | 60 |

**Beispiel 6.17**   Die Erneuerungskosten eines Systems betragen $c_h = 6900$ Kosteneinheiten. Die maximale Nutzungsdauer wird auf $N = 15$ Jahre festgelegt. Die Kosten einer im n-ten Jahr anfallenden Reparatur $C_n$ seien exponential mit dem Parameter $\rho_n$ verteilt. Daraus folgt für $n = 1, 2, \ldots, N$

$$p(t) = p_n = e^{-\rho_n L_n}, \quad n-1 \le t < n; \qquad c_{m,n} = \frac{1}{\rho_n} - \frac{p_n}{\bar{p}_n} L_n.$$

Tafel 6.7 enthält die Parameter $\lambda_n$ und $1/\rho_n$ sowie die optimalen Reparaturkostenlimits $L_n^*$ mit den zugehörigen Kenngrößen $p_n, c_{m,n}$ und $p_n$. Die minimale Kostenrate ist

$$K(L^*) = 2049,7. \tag{6.101}$$

Bei Anwendung von $L^*$ beträgt die mittlere Zykluslänge gemäß (6.100)

$$E(Y) = \sum_{i=1}^{N} \pi_n / (p_n \lambda_n) = 9,136. \tag{6.102}$$

Das Primärdatenmaterial dieses Beispiels haben *Drinkwater/Hastings (1967)* durch Beobachtung einer größeren Anzahl von Militärfahrzeugen eines Typs gewonnen. Sie konnten anhand dieser Daten die Annahmen der stückweisen Konstanz der Ausfallrate sowie der exponentialverteilten Reparaturkosten bestätigen. Allerdings ermittelten sie optimale Reparaturkostenlimits durch Monte-Carlo-Simulation. Die von ihnen angewandte Methode der schrittweisen Verbesserung gegebener Reparaturkostenlimits wird im Abschnitt 7.2.2 beschrieben.                                                                          □

Instandsetzungsstrategien auf der Basis von Reparaturkostenlimits wurden von *Gardent/Nonant (1963)* vorgeschlagen. Eine genaue mathematische Fundierung auf der Grundlage des im Abschnitt 6.6.2 eingeführten Ausfallmodells gab *Beichelt (1979, 1981)*. Unabhängig davon wurden Einzelresultate von *Cleroux/ Dubuc/Tilquin (1979)*, *Park (1983)* und *Bai/Yun (1986)* erzielt. *Kapur/Garg/Butaini (1989)* kombinieren das allgemeine Ausfallmodell und die Anwendung von Reparaturkostenlimits auf folgende Weise: Erneuerungen werden durchgeführt, wenn Typ 2-Ausfälle stattfinden und (oder) wenn die Reparaturkosten das Limit überschreiten. In ihrem Modell hängen also der Ausfalltyp und die Reparaturkosten nicht voneinander ab. *Hastings (1969)*, *White (1989)* und *di Veroli (1974)* nutzten im Unterschied zu allen bisher genannten Arbeiten und den Ausführungen dieses Abschnitts Methoden der dynamischen Optimierung bzw. der Steuerungstheorie zur Berechnung von optimalen Reparaturkostenlimits. *Nakagawa/Osaki (1974)*, *Nguyen/Murthy (1981)* sowie *Prassad/Rattihalli (1987)* analysierten Instandsetzungsstrategien auf der Basis von Limits für die Reparaturzeiten.

# 7  INSTANDSETZUNG BEI DRIFTAUSFÄLLEN

## 7.1  EINFÜHRUNG

Unter der *Drift* systemspezifischer Parameter versteht man deren mit wachsender Betriebsdauer auftretende Abweichung von den zu Betriebsbeginn vorhandenen Nennwerten. *Driftausfälle* treten auf, wenn diese Abweichungen einen für den zufriedenstellenden Betrieb des Systems zulässigen Toleranzbereich verlassen.

Im Unterschied zu den Sprungausfällen lassen sich anbahnende Driftausfälle durch Beobachtung der zeitlichen Entwicklung der Parameter erkennen und durch geeignete Instandhaltungsmaßnahmen weitgehend vermeiden. Die mit wachsender Betriebsdauer zunehmende Neigung zu Driftausfällen, bedingt vor allem durch Abnutzungserscheinungen, findet in der zeitlichen Entwicklung der Instandhaltungskostenrate ihren Niederschlag. Es ist daher in vielen Fällen zweckmäßig, die Planung von Instandhaltungsmaßnahmen unmittelbar auf der Grundlage der laufenden Instandhaltungskosten als dem driftenden Parameter vorzunehmen. Sind die zur Erhaltung der Funktionstüchtigkeit des Systems notwendigen Instandhaltungsaufwendungen unvertretbar hoch, kann per definitionem von einem Driftausfall gesprochen werden. Ein Driftausfall bezüglich des driftenden Parameters "Instandhaltungskosten" führt demnach —wie jeder Driftausfall— nicht zur vollständigen Funktionsuntüchtigkeit des Systems, sondern bezieht sich lediglich auf die wirtschaftliche Seite des Betriebsprozesses. Die Anwendung des driftenden Parameters "Instandhaltungskosten" ist vor allem dann empfehlenswert, wenn die ursächlich das Zuverlässigkeitsverhalten des Systems bestimmenden technisch-physikalischen Parameter nicht oder nur mit unverhältnismäßig hohem Aufwand beobachtet werden können. Diese Problematik wird im Abschnitt 7.2 betrachtet. Instandsetzungszeiten werden als vernachlässigbar klein vorausgesetzt, obwohl ihre Berücksichtigung keine neuen Probleme aufwirft. Demgegenüber erfolgt im Abschnitt 7.3 die Organisation von Instandhaltungsmaßnahmen unmittelbar auf der Grundlage der zeitlichen Entwicklung technisch-physikalischer Parameter. Wie im Kapitel 6 werden nur einfache Systeme behandelt.

## 7.2    INSTANDSETZUNG AUF KOSTENBASIS

### 7.2.1  Ökonomische Nutzungsdauer bei stetiger Zeit

Zum Zeitpunkt $t = 0$ werde ein neues System in Betrieb genommen. Es bezeichne $A(t)$ die im Intervall $[0, t)$ anfallenden Instandhaltungskosten für dieses System. Solange das Anwachsen von $A(t)$ linear oder langsamer erfolgt (degressives Wachstum), besteht vom Kostenstandpunkt aus keine Veranlassung, das System zu erneuern; denn die durchschnittlichen Instandhaltungskosten je Zeiteinheit (im folgenden wieder kurz "Kostenrate" genannt) $A(t)/t$ bleiben konstant (oder fallen). Sobald jedoch $A(t)$ "schneller als linear" zu wachsen beginnt (progressives Wachstum) kann sich das Ausmustern des Systems, also seine vollständige Herauslösung aus dem Betriebsprozeß, und die Inbetriebnahme eines neuen als wirtschaftlich erweisen.

Das Hauptanliegen dieses Abschnitts besteht in der Berechnung kostengünstiger Nutzungsdauern. Dabei wird wie bisher unter der *Nutzungsdauer* eines technischen Systems die Zeit von seiner Inbetriebnahme bis zur Ausmusterung verstanden. Kürzere Nutzungsdauern haben den Vorteil, daß alterungsbedingte Schäden weitgehend vermieden werden, während andererseits eine größere Anzahl von kostenaufwendigen Erneuerungen in Kauf genommen werden muß. Beide in bezug auf die totalen Kosten einander entgegengerichteten Tendenzen legen nahe, eine kostenoptimale oder –um der üblichen Terminologie zu entsprechen– *ökonomische Nutzungsdauer* (*economic lifetime*) anzuwenden. Natürlich kann die Spezifizierung der Nutzungsdauer in der Praxis nicht ausschließlich auf den Instandhaltungskosten beruhen; weitere Aspekte sind etwa moralischer Verschleiß und begrenztes Angebot an neuen Systemen. Damit verbundene Verlustkosten können unter Umständen in $A(t)$ einfließen, ebenso wie mögliche Wiederverkaufserlöse bzw. Schrottwerte ausgemusterter Systeme.

Es seien $c$ die durchschnittlichen Kosten einer vollständigen Erneuerung des Systems. (Diese hat im Rahmen des hier betrachteten Modells den Charakter einer prophylaktischen Erneuerung.) Durch Anwendung einer vorgegebenen Nutzungsdauer $\tau$ wird der Betriebsprozeß in Zyklen konstanter Länge $\tau$ zerlegt. Je Zyklus entstehen im Mittel die Kosten $c + A(\tau)$. Daher beträgt die Kostenrate

$$K(\tau) = \frac{c + A(\tau)}{\tau} \, . \tag{7.1}$$

Im folgenden wird die Existenz von $a(t) = dA(t)/dt$ vorausgesetzt. Dann ist die durch

$$K(\tau^*) = \min_{\tau \in (0,\infty)} K(\tau) \tag{7.2}$$

definierte *ökonomische Nutzungsdauer* $\tau^*$ Lösung der Gleichung $K'(\tau) = 0$ bzw.

$$\frac{1}{\tau}(c + A(\tau)) = a(\tau),$$

oder, damit gleichbedeutend,

$$K(\tau) = a(\tau). \tag{7.3}$$

**Beispiel 7.1**  Es sei

$$a(t) = at; \quad a > 0. \tag{7.4}$$

Dann ist $A(t) = \frac{1}{2}at^2$ und die ökonomische Nutzungsdauer beträgt

$$\tau^* = \sqrt{\frac{2c}{a}}. \tag{7.5}$$

Die zugehörige minimale Kostenrate hat den Wert

$$K(\tau^*) = \sqrt{2ac}. \tag{7.6}$$

Bild 7.1 zeigt den Verlauf von $K(\tau)/a$ für drei Varianten des Verhältnisses $c/a$. Es fällt auf, daß $K(\tau)$ in der Umgebung von $\tau^*$ um so flacher verläuft, je größer $c/a$ ist.                                                          □

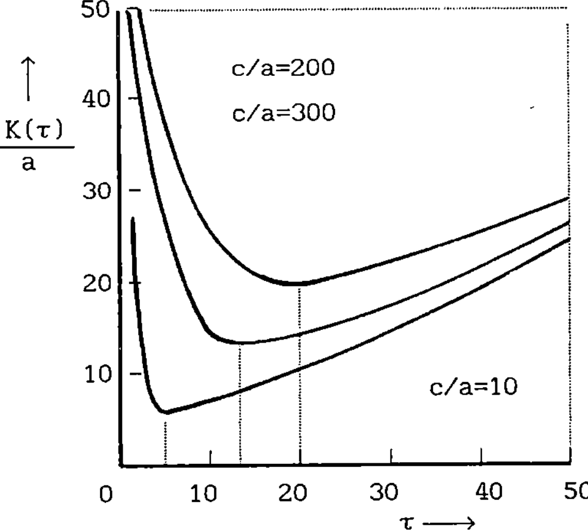


Bild 7.1   Verlauf von Kostenraten im Fall a(t) = at (Beispiel 7.1)

Bild 7.1 legt es nahe, die Sensitivität von $K(\tau)$ bezüglich Abweichungen von der ökonomischen Nutzungsdauer genauer zu untersuchen. Dazu werden die ersten drei Glieder der Taylor-Reihe von $K(\tau)$ in der Umgebung der ökonomischen

Nutzungsdauer aufgeschrieben, wobei neben der Existenz von $a(t) = A'(t)$ auch die von $a'(t) = A''(t)$ gefordert wird:

$$K(\tau^* + h) \approx K(\tau^*) + hK'(\tau^*) + \frac{h^2}{2}K''(\tau^*). \tag{7.7}$$

Wegen

$$K'(\tau^*) = 0, \quad K''(\tau) = \frac{2}{\tau^2}K(\tau) - \frac{2}{\tau^2}a(\tau) + \frac{1}{\tau}a'(\tau)$$

folgt aus (7.3)

$$K''(\tau^*) = \frac{a'(\tau^*)}{\tau^*}.$$

Damit ergibt sich aus (7.7) für kleine $h$

$$K(\tau^* + h) \approx K(\tau^*) + \frac{h^2}{2}\frac{a'(\tau^*)}{\tau^*}.$$

Speziell ist unter der Voraussetzung (7.4)

$$K(\tau^*) = 2c/\tau^* \quad \text{und} \quad a'(\tau^*) = a = 2c/(\tau^*)^2.$$

Damit folgt

$$K(\tau^* + h) \approx \left[1 + \frac{1}{2}\left(\frac{h}{\tau^*}\right)^2\right]K(\tau^*).$$

Wenn also die tatsächliche Nutzungsdauer $\tau$ um maximal 10% nach oben oder unten von der ökonomischen Nutzungsdauer abweicht ($|h/\tau^*| \leq 0{,}1$)), kann sich die zugehörige Kostenrate $K(\tau)$ nur um maximal 0,5% erhöhen. Ein Abweichen von der ökonomischen Nutzungsdauer kann daher in gewissen Grenzen durchaus praktiziert werden, wenn zum Beispiel durch kürzere Nutzungsdauern die Nachteile moralischen Verschleißes reduziert werden können oder wenn die durch längere Nutzungsdauern zunächst eingesparten finanziellen Mittel günstiger angelegt werden können.

*Bemerkung* Die funktionelle Struktur der durch (7.1) gegebenen Kostenrate $K(\tau)$ ist offenbar die gleiche wie die der Kostenraten (6.54) und (6.64), die bei Anwendung der Strategien 2 bzw. 3 entstehen. Diese Kriterien unterscheiden sich nur durch die unterschiedliche Struktur der zugrunde liegenden Instandsetzungskosten. Da der allgemeinste Fall durch (7.1) gegeben ist, sind die durchgeführten Sensitivitätsbetrachtungen auch für die Kostenraten (6.54) und (6.64) relevant. Die gemeinsame funktionelle Struktur von Kostenraten, die zu unterschiedlichen Instandsetzungsstrategien gehören, initiierten die Arbeiten *Aven/Bergman (1986)* und *Jensen (1990)*.

## 7.2.2 Ökonomische Nutzungsdauer bei diskreter Zeit

Erneuerungen waren bislang zu beliebigen Zeitpunkten möglich. Zur Vereinfachung der Planung von Instandhaltungsprozessen ebenso wie zur Vereinfachung der Primärdatenerfassung erweist es sich jedoch häufig als zweckmäßig, speziellen Zeitpunkten den Vorzug zu geben. In Anbetracht dessen wird jetzt angenommen, daß Erneuerungen nur zu Jahresbeginn bzw. -ende durchgeführt werden können. Natürlich kann je nach den technologischen Erfordernissen auch eine beliebige andere Diskretisierung der Zeit vorgenommen werden. Es seien

$a_n$     die mittleren Instandsetzungskosten im n-ten Betriebsjahr,

$A_n = \sum\limits_{i=1}^{n} a_i$     die innerhalb von n Jahren im Mittel insgesamt anfallenden Instandsetzungskosten.

Die Kostenrate, die bei Anwendung einer Nutzungsdauer von n Jahren entsteht, beträgt analog zu (7.1)

$$K(n) = \frac{c + A_n}{n} . \qquad (7.8)$$

Die ökonomische Nutzungsdauer $n^*$ ist durch

$$K(n^*) = \min_{n=1,2,\ldots} K(n) \qquad (7.9)$$

definiert. Sie ist durch Vergleich der K(n) zu bestimmen.

Tafel 7.1   Bestimmung der ökonomischen Nutzungsdauer (Beispiel 7.2)

| n | 1 | 2 | 3 | 4 | 5 | 6 | 7 | 8 |
|---|---|---|---|---|---|---|---|---|
| $a_n$ | 500 | 900 | 1120 | 1360 | 1505 | 1665 | 1786 | 1950 |
| K(n) | 7400 | 4150 | 3140 | 2625 | 2457 | 2325 | 2248 | 2211 |
| n | 9 | 10 | 11 | 12 | 13 | 14 | 15 | |
| $a_n$ | 2000 | 2200 | 2250 | 2400 | 2450 | 2600 | 2600 | |
| K(n) | **2187** | 2189 | 2194 | 2211 | 2230 | 2256 | 2279 | |

**Beispiel 7.2** Es wird die gleiche durchschnittliche jährliche Entwicklung der Instandsetzungskosten wie im Beispiel 6.17 betrachtet. Mit den dortigen Bezeichnungen gilt also $a_n = \lambda_n/\rho_n$, n = 1,2,...,15. Wie dort wird c = 6900 gesetzt. Tafel 7.1 enthält die $a_n$ sowie die bei Anwendung von n Nutzungsjahren

entstehenden Kostenraten K(n). Die ökonomische. Nutzungsdauer beträgt also
n*= 9 Jahre und stimmt also bis auf den Diskretisierungseffekt mit der mittleren Nutzungsdauer überein, die bei Anwendung optimaler Reparaturkostenlimits unter den Voraussetzungen von Beispiel 6.17 auftritt (siehe Gleichung
(6.102)). Jedoch führt die Anwendung von optimalen Reparaturkostenlimits gegenüber der ökonomischen Nutzungsdauer gemäß Gleichung (6.101) zu einer Senkung der Kostenrate um fast 10%. Auch resultiert aus Tafel. 7.1, daß
Schwankungen in der Nutzungsdauer im Bereich von 8 bis 12 Jahren nur
vernachlässigbar kleine Effekte auf die Kostenrate haben.　　　　　　　　□

### 7.2.3　Vorgabe von Limits für Reparaturkosten

Die Methode der ökonomischen Nutzungsdauer wird gewöhnlich auf eine größere
Anzahl von Systemen gleichen Typs angewendet, wobei A(t) die durchschnittliche Entwicklung der Instandsetzungskosten der betrachteten Gesamtheit von
Systemen widerspiegelt. Die laufenden Aufwendungen für die Instandsetzung
von Systemen auch gleichen Typs unterscheiden sich jedoch häufig beträcht-
lich voneinander, haben also zufälligen Charakter. Die Ursache hierfür können in ihrer unterschiedlichen Qualität und in unterschiedlichen Betriebsbedingungen liegen. Diese Unterschiede liegen erfahrungsgemäß bei etwa 20 bis
40%. Um im Hinblick auf die Erneuerung besser die Spezifik eines jeden Systems berücksichtigen zu können, scheint es daher zweckmäßig, die Erneuerung
auf der Basis von Reparaturkostenlimits zu organisieren. (Der oben vorgenommene Vergleich der Beispiele 6.17 und 7.2 unterstützt diese These.) Das
prinzipielle Vorgehen ist dabei wie im Abschnitt 6.7 das folgende: Wenn die
zur Behebung eines Systemausfalls notwendig werdenden Reparaturkosten ein
vorgegebenes Limit übersteigen, wird das System nicht repariert, sondern
vollständig erneuert. Die Berechnung optimaler Reparaturkostenlimits geschieht jetzt jedoch nach folgender Vorschrift: Falls die unter der Voraussetzung, daß die anfallende Reparatur durchgeführt würde, bis zur Erneuerung
des Systems zu erwartende Kostenrate die in diesem Zeitraum zu erwartende
Kostenrate (bezogen auf die jeweils praktizierte Instandsetzungsstrategie)
übersteigt, wird die Reparatur nicht vorgenommen, sonder eine vollständige
Erneuerung durchgeführt. Daher ist das zu einem Ausfallzeitpunkt t gehörige
Reparaturkostenlimit L(t) auf folgende Weise definiert:

$$K = \frac{L(t) + I(t)}{M(t)}. \tag{7.10}$$

Hierbei sind:

K          Kostenrate auf der Grundlage der bereits praktizierten Instandsetzungsstrategie,

I(t)       die vom Zeitpunkt t bis zur Ausmusterung des Systems noch zu erwartenden Reparaturkosten,

M(t)       Zeitspanne vom Zeitpunkt t bis zur Ausmusterung des Systems.

Hierbei beziehen sich I(t) und M(t) ebenso wie K auf die gerade praktizierte Erneuerungsstrategie. Aus der Definitionsgleichung (7.10) ergeben sich die Reparaturkostenlimits L(t) für t > 0 zu

$$L(t) = KM(t) - I(t). \tag{7.11}$$

Die unterschiedliche Art und Weise der Einführung und Berechnung von Reparaturkostenlimits in den Abschnitten 6.7 und 7.2 bedingt, daß beide Abschnitte unabhängig voneinander gelesen werden können.

**Primäre Reparaturkostenlimits**  Wenn für eine Gesamtheit von Systemen gleichen Typs die jeweils in [0,t) anfallenden mittleren Reparaturkosten

$$A(t) = \int_o^t a(x)\, dx$$

und die Erneuerungskosten c bekannt sind, ist es sofort möglich, Reparaturkostenlimits anzugeben, deren Anwendung effektiver ist als die der ökonomischen Nutzungsdauer. Zur Konstruktion dieser Kostenlimits werden zunächst die Größen I(t), M(t) und K, wie sie sich bei Anwendung der ökonomischen Nutzungsdauer $\tau^*$ ergeben würden, aufgeschrieben:

$$I(t) = \int_t^{\tau^*} a(x)\, dx; \quad 0 < t \le \tau^*,$$

$$M(t) = \tau^* - t; \quad 0 < t \le \tau^*,$$

$$K = K(\tau^*) = a(\tau^*).$$

Damit erhält man aus (7.11) die sogenannten *primären Reparaturkostenlimits*:

$$L(t) = \begin{cases} c; & t = 0, \\ (\tau^* - t)a(\tau^*) - \int_t^{\tau^*} a(x)\, dx; & 0 < t \le \tau^*, \\ 0; & \tau^* < t. \end{cases}$$

Die Kosteneinsparung bei Anwendung der primären Reparaturkostenlimits gegenüber der Anwendung der ökonomischen Nutzungsdauer ist um so größer, je mehr
die individuellen Reparaturkosten um die durchschnittliche Kostenentwicklung
$A(t)$ schwanken. Bild 7.2 veranschaulicht die primären Reparaturkostenlimits.
Man beachte, daß die ökonomische Nutzungsdauer $\tau^*$ dadurch charakterisiert
ist, daß bei $t = \tau^*$ die Gerade $y = a(\tau^*)t$ die Kurve

$$T(t) = c + \int_o^t a(x)\ dx$$

berührt. (Wenn $a(t)$ monoton wächst, ist $T(t)$ eine konvexe Funktion.) Für
einen beliebigen Zeitpunkt $t \le \tau^*$ ist das Reparaturkostenlimit $L(t)$ gleich
der Strecke $\overline{EF}$.

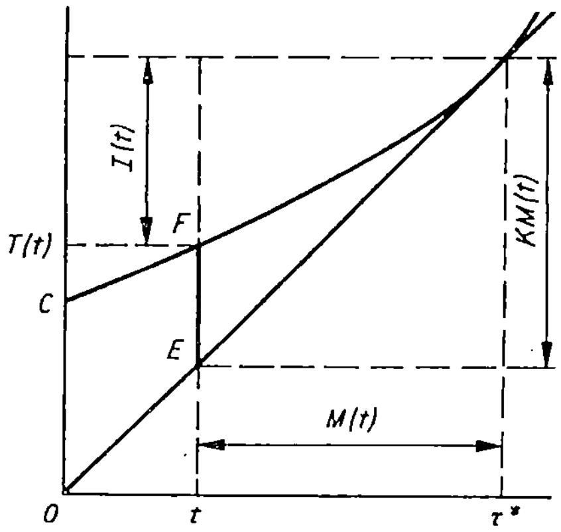


Bild 7.2   Veranschaulichung der primären Reparaturkostenlimits

**Beispiel 7.3**   Bei linearem $a(t) = at$ gelten gemäß (7.5) und (7.6)

$$\tau^* = \sqrt{\frac{2c}{a}}\ , \quad K = K(\tau^*) = \sqrt{2ac}\ .$$

Es folgt

$$I(t) = a \int_t^{\tau^*} x\ dx = c - \frac{a}{2} t^2.$$

Damit beträgt das primäre Reparaturkostenlimit für $0 \le t \le \tau^*$

$$L(t) = \frac{a}{2} t^2 - \sqrt{2ac}\ t + c.$$

Es seien etwa $a = 1$ und $c = 200$. Falls zum Zeitpunkt $t = 10$ eine Reparatur notwendig wird, beträgt das Reparaturkostenlimit $L(10) = 50 - 200 + 200 = 50$. Daher wird das System erneuert, wenn die angefallene Reparatur mehr als 50 Kosteneinheiten erfordert.  □

**Sekundäre Reparaturkostenlimits** Die primären Reparaturkostenlimits sind im allgemeinen noch nicht kostenoptimal, das heißt, es werden Reparaturkostenlimits $L(t)$ für $t > 0$ existieren, deren Anwendung eine weitere Verringerung der Kostenrate zur Folge hat. Daher wird jetzt eine Methode vorgestellt, die es gestattet, eine beliebige Strategie der Erneuerung bzw. Ausmusterung einer Gesamtheit von Systemen gleichen Typs im Hinblick auf die Kostenrate durch Anwendung geeigneter Reparaturkostenlimits noch weiter zu verbessern. Die prinzipielle Struktur der Reparaturkostenlimits, wie sie durch (7.11) gegeben ist, muß natürlich erhalten bleiben. Das Problem besteht zunächst darin, $K$, $I(t)$ und $M(t)$ auf der Grundlage einer beliebigen praktizierten Strategie (nicht unbedingt Anwendung primärer Reparaturkostenlimits) zu schätzen.

Die betrachtete Gesamtheit der Systeme habe den Umfang $n$. Der Zeitpunkt der Erneuerung des $k$-ten Systems gemäß der unterliegenden Strategie sei $X_k$; $k = 1,2,\ldots,n$. Die (totalen) Instandsetzungskosten für das $k$-te System in $[0,t)$ seien $T_k(t)$ für $t \leq X_k$ und $T_k(X_k)$ für $t > X_k$. Die Inbetriebnahme eines neuen Systems nach erfolgter Ausmusterung eines der Gesamtheit angehörenden Systems wird also nicht berücksichtigt. Damit sind $T_k(X_k)$ die durch das $k$-te System verursachten (totalen) Instandsetzungskosten von seiner Inbetriebnahme bis zur Ausmusterung. Entsprechend sei $D_k(t)$ die Betriebsdauer des $k$-ten Systems in $[0,t)$; es ist also $D_k(t) = t$ für $t \leq X_k$ und $D_k(t) = X_k$ für $t > X_k$, $k = 1,2,\ldots,n$. Die Betrachtung der Gesamtheit der Systeme wird zum Zeitpunkt der Erneuerung (bzw. Ausmusterung) des letzten noch in Betrieb befindlichen Systems, also zum Zeitpunkt $X = \max\,(X_1,X_2,\ldots,X_n)$, abgeschlossen. Daher genügt es, die Funktionen $T_k(t)$ und $D_k(t)$ für $0 \leq t \leq X$ zu definieren. Ferner seien $T^{(n)}(t)$ und $D^{(n)}(t)$; $0 \leq t \leq X$, die in $[0,t)$ insgesamt auftretenden Instandsetzungskosten bzw. Nutzungsdauern:

$$T^{(n)}(t) = \sum_{k=1}^{n} T_k(t), \qquad D^{(n)}(t) = \sum_{k=1}^{n} D_k(t).$$

Speziell sind

$$T^{(n)}(X) = \sum_{k=1}^{n} T_k(X_k)$$

die insgesamt angefallenen Instandsetzungskosten, und

$$D^{(n)}(X) = \sum_{k=1}^{n} X_k$$

ist die Summe aller aufgetretenen Nutzungsdauern. Dementsprechend ist

$$V(t) = T^{(n)}(X) - T^{(n)}(t) \quad \text{bzw.} \quad U(t) = D^{(n)}(X) - D^{(n)}(t)$$

die Summe aller in $[t,X)$ noch auftretenden Instandsetzungskosten bzw. Nutzungsdauern. Wenn $n(t)$ die Anzahl aller zum Zeitpunkt $t$ noch in Betrieb befindlichen Systeme bezeichnet, ergeben sich für ein einzelnes System $I(t)$ und $M(t)$ sowie die Kostenrate $K$ zu

$$I(t) = \frac{V(t)}{n(t)}, \quad M(t) = \frac{U(t)}{n(t)}, \quad K = \frac{T^{(n)}(X)}{D^{(n)}(X)}.$$

Das Einsetzen dieser Größen in (7.11) liefert Schätzungen für die gesuchten Reparaturkostenlimits:

$$L(t) = \begin{cases} \dfrac{KU(t) - V(t)}{n(t)}, & 0 \le t \le X, \\[2mm] 0, & t > X, \end{cases} \tag{7.12}$$

Die Reparaturkostenlimits (7.12) heißen *sekundär*, obwohl sie nicht unbedingt aus den primären hervorgehen müssen.

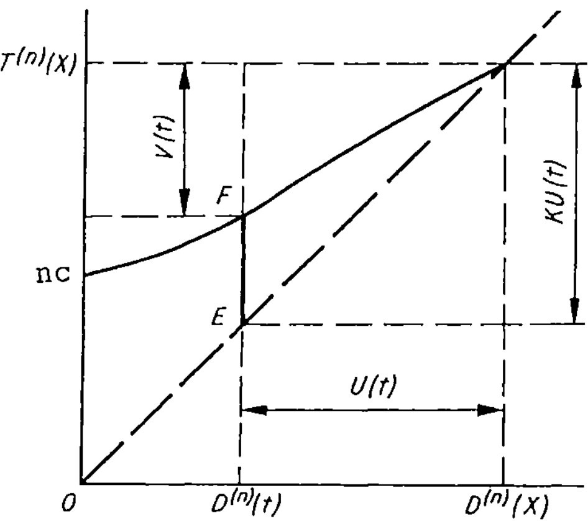


Bild 7.3   Veranschaulichung der sekundären Reparaturkostenlimits

Bild 7.3 veranschaulicht die sekundären Reparaturkostenlimits. Wiederum ist für ein beliebiges $t$; $0 \le t \le X$ das Reparaturkostenlimit $L(t)$ gleich der Strecke $\overline{EF}$. Trotz der formalen Analogie zwischen den Bildern 7.2 und 7.3 unterscheiden sie sich bezüglich der dargestellten Funktionen wesentlich.

Ausgehend von einer beliebigen Instandsetzungsstrategie kann (7.12) stets benutzt werden, um Reparaturkostenlimits zu berechnen, deren Anwendung eine Senkung der Kostenrate nach sich zieht. Sind einmal diese Reparaturkostenlimits in Aktion, kann (7.12) wiederum angwendet werden usw. Die wiederholte Anwendung dieses Verfahrens erlaubt es, Reparaturkostenlimits sukzessiv zu verbessern. Dieses Verfahren ist im laufenden Betriebsprozeß allerdings äußerst aufwendig und kaum zu realisieren. Seine Bedeutung besteht aber darin, daß es die Grundlage für Simulationsrechnungen bilden kann. Die Berechnung und Anwendung von sekundären Reparaturkostenlimits ist dabei zyklisch zu wiederholen, bis der Einfluß auf die Kostenrate vernachlässigbar klein wird. Voraussetzung für die Anwendbarkeit der Simulation ist jedoch ebenso wie bei den analytischen Verfahren zur Berechnung optimaler Reparaturkostenlimits die Kenntnis der statistischen Ausfallverteilung eines Systems und der Reparaturkostenverteilung. Der große Vorteil der Simulation gegenüber den Strategien 11 und 12 besteht darin, daß keine willkürliche Diskretisierung des Reparaturkostenlimits vorgenommen werden muß. Auch stellt die Berücksichtigung von Instandsetzungszeiten keinerlei Problem dar.

Tafel 7.2   Kostenraten nach 4 Simulationszyklen

|  | Kostenrate | Prozentuale Abweichung vom Minimum |
|---|---|---|
| Ökonomische Nutzungsdauer | 2187,0 | 6,70 |
| Simulation      1. Zyklus | 2118,2 | 3,34 |
| 2. Zyklus | 2073,0 | 1,14 |
| 3. Zyklus | 2057,4 | 0,38 |
| 4. Zyklus | 2051,9 | 0,11 |
| Analytisches Verfahren | 2049,7 | 0 |

**Beispiel 7.4** Unter den gleichen Voraussetzungen und dem gleichen Datenmaterial wie im Beispiel 6.17 haben *Drinkwater/Hastings (1967)* nach den primären Reparaturkostenlimits (1. Zyklus) in drei weiteren Zyklen durch Anwendung von Monte-Carlo-Simulation sekundäre Reparaturkostenlimits berechnet. Die Ergebnisse sind in Tafel 7.2 enthalten. Bereits nach vier Zyklen werden die

im Beispiel 6.17 auf analytischem Wege berechneten optimalen Reparaturkostenlimits im wesentlichen erreicht. Ferner zeigt sich, daß schon die Anwendung primärer Reparaturkostenlimits im Vergleich zur ökonomischen Nutzungsdauer 50% der möglichen Kosteneinsparungen bringt (siehe Beispiel 7.2).　　□

### 7.2.4 Vorgabe eines Limits für die Reparaturkostenrate

Die Entscheidung über die Durchführung einer Erneuerung erfolgte im vorangegangenen Abschnitt auf der Basis momentan anfallender Reparaturkosten. Län-
gerdauernde kostenungünstige Situationen, die durch gehäuftes Auftreten
kleinerer, unterhalb der jeweiligen Kostenlimits liegender Reparaturaufwen-
dungen charakterisiert sind, haben auf die Nutzungsdauer eines Systems keinen direkten Einfluß, obwohl die Höhe der Reparaturkosten je Zeiteinheit -im
folgenden *Reparaturkostenrate* genannt- eine Erneuerung rechtfertigen könnte.
Es empfiehlt sich daher, bei einer anfallenden Reparatur die Entscheidung
über eine eventuelle Erneuerung auch vom gesamten vorangegangenen Reparatur-
kostenaufwand mit abhängig zu machen. Diese Überlegungen führen zu folgender
Instandsetzunggsstrategie (*Beichelt (1982)*).

**Strategie 13**　Das System wird erneuert, sobald die Reparaturkostenrate $Z(t)$
ein vorgegebenes Limit $z$ erreicht bzw. überschreitet.

Dabei werde die zeitliche Entwicklung der Reparaturkostenrate durch einen
stochastischen Prozeß $\{Z(t), t \geq 0\}$ mit nichtnegativen, stetigen Realisierungen
bestimmt. Sind $A(t)$ wieder die mittleren in $(0,t)$ insgesamt anfallenden Reparaturkosten, so hat dieser Prozeß die Trendfunktion

$$M(t) = E(Z(t)) = A(t)/t.$$

Entsprechend der Strategie ist die Zeit bis zur Erneuerung eines Systems
durch

$$Y^{(z)} = \min \{t; \ Z(t) \geq t\}$$

gegeben. Der Inhalt einer Erneuerung besteht jetzt formal darin, die Reparaturkostenrate $Z(t)$ vom Wert $z$ auf den Anfangswert $Z(0)$, der als konstant
vorausgesetzt wird, zurückzuführen. Die Längen der Erneuerungszyklen $Y_k$, $k =$
1, 2, ...,seien voneinander unabhängige, identisch wie $Y^{(z)}$ verteilte Zufallsgrößen mit endlichem Erwartungswert $E(Y^{(z)})$. Bezeichnet $c$ die durchschnittlichen Kosten einer Erneuerung, so fallen im k-ten Zyklus die zufälligen totalen Instandsetzungskosten

$$Z(Y_k)Y_k + c = zY_k + c$$

an. Daher beträgt die Kostenrate bei Anwendung von Strategie 13

$$K(z) = \lim_{t \to \infty} \frac{\sum_{k=1}^{n} (zY_k + c)}{\sum_{k=1}^{n} Y_k} = z + \frac{c}{E(Y^{(z)})} \; . \qquad (7.13)$$

Der Kern der Berechnung der Kostenrate $K(z)$ besteht somit in der Berechnung des Erwartungswertes $E(Y^{(z)})$. Die Bestimmung der dazu erforderlichen Wahrscheinlichkeitsverteilung von $Y^{(z)}$, der *Erstüberschreitungszeit* (*first passage time*) ist Gegenstand der Theorie der Niveauüberschreitung stochastischer Prozesse. Ist $E(Y^{(z)})$ bekannt, so kann das bezüglich $K(z)$ optimale Limit $z^*$ für die Reparaturkostenrate berechnet werden:

$$K(z^*) = \min_{z \in (0,\infty)} K(z).$$

Es ist interessant, $K(z^*)$ mit der Kostenrate $K(\tau^*)$ zu vergleichen, die bei Anwendung der ökonomischen Nutzungsdauer $\tau^*$ auftritt. Dieses Problem wird im folgenden unter der Voraussetzung einer linearen Reparaturkostenrate $Z(t)$ der Gestalt

$$Z(t) = B + V\,H(t) \qquad (7.14)$$

betrachtet, wobei B eine Konstante, $H(t)$ eine stetige, streng monoton wachsende Funktion von t und V eine positive Zufallsgröße mit $E(1/V) < \infty$ ist. Unter diesen Voraussetzungen existiert die Umkehrfunktion $H^{-1}$ von H und $Y^{(z)}$ läßt sich explizit angeben:

$$Y^{(z)} = H^{-1}\left(\frac{z-B}{V}\right) .$$

Dann haben (7.1) und (7.2) die spezielle Form

$$K(\tau) = B + E(V)H(\tau) + \frac{c}{\tau} , \qquad K(z) = z + \frac{c}{E\left[H^{-1}\left(\frac{z-B}{V}\right)\right]} . \qquad (7.15)$$

**Satz 7.1** Falls $z^*$ und $\tau^*$ existieren, ist unter der Vorausetzung (7.14) für konkave $H(t)$ die Anwendung eines optimalen Limts $z^*$ für die Reparaturkostenrate kostengünstiger als die Anwendung der ökonomischen Nutzungsdauer. Es gilt also

$$K(z^*) < K(\tau^*).$$

**Beweis**  Es sei ein spezielles Limit für $Z(t)$ durch $z_o = E(Z(\tau^*))$ gegeben. Um den Satz zu beweisen, genügt es, die Gültigkeit von

$$K(z_o) < K(\tau^*) \tag{7.16}$$

zu zeigen. Da $H^{-1}$ konvex ist, gilt aufgrund der Jensenschen Ungleichung

$$E\left[H^{-1}\left(\frac{E(V)}{V}\,H(\tau^*)\right)\right] \geq H^{-1}\left(\frac{E(V)}{E(1/V)}\,H(\tau^*)\right) > H^{-1}(H(\tau^*)) = \tau^*.$$

Wegen (7.15) sind diese Ungleichungen aber äquivalent zu (7.16). ∎

**Beispiel 7.5**  Es sei $H(t) \equiv t$, so daß $Z(t) = B + Vt$ und $E(Z(t)) = B + E(V)t$ gelten; $B < z$. Dann ist $Y^{(z)} = (z-B)/V$, und einfache Rechnungen liefern

$$z^* = \sqrt{\frac{c}{E(1/V)}} + B, \quad K(z^*) = 2\sqrt{\frac{c}{E(1/V)}} + B,$$

$$\tau^* = \sqrt{c/E(V)}\,, \qquad K(\tau^*) = 2\sqrt{c/E(V)} + B.$$

Ist insbesondere $V$ gleichverteilt in $[a,b]$; $0 < a < b < \infty$, gilt

$$E\left(\frac{1}{V}\right) = \frac{1}{b - a}\ln(b/a), \quad E(V) = \frac{1}{2}(a + b).$$

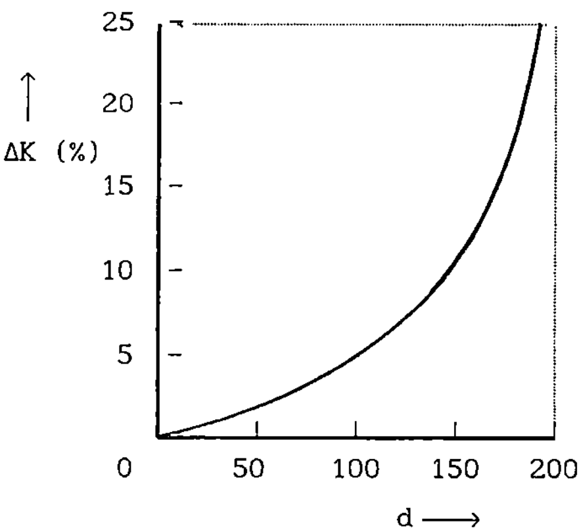


Bild 7.4　Effektivitätsvergleich bei Anwendung von $\tau^*$ und $z^*$

Speziell seien $c = 6900$, $B = 526$ und $E(V) = 100$. Damit ist etwa die gleiche mittlere Kostenentwicklung wie in den Beispielen 6.17 und 7.2 gegeben. Bild 7.4 zeigt den prozentualen Gewinn

$$\Delta K = \frac{K(\tau^*) - K(z^*)}{K(\tau^*)} \, 100\%,$$

der bei Anwendung optimaler Limits $z^*$ im Vergleich zur Anwendung der zugehörigen ökonomischen Nutzungsdauer $\tau^*$ auftritt, in Abhängigkeit von $d = b - a$, $0 \le d < 200$. (Wegen der Forderung $E(V) = 100$ hängt $\tau^*$ nicht von d ab.) Entsprechend dem anschaulichen Verständnis nimmt der prozentuale Gewinn $\Delta K$ mit wachsendem "Streubereich" der Reparaturkosten zu.                    □

## 7.3    INSTANDSETZUNG AUF DER GRUNDLAGE TECHNISCH-PHYSIKALISCHER PARAMETER

### 7.3.1  Einführung

Über die zunehmende Alterung von Systemen gibt häufig die zeitliche Entwicklung ein oder mehrerer systemspezifischer Parameter Auskunft. Derartige Parameter können sein: der geeignet quantifizierte Grad der mechanischen Abnutzung von Bauteilen, der spezifische Treibstoffverbrauch, der Wirkungsgrad eines Filters, die Sensibilität eines Meßinstruments, die Spannung einer Feder usw. Wenn Parameter dieser Art die Funktionstüchtigkeit eines Systems im wesentlichen bestimmen, empfiehlt es sich, sie der zeitlichen Planung von Instandsetzungsmaßnahmen unmittelbar zugrunde zu legen. Der Inhalt von Instandsetzungsmaßnahmen besteht im folgenden darin, den Ausgangswert des Parameters, der bei Betriebsbeginn vorlag, wieder herzustellen. Maßnahmen dieser Art werden wiederum als *Erneuerungen* bezeichnet. Die zeitliche Parameterentwicklung werde durch den stochastischen Prozeß

$$\{W_t, \ t \ge 0\}$$

beschrieben, wobei $W_t$ den zufälligen Wert des Parameters zum Zeitpunkt t nach der Inbetriebnahme des Systems bezeichnet. Ein *Driftausfall* tritt ein, wenn dieser Prozeß einen vorgegebenen *Toleranzbereich* T verläßt (Bild 7.5). Dies geschieht nach der zufälligen Zeit

$$Y = \inf_t \ \{t; \ W_t \notin T\}.$$

Zur Vereinfachung der Sprechweise wird die *Erstaustrittszeit* Y ebenfalls als *Lebensdauer* bezeichnet. Die Berechnung ihrer Verteilung ist ein Hauptanliegen der folgenden Ausführungen. Dabei wird $W_t$ stets als reell und T als Intervall vorausgesetzt: $T = (w_a, w_b)$. Jedoch werden unbeschränkte Toleranzbereiche zugelassen:

1. *Einseitiger Toleranzbereich*

$$-\infty = w_a < w_b < \infty \qquad (w_b \text{ obere Toleranzschranke})$$
$$-\infty < w_a < w_b = \infty \qquad (w_a \text{ untere Toleranzschranke})$$

2. *Zweiseitiger Toleranzbereich*

$$-\infty < w_a < w_b < \infty.$$

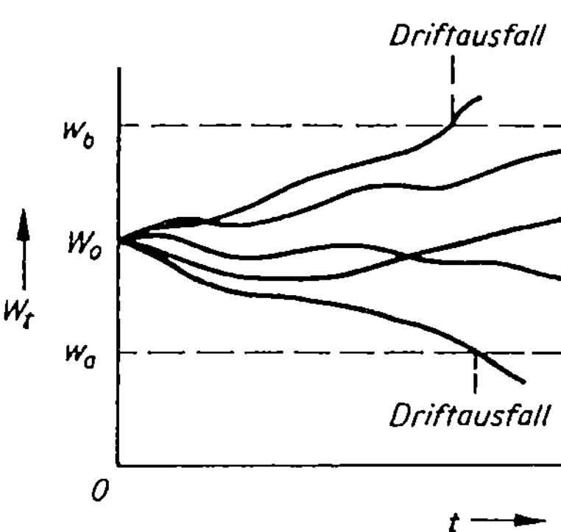


Bild 7.5   Parameterrealisierungen bei zweiseitigem Toleranzbereich

**Definition 7.1** Ein stochastischer Prozeß $\{X_t,\ t \geq 0\}$ heißt *monoton wachsend* (*monoton fallend*), wenn seine Trajektorien monoton wachsende (fallende) Funktionen von t sind.     ∎

Beim Vorliegen eines monoton wachsenden (fallenden) Prozesses $\{W_t,\ t \geq 0\}$ ist offenbar nur die Vorgabe von oberen (unteren) Toleranzschranken sinnvoll. In diesen Fällen haben auch die Überlebenswahrscheinlichkeiten der jeweiligen Systeme bezüglich eines Driftausfalls eine einfache Struktur. Zum Beispiel lautet bei einem monoton wachsenden Parameterprozeß $\{W_t\}$ die Überlebenswahrscheinlichkeit:

$$\bar{F}(t) = P(Y \geq t) = P(W_x < w_b \text{ für alle } x \in (0,t)) = P(W_t < w_b),$$

so daß $\bar{F}(t)$ die einfache Struktur

$$\bar{F}(t) = F^{(t)}(w_b) \tag{7.17}$$

hat. Hierbei bezeichnet $F^{(t)}(x) = P(W_t < x)$ die Verteilungsfunktion von $W_t$. Analog gilt für einen monoton fallenden Parameterprozeß

$$\bar{F}(t) = 1 - F^{(t)}(w_a). \tag{7.18}$$

Im folgenden wird ein linearer Parameterverlauf der Struktur

$$W_t = w_0 + Vt \qquad (7.19)$$

mit konstantem $w_0$ vorausgesetzt, wobei $V$ eine normalverteilte Zufallsgröße mit dem Erwartungswert $\mu$ und der Varianz $\sigma^2$ ist. Es gilt also

$$P(V < y) = \Phi\left(\frac{t-\mu}{\sigma}\right) \quad \text{mit} \quad \Phi(x) = \frac{1}{\sqrt{2\pi}} \int_{-\infty}^{x} e^{-y^2/2}\, dy.$$

$V$ ist inhaltlich die Geschwindigkeit der Parameteränderung. $W_t$ ist ebenfalls normalverteilt, wobei Erwartungswert und Standardabweichung durch

$$E(W_t) = w_0 + \mu t \quad \text{und} \quad D(W_t) = \sigma\, t \qquad (7.20)$$

gegeben sind.

Stochastische Parameterenticklungen dieser Art wurden vornehmlich in den Arbeiten Družinin *(1977)* und *Beichelt (1984, 1985)* untersucht. Ein weiterer Ansatz (Wiener Prozeß) wurde von *Pieper (1989)* diskutiert. Wirtschaftliche Überlegungen spielen im folgenden, zumindest vordergründig, keine Rolle. Jedoch sei auf die Analogie mit der im Abschnitt 7.2.4 behandelten Situation verwiesen.

## 7.3.2 Einseitiger Toleranzbereich

Unter den gemachten Voraussetzungen gibt es sowohl monoton wachsende als auch monoton fallende Trajektorien des Parameterprozesses $\{W_t, t \geq 0\}$. Jedoch erhält man unter der Voraussetzung $P(V \geq 0) \approx 1$ $(P(V \leq 0) \approx 1)$ bei Vorgabe oberer (unterer) Toleranzgrenzen $w_b$ $(w_a)$ wegen (7.17) bzw. (7.18) die zugehörigen Überlebenswahrscheinlichkeiten in guter Näherung in der Form $(t > 0)$

$$\overline{F}(t) = \Phi\left(\frac{(w_b - w_0)/t - \mu}{\sigma}\right), \qquad w_0 < w_b, \qquad (7.21)$$

bzw.

$$\overline{F}(t) = 1 - \Phi\left(\frac{(w_a - w_0)/t - \mu}{\sigma}\right), \qquad w_0 > w_a. \qquad (7.22)$$

Mit den Bezeichnungen

$$\alpha = \frac{|w - w_0|}{\sigma}, \qquad \beta = \frac{|\mu|}{\sigma}, \qquad w = w_a \text{ oder } w_b \qquad (7.23)$$

lassen sich beide Überlebenswahrscheinlichkeiten (7.21) und (7.22) in der einheitlichen Form

$$\overline{F}(t) = \Phi\left(\frac{\alpha - \beta t}{t}\right) \tag{7.24}$$

schreiben, wobei zusätzlich die Voraussetzung

$$\mu \leq 0 \text{ für } w = w_a \text{ und } \mu \geq 0 \text{ für } w = w_b \tag{7.25}$$

zu treffen ist. Diese Voraussetzung ist jedoch praktisch immer erfüllt, wenn die Vorgabe von unteren bzw. oberen Toleranzgrenzen sinnvoll sein soll. Die Verteilungsdichte $f(t) = -\,d\overline{F}(t)/dt$ ergibt sich aus (7.24) zu

$$f(t) = \frac{\alpha}{\sqrt{2\pi}\;t^2}\;\exp\left(-\frac{(\alpha - \beta t)^2}{2t^2}\right), \quad t > 0. \tag{7.26}$$

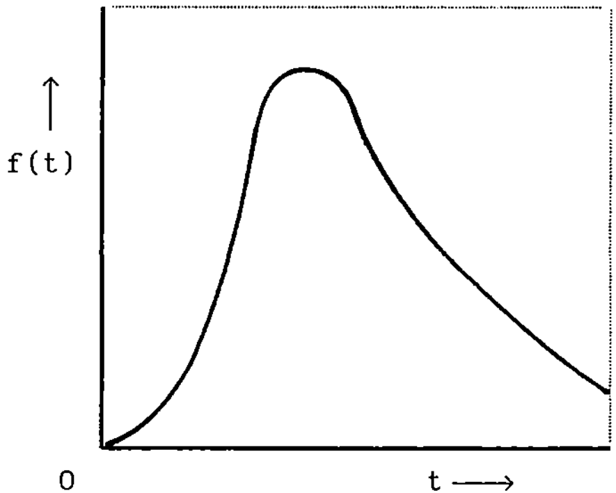


Bild 7.6 Qualitativer Verlauf von f(t)

Die Funktion $f(t)$ ist keine Wahrscheinlichkeitsdichte; denn es gilt

$$\int_0^\infty f(t)\;dt = F(\infty) = 1 - \overline{F}(\infty) = \Phi(\beta) < 1. \tag{7.27}$$

Diese Tatsache ist darauf zurückzuführen, daß die vorausgesetzte Wahrscheinlichkeitsverteilung von V Realisierungen auf der ganzen reellen Achse nicht ausschließt. (Wenn jedoch V gemäß seiner Wahrscheinlichkeitsverteilung nur positive bzw. nur negative Werte annehmen kann, haben die Überlebenswahrscheinlichkeiten (7.21) und (7.22) die Eigenschaft $\overline{F}(\infty) = 0$. Entsprechende Ansätze für die Verteilung von V wurden in *Beichelt (1985)* vorgeschlagen.) Allerdings ist für praktische Anwendungen $\overline{F}(\infty)$ genügend nahe bei 0, wenn $3\sigma \leq \mu$ ausfällt. Die durch (7.24) bzw. (7.26) charakterisierte "unvollständige" Wahrscheinlichkeitsverteilung ist eine spezielle *Bernsteinverteilung*.

Der qualitative Verlauf von $f(t)$ ist im Bild 7.6 dargestellt. Aus der Eigenschaft (7.27) resultiert insbesondere, daß der Erwartungswert der Lebensdauer Y nicht existiert:

$$E(Y) = \int_o^\infty t\, f(t)\, dt = \infty.$$

Das Ziel besteht nunmehr darin, für ein gegebenes $\varepsilon$, $0 < \varepsilon < \Phi(\beta)$, ein solches Erneuerungsintervall $\tau_\varepsilon$ zu bestimmen, dessen Anwendung das Auftreten von Driftausfällen mit Wahrscheinlichkeit $1 - \varepsilon$ ausschließt. Dazu bezeichne $u_\gamma$ das $\gamma$-Quantil der standardisierten Normalverteilung. Die Definitionsgleichung $\overline{F}(\tau_\varepsilon) = 1 - \varepsilon$ ist aufgrund von (7.21) bzw. (7.22) äquivalent zu

$$\frac{(w_b - w_o)/\tau_\varepsilon - \mu}{\sigma} = u_{1-\varepsilon} \quad \text{bzw.} \quad \frac{(w_a - w_o)/\tau_\varepsilon - \mu}{\sigma} = u_\varepsilon \; .$$

Wegen $|u_\varepsilon| = u_{1-\varepsilon}$ und (7.25) folgt für $w = w_a$ bzw. $w = w_b$ und $\varepsilon < 1/2$

$$\tau_\varepsilon = \frac{|w - w_o|}{\sigma\, u_{1-\varepsilon} + |\mu|} = \frac{\alpha}{u_{1-\varepsilon} + \beta} \; . \tag{7.28}$$

**Beispiel 7.6**  Es bezeichne $W_t$ den Spielraum (toten Gang) eines mechanischen Steuerungssystems. Es sei bekannt, daß $W_t$ durch den Ansatz (7.19) befriedigend beschrieben wird. Der Spielraum wird Abstand von $\tau = 50$ h reguliert, das bedeutet, auf den Wert $w_o = 3$ mm gebracht. Die obere Toleranzschranke sei $w_b = 13$ mm. Aus den zur Zeit $t = 50$ h gemessenen Realisierungen von $W_t$ wurden

$$E(W_{50}) = 5,0 \text{ mm und } D(W_{50}) = 1,0 \text{ mm}$$

ermittelt. Wegen (7.20) folgen

$$\mu = \frac{E(W_{50}) - w_o}{50} = \frac{5 - 3}{50} = 0,04\frac{\text{mm}}{\text{h}} ,$$

$$\sigma = \frac{D(W_{50})}{50} = \frac{1}{50} = 0,02 \; \frac{\text{mm}}{\text{h}} \; .$$

Damit ergibt sich $\alpha = 500$ h und $\beta = 2$, so daß gemäß (7.28)

$$\tau_\varepsilon = \frac{10}{0,02\, u_{1-\varepsilon} + 0,04}$$

ist. Tafel 7.3 enthält für einige Sicherheitswahrscheinlichkeiten $1 - \varepsilon$ die Intervalle $\tau_\varepsilon$. Erwartungsgemäß werden bei zunehmenden Sicherheitswahrscheinlichkeiten die zugehörigen Erneuerungsintervalle kleiner.                □

Tafel 7.3   Erneuerungsintervalle bei einseitigem Toleranzbereich

| $1 - \varepsilon$ | 0,900 | 0,950 | 0,990 | 0,999 |
|---|---|---|---|---|
| $u_{1-\varepsilon}$ | 1,282 | 1,645 | 2,324 | 3,092 |
| $\tau_\varepsilon$ [h] | 219 | 137 | 116 | 98 |

## 7.3.3 Zweiseitiger Toleranzbereich

Die Vorgabe von unteren und oberen Toleranzschranken für den driftenden Parameter ist natürlich nur sinnvoll, wenn die Geschwindigkeit der Parameteränderung V mit nicht vernachlässigbar kleiner Wahrscheinlichkeit sowohl negative als auch positive Werte annehmen kann. Die Situation ist im Bild 7.7 für die Fälle $\mu \leq 0$ sowie $\mu \geq 0$ veranschaulicht. Die zugehörige Überlebenswahrscheinlichkeit ist

$$\overline{F}(t) = P\left( -\frac{w_o - w_a}{t} \leq V \leq \frac{w_b - w_o}{t} \right)$$

$$= \Phi\left( \frac{(w_b - w_o)/t - \mu}{\sigma} \right) - \Phi\left( \frac{-(w_o - w_a)/t - \mu}{\sigma} \right).$$

$$(7.29)$$

Differentiation nach t liefert mit

$$\alpha_1 = \frac{w_o - w_a}{\sigma}, \quad \alpha_2 = \frac{w_b - w_o}{\sigma} \text{ und } \beta = \frac{\mu}{\sigma}$$

die Wahrscheinlichkeitsdichte $f(t) = - d\overline{F}(t)/dt$ der Lebensdauer Y:

$$f(t) = \frac{1}{\sqrt{2\pi}\, t^2} \left\{ \alpha_1 \exp\left( -\frac{(\alpha_1 + \beta t)^2}{2t^2} \right) + \alpha_2 \exp\left( -\frac{(\alpha_2 - \beta t)^2}{2t^2} \right) \right\}.$$

Im Unterschied zu (7.27) gilt jetzt stets $\overline{F}(\infty) = 0$ und daher

$$\int_0^\infty f(t)\, dt = 1.$$

Ferner ist zu beachten, daß $\beta = \mu/\sigma$ auch negativ sein kann (man vergleiche mit (7.23)).

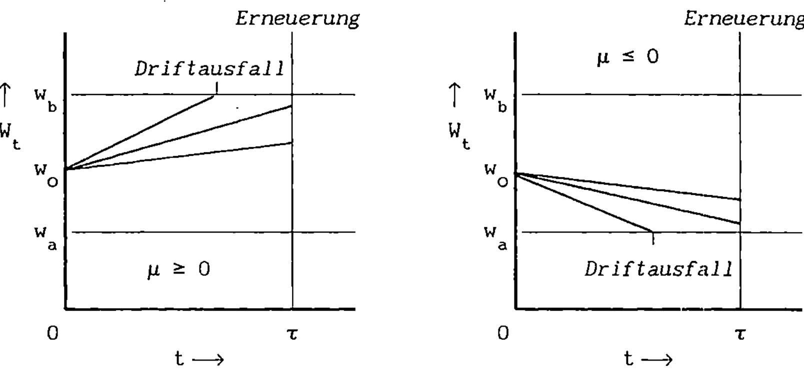



Bild 7.7   Erneuerung bei zweiseitig beschränktem Toleranzbereich

**Optimaler Anfangswert des Parameters** Um die Abhängigkeit der Überlebenswahrscheinlichkeit von $w_o$ auszudrücken, wird im folgenden anstelle von $\overline{F}(t)$ genauer $\overline{F}(t;w_o)$ geschrieben. Bei einem zweiseitig beschränkten Toleranzbereich ist die Frage nach einem bezüglich $\overline{F}(t;w_o)$ optimalen Anfangswert des Parameters nicht trivial. Genauer wird nach einem Wert $w_o = w_o^*(t)$ gesucht, der die Bedingung

$$\overline{F}(t;w^*(t)) = \max_{w_o \in (w_a, w_b)} \overline{F}(t;w_o)$$

erfüllt. Zu seiner Bestimmung wird (7.29) in der Form

$$\overline{F}(t;w_o) = \Phi(t_1) + \Phi(t_2) - 1 \tag{7.30}$$

geschrieben, wobei $t_1 = \alpha_1/t + \beta$ und $t_2 = \alpha_2/t - \beta$ gesetzt werden. Ferner sei

$$t_1 + t_2 = \frac{w_b - w_a}{\sigma t} = x. \tag{7.31}$$

Zunächst werden $t_1$ und $t_2$ als nichtnegativ vorausgesetzt. Aus (7.31) und der Konkavität von $\Phi(t)$ für $t \geq 0$ folgt

$$\Phi(x/2) - \Phi(t_1) \geq \Phi(t_2) - \Phi(x/2) \quad \text{bzw.} \quad 2\Phi(x/2) \geq \phi(t_1) + \Phi(t_2).$$

Daher nimmt wegen der Darstellung (7.30) für beliebiges, aber festes $t > 0$ die Überlebenswahrscheinlichkeit $\overline{F}(t;w_o)$ genau dann ihr Maximum an, wenn

$$t_1 = t_2 = x/2$$

ist. Aus dieser Bedingung ergibt sich

$$w_o^*(t) = \frac{1}{2}(w_a + w_b) - \mu t. \tag{7.32}$$

Erwartungsgemäß fällt $w_o^*(t)$ im Fall $\mu = 0$ mit dem Mittelpunkt $(w_a + w_b)/2$ des Toleranzintervalls zusammen. Um die Bedingung $w_a \leq w_o^*(t) \leq w_b$ zu gewährleisten, ist nachträglich noch

$$t \leq \frac{w_b - w_a}{2|\mu|} \tag{7.33}$$

zu fordern. Ist diese Bedingung nicht erfüllt, existiert kein bezüglich $\bar{F}(t;w_o)$ optimaler Anfangswert des Parameters, der im Toleranzbereich liegt. Daher liegt es nahe, von vornherein nur mit solchen Erneuerungsintervallen $\tau = t$ zu arbeiten, die der Bedingung (7.33) genügen. Unter dieser Voraussetzung sind auch die oben gemachten Annahmen $t_1 \geq 0$ und $t_2 \geq 0$ mit $w_o = w_o^*(t)$ erfüllt.

**Erneuerungsintervalle**  Bei Einstellung des Parameters zu Betriebsbeginn auf den Wert $w_o^*(t)$ ist bezüglich aller anderen $w_o \in [w_a, w_b]$ die Wahrscheinlichkeit zur Vermeidung von Driftausfällen im Intervall $[0,t]$ am größten. Daher wird im folgenden der zeitlichen Planung von Erneuerungen die Funktion

$$\bar{F}^*(t) = \bar{F}(t;w_o^*(t))$$

zugrunde gelegt, wobei $t$ der Bedingung (7.33) genügt. Aus (7.30) ergibt sich, wenn dort $w_o = w_o^*(t)$ oder, damit gleichbedeutend, $t_1 = t_2 = x/2$ gesetzt wird ($x$ ist durch (7.31) gegeben)

$$\bar{F}^*(t) = 2\Phi\left(\frac{w_b - w_a}{2\sigma t}\right) - 1.$$

Die Definitionsgleichung $\bar{F}^*(\tau_\varepsilon^*) = 1 - \varepsilon$ führt daher zu der Beziehung

$$\Phi\left(\frac{w_b - w_a}{2\sigma\tau_\varepsilon^*}\right) = 1 - \varepsilon/2.$$

Es folgt

$$\frac{w_b - w_a}{2\sigma\tau_\varepsilon^*} = u_{1-\varepsilon/2} \quad \text{bzw.} \quad \tau_\varepsilon^* = \frac{w_b - w_a}{2\sigma\, u_{1-\varepsilon/2}}. \tag{7.34}$$

Die Anwendung des Erneuerungsintervalls $\tau^*$ schließt Driftausfälle je Erneuerungszyklus mit Wahrscheinlichkeit $1 - \varepsilon$ aus, falls bei jeder Erneuerung der Parameter auf den Wert $w_o^*(\tau^*)$ gebracht wird. Voraussetzung ist jedoch, daß $\tau^*$ mit $t = \tau^*$ der Bedingung (7.33) genügt. Diese Bedingung ist genau dann erfüllt, wenn

$$\frac{1}{\sigma}|\mu| \leq u_{1-\varepsilon/2}$$

(7.35)

gilt. Bei hinreichend kleinem $\varepsilon$ ist diese Ungleichung stets gültig.

Auch die Berechnung von Erneuerungsintervallen $\tau_\varepsilon$ als Lösung der Gleichung

$$\overline{F}(\tau_\varepsilon;w_0) = 1 - \varepsilon$$

für beliebige Anfangswerte $w_0$ des Parameters bereitet keine prinzipiellen Schwierigkeiten. Allerdings ist der numerische Aufwand zur Bestimmung von $\tau_\varepsilon$ etwas größer als im eben betrachteten Fall, da für $\tau_\varepsilon$ kein expliziter Ausdruck analog zu (7.34) angegeben werden kann. Auf die Anwendung der durch $\tau_\varepsilon^*$ und $w_0^*(\tau_\varepsilon^*)$ gegebenen Erneuerungspolitik sollte aufgrund ihrer Optimalitätseigenschaft auch nur dann verzichtet werden, wenn sie aus technischen Gründen nicht zu realisieren ist.

Da für die Parameter $\mu$ und $\sigma$ der Verteilung von V im allgemeinen nur statistische Schätzungen zur Verfügung stehen, sind die in *Beichelt (1985)* konstruierten Konfidenzintervalle für die durch (7.28) und (7.34) gegebenen Quantile von praktischem Interesse.

**Beispiel 7.7**  $W_t$ sei die Abweichung in mm des von einem Meßgerät angezeigten Wertes einer Meßgröße von ihrem wahren Wert t Stunden nach der zuletzt vorgenommenen Justierung (Erneuerung). Dabei beziehe sich $W_t$ unabhängig von der Maßeinheit der Meßgröße auf die Differenzen an der Anzeigeskala des Meßgerätes. Die Justierung erfolge über einen längeren Zeitraum hin wöchentlich, also alle 168 h. Dabei wurde das Meßgerät stets auf die Anzeige des exakten Wertes eingestellt, das heißt, unmittelbar nach erfolgter Justierung (t = 0) war $W_0 = w_0 = 0$. Für t = 168 h ergaben sich $E(W_t) = 4,0$ mm und $D(W_t) = 2,2$ mm. Wegen (7.20) errechnen sich $\mu$ und $\sigma$ zu

$$\mu = \frac{4}{168} = 0,024 \left[\frac{mm}{h}\right], \qquad \sigma = \frac{2,2}{168} = 0,0131 \left[\frac{mm}{h}\right].$$

Der Toleranzbereich sei durch das Intervall [$w_a = -5$ mm, $w_b = +5$ mm] gegeben. Gemäß (7.34) betragen die optimalen Erneuerungsintervalle

$$\tau_\varepsilon^* = \frac{10}{2\cdot0,00131\ u_{1-\varepsilon/2}} = \frac{382}{u_{1-\varepsilon/2}}\ [h].$$

Der zugehörige optimale Anfangswert des Parameters beträgt

$$w_o^*(\tau_\varepsilon^*) = 0 - \mu\tau_\varepsilon^* = -\frac{9,091}{u_{1-\varepsilon/2}} \quad [\text{mm}].$$

Beide Beziehungen sind unter der Voraussetzung (7.35), also für

$$1,818 \leq u_{1-\varepsilon/2} \tag{7.36}$$

gültig.

Tafel 7.4 Erneuerungsintervalle bei zweiseitigem Toleranzbereich

| $1-\varepsilon$ | 0,900 | 0,950 | 0,990 | 0,999 |
|---|---|---|---|---|
| $u_{1-\varepsilon/2}$ | 1,645 | 1,960 | 2,576 | 3,290 |
| $w_o^*(\tau_\varepsilon^*)$ [mm] | — | -4,6 | -3,5 | -2,8 |
| $\tau_\varepsilon^*$ [h] | — | 195 | 148 | 116 |
| $\tau_\varepsilon$ [h] | 123 | 110 | 92 | 78 |

Die Gewährleistung der Sicherheitswahrscheinlichkeit $1 - \varepsilon$ kann bei jedem Anfangswert $w_o \neq w_o^*(\tau_\varepsilon^*)$ nur durch im Vergleich zu $\tau_\varepsilon^*$ kürzeren Abständen zwischen benachbarten Justierungen, also durch höhere ökonomische Aufwendungen, erkauft werden. Diesen Effekt verdeutlicht Tafel 7.4 für spezielle $1-\varepsilon$. Neben $w_o^*(\tau_\varepsilon^*)$ und $\tau_\varepsilon^*$ sind auch diejenigen Intervalle angegeben, die für die Gewährleistung der Sicherheitswahrscheinlichkeit $1-\varepsilon$ notwendig sind, wenn bei jeder Justierung eine exakte Einstellung des Meßgeräts ($w_o = 0$) vorgenommen wird. Im Fall $1-\varepsilon = 0,99$ ist (7.36) nicht erfüllt, so daß die zugehörigen Werte $w_o^*(\tau_\varepsilon^*)$ und $\tau_\varepsilon^*$ für $\varepsilon = 0,1$ nicht existieren.    □

### 7.3.4 Nichtlinearer Parametertrend

Eine naheliegende Verallgemeinerung des Ansatzes (7.19) besteht darin, ihn so zu modifizieren, daß auch nichtlineare Parametertrends $M(t) = E(W_t)$ mit erfaßt werden können. Am einfachsten ist der Ansatz

$$W_t = w_o + VH(t), \tag{7.37}$$

wobei $H(t)$ eine stetige, streng monoton wachsende Funktion von $t$ ist und $H(0) = 0$ gefordert wird. Analog zu (7.24) ergibt sich beispielsweise im Fall eines einseitigen Toleranzbereichs unter den dort gemachten Voraussetzungen die Überlebenswahrscheinlichkeit

$$\overline{F}(t) = \Phi\left(\frac{\alpha - \beta H(t)}{H(t)}\right).$$

Als Lösung von $\overline{F}(\tau) = 1-\varepsilon$ erhält man

$$\tilde{\tau}_\varepsilon = H^{-1}(\tau_\varepsilon),$$

wobei $\tau_\varepsilon$ durch (7.28) gegeben ist und $H^{-1}$ die Umkehrfunktion von $H(t)$ bezeichnet. Der Übergang vom Ansatz (7.19) zu (7.37) beinhaltet also formal lediglich eine Zeittransformation.

# ANHANG 1:  LANDAU'SCHES ORDNUNGSSYMBOL

**Definition** Eine Funktion $g(x)$ ist $o(x)$ für $x \to 0$ ($g(x) = o(x)$ für $x \to 0$), wenn

$$\lim_{x \to 0} \frac{g(x)}{x} = 0$$

gilt. ∎

Äquivalent ist die folgende Erklärung: $o(x)$ ist eine beliebige Funktion, von der nur gefordert wird, daß sie der Bedingung

$$\lim_{x \to 0} \frac{o(x)}{x} = 0$$

genügt. Eine Funktion $g(x)$, die $o(x)$ ist, geht somit für $x \to 0$ "schneller gegen 0" als die Gerade $f(x) = x$.

**Beispiele**

1) Die Funktion $g(x) = x^2$ ist $o(x)$; denn es gilt

$$\lim_{x \to 0} \frac{g(x)}{x} = \lim_{x \to 0} \frac{x^2}{x} = \lim_{x \to 0} x = 0.$$

2) Die Funktion $g(x) = \sqrt{x}$ ist nicht $o(x)$; denn es gilt

$$\lim_{x \to 0} \frac{g(x)}{x} = \lim_{x \to 0} \frac{\sqrt{x}}{x} = \lim_{x \to 0} \frac{1}{\sqrt{x}} = \infty.$$

3) Die Funktion $g(x) = \sin x$ ist nicht $o(x)$; denn es gilt

$$\lim_{x \to 0} \frac{g(x)}{x} = \lim_{x \to 0} \frac{\sin x}{x} = 1.$$

**Eigenschaften**

1) $g_1(x)$ und $g_2(x)$ seien $o(x)$. Dann hat auch die Summe $g_1(x) + g_2(x)$ diese Eigenschaft, da gilt

$$\lim_{x \to 0} \frac{g_1(x) + g_2(x)}{x} = \lim_{x \to 0} \frac{g_1(x)}{x} + \lim_{x \to 0} \frac{g_2(x)}{x} = 0 + 0 = 0.$$

2) $g(x)$ sei $o(x)$. Dann hat für eine beliebige Konstante $c$ auch das Produkt $cg(x)$ diese Eigenschaft, da gilt

$$\lim_{x \to 0} \frac{cg(x)}{x} = c \lim_{x \to 0} \frac{g(x)}{x} = 0.$$

# ANHANG 2: LAPLACE-TRANSFORMATION

Es sei $f(x)$ eine reellwertige Funktion mit folgenden Eigenschaften:

1) $f(t)$ ist auf $[0,\infty)$ definiert und dort stückweise stetig.
2) Es existieren Konstanten a und b derart, daß $f(x) < be^{ax}$ für alle $x > 0$
   gilt.

Unter der *Laplace-Transformierten* $L\{f\} = \hat{f}(s)$ von $f(x)$ versteht man das
Parameterintegral

$$\hat{f}(s) = \int_0^\infty e^{-sx} f(x)\, dx$$

als Funktion der komplexen Variablen s mit $Re(s) > a$. Das Integral existiert
in der durch $Re(s) > a$ gegebenen komplexen Halbebene.

Ist speziell $f(x)$ die Wahrscheinlichkeitsdichte einer Lebensdauer X, dann
hat man für $\hat{f}(s)$ eine einfache wahrscheinlichkeitstheoretische Interpretation:

$$\hat{f}(s) = E(e^{-sX}).$$

Unter der *Laplace-Stieltjes-Transformierten* $LS\{F\} = F^*(s)$ einer Funktion
$F(x)$, die ebenfalls die Eigenschaften 1) und 2) hat, versteht man das Integral

$$F^*(s) = \int_0^\infty e^{-sx}\, dF(x)$$

als Funktion der komplexen Variablen s, $Re(s) > a$. Somit gilt $\hat{f}(s) \equiv F^*(s)$,
wenn $f(x) = F'(x)$ ist. In diesem Fall erhält man nach partieller Integration

$$\hat{f}(s) = F^*(s) = s\hat{F}(s) - F(0).$$

Bezeichnet $f^{(n)}(x)$ die n-te Ableitung von $f(x)$, dann gilt allgemeiner der

**Differentiationssatz:**

$$L\{f^{(n)}\} = s^n\, \hat{f}(s) - s^{n-1} f(0) - s^{n-2} f'(0) - \ldots - f^{(n-1)}(0). \qquad \blacksquare$$

Sind $f_1(x)$ und $f_2(x)$ zwei Funktionen, die den Bedingungen 1) und 2) genügen,
so gilt der

**Additionssatz:**

$$L\{f_1 + f_2\} = L\{f_1\} + L\{f_2\} = \hat{f}_1(s) + \hat{f}_2(s). \qquad \blacksquare$$

Unter der *Faltung* $(f_1 * f_2)(x)$ zweier auf $[0,\infty)$ definierter Funktionen $f_1(x)$ und $f_2(x)$ versteht man das Parameterintergral

$$(f_1 * f_2)(t) = \int_0^t f_1(t-x)\, f_2(x)\, dx.$$

Die Anwendung der Laplace-Transformation auf die Faltung liefert nach Anwendung der Dirichlet'schen Formel über die Vertauschung der Integrationsreihenfolge und Durchführung der Substitution $u = t-x$ (vorausgesetzt, daß $f_1$ und $f_2$ die Eigenschaften 1) und 2) haben)

$$L\{f_1 * f_2\} = \int_0^\infty e^{-st}\int_0^t f_1(t-x)f_2(x)\,dx\,dt = \int_0^\infty e^{-sx}f_2(x)\int_x^\infty f_1(t-x)e^{-s(t-x)}\,dt\,dx$$

$$= \int_0^\infty e^{-sx}f_2(x)\int_0^\infty e^{-su}f_1(u)\,du\,dx$$

$$= \int_0^\infty e^{-sx}f_2(x)\,\hat{f}_1(s)\,dx = \hat{f}_1(s)\int_0^\infty e^{-sx}f_2(x)\,dx = \hat{f}_1(s)\hat{f}_2(s).$$

Somit gilt der

**Faltungssatz:** Die Laplace-Transformierte der Faltung zweier Funktionen ist gleich dem Produkt der Laplace-Transfomierten dieser Funktionen. $\qquad \blacksquare$

Die *Faltung* $(F_1 * F_2)(t)$ zweier Verteilungsfunktionen $F_1(x)$ und $F_2(x)$ ist definiert durch das Riemann-Stieltjes-Parameterintegral

$$(F_1 * F_2)(t) = \int_0^t F_1(t-x)\,dF_2(x).$$

Analog zum Faltungssatz für beliebige Funktionen gilt

$$L\{F_1 * F_2\} = L\{F_1\}L\{F_2\} = F_1^*(s)F_2^*(s).$$

Die Menge der Funktionen, die die Bedingungen 1) und 2) erfüllen, heißt *Urbildraum*. Die Menge der Laplace-Transformierten der Elemente des Urbildraums erzeugt den *Bildraum*. Die Elemente dieser Räume heißen entsprechend *Urbilder* und *Bilder* bzw. *Urbildfunktionen* und *Bildfunktionen*.

**Satz**  Zu zwei verschiedenen Urbildern gehören zwei verschiedene Bilder und umgekehrt.                                                                      ∎

Die Laplace-Transformation ist also eine eineindeutige Abbildung zwischen Urbildraum und Bildraum. (Entsprechendes gilt auch für die Laplace – Stieltjes – Transformation.) Dieser Sachverhalt ist Grundlage des folgenden Lösungsschemas: Die Aufgabe ist im Urbildraum gestellt. Durch Anwendung der Laplace-Transformation wird sie in den Bildraum übertragen. Im Bildraum wird die Aufgabe gelöst. Schließlich erhält man durch Aufsuchen des Urbilds der im Bildraum gefundenen Lösung (Rücktransformation) die Lösung des Ausgangsproblems (Bild).

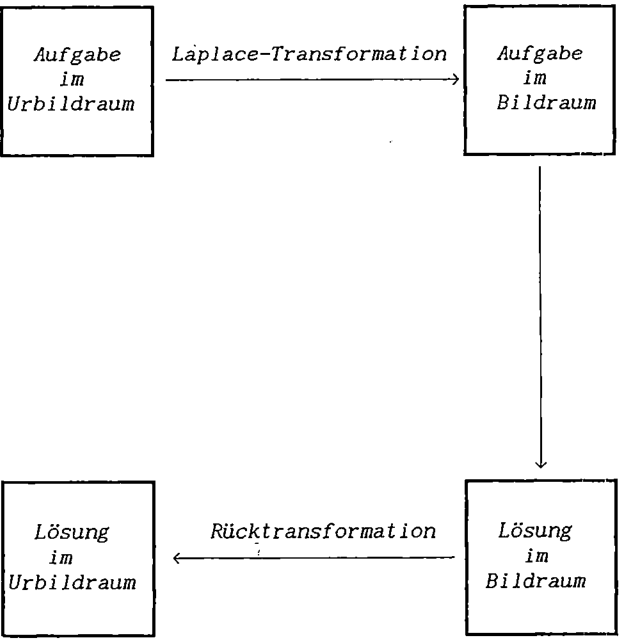


Lösungsprinzip bei Anwendung der Laplace-Transformation

Der Vorteil der Anwendung der Laplace-Transformation liegt vor allem darin begründet, daß bestimmte Aufgabentypen, die in der Zuverlässigkeitstheorie häufig auftreten, im Bildraum leichter zu lösen sind als im Urbildraum.

Die Rücktransformation ist im allgemeinen der schwierigste Schritt bei der Anwendung des vorgeschlagenen Lösungsprinzips. Der Additions- und der Fal-

tungssatz legen es aber nahe, die Bilder soweit wie möglich in Summanden und
Faktoren zu zerlegen (also Partialbruchzerlegung bei in s rationalen Bildfunktionen); denn die Rücktransformation einzelner Komponenten ist gewöhnlich leichter zu bewerkstelligen als die eines nichtvereinfachten Bildes.
Trotzdem können in vielen Fällen keine handhabbaren Urbildfunktionen angegeben werden. Es ist daher von Bedeutung, daß bereits aus der Kenntnis der
Bilder auf spezielle Eigenschaften und Parameter der Urbilder geschlossen
werden kann. Zum Beispiel erlaubt die Kenntnis der Laplace-Transformierten
einer Wahrscheinlichkeitsdichte f(x) bzw. die Kenntnis der Laplace-
Stieltjes-Transformierten einer Verteilungsfunktion F(x) die Berechnung aller Momente der zugehörigen Zufallsgröße X:

$$E(X^k) = \int_0^\infty x^k f(x)dx = (-1)^k \left.\frac{d^k \hat{f}(s)}{ds^k}\right|_{s=0} = (-1)^k \left.\frac{d^k F^*(s)}{ds^k}\right|_{s=0} .$$

Insbesondere sind mittlere Lebensdauer und Varianz von X gegeben durch

$$E(X) = - \left.\frac{d\hat{f}(s)}{ds}\right|_{s=0} ,$$

$$D^2(X) = \left.\frac{d^2 \hat{f}(s)}{ds^2}\right|_{s=0} - \left[\left.\frac{d\hat{f}(s)}{ds}\right|_{s=0}\right]^2 .$$

# LITERATURVERZEICHNIS


Abdel-Hameed, M. (1987): An imperfect maintenance model with block replacements. Applied Stochastic Models and Data Analysis 3, 63-72.

Abel, U.; Bicker, R. (1982): Determination of all cut sets between a vertex pair in an undirected graph. IEEE Trans. Reliab. 31, 167-171.

Abraham, J.A. (1979): An improved algorithm for network reliability. IEEE Trans. Reliab. 28, 58-61.

Aigner, M. (1979): Combinatorial Theory. Springer-Verlag, New York.

Alsmeyer, G. (1991): Erneuerungstheorie. B.G. Teubner, Stuttgart. ,

Amossowa, N.N.; Gillert, H.; Küchler, U.; Maximov, J.D. (1986): Bedienungstheorie. Eine Einführung. B.G. Teubner, Leipzig.

Arndt, K.; Kirstein, B.-M. (1983): An importance ranking for systems with highly reliable components. Elektron Informationsverarb. und Kybernetik (EIK) 19, 535-545.

Arunkumar, S.; Lee, S.H. (1979): Enumeration of all minimal cut-sets for a node pair in a graph. IEEE Trans. Reliab. 28, 51-55.

Aven, T.(1983): Optimal replacement under a minimal repair strategy - a general failure model. Adv. Appl. Prob. 15, 198-211.

Aven, T.; Bergman, B. (1986): Optimal replacement times - a general setup. J. Appl. Prob. 23, 432-442.

Bai, D.S. (1986): An age replacement policy with minimal repair cost limit. IEEE Trans. Reliab. 35, 542-545.

Ball, M.O. (1986): Computational complexity: An overview. IEEE Trans.Reliab. 35, 230-239.

Ball, M.O.; Provan, J.S. (1988): Disjoint products and efficient computation of reliability. Oper. Res. 36, 703-715.

Barlow, R.E.; Marshall, A. (1967): Bounds on intervall probabilities for restricted families of distributions. Proceed. Fifth Berkeley Symp. Math. Statist. Prob., 229-257.

Barlow, R.E.; Proschan, F. (1965): Mathematical Theory of Reliability. John Wiley & Sons, Inc; New York.

Barlow, R.E.; Proschan, F. (1975): Importance of system components and fault tree events. Stochastic Proc. Applic. 3, 153-173.

Barlow, R.E.; Proschan, F. (1978): Statistische Theorie der Zuverlässigkeit. Akademie-Verlag, Berlin.

Bath, B.R. (1969): Used item replacement policy. J. Appl. Prob. 6, 309-318.

Beichelt, F. (1976): A general preventive maintenance policy. Mathem. Operationsf. und Statistik 7, 927-932.

Beichelt, F. (1979): A new approach to repair limit replacement policies. Transact. of the 8th Prague Conference on Random Processes, Statist. Dec. Funct. and Quality Control, Prague: Academia vol. C, 31-37.

Beichelt, F. (1981): A generalized block replacement policy. IEEE Trans. Reliab. 30, 171-172.

Beichelt, F. (1981): Minimax inspection policies for single unit systems. Naval Res. Logist. Quart. 28, 375-381.

Beichelt, F. (1981): Replacement policies based on system age and maintenance cost limits. Math. Operationsf. und Statistik, Ser. Statistics 12, 621-627.

Beichelt, F. (1982): A replacement policy based on limits for the repair cost rate. IEEE Trans. Reliab. 31, 401-403.

Beichelt, F. (1984): Prognose und Steuerung driftender Parameter. Messen, Steuern, Regeln 12, 254-257.

Beichelt, F. (1985): Confidence bounds for the percentiles of a wearout failure distribution. IEEE Trans. Reliab. 34, 356-359.

Beichelt, F. (1988): Zuverlässigkeit strukturierter Systeme. Verlag Technik, Berlin.

Beichelt, F. (1991): A unifying treatment of repair cost limit maintenance policies. Proc. of the 13th World Congr.on Comp. Appl. Math., vol 4, Dublin, 1787-1788.

Beichelt, F. (1992): A general maintenance model and its application to repair limit replacement policies. Microelectr.& Reliab. 32, 1185-1186.

Beichelt, F. (1992): A unifying treatment of replacement policies with minimal repair. Naval Research Logistics 39, 1221-1238.

Beichelt, F.; Fischer, K. (1980): On a basic equation of reliability theory. Microelectr.& Reliab. 19, 367-369.

Beichelt, F.; Fischer, K. (1980): General failure model applied to preventive maintenance policies. IEEE Trans. Reliab. 29, 39-41.

Beichelt, F.; Franken, P. (1983): Zuverlässigkeit und Instandhaltung. Mathematische Methoden. Verlag Technik, Berlin; Carl Hanser-Verlag, München,Wien.

Beichelt, F.; Kröber, A. (1992): Maintenance policies with time-dependent repair cost limit. Economic Quality Control-Journal and Newsletter 7, 79-84.

Beichelt, F.; Sproß, L. (1987): An improved Abraham method for generating disjoint sums. IEEE Trans. Reliab. 36, 70-74.

Beichelt, F.; Sproß, L. (1989): Comments on "An improved Abraham method for generating disjoint sums". IEEE Trans. Reliab. 38, 422-424.

Beichelt, F.; Sproß, L. (1989): Bounds on the reliability of binary coherent systems. IEEE Trans. Reliab. 38, 425-427.

Beichelt, F.; Stark, A. (1989): Optimum topological layout of communication networks. Microelectr.& Reliab. 29, 387-391.

Beichelt, F.; Tittmann, P. (1990): A combined decomposition-reduction approach to the K-terminal reliability of stochastic networks. Optimization 20, 409-420.

Beichelt, F.; Tittmann, P. (1991): A generalized reduction method for the connectedness probability of stochastic networks. IEEE Trans. Reliab. 39, 198-204.

Beichelt, F.; Tittmann, P. (1991): Reliability analysis of communication networks by decomposition. Microelectr.& Reliab. 31, 869-872.

Beichelt, F.; Tittmann, P. (1992): A splitting formula for the K-terminal reliability of stochastic networks. Stochastic Models. Communications in Statistics 8, 307-327.

Berg, M. (1976): A proof of optimality for age replacement policies. J. Appl. Probab. 13, 751-759.

Berg, M.; Epstein, B. (1976): A modified block replacement policy. Naval Res. Logist. Quart. 23, 15-24.

Berg, M.; Epstein, B. (1978): Comparision of age, block, and failure replacement policies. IEEE Trans. Reliab. 27, 25-29.

Bienstock, D. (1988): Some lattice theoretic tools for network reliability analysis. Mathem. of Operat. Res. 13, 467-478.

Birnbaum, Z. W. (1969): On the importance of different components in a multicomponent system. In: Multivariate Analysis II, Academic Press, New York.

Birolini, A. (1991): Qualität und Zuverlässigkeit technischer Systeme. Springer-Verlag, Berlin (3. Aufl.).

Blanning, R.W. (1965): Replacement strategies. Operational Res. Quart. 16, 253-254.

Block, H.W.; Borges, W.S.; Savits, T.H. (1985): Age-dependent minimal repair. J. Appl. Prob. 22, 370-385.

Block, H.W.; Borges, W.S.; Savits, T.H. (1988): A general age replacement model with minimal repair. Nav. Res. Log. 35, 365-372.

Boesch, F.T. (1986): Synthesis of reliable networks-a survey. IEEE Trans. Reliab. 35, 240-246.

Boland, P.J.; Proschan, F. (1982): Periodic replacement with increasing repair costs at failure. Oper. Res. 30, 1183-1189.

Boland, P.J.; Proschan, F. (1983): The reliability of k out of n systems. The Annals of Prob. 11, 760-764.

Boland, P.J.; Proschan, F. (1984): Computing the reliability of k out of n systems. In: Reliability Theory and Models. Academic Press, New York, 243-255.

Brecht, T.B.; Colbourn, Ch. J. (1989): Multiplicative improvements in network reliability bounds. Networks 19, 521-529.

Brown, M. (1980): Bounds, inequalities and monotonicity properties for some specialized renewal processes. Ann. Probab. 8, 227-240.

Brown, M. (1979): Approximating DFR-distributions by exponential distributions with applications to first passage times. AFOSR Technical Report No. 79-B2, Florida State University.

Brown, M.; Proschan, F. (1983): Imperfect repair. J. Appl. Prob. 20, 851-859.

Butler, D.A. (1979): A complete ranking for components of binary coherent systems with extensions to multistate systems. Nav. Res. Logist. Quart. **26**, 565-578.

Cleroux, R.; Dubuc, S.; Tilquin, C. (1979): The age replacement problem with minimal repair and random repair costs. Oper. Res. **27**, 1158-1167.

Colbourn, Ch. J. (1987): The Combinatorics of Network Reliability. Oxford University Press, New York.

Colbourn, Ch.J. (1992): A note on bounding K-terminal reliability. Algorithmica **7**, 3o3-307.

Cox, D.R. (1962): Renewal Theory. Methuen, London.

De Groot, M.H. (1970): Optimal Statistical Decisions. Mc Graw Hill, New York.

DIN 40041 (1990, Dezember): Zuverlässigkeit; Begriffe.

DIN 25424 (1981, September): Teil 1: Fehlerbaumanalyse: Methoden und Bildzeichen.

DIN 25424 (1990, April): Teil 2: Fehlerbaumanalyse: Handrechenverfahren zur Auswertung eines Fehlerbaums.

Drinkwater, R.W.; Hastings, N.V.J. (1967): An economic replacement model. Oper. Res. Quart. **18**, 59-71.

Elmallah, E. S. (1992): Algorithms for K-terminal reliability problems with node failures. Networks **22**, 369-384.

Feller, W. (1966): An Introduction to probability theory and its applications, vol. I and II. J. Wiley & Sons, New York.

Fischer, K. (1984): Zuverlässigkeits- und Instandhaltungstheorie. Transpress-Verlag, Berlin.

Fontenot, R.A.; Proschan, F. (1984): Some imperfect maintenance models. In. Reliability Theory and Models. Academic Press, New York.

Fratta, Montanari, U.G. (1973): A Boolean algebra method for computing the terminal reliability in a communication network. IEEE Trans. on Circuit Theory **20**, 203-211.

Gadani, J.P.; Misra, K.B. (1981): System effectiveness evaluation using star and delta transformation. IEEE Trans. Reliab. **30**, 43-47.

Gaede, K.-W. (1977): Zuverlässigkeit. Mathematische Modelle. Carl Hanser-Verlag, München-Wien.

Gardent, P.; Nonant, L. (1963): Entretien et renauvellement d'un parc de machines. Revue Fr. Rech. Oper. **7**, 5-19.

Gleser, L. (1975): On the distribution of the number of independent trials. Ann. Prob. **3**, 182-188.

Hastings, N.A.J. (1969): The repair limit replacement model. Oper. Res. Quart. **20**, 337-349.

Hedtke, R. (1984): Mikroprozessorsysteme. Springer-Verlag, Berlin, New York.

Heidtmann, K.D. (1983): Inverting paths and cuts of 2-state systems. IEEE Trans. Reliab. **32**, 469-471.

Heidtmann, K.D. (1989): Smaller sums of disjoint products by subproduct inversion. IEEE Trans. Reliab. 38, 305-311.

Hoeffding, W. (1956): On the distribution of the number of successes in independent trials. Ann. Math. Stat. 27, 713-721.

Inagaki, T.; Henley, E.J. (1980): Probabilistic evaluation of prime implicants and top-events for non-coherent fault trees. IEEE Trans. Reliab. 29, 361-367.

Jensen, U. (1990): A general replacement model . ZOR-Methods and Models of Oper. Res. 34, 423-439.

Kadi, D.A.; Cleroux, R. (1991): Replacement strategies with mixed corrective actions at failure. Computers Ops. Res. 18, 141-149.

Kapur, P.K.; Garg, R.B.; Butani, N.L. (1989): Some replacement policies with minimal repairs and repair cost limit. Int. J. Systems Sciences 20, 267-279.

Karlin, S.; McGregor, J. (1957): The differential equations of birth and death processes and the Stieltjes moment problem.Trans. Amer. Math. Soc. 85, 489-546.

Kohlas, J. (1977): Stochastische Methoden des Operations Research. Teubner, Stuttgart.

Kohlas, J. (1987): Zuverlässigkeit und Verfügbarkeit. Teubner, Stuttgart.

König, D.; Stoyan, D. (1977): Methoden der Bedienungstheorie. Akademie Verlag, Berlin.

Lambert, H.E. (1975): Measures of importance of events and cut sets in fault trees. In: Reliability and Fault Tree Analysis (eds.: R.E. Barlow, J.B. Fussel, N.D. Singpurwalla). SIAM, Philadelphia.

Langberg, N.A. (1988): Comparision of replacement policies. J. Appl. Prob. 25, 780-788.

Lee, L.G.; Vogt, W.G.; Mickle, M.H. (1979): Optimal decomposition of large -scale networks. IEEE Trans. Syst., Managm., Cybern. 9, 369-375.

Lewis, E. (1987): Introduction to Reliability Engineering. J. Wiley & Sons, Chichester, New York.

Locks, M.O. (1982): Recursive disjoint products: A review of 3 algorithms. IEEE Trans. Reliab. 33, 33-35.

Locks, M.O. (1987): A minimizing algorithm for sums of disjoint products. IEEE Trans. Reliab. 36, 445-453.

Lorden, G. (1970): On the excess over the boundary. Ann. Math. Statist. 41, 520-527.

Makabe, H.; Morimura, H. (1963): On some preventive maintenance policies. J. Oper. Res. Soc. Japan 6, 17-47.

Marshall, K.T. (1973): Linear bounds on the renewal function. SIAM J. Appl. Math. 24, 245-250.

Misra, K.B. (1992): Reliability Analysis and Prediction. A Methodology Oriented Approach. Elsevier, Amsterdam.

Moore, E.F.; Shannon, C.E. (1956): Reliable circuits using less reliable relays. J. of the Franklin Institute, v. 262, Pt. I, 191-208; Pt. II, 281-279.

Morimura, H. (1970): On some preventive maintenance policies for IFR. J. Oper. Res. Soc. Japan **12**, 94-124.

Nakagawa, T. (1979): Optimum replacement policies for a used unit. J. Oper. Res. Soc. Japan **22**, 338-347.

Nakagawa, T. (1979): Imperfect preventive maintenance. IEEE Trans. Reliab. **28**, 402-403.

Nakagawa, T.; Osaki, S. (1974): Optimum repair limit replacement policies. J. Operational Res. Quart. **25**, 311-317.

Neumann, J.v. (1956): Probabilistic logics and the synthesis of reliable organisms from unreliable components. In: Probabilistic Logics, Automata Studies (eds.: C.E. Shannon, J. McCarthy), Princeton University Press, Princeton.

Nguyen, D.G.; Murthy, D.N.P. (1981): A note on the repair limit replacement policy. J. Operational Res. Soc. **32**, 409-416.

Park, K.S. (1983): Cost limit replacement policy under minimal repair. Microelectr.& Reliab. **23**, 347-349.

Phelps, R.I. (1981): Replacement policies under minimal repair. J. Operational Res. Soc. **32**, 549-554.

Pieper, V. (1989): Zuverlässigkeitsmodelle auf der Grundlage von Niveauüberschreitungen stochastischer Prozesse. Dissertation (B). Technische Universität Magdeburg.

Pierskalla, W.P.; Voelker, J.A. (1976): A survey of maintenance models: the control and surveillance of deteriorating systems. Nav. Res. Log. Quart. **23**, 353-405.

Politof, T.; Satyanarayana, A. (1886): Efficient algorithms for reliability analysis of planar networks-a survey. IEEE Trans. Reliab. **35**, 252-259.

Prassad, M.S.; Rattihalli, S.R. (1987): Optimum repair limit replacement policy, when the lifetime depends on the number of repairs. Opsearch **24**, 155-162.

Rai, S.; Aggarwal, K.K. (1980): On the complementation of path and cut sets. IEEE Trans. Reliab. **29**, 139-140.

Rangan, A.; Esther Grace, R. (1989): Optimal replacement policies for a deteriorating system with imperfect maintenance. Adv. Appl. Prob. **21**, 949-951.

Rosenthal, A. (1977): Computing the reliability of complex networks. SIAM J. Appl. Math. **32**, 384-393.

Rosenthal, A.; Frisque, D. (1977): Transformations for simplifying network reliability calculations. Networks **7**, 97-111.

Rosin, P.; Rammler, E. (1934): Gesetzmäßigkeiten der Mahlgutverteilung. Berichte der Keramischen Gesellschaft **15**, 399-416.

Rubin, I. (1978): On reliable topological structures for message-switching communication networks. IEEE Trans. Communic. **26**, 62-67.

Satyanarayana, A.; Schoppmann, L.; Suffel, C.C. (1992): A reliability improving graph transformation with applications to network reliability. Networks **22**, 209-216.

Savits, T.H. (1988): A cost relationship between age and block replacement policies. J. Appl. Prob. 25, 789-796.

Savits, T.H.; Chen, C.S. (1989): Optimal age and block replacement for a general maintenance model. Series in Reliability and Statistics, University of Pittsburgh, Technical Report No. 89-03.

Schneeweiß, W.G. (1984): Disjoint Boolean products via Shannon expansion. IEEE Trans. Reliab. 33, 329-332.

Schneeweiß, W.G. (1992): Zuverlässigkeitstechnik-von den Komponenten zum System. Datakontext-Verlag, Köln.

Schrüfer, E. (1984): Zuverlässigkeit von Meß- und Automatisierungseinrichtungen. Carl Hanser-Verlag, München-Wien.

Sheu, S.-H. (1991): A generalized block replacement policy with minimal repair and general random repair cost for a multi-unit system. J. Operational Res. Soc. 42, 331-341.

Sheu, S.-H. (1992): Optimal block replacement policies with multiple choice at failure. J. Appl. Prob. 29, 129-141.

Shier, D.R. (1991): Network Reliability and Algebraic Structures. Clarenton Press, Oxford.

Smith, W.L. (1954): Asymptotic renewal theorems. Proc. Royal Society, Edinburgh, Sect. A 64, 9-48.

Smith, D.H.; Doty, L.L. (1990): On the construction of optimally reliable graphs. Networks 20, 723-729.

Soi, I.M.; Aggarwal, K.K. (1981): Reliability indices for topological design of computer communication networks. IEEE Trans. Reliab. 30, 438-443.

Solov'ev, A.D. (1978): Rasčet i ocenka charakteristik nadečnosti. Izd. Znanie, Moskva.

Stadje, W.; Zuckerman, D. (1990): Optimal strategies for some repair replacement models. Adv. Appl. Prob. 22, 641-656.

Tabata, Y. (1979): A note on idle time policy with repair. J. Oper. Res. Soc. Japan 22, 169-183.

Tango, T. (1978): Extended block replacement policy with used items. J. Applied Prob. 15, 560-572.

Teugels, J.C. (1990): Renewal theory and applications in Engineering. ZAMMM 70, 513-518.

Tijms, H.C. (1986): Stochastic Modelling and Analysis. A Computational Approach. J. Wiley & Sons, Inc.; Chichester, New York, Brisbane, Toronto.

Tilquin, C.; Cleroux, R. (1975): Block replacement policies with general cost structures. Technometrics 17, 291-298.

Tittmann, P. (1988): Generalized reduction method for network reliability analysis. Poster contribution to the 18th European Meeting of Statisticians, Berlin.

Tittmann, P.; Blechschmidt, A. (1991): Reliability bounds based on network splitting. J. Inform. Process. Cybern. 27, 317-326.

Torrey, J. (1983): A pruned tree approach to reliability computation. IEEE Trans. Reliab. **32**, 170-174.

Toueg, S.; Steiglitz, K. (1970): The design of small-diameter networks by local search. IEEE Trans. Computers **28**, 537-542.

Tsukiyama, S; Shirakawa, I; Ozaki, H.; Ariyoshi, H. (1980): An algorithm to enumerate all cutsets of a graph in linear time per cutset. J. Assoc. Comp. Mach. **27**, 619-632.

Valdez-Flores, C.; Feldman, R.M. (1989): A survey of preventive maintenance models for stochastically deteriorating single-unit systems. Nav. Res. Log. **36**, 419-446.

Veroli, J.C.di (1974): Optimal continuous policies for repair and replacement. Operational Res. Quart. **25**, 89-97.

Vesely, W. (1970): A time-dependent methodology for fault tree evaluation. Nuclear Engineering and Design **13**, 337-360.

White, D.J. (1989): Repair limit replacement. OR Spektrum **11**, 143-149.

Wolff, R.W. (1989): Stochastic Modeling and the Theory of Queues. Prentice Hall, Englewood Cliffs, New Jersey.

Wood, R.K. (1982): Polygon-to-chain-reductions and extensions for reliability evaluation of undirected networks. University of California, Berkeley, ORC-82-12.

Wood, R.K. (1986): Factoring algorithms for computing K-terminal network reliability. IEEE Trans. Reliab. **35**, 269-278.

Ye, M.-H. (1990): Optimal replacement policy with stochastic maintenance and operations costs. European J. Opl. Res. **44**, 84-94.

Yeh, L. (1990): A repair replacement model. Adv. Appl. Prob. **22**, 494-497.

Zhang, Q.; Mei, Q. (1987): Reliability analysis for a real non-coherent system. IEEE Trans. Reliab. **36**, 436-439.

# SACHWÖRTERVERZEICHNIS